5G wireless network optimization practice

5G无线网络优化实践

张守国　沈保华　李曙海　雷志纯　凌文杰　等——编著

清華大学出版社
北京

内容简介

本书对日常5G无线网络维护和优化过程涉及的知识点进行梳理和系统介绍，侧重介绍NR空口和信令流程，以及消息内容解析。本书内容涵盖5G理论基础、网络架构、协议栈、空口信道、信令流程等。通过学习本书，读者可以快速掌握5G网络的必备知识，对5G网络有一个完整、清晰的认识。

本书是作者根据自身多年的移动网络优化学习经验，围绕运营商优化维护人员的需求编写而成的。本书既可作为5G优化维护人员的工作指导用书，又可作为相关人员参加无线网络协优认证考试的参考用书。

图书在版编目（CIP）数据

5G 无线网络优化实践 / 张守国等编著 . —北京：清华大学出版社，2021.5 (2024.7 重印)
（新时代・技术新未来）
ISBN 978-7-302-57019-6

Ⅰ . ① 5…　Ⅱ . ①张…　Ⅲ . ①无线电通信－移动网　Ⅳ . ① TN929.5

中国版本图书馆 CIP 数据核字 (2020) 第 238035 号

责任编辑：刘　洋
封面设计：徐　超
版式设计：方加青
责任校对：王凤芝
责任印制：宋　林

出版发行：清华大学出版社
网　　址：https://www.tup.com.cn, https://www.wqxuetang.com
地　　址：北京清华大学学研大厦 A 座　　**邮　　编：**100084
社 总 机：010- 83470000　　**邮　　购：**010-62786544
投稿与读者服务：010-62776969，c-service@tup.tsinghua.edu.cn
质 量 反 馈：010-62772015，zhiliang@tup.tsinghua.edu.cn
印 装 者：三河市龙大印装有限公司
经　　销：全国新华书店
开　　本：187mm×235mm　　**印　　张：**22.75　　**字　　数：**426 千字
版　　次：2021 年 5 月第 1 版　　**印　　次：**2024 年 7 月第 3 次印刷
定　　价：138.00 元

产品编号：088506-01

前言

随着国内5G网络的建设和完善，5G用户和负荷的增加，网络质量面临新的挑战。与4G相比，5G无线网络优化除了参数和算法有较大差异外，还具有较强的继承性。随着mMIMO的广泛应用和基站定位算法增强，5G基站的定位精度明显提高。未来基于AI的智能优化将会代替大部分人工优化工作，尤其是基于覆盖的网络结构优化。本书结合一线无线网络优化维护人员的需求，内容编排侧重于实用性，着重对5G网络优化（简称网优）相关的基础知识进行介绍。

本书依托华信5G专家组的相关工作，集合了多名一线专家经验和建议编写而成。本书共分为六章内容。第1章介绍网络架构、频谱划分、无线帧结构、协议栈和组网方式。第2章主要介绍物理信道相关知识。第3章介绍随机接入过程、RRC重配置过程、开机入网流程、业务建立流程、切换流程，以及NSA业务流程等。第4章介绍NCGI、PCI、SUPI、RNTI、RSRP等参数定义。第5章介绍mMIMO、F-OFDM、MEC、网络切片、上下行解耦等关键技术。第6章对一些常见网络问题产生原因、优化方法进行总结和介绍。

本书对与日常维护、优化紧密相关的5G基础知识进行了收集整理。通过本书学习，读者可以快速掌握5G必备知识，对5G网络有一个全面、系统的了解。

在此非常感谢华信咨询设计研究院有限公司的领导和同事给予的帮助和支持，感谢设备厂商工程师施天龙、邓奔协助提供相关资料，特别感谢公司总工、5G专家朱东照和清华大学出版社刘洋在本书的编写和出版过程中给予的指导和建议。本书也借鉴引用了一些网友的观点，受限篇幅并未一一标明出处。

由于作者水平有限，书中难免存在疏漏和不妥之处，恳请各位读者和专家批评指正。

张守国
2021年于杭州

目录

第 1 章　网络概述

第 2 章　物理信道

第3章 信令流程分析

第4章 参数定义

第 5 章 关键技术

第 6 章 无线网络优化

第 1 章　网络概述

第四代移动通信技术（4G）以正交频分多址接入（Orthogonal Frequency Division Multiple Access，OFDMA）技术为基础，其数据业务传输速率能够在较大程度上满足宽带移动通信应用需求。然而，随着智能终端的普及应用及移动新业务需求的持续增长，4G 无线通信的传输速率、时延和容量难以满足未来移动通信的应用需求。

5G 网络定位于频谱效率更高、速率更快、容量更大、时延更低的无线网络，面向行业客户，提供物与物之间的连接，加快智能社会的步伐。5G 网络支持 100Mbit/s 的用户体验速率、10^6 台连接设备 /km^2 的连接密度、毫秒级的端到端时延、500km/h 以上的速度和 20Gbit/s 的峰值速率。其中，用户体验速率、连接密度和时延为 5G 网络的三个基本性能指标。同时，5G 网络大幅提高网络部署和运营的效率，能效相比 4G 网络提升百倍以上。表 1-1 为国际电信联盟（International Telecommunication Union，ITU）针对 5G 网络定义的主要能力指标要求。

表 1-1　5G 主要性能指标要求（参考 TR38.913 第 7 章）

指　　标	ITU 指标要求
峰值速率（单个用户）	DL 20G bit/s uL 10G bit/s
用户体验速率	100 Mbit/s
连接密度	10^6 台连接设备 / km^2
用户面时延（空口）	eMBB RTT ≤ 8ms uRLLC RTT ≤ 1ms
流量密度	（10 Mbit/s）/m^2
能效（相比 IMT-A）	100 倍
频谱效率（相比 IMT-A）	3 倍 [DL（30bit/s/Hz），UL（15bit/s/Hz）]
移动性	500 km/h

注：能效指单位能量可以传送的数据量；IMT-A是4G移动通信标准规范简称。

另外，ITU 为 5G 定义了 eMBB（增强移动宽带）、mMTC（大规模机器通信）和 uRLLC（超高可靠低时延通信）三大应用场景，具体应用包括超高清视频、增强现实（Augmented Reality，AR）/ 虚拟现实（Virtual Reality，VR）、智慧城市、智慧家居、紧急任务应用、工业自动化、自动驾驶等，如表 1-2 所示。

表 1-2　典型场景时延和带宽需求

典型应用	基本假设	传输速率要求	时延要求	速率要求
视频会话	支持上行 1080P 视频传输	影响因素： ——分辨率 ——每像素点比特数 ——帧率 ——压缩比 带宽需求计算结果（压缩率 1%）： ——1080P，12bit/px，60FPS 视频传输需要 15Mbit/s ——4K，12bit/px，60FPS 视频传输需要 60Mbit/s ——8K，12bit/px，60FPS 视频传输需要 240Mbit/s ——8K（3D），24bit/px，120FPS 视频传输需要 960Mbit/s	50～100ms	15Mbit/s（UL 和 DL）
高清视频	不同场景支持能力不同，如静止环境支持 8K 视频传输，中速场景支持 4K 视频传输，高速场景支持 1080P 视频传输（下行）		50～100ms	1080P:15Mbit/s（DL） 4K:60Mbit/s（DL） 8K:240Mbit/s（DL）
AR	支持上下行 1080P 视频传输		5～10ms	15Mbit/s（UL 和 DL）
VR	支持下行 8K（3D）高清视频传输		50～100ms	960Mbit/s（DL）
实时视频分享	支持上行 4K 视频传输		50～100ms	60Mbit/s（UL）
视频监控	单位面积一个摄像头，支持上行 4K 视频传输		50～100ms	60Mbit/s（UL）

注：上述业务带宽需求供参考。

面对多样化场景的极端差异化性能需求，5G 很难像以往一样以某种单一技术为基础形成针对所有场景的解决方案。5G 技术创新主要来源于无线技术和网络技术两方面：在无线技术领域，大规模天线阵列 mMIMO、超密集组网、新型多址和全频谱接入等技术已成为业界关注的焦点；在网络技术领域，基于软件定义网络（Software Defined Network，SDN）和网络功能虚拟化（Network Function Virtualization，NFV）的新型网络架构已取得广泛共识。

4G 网络到 5G 网络的演化如图 1-1 所示。

与 4G 网络相比，5G 网络的变化主要体现在以下几个方面。

（1）5G 网络空口支持 20Gbit/s 的峰值速率，用户体验速率达到 100Mbit/s。

（2）由原来的集中式核心网演变成分布式核心网。核心网用户面功能可以下沉到中心机房，在地理位置上更靠近终端，减小传输时延。

（3）分布式应用服务器（Application Server，AS）。AS 部分功能下沉至中心机房，并在中心机房部署移动边缘计算（Mobile Edge Computing，MEC）服务器。MEC 将应用、处理和存储推向移动边界，使得数据可以得到实时、快速处理，以减少时延、减轻网络负担。

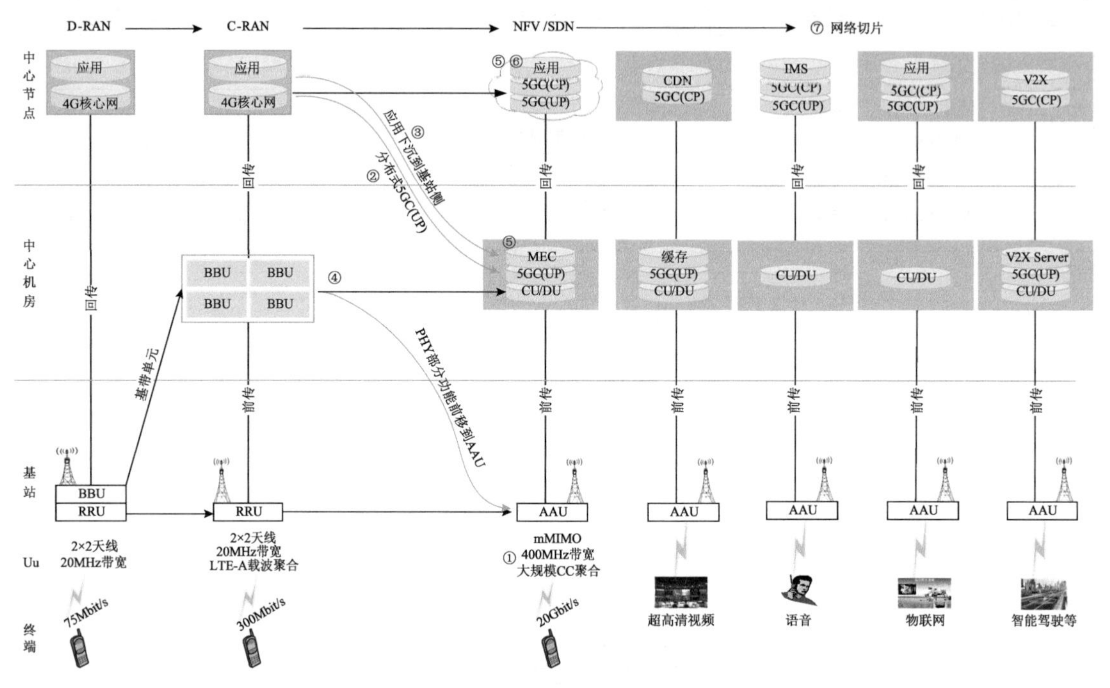

图 1-1　4G 网络到 5G 网络的演化

（4）重新定义基带处理单元（Base band Unit，BBU）和射频拉远单元（Radio Remote Unit，RRU）功能。将 BBU 拆分为中心单元（Centralized Unit，CU）和分布单元（Distributed Unit，DU），用有源天线单元（Active Antenna Unit，AAU）取代 RRU 和天线，同时将原 BBU 部分 PHY 功能下沉到 AAU，以减小前传容量，降低前传带宽需求。

（5）网络功能虚拟化（Network Function Virtualization，NFV），在通用的服务器上通过软件来实现网元功能，最终目标是实现软硬件分离，用基于行业标准的 x86 服务器，存储和交换设备取代通信网专用的网元设备。

（6）SDN 是一种新型的网络架构，可将网络设备的控制权分离出来，由集中的控制器管理，无须依赖底层网络设备，屏蔽了来自底层网络设备的差异。控制权完全开放，用户可以自定义任何想实现的网络路由和传输规则策略，从而更加灵活和智能。5G 网络通过 SDN 连接边缘云 MEC 和核心云里的虚拟机 VMs，SDN 控制器执行映射，建立核心云与边缘云之间的连接。传统网络与 SDN 网络的对比如图 1-2 所示。

（7）网络切片技术。运营商的物理网络可以被划分为多个虚拟网络，每一个虚拟网络根据不同的服务需求（如时延、带宽、安全性和可靠性等）来划分，以灵活应对不同的网络应用场景，提供差异化服务，满足不同业务需求。

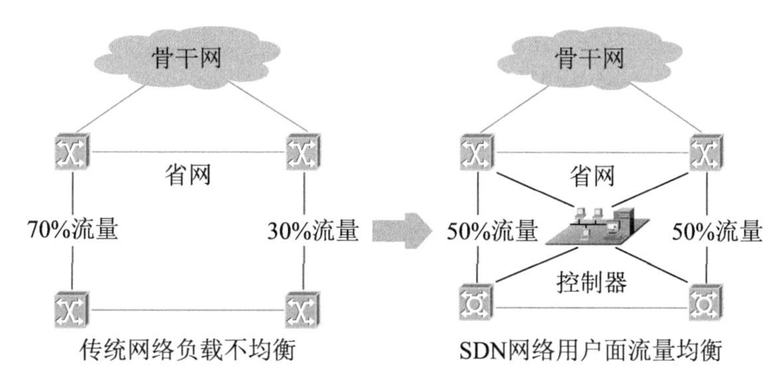

图 1-2　传统网络与 SDN 网络的对比

（8）5G 网络空口技术演进，如表 1-3 所示。

表 1-3　5G 网络空口技术演进

技术类别	4G 网络	5G 网络
多址方式	OFDMA	OFDMA/NOMA
基本波形	上行 DFT-S-OFDM 下行 CP-OFDM	上行 CP-OFDM/DFT-S-OFDM 下行 F-OFDM
双工方式	半双工	全双工
调制方式	QPSK/16QAM/64QAM	QPSK/16QAM/64QAM/256QAM
最大带宽	20MHz	100/400MHz
CA 载波数	5 CC	16 CC
信道编码	Turbo	控制面（CP）：Polar 用户面（UP）：LDPC
MIMO	8T8R	Massive MIMO（64T64R 及以上）
TTI	1ms	以 slot/mini slot 为单位
子载波间隔	15kHz（固定）	15/30/60/120/240kHz
网络架构	扁平化、IP 化	NFV、SDN、SBA

5G 网络面向的对象包括智慧城市、智慧家居、智能驾驶、工业自动化等，因此 5G 网络的安全性很重要。与 4G 网络相比，5G 网络在加密算法、网间互联、用户面数据保护方面均有明显加强，如图 1-3 所示。

5G 网络沿用 4G 网络的分层安全架构保障机制，同时针对 5G 核心网 SBA 域进行安全增强。

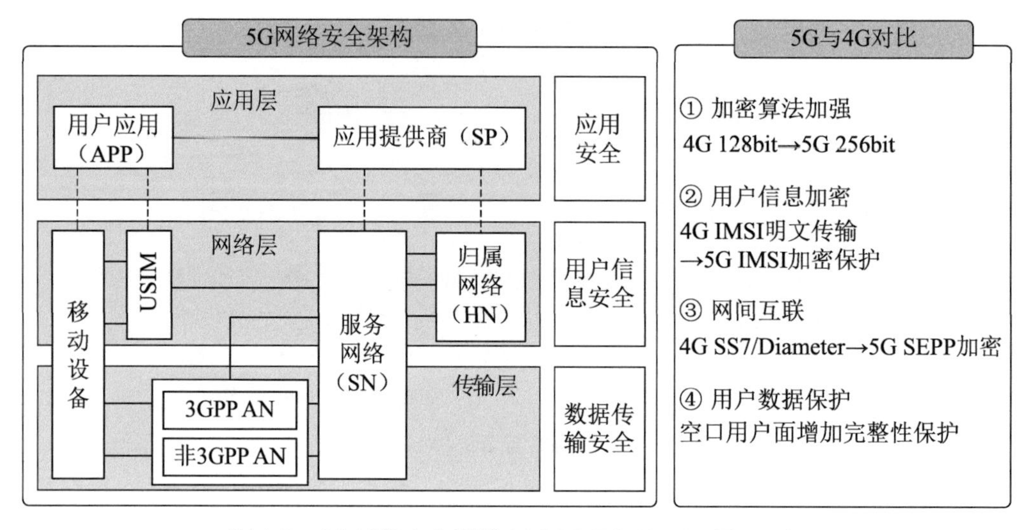

图 1-3　5G 网络安全机制（3GPP TS 33.501 图 4-1）

1.1　网络架构

5G 网络架构包括接入网和核心网两个部分，如图 1-4 所示。其中，NG-RAN 代表 5G 接入网，由 gNB 和 ng-eNB 组成。5GC 代表 5G 核心网，主要由 AMF、SMF 和 UPF 等组成。NG-RAN 内 gNB 之间连接的接口称为 Xn 接口。NG-RAN 与 5GC 之间的接口称为 NG 接口，分为 NG-C 和 NG-U。其中，NG-C 是 NG-RAN 与 AMF 之间的接口，用于传输控制信令；NG-U 是 NG-RAN 与 UPF 之间的接口，用于传输用户数据（参阅 3GPP TS 23.501 第 4 章）。

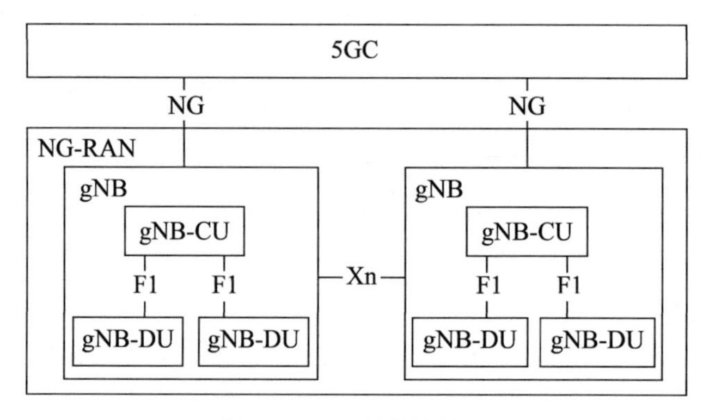

图 1-4　5G 网络结构图

NG-RAN 和 5GC 主要逻辑节点功能如图 1-5 所示。

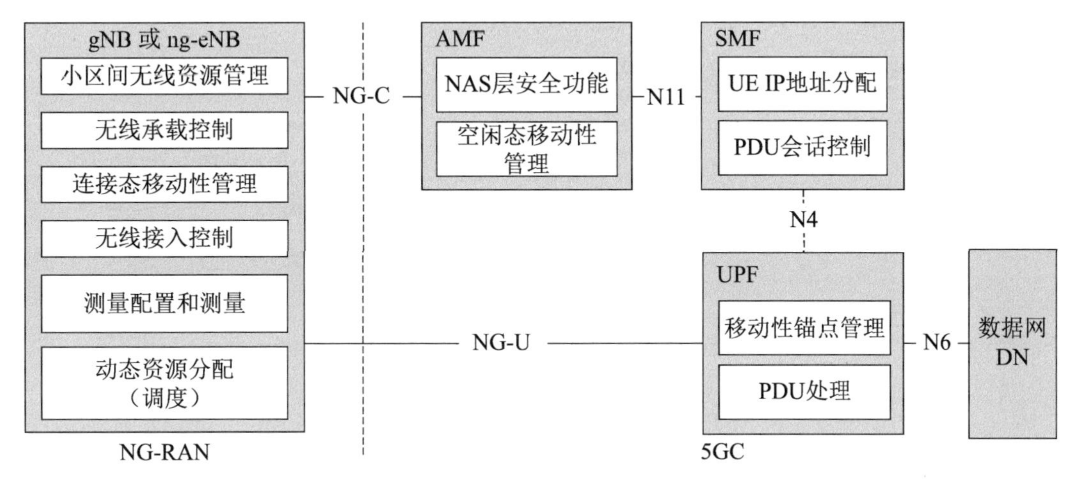

图 1-5　NG-RAN 和 5GC 主要逻辑点功能（3GPP TS 38.300 图 4.2-1）

1.1.1　接入网

5G 无线接入网由新无线（New Radio，NR）单元组成，其中 NR 是多种接入设备的统称，5G 基站称为 NR NodeB，简称 gNB，为 5G 网络用户提供 NR 的用户面和控制面的协议和功能。ng-eNB 为升级后的 eNB，可以直接连到 5GC，为 4G 网络用户提供用户面和控制面的协议和功能。NR 向 UE 提供用户面和控制面的协议终端的节点，并且经由 NG 接口连接到 5GC，NR 之间通过 Xn 接口进行连接，如图 1-6 所示。

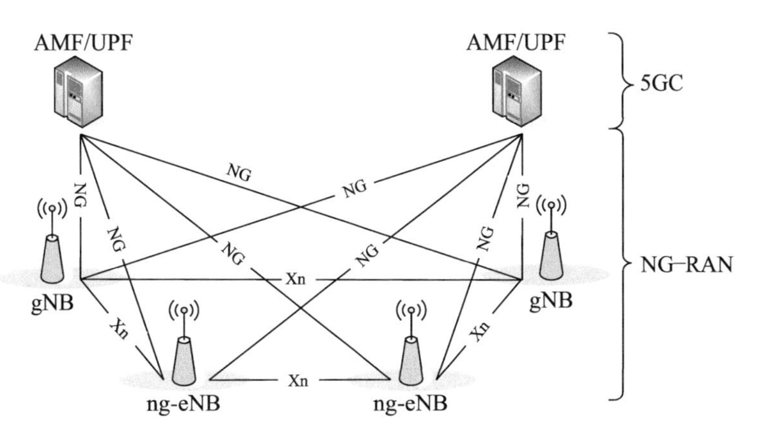

图 1-6　5G 无线接入网和接口（3GPP TS38.300 图 4.1-1）

5G 基站 gNB 按功能分为 CU、DU 和 AAU 3 个部分。与 eNB 相比，gNB 从功能上将 BBU 拆分为 CU 和 DU 两个部分，同时将 BBU 物理层部分功能前移到 AAU，减少 CPRI 接口传输带宽需求，如图 1-7 所示。

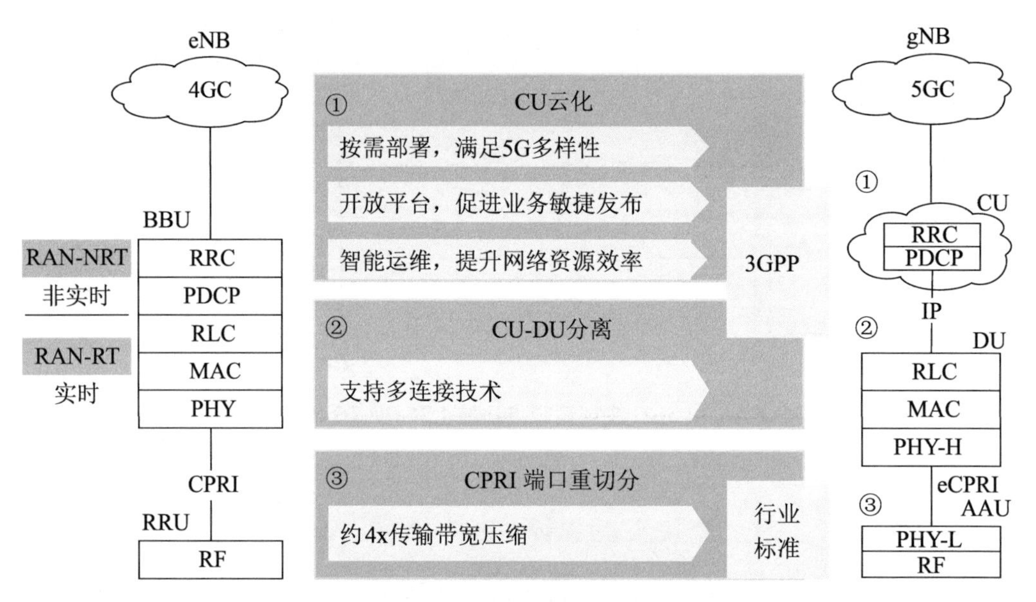

图 1-7　eNB 和 gNB 结构对比

通过引入 CU，一方面，在业务层面可以实现无线资源的统一管理、移动性的集中控制，从而进一步提高网络性能；另一方面，在架构层面，既可以灵活集成到运营商云平台，也可以采用云化思想设计，实现资源池化、部署自动化，降低投资成本 CAPEX 和运营成本 OPEX。

5G 基站 gNB 的主要功能包括（参阅 3GPP TS38.300 4.2 节）以下几个。

（1）无线资源管理：无线接入控制、RB 控制、连接态移动性管理、动态资源分配。

（2）IP 报头压缩、数据加密和完整性保护。

（3）UE 附着时 AMF 选择。

（4）路由用户面数据到 UPF。

（5）路由控制面信息到 AMF。

（6）连接建立和释放。

（7）调度和发送寻呼消息、源自 AMF 或 OAM 的系统广播消息。

（8）测量和测量报告配置。

（9）会话管理。

（10）支持网络切片。

（11）QoS flow（QoS 流）管理及将 QoS flow 映射 DRB 等。

基于 CU/DU（BBU）安装位置进行划分，5G 接入网可以划分为 3 种部署方式，分别是 D-RAN、C-RAN 和 CU 云化部署，如图 1-8 所示。

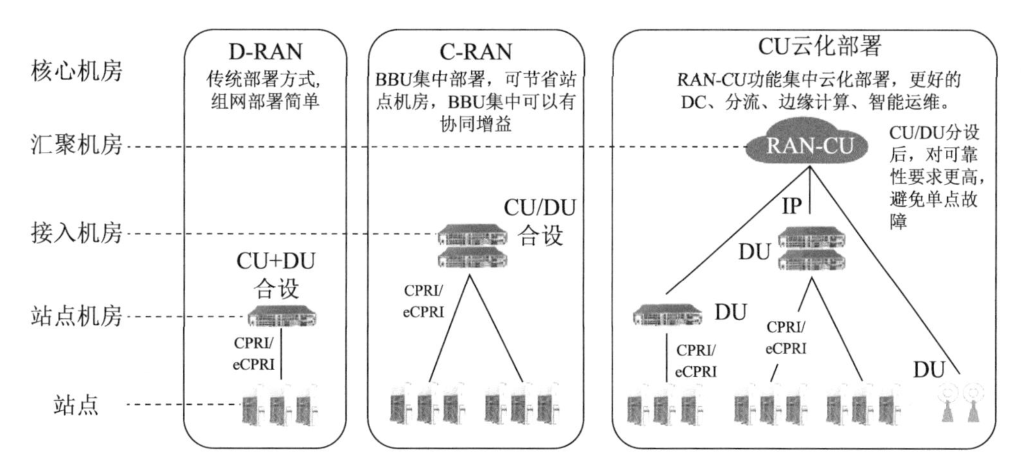

图 1-8 NR 接入网组网方式

D-RAN（Distributed RAN）指分布式无线接入网，CU/DU 合设并且将 CU/DU 放置在站点机房，RRU 移到靠近天线的位置，大大缩短了 RRU 和天线之间的馈线长度，可以减少馈线传输损耗，增大基站覆盖范围。

C-RAN（Centralized RAN）指集中化无线接入网，CU/DU 集中部署在接入机房。采用 C-RAN 之后，CU 可以统一管理和调度，资源调配更加灵活，适合 MEC 技术的应用。另外，通过集中化的方式，基站机房数量和配套设备的能耗减少，基站规划更加灵活。

云 RAN 指云化无线接入网。在云 RAN 中，CU 云化部署，每个虚拟 CU 能够支持更多的基站，以实现资源池的高利用，更好的业务分流、边缘计算和运维等。

1.1.2 核心网

5G 核心网采用服务化架构，主要由 AMF、SMF 和 UPF 等功能单元组成，功能单元之间通信采用 HTTP/TCP 协议，如图 1-9 所示。核心网通过模块化实现网络功能单元间的解耦与整合，各解耦后的网络功能抽象为网络服务，独立扩容、独立演进、按需部署。

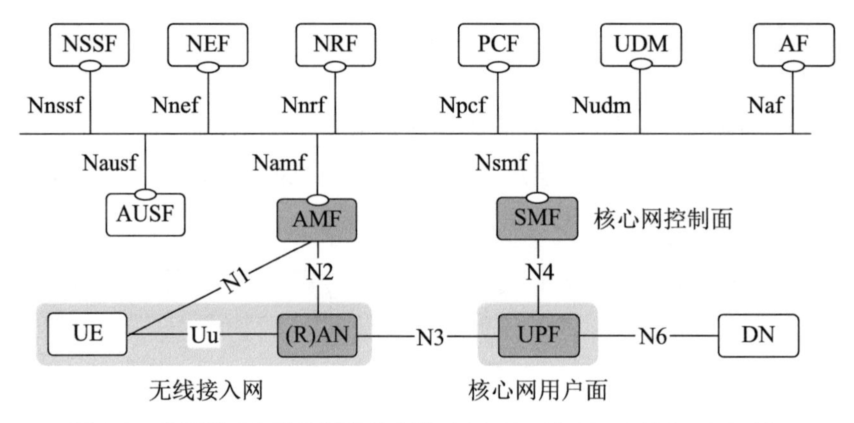

图 1-9　非漫游 5G 系统服务化架构（3GPP TS 23.501 图 4.2.3-1）

传统 2G、3G、4G 网络架构采用的是“点对点”架构，网元和网元之间的接口需预先定义和配置，并且定义的接口只能用于特定的两类网元间，灵活性不强；而服务化架构将网络功能划分为可重用的若干个“服务”，“服务”之间使用轻量化接口通信。

5G 无线接入网和核心网之间弱关联，各种接入均可通过通用的接口接入核心网。核心网功能单元 NF 之间的交互采用服务化接口，同一种服务可以被多种 NF 调用，降低 NF 之间接口定义的耦合度，最终实现整网功能的按需定制，灵活支持不同的业务场景。

图 1-10 为 5G 系统架构参考点示意图。UE 与 AMF 之间的控制面参考点为 N1，（R）AN 与 AMF 之间的控制面参考点为 N2，（R）AN 与用户面 UPF 之间的参考点为 N3。

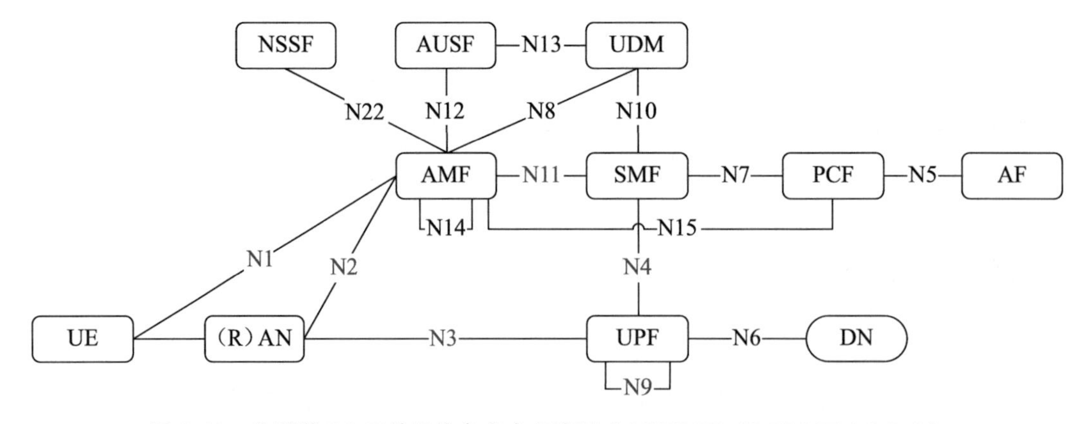

图 1-10　非漫游 5G 系统架构参考点示意图（3GPP TS 23.501 图 4.2.3-2）

5G 网元及其功能如表 1-4 所示。

表 1-4 5G 网元及其功能（参阅 3GPP TS23.501 6.2 节）

网元名称	网元主要功能
（R）AN	无线接入控制、无线承载控制、连接态移动性管理、动态资源分配等
AMF	接入管理功能，完成注册管理，连接管理，可达性管理，空闲态移动性管理，接入鉴权和授权，转发 UE 和 SMF 间的 SM 消息，合法监听等
SMF	会话管理功能，包括 UE IP 地址分配；选择和控制 UPF，配置 UPF 的流量定向，转发至合适网络；下行数据到达通知；合法监听等
UPF	用户面功能，包括数据面锚点、连接数据网络的 PDU 会话点、报文路由和转发、合法监听、用户面 QoS 处理，例如包过滤、门控 UL/DL 速率执行等，对应 SGW/PGW 中的用户面功能
AUSF	鉴权服务器功能
NRF	NF 贮存功能，类似 DNS。存储 NF 类型、IP 地址、支持的服务能力等信息。用于服务注册、发现、授权等功能，提供内部 / 外部寻址功能
NEF	网络业务开放功能。作为网络能力开放的统一接口网元，对外提供 API，用于帮助公开和发布网络数据，以及帮助其他节点发现网络服务
PCF	策略决策功能，提供策略规则给控制面，由其执行；提供接入签约信息，供 UDR 做策略决策
UDM	统一数据库，存放用户的签约数据，包括签约数据管理、用户服务 NF 注册管理、产生 3GPP AKA 鉴权参数、基于签约数据的接入授权、保证业务和会话的连续性
NSSF	网络切片选择功能，包括选择为 UE 服务的网络切片实例集，确定允许的 NSSAI（并且可以映射到签约的 S-NSSAI），确定用于服务 UE 的 AMF 集合
AF	应用功能
DN	数据网络

4G 网络与 5G 网络功能映射如图 1-11 所示。

5G 网络的控制面与用户面完全分离。用户面 UPF 既可灵活部署于核心网（中心数据中心），也可同时部署于接入网（边缘数据中心），最终实现可分布式部署。

5GS 和 EPC/E-UTRAN 互操作网络结构如图 5-12 所示，目的是在 5G 网络覆盖边缘将进行中的 5G 业务通过切换或重定向方式转移到 4G 网络，保持业务的连续性。

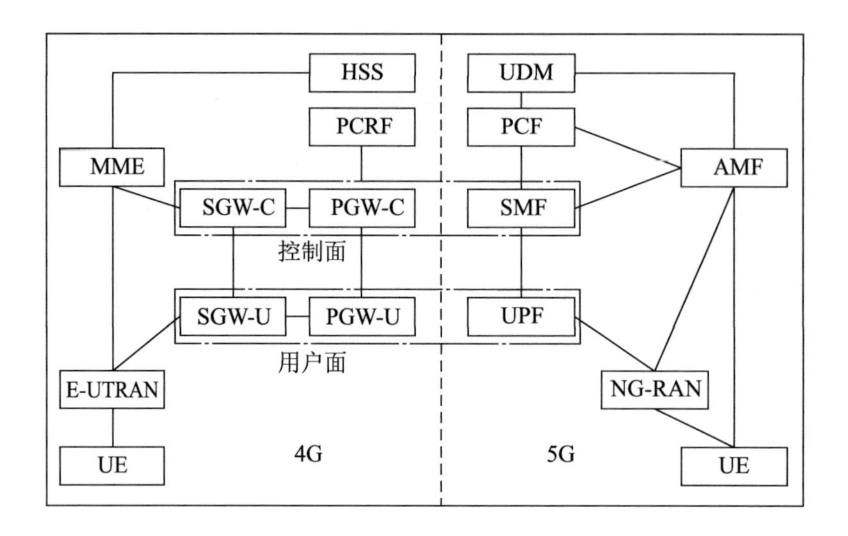

<table>
<tr><th colspan="2">EPC 网元功能</th><th>对应 NG-C 网络功能</th></tr>
<tr><td rowspan="3">MME</td><td>移动性管理</td><td>AMF</td></tr>
<tr><td>鉴权管理</td><td>AUSF</td></tr>
<tr><td>PDN 会话管理</td><td>SMF</td></tr>
<tr><td rowspan="2">PGW</td><td>PDN 会话管理</td><td>SMF</td></tr>
<tr><td>用户面数据转发</td><td>UPF</td></tr>
<tr><td rowspan="2">SGW</td><td>用户面数据转发</td><td>UPF</td></tr>
<tr><td>PDN 会话管理</td><td>SMF</td></tr>
<tr><td>PCRF</td><td>计费及策略控制</td><td>PCF</td></tr>
<tr><td>HSS</td><td>用户数据库</td><td>UDM</td></tr>
</table>

图 1-11　4G 网络与 5G 网络功能映射

为了保证 4G/5G 间更好的兼容性，新建 5GC 时遵循 TS23.501 定义搭建 4G/5G 融合网网络，如表 1-5 所示。UDM/HSS、PCF/PCRF、SMF/PGW-C、UPF/PGW-U 全部部署为融合网元，MME 和 AMF 之间通过 N26 接口实现互操作。

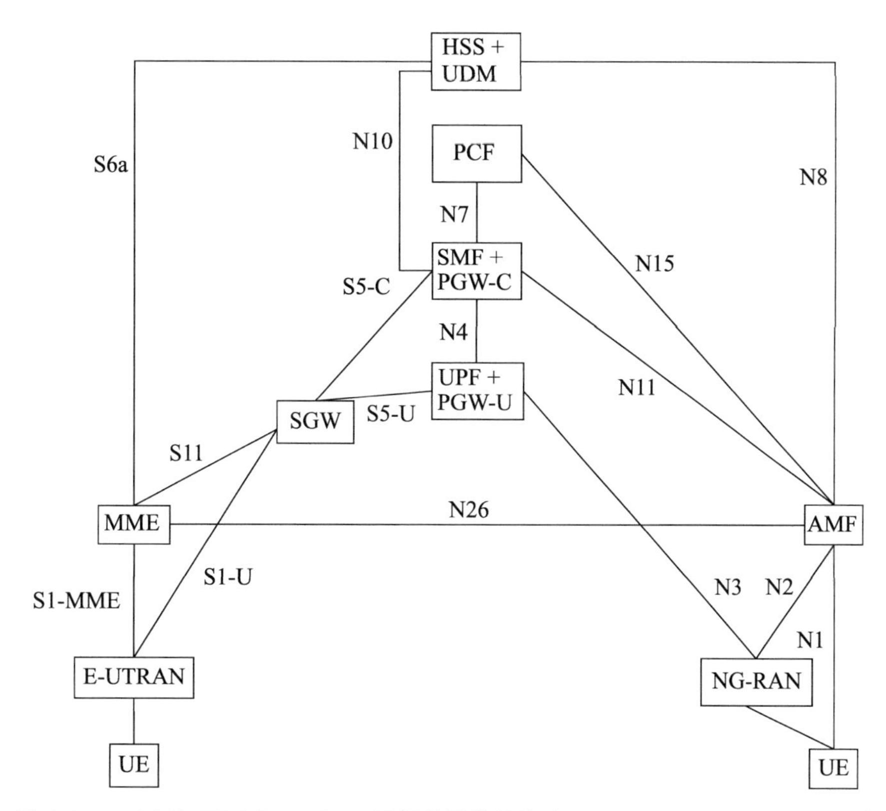

图 1-12　5GS 和 EPC/E-UTRAN 互操作网络结构（3GPP TS 23.501 图 4.3.1-1）

表 1-5　4G 和 5G 核心网融合

网　元	功 能 需 求
UDM+HSS	UDM 和 HSS 融合部署，保证互操作过程用户数据的一致性
PCF+PCRF	PCRF 和 PCF 融合部署，保证互操作过程策略一致性、连续性
SMF+PGW-C	控制面锚点不变，保证互操作过程 IP 会话连续性
UPF+PGW-U	用户面锚点不变，保证互操作过程 IP 会话连续性
MME	需升级，支持 N26 接口互操作
AMF	支持 N26 接口互操作

1.2 频谱划分

5G 先发频段是 C-Band，频谱范围为 3.3G ～ 4.2GHz，4.4G ～ 5.0GHz，对应的运营频段分别是 n77、n78、n79[①]；其次是毫米波频段，对应的频率分别为 26GHz/28GHz/39GHz，对应的运营频段分别是 n258、n257 和 n260。

1.2.1 频段定义

根据 3GPP TS38.104 协议定义，将 5G NR 的频率划分为 FR1 和 FR2 两个部分，其中 FR1 指 Sub-6GHz 频段，FR2 则指毫米波频段，如表 1-6 所示。

表 1-6 频率范围定义

频率范围名称	对应的频率范围
FR1	450 M ～ 6000 MHz
FR2	24250 M ～ 52600 MHz

FR1 和 FR2 中 NR 工作频段分别如表 1-7 和表 1-8 所示。

表 1-7 FR 1 中 NR 工作频段（3GPP TS 38.104 表 5.2-1）

NR 频段	上行频段 /MHz		下行频段 /MHz		双工模式（下行频率上限）
	F_{ul_low}（上行频率下限）	F_{ul_high}（上行频率上限）	F_{dl_low}（下行频率下限）	F_{dl_high}（下行频率上限）	
n1	1920	1980	2110	2170	FDD
n2	1850	1910	1930	1990	FDD
n3	1710	1785	1805	1880	FDD
n7	2500	2570	2620	2690	FDD
n12	699	716	729	746	FDD
n28	703	748	758	803	FDD
n38	2570	2620	2570	2620	TDD
n41	2496	2690	2496	2690	TDD
n77	3300	4200	3300	4200	TDD

① 这里 n77 和 n78 是互相包含的关系，n77 包含 n78，所以会对应 3 个频段。

续表

NR 频段	上行频段 /MHz		下行频段 /MHz		双工模式（下行频率上限）
	F_{ul_low}（上行频率下限）	F_{ul_high}（上行频率上限）	F_{dl_low}（下行频率下限）	F_{dl_high}（下行频率上限）	
n78	3300	3800	3300	3800	TDD
n79	4400	5000	4400	5000	TDD
n80	1710	1785	-	-	SUL
n81	880	915	-	-	SUL
n82	832	862	-	-	SUL
n83	703	748	-	-	SUL
n84	1920	1980	-	-	SUL
n86	1710	1780	-	-	SUL

注：TDD为时分双工模式；FDD为频分双工模式；SUL为补充上行链路。-表示空。

表 1-8　FR 2 中 NR 工作频段（3GPP TS 38.104 表 5.2-2）

NR 频段	上行和下行频段 /MHz		双工模式
	F_{low}	F_{high}	
n257	26500	29500	TDD
n258	24250	27500	TDD
n259	39500	43500	TDD
n260	37000	40000	TDD
n261	27500	28350	TDD

FR1 频率范围一共定义了 30 个频段。理论上，这 30 个频段都可应用于 5G 的建设，但为了降低芯片成本，避免基带芯片支持的频段过多，厂家会有针对性地进行选择。另外，频段还受可用带宽资源限制。目前国内已分配的 5G 频段主要集中在频段 n28（中国广电）、n41（中国移动）、n77/n78（中国电信和中国联通）、n79（中国移动和中国广电）。

此外，在 FR1 中引入了 SUL（上行辅助频段），原因是用户终端（User Equipment，UE）的发射功率低，在使用高频段时 5G 网络的覆盖瓶颈受限于上行，而工作于更低频段的 SUL 则可以通过上下行解耦的方式与下行配合，从而补偿上行覆盖不足。

FR1 支持的最大信道带宽为 100MHz，子载波支持 15kHz、30kHz、60kHz 这 3 种类型；FR2 支持的最大信道带宽为 400MHz，子载波支持 60kHz 和 120kHz 两种类型。不同带宽可配置最大资源块（Resource Block，RB）数分别如表 1-9 和表 1-10 所示。

表 1-9　FR1 最大信道带宽 CHBW 可配置的 RB 数 N_{RB}（3GPP TS 38.104 表 5.3.2-1）

SCS /kHz	10MHz	15MHz	20MHz	25MHz	40MHz	50MHz	60MHz	80MHz	100MHz
	N_{RB}	N_{RB}	N_{RB}	N_{RB}	N_{RB}	N_{RB}	N_{RB}	N_{RB}	N_{RB}
15	52	79	106	133	216	270	—	—	—
30	24	38	51	65	106	133	162	217	273
60	11	18	24	31	51	65	79	107	135

表 1-10　FR2 最大信道带宽 CHBW 可配置的 RB 数 N_{RB}（3GPP TS 38.104 表 5.3.2-2）

SCS /kHz	50MHz	100MHz	200MHz	400MHz
	N_{RB}	N_{RB}	N_{RB}	N_{RB}
60	66	132	264	—
120	32	66	132	264

并不是所有 FR1 的频段都能支持 100MHz 带宽。对于不同的频率范围，系统支持的带宽和子载波间隔也会有所不同。FR1 和 FR2 部分工作频段支持的信道带宽分别如表 1-11 和表 1-12 所示。

表 1-11　FR1 部分工作频段支持的信道带宽（参阅 3GPP TS 38.104 表 5.3.5）

NR 频段	SCS kHz	15 MHz	20 MHz	25 MHz	30 MHz	40 MHz	50 MHz	60 MHz	70 MHz	80 MHz	90 MHz	100 MHz
n1	15	是	是	是	是	是	是					
	30	是	是	是	是	是	是					
	60	是	是	是	是	是	是					
n2	15	是	是									
	30	是	是									
	60	是	是									
n3	15	是	是	是	是	是						
	30	是	是	是	是	是						
	60	是	是	是	是	是						
n7	15	是	是	是	是	是	是					
	30	是	是	是	是	是	是					
	60	是	是	是	是	是	是					
n12	15	是										
	30	是										
	60											

续表

NR 频段	SCS kHz	15 MHz	20 MHz	25 MHz	30 MHz	40 MHz	50 MHz	60 MHz	70 MHz	80 MHz	90 MHz	100 MHz
n28	15	是	是		是	是						
	30	是	是		是	是						
	60											
n41	15	是	是			是	是					
	30	是	是			是	是	是	是	是	是	是
	60	是	是			是	是	是	是	是	是	是
n77	15	是	是		是	是	是					
	30	是	是		是	是	是	是	是	是	是	是
	60	是	是		是	是	是	是	是	是	是	是
n78	15	是	是		是	是	是					
	30	是	是		是	是	是	是	是	是	是	是
	60	是	是		是	是	是	是	是	是	是	是
n79	15					是	是					
	30					是	是	是		是		是
	60					是	是	是		是		是

表 1-12　FR2 部分工作频段支持的信道带宽

NR 频段	SCS/kHz	50MHz	100MHz	200MHz	400MHz
n257	60	是	是	是	
	120	是	是	是	是
n258	60	是	是	是	
	120	是	是	是	是
n260	60	是	是	是	
	120	是	是	是	是
n261	60	是	是	是	
	120	是	是	是	是

1.2.2 频率栅格

5G 引入频率栅格的概念，要求中心频点满足一定规律。频率栅格根据用途不同分为信道栅格和同步栅格，分别用于定义小区中心频点 NR-ARFCN 和同步信号块（Synchronization

Signal Block，SSB）的中心频点 GSCN。其中，信道栅格又分为全局信道栅格和信道栅格两种类型。

5G NR 小区中心频点依据信道栅格进行定义。5G 小区频点 NR-ARFCN、频率 F_{REF} 与全局信道栅格 $\Delta F_{\mathrm{Global}}$ 的关系如下面公式所示（参阅 3GPP TS38.104）：

$$F_{\mathrm{REF}}=F_{\mathrm{REF\text{-}offs}}+\Delta F_{\mathrm{Global}}(N_{\mathrm{REF}}-N_{\mathrm{REF\text{-}offs}})$$

式中，N_{REF} 表示 NR 小区的频点编号，即 NR-ARFCN；F_{REF} 表示 NR 的频率，单位为 MHz；全局信道栅格 $\Delta F_{\mathrm{Global}}$、起始频率 $F_{\mathrm{REF\text{-}offs}}$ 和起始频率编号 $N_{\mathrm{REF\text{-}offs}}$ 的定义如表 1-13 所示。

表 1-13　NR-ARFCN 参数定义（3GPP TS 38.104 表 5.4.2.1-1）

频率范围 /MHz	$\Delta F_{\mathrm{Global}}$/kHz	$F_{\mathrm{REF\text{-}offs}}$/MHz	$N_{\mathrm{REF\text{-}offs}}$	N_{REF} 范围
0 ～ 3000	5	0	0	0 ～ 599999
3000 ～ 24250	15	3000	600000	600000 ～ 2016666
24250 ～ 100000	60	24250	2016667	2016667 ～ 3279167

信道栅格 $\Delta F_{\mathrm{Raster}}$ 是全局栅格的子集，而且必须是全局频率栅格粒度 $\Delta F_{\mathrm{Global}}$ 的整数倍。FR1、FR2 可适用的 NR-ARFCN 分别如表 1-14 和表 1-15 所示。

表 1-14　FR1 可适用的 NR-ARFCN（3GPP TS 38.104 表 5.4.2.3-2）

NR 运营频段	$\Delta F_{\mathrm{Global}}$ /kHz	$\Delta F_{\mathrm{Raster}}$ /kHz	上行 N_{REF} 范围（开始 -< 步长 >- 结束）	下行 N_{REF} 范围（开始 -< 步长 >- 结束）
n1	5	100	384000 – <20> – 396000	422000 – <20> – 434000
n7	5	100	500000 – <20> – 514000	524000 – <20> – 538000
n12	5	100	139800 – <20> – 143200	145800 – <20> – 149200
n28	5	100	140600 – <20> – 149600	151600 – <20> – 160600
n38	5	100	514000 – <20> – 524000	514000 – <20> – 524000
n41	5	15	499200 – <3> – 537999	499200 – <3> – 537999
	5	30	499200 – <6> – 537996	499200 – <6> – 537996
n51	5	100	285400 – <20> – 286400	285400 – <20> – 286400
n66	5	100	342000 – <20> – 356000	422000 – <20> – 440000
n70	5	100	339000 – <20> – 342000	399000 – <20> – 404000
n71	5	100	132600 – <20> – 139600	123400 – <20> – 130400
n75	5	100	—	286400 – <20> – 303400
n76	5	100	—	285400 – <20> – 286400
n77	15	15	620000 – <1> – 680000	620000 – <1> – 680000
	15	30	620000 – <2> – 680000	620000 – <2> – 680000

续表

NR 运营频段	ΔF_{Global}/kHz	ΔF_{Raster}/kHz	上行 N_{REF} 范围（开始 -< 步长 >- 结束）	下行 N_{REF} 范围（开始 -< 步长 >- 结束）
n78	15	15	620000 – <1> – 653333	620000 – <1> – 653333
	15	30	620000 – <2> – 653332	620000 – <2> – 653332
n79	15	15	693334 – <1> – 733333	693334 – <1> – 733333
	15	30	693334 – <2> – 733332	693334 – <2> – 733332
n80	5	100	342000 – <20> – 357000	—
n81	5	100	176000 – <20> – 183000	—
n82	5	100	166400 – <20> – 172400	—
n83	5	100	140600 – <20> –149600	—
n84	5	100	384000 – <20> – 396000	—
n86	5	100	342000 – <20> – 356000	—

表 1-15 FR2 可适用的 NR-ARFCN

NR 运营频段	ΔF_{Global}/kHz	ΔF_{Raster}/kHz	上行和下行 N_{REF} 范围（开始 -< 步长 >- 结束）
n257	60	60	2054166 – <1> – 2104165
	60	120	2054167 – <2> – 2104165
n258	60	60	2016667 – <1> – 2070832
	60	120	2016667 – <2> – 2070831
n260	60	60	2229166 – <1> – 2279165
	60	120	2229167 – <2> – 2279165
n261	60	60	2070833 – <1> – 2084999
	60	120	2070833 – <2> – 2087497

以频段 n41 为例，上行频率范围为 2496 ～ 2690MHz。根据 NR-ARFCN 公式计算，起始频点 2496MHz 对应的 NR-ARFCN 为 499200。由表 1-14 可以知道 n41 信道栅格 ΔF_{Raster} 有 15kHz 和 30kHz 两种。我们以 15kHz 为例，其对应步长为 3（即全局信道栅格 5kHz 的 3 倍），则下一有效频点编号为 499203，其对应的频率为 2496.015MHz。

1.2.3 同步栅格

在 NR 网络中，由于信道带宽非常大，若 UE 按照信道栅格逐个频点进行同步信号搜索，则完成同步和小区搜索耗时太长，并且增加 UE 耗电，因此引入全局同步信道号（Global

Synchronization Channel Number，GSCN），并设置较大步长，根据频段不同分别设置为1.2MHz、1.44MHz和17.28MHz 3种类型，专门用于小区搜索和同步，目的是加快UE小区搜索和同步的速度。NR全局同步信道栅格如表1-16所示。

表1-16　NR全局同步信道栅格（3GPP TS 38.104 表5.4.3.1-1）

频率范围	同步信号频率位置	GSCN	GSCN 范围
0～3000MHz	N×1200kHz+M×50kHz N=1:2499，M∈{1，3,5}（M默认为3）	3N+（M−3）/2	2～7498
3000MHz～24250MHz	3000MHz+N×1.44MHz N=0:14756	7499+N	7499～22255
24250MHz～100000MHz	24250.08MHz+N×17.28MHz N=0:4383	22256+N	22256～26639

在NR中，NR-ARFCN（N_{REF}）、GSCN和PointA三者的关系如图1-13表示。

PointA：频域的参考点，对应公共资源块CRB 0的第0个子载波的频率，是一个参考位置，可位于传输带宽外面的保护带内，由参数absoluteFrequencyPointA定义。该参数配置在信元FrequencyInfoDL和FrequencyInfoUL-SIB中，其中FrequencyInfoUL-SIB由SIB1发送给UE（Point A定义参阅3GPP TS38.211 4.4.4.3节）。

OffsetToCarrier：小区传输带宽起始载波PRB 0位置和Point A的频率偏差值，单位为RB，其子载波带宽由参数subcarrierSpacing定义。该参数设置为0时表示小区传输带宽起始位置和PointA相同。该参数由SIB1发送给UE。

SSref：SSB的频域位置，表示SSB的中心频率，对应SSB第10个RB（从0编号）的第0个子载波的频率，由信元absoluteFrequencySSB或ssbFrequency下发UE。

OffsetToPointA：SSB的第1个RB的第0个子载波和PoinA相差的RB数量。注意，OffsetToPointA的单位是RB。**OffsetToPointA**参数由SIB1中信元FrequencyInfoDL-SIB发送给UE（参阅TS38.211 4.4.4.2节）。

Offset：表示以RB为单位的偏移量，根据IE可以确认当前SSB所处频域范围内是否包含了CORESET，即配置了Type0-PDCCH公共信道，并由此可判断小区当前SSB所处频域是否配置了SIB1。该参数包含在MIB消息pdcch-configSIB1中。

K_{SSB}：以x kHz为单位的偏移量，通过MIB中SSB-subcarrier offset广播给UE。对于FR1频段，x =15；对于FR2频段，x的值由MIB中的subCarrierSpacingCommon字段指定（参阅TS38.211 7.4.3.1节）。

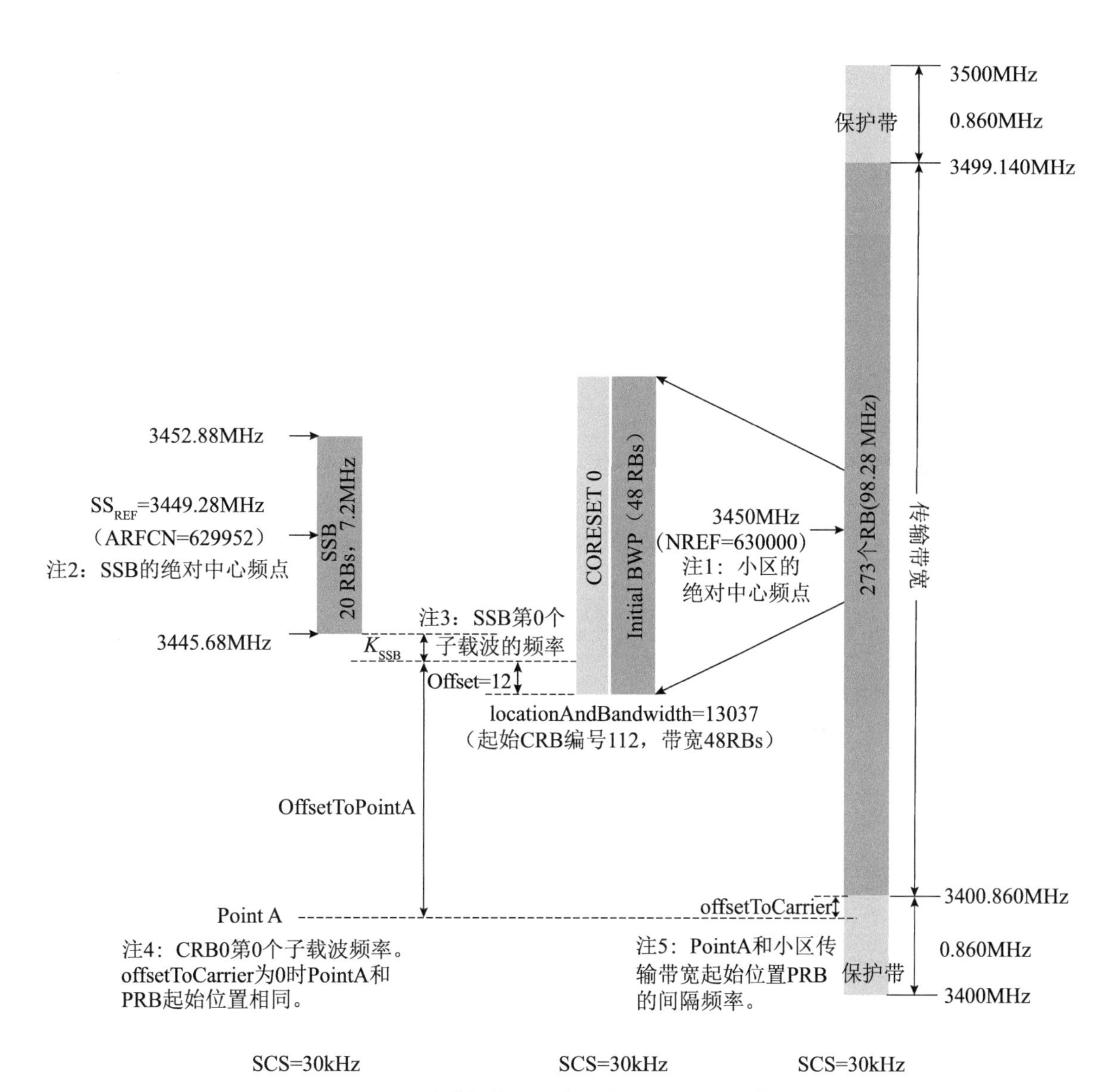

图 1-13　信道栅格、同步栅格和 Point A 示意图

（示例，虚线对应的均为子载波中心频点，CRB0表示公共资源块的起始RB编号，PRB0为BWP（n）的起始RB编号）

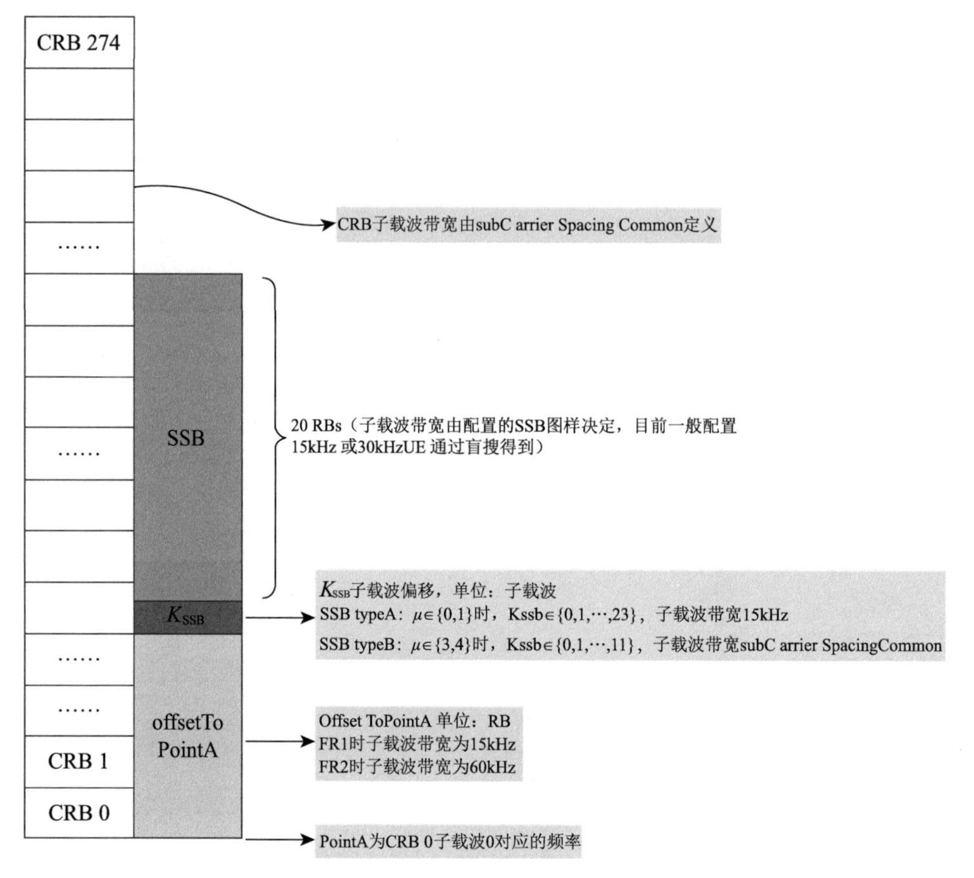

图 1-14　K_{SSB} 示意图（3GPP TS 38.211 第 7.4.3.1 节）

SSB 的第 0 个子载波和 PoinA 相差的频率等于 OffsetToPointA（RBs）+K_{SSB}，SSB 的第 0 个子载波和 CORESET 0 的频域起始位置相差的频率等于 Offset（RBs）+K_{SSB}。

在 NSA 场景下，基站会通过 RRC 重配置消息通知 UE 关于 NR 频点的信息，帮助 UE 快速搜索到目标小区，示例如下。

```
absoluteFrequencySSB=504990            /*SSB 的中心频率，SS_REF=504990*5kHz */
FreqBandIndicatorNR=41                 /* 所使用的频带为 41*/
absoluteFrequencyPointA=503232         /*PointA 的频率为 503232*5kHz */
offsetToCarrier=0                      /* 设为 0，表示载波带宽起始位置和 PointA 一致 */
subcarrierSpacing=kHz30                /* 子载波带宽为 30kHz*/
carrierBandwidth=273                   /* 传输带宽 273 个 RB*/
```

相关参数详细描述可参阅规范 3GPP TS38.211、3GPP TS38.213。

1.2.4　BWP 概念

BWP（Band Width Part）是 5G 新引入的概念。这是因为 5G 带宽较大，为了减少 UE 的功耗，设置了 BWP 的概念。BWP 是整个带宽上的一个子集，每个 BWP 的大小、使用的子载波带宽（SCS）和循环前缀（CP）都可以灵活配置。上、下行最大可独立配置 4 个 BWP，BWP 的带宽必须不小于 SSB，但是 BWP 不一定包含 SSB。对同一个 UE 来说，上行或下行同一时刻只能有一个 BWP 处于激活的状态。PDSCH、PDCCH 或者 CSI-RS 在有效 BWP 中传输，UE 在这个 BWP 上进行数据的收发和 PDCCH 检索。BWP 定义如图 1-15 所示。

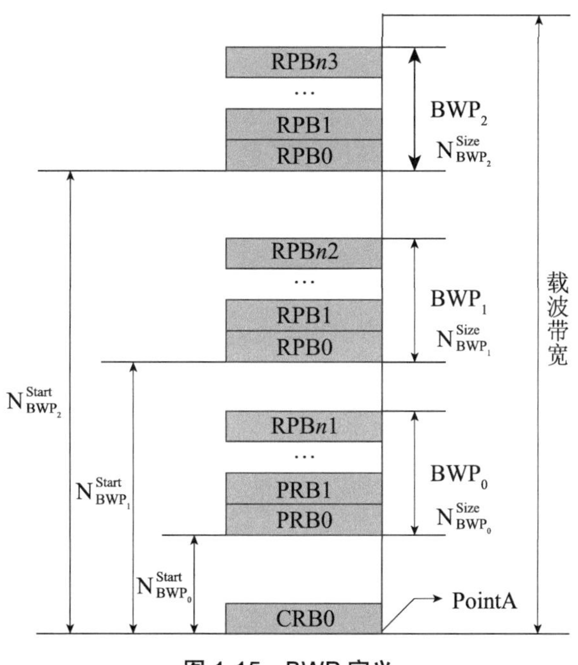

图 1-15　BWP 定义

注：$N_{BWP_i}^{start}$ 表示BWP$_i$起始位置；$N_{BWP_i}^{size}$ 表示BWP$_i$的带宽

BWP 的相关配置由 SIBI 和 RRC 重配置消息下发给 UE。每个服务小区都会配置一个初始 BWP，包含一个默认下行 BWP 参数配置和一个默认的上行 BWP 参数配置。如果UE没有通过高层参数initialDownlinkBWP获取下行初始BWP配置信息，则UE将认为下行初始BWP占用一系列连续PRB资源，起始位置和终止位置对应CORESET的Type0-PDCCH CSS集合，同时子载波间隔SCS、循环前缀CP模式与Type0-PDCCH CSS集合中PDCCH信道一致，否则按照高层参数initialDownlinkBWP确定下行BWP相关参数配置。对于上行初始BWP的配置，UE需要通过高层参数initialUplinkBWP获取。BWP信息单元（TS38.331 6.3.2节）如下。

```
-- ASN1START
-- TAG-BANDWIDTH-PART-START
BWP ::=                        SEQUENCE {
    locationAndBandwidth          INTEGER (0..37949),
    subcarrierSpacing             SubcarrierSpacing,
    cyclicPrefix                  ENUMERATED { extended }OPTIONAL--Need R
}
-- TAG-BANDWIDTH-PART-STOP
-- ASN1STOP
```

BWP参数配置包含BWP频域的起始位置和工作带宽（locationAndBandwidth）、子载波带宽（subcarrierSpacing），以及循环前缀格式（cyclicPrefix，CP）。

1. BWP的分类

在NR FDD系统中，一个UE最多可以配置4个专用DL BWP和4个专用UL BWP。在TDD系统中，一个UE最多配置4个BWP Pair。BWP Pair是指DL BWP ID和UL BWP ID相同，并且DL BWP和UL BWP的中心频点一样，但是带宽和子载波间隔可以不一致。

BWP间切换示意图如图1-16所示。

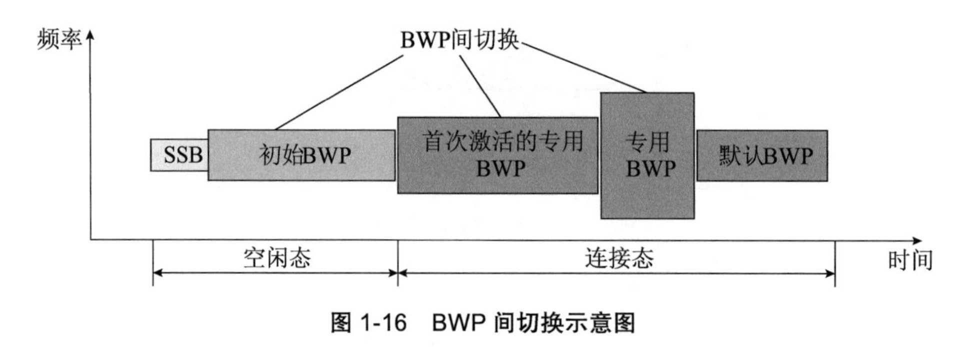

图1-16 BWP间切换示意图

从BWP占用时机上来看，BWP分为两类：初始BWP（Initial BWP）和专用BWP

（Dedicated BWP）。专用 BWP 主要用于数据业务传输，一般大于初始 BWP 的带宽。

（1）初始 BWP：用于 UE 接入前的信息接收，如接收 SIB1、OSI、发起随机接入等，一般在空闲态时使用。

（2）专用 BWP：UE 专有 BWP，UE 可在这个 BWP 上进行数据的收发和 PDCCH 检索。

（3）默认 BWP（Default BWP）：UE 默认 BWP，通过 RRC Reconfiguration 消息通知 UE。如果没有配置，则将初始 BWP 认为是默认 BWP。在占用专用 BWP 状态时，若 BWP-inactivityTimer 超时之后，UE 仍没有被调度，则将 UE 切换到默认 BWP。

根据应用场景划分，BWP 可以分为 3 类，如图 1-17 所示。

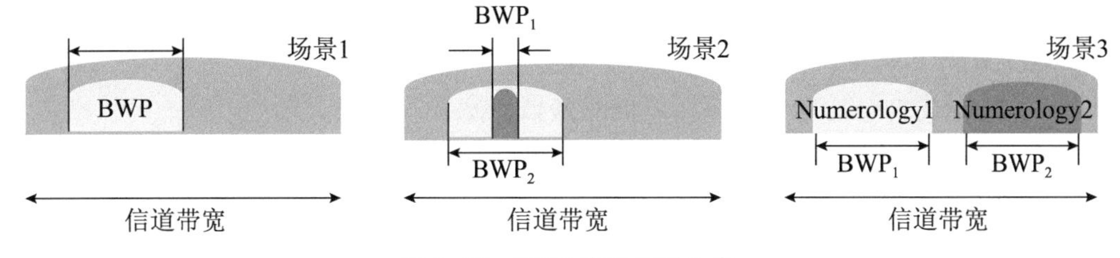

图 1-17 BWP 应用场景分类

场景 1 用于小带宽能力 UE 接入 5G 系统，使用和监测较小带宽有利于降低 UE 功耗；场景 2 适用于可变业务，UE 根据业务带宽需求在大小 BWP 间进行切换；场景 3 中的不同 BWP 分别占用不同频带资源，可以配置不同参数集（Numerology）、承载不同业务，如 eMBB、mMTC 和 uRLLC 等。

UE 在对应的 BWP 内只需要采用对应 BWP 的中心频点和 SCS 配置即可。每个 BWP 不仅仅是频点和带宽不一样，还可以对应不同的配置。例如，每个 BWP 的子载波间隔 SCS、循环前缀 CP 类型、SSB 周期等都可以差异化配置，以适应不同的业务需求。

2. BWP 自适应

BWP 自适应调整示意图如图 1-18 所示。第 1 时刻，UE 的业务量较大，系统给 UE 配置一个大带宽（BWP_1）；第 2 时刻，UE 的业务量较小，系统给 UE 配置了一个小带宽（BWP_2），满足基本的通信需求即可；第 3 时刻，系统发现 BWP_2 所在带宽内有大范围频率选择性衰落，或者 BWP_2 所在频率范围内资源较为紧缺，于是给 UE 配置了一个新的带宽（BWP_3）。

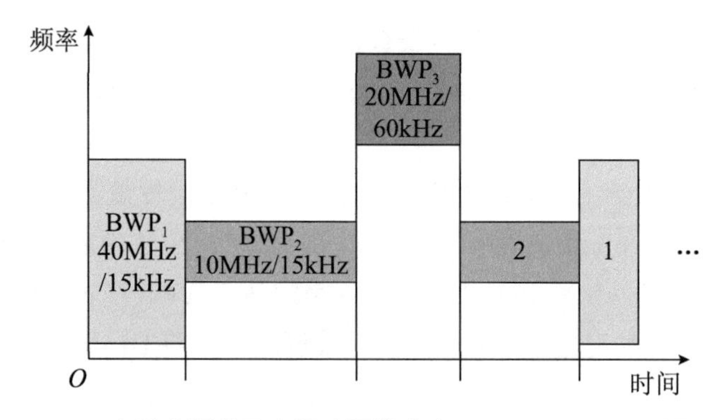

图 1-18　BWP 自适应调整示意图（图片来自 3GPP TS38.300 图 6.10-1）

3. BWP 的技术优势

1）UE 无须支持全部带宽，只需要满足最低带宽要求即可。

2）当 UE 业务量不大时，UE 可以切换到低带宽 BWP 运行，降低 UE 功耗。

3）适应业务需要，保证不同 UE 可以支持不同参数集（Numerology）的资源配置。

4）5G 技术前向兼容，当 5G 添加新的技术时，可以直接将新技术应用在新的 BWP 上运行，保证了系统的前向兼容性。

BWP 可以给 5G 带来很多灵活性，以适应多种差异化业务，不足之处是使 5G 系统的设计更加复杂。

1.2.5　国内 5G 频率分配

中国工业和信息化部已规划 3300 ~ 3600MHz、4800 ~ 5000MHz 频段作为国内 5G 系统的工作频段，其中 3300 ~ 3400MHz 频段仅用于室内覆盖，已分配给中国电信、中国联通、中国广电三家运营商共同使用。国内运营商 5G 频率分配情况如图 1-19 所示。

1）中国电信获得 3400 ~ 3500MHz 共 100MHz 带宽的 5G 频率资源。

2）中国联通获得 3500 ~ 3600MHz 共 100MHz 带宽的 5G 频率资源。

3）中国移动获得 2515 ~ 2675MHz、4800 ~ 4900MHz 频段的共 260MHz 带宽的 5G 频率资源。

4）中国广电获得 703 ~ 733/758 ~ 788MHz（n28）、4900 ~ 4960MHz。

5）中国电信和中国联通重耕 2.1G 频段 1920 ~ 1970/2110 ~ 2160MHz 用于 5G 广覆盖和深度覆盖。

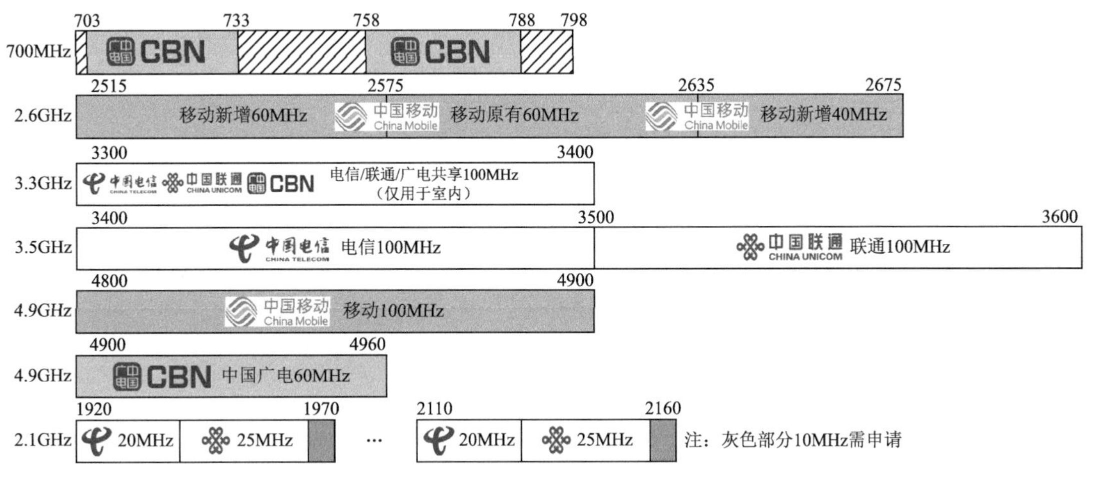

运营商	频率范围
中国移动	2515 ～ 2675MHz（n41，目前 5G 用 2515 ～ 2615MHz）、4800 ～ 4900MHz（n79），共 260MHz
中国电信	3400 ～ 3500MHz（n77）、1920 ～ 1970/2110 ～ 2160MHz（n1）、3300 ～ 3400MHz（室内）
中国联通	3500 ～ 3600MHz（n77）、1920 ～ 1970/2110 ～ 2160MHz（n1）、3300 ～ 3400MHz（室内）
中国广电	703 ～ 733/758 ～ 788MHz（n28）、4900 ～ 4960MHz（n79）、3300 ～ 3400MHz（n77，室内）

图 1-19 国内 5G 频段分配情况

1.3 无线帧结构

1.3.1 基本时间单位

NR 物理层的基本时间单位为 T_C，与 LTE 的基本时间单位 T_S 关系如下：

$$T_C=T_S/64$$

LTE 的基本时间单位 T_S 通过下式计算得到：

$$T_S=1/（\Delta f_{ref}\times N_{f,ref}）=1/（15\times10^3\times2048）\text{s}\approx3.255\times10^{-8}\text{s}$$

式中，$\Delta f_{ref}=15\times10^3\text{Hz}$，$N_{f,ref}=2048$。

根据协议，LTE 支持 6 种不同的传输带宽 1.4 MHz、3 MHz、5 MHz、10 MHz、15 MHz、20 MHz，子载波间隔为 15kHz，所以最大传输带宽 20MHz 共含有 1200 个子载波，

其余带宽为保护间隔。这 1200 个子载波分别承载着子序列信息，在做 IFFT 时，频域采样点数不能少于 1200 才可以保证信息不会丢失，但在计算机系统里，采样点数必须是 2 的幂次方，因此采用 2048 点的 IFFT 生成 OFDM 符号。

频域 2048 个点意味着时域也是 2048 个采样点，LTE 子载波间隔是 15kHz，对应 OFDM 符号长度为 1/15000s，符号长度除以 2048 个采样点，得到采样间隔 T_s，即 LTE 中 OFDM 符号的采样间隔，为 3.255×10^{-8}s。

NR 时间单位 T_C 的定义如下（参阅 TS38.211　4.1 节，实现方式和 LTE 类似）：

$$T_C=T_S/\kappa=1/(\Delta f_{max}\times N_f)=1/(480\times10^3\times4096)\text{ s}\approx5.086\times10^{-10}\text{s}$$

式中，$\Delta f_{max}=480\times10^3$Hz，$N_f=4096$，$\kappa=64$。

TR38.802 规定，5G 可扩展子载波间隔至少从 15kHz 到 480kHz（规范中暂未使用 480kHz），得到 NR 最小 OFDM 符号长度为 1/480000s。FR1 和 FR2 频段最大支持的 RB 数为 273 个，共有子载波 273×12=3276（个），因此需采用 4096 点的 IFFT 生成 OFDM 符号。符号长度除以采样点数得到 NR 的 OFDM 符号的采样间隔 T_C 为 5.086×10^{-10}s。

不论是 LTE 还是 NR，采样频率固定。LTE 子载波间隔固定为 15kHz，OFDM 符号长度不变，所以每个 OFDM 符号的采样点个数不变，但 NR 有多种子载波间隔，OFDM 符号长度不固定，因此每个 OFDM 符号的采样点数不固定。

1.3.2 无线帧结构

NR 无线帧长度为 10ms，由 10 个子帧构成，每个子帧长度为 1ms，对应 $1966080T_C$。一个子帧可以包含一个或多个时隙，每个时隙固定包含 14 个 OFDM 符号。与 LTE 最小调度周期为一个子帧不同，NR 以时隙（slot）为调度单位，其时域长度灵活可变。NR 无线帧结构如图 1-20 所示。

NR 的帧结构以时隙（slot）为粒度，共支持 4 种时隙类型。

① Type 1：时隙中 14 个符号全下行，DL-only slot；

② Type 2：时隙中 14 个符号全上行，UL-only slot；

③ Type 3：全灵活资源，配置为上行或下行，Flexible-only slot；

④ Type 4：至少一个上行或下行符号，其余灵活配置（自包含时隙）。

表 1-17 给出了不同子载波间隔时，无线帧、子帧、时隙长度和符号数间的关系。

正常 CP 情况下子载波带宽配置与时隙长度如图 1-21 所示。

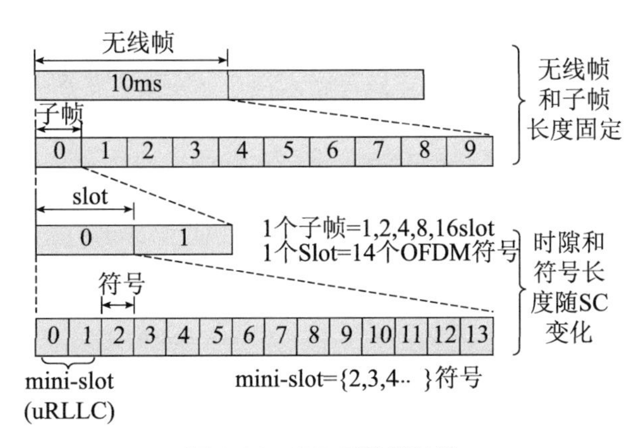

图 1-20　NR 无线帧结构

表 1-17　不同 SCS 配置对应时隙长度（TS38.211 表 4.3.2-1）

μ	SCS 带宽 /kHz	时隙长度 /μs	无线帧 /slot	子帧 /slot	符号数 /slot
0	15	1000	10	1	14
1	30	500	20	2	14
2	60	250	40	4	14
3	120	125	80	8	14
4	240	62.5	160	16	14

注：μ为5G新引入的变量，不同取值对应不同参数集合。

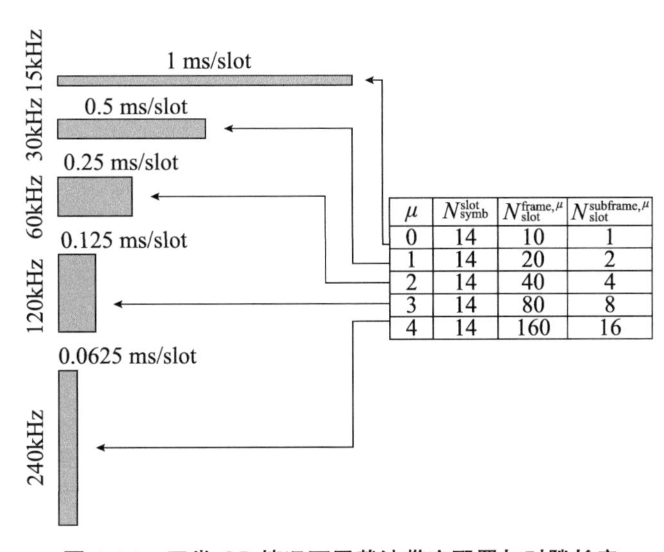

μ	N_{symb}^{slot}	$N_{slot}^{frame,\mu}$	$N_{slot}^{subframe,\mu}$
0	14	10	1
1	14	20	2
2	14	40	4
3	14	80	8
4	14	160	16

图 1-21　正常 CP 情况下子载波带宽配置与时隙长度

注：N_{symb}^{slot} 表示每个时隙符号数；$N_{slot}^{frame,\mu}$表示每个无线帧时隙数；$N_{slot}^{subframe,\mu}$表示每个子帧时隙数。

NR 无线帧结构支持单周期和双周期两种配置方式，其配置参数由分配周期、下行时隙数、下行符号数、上行时隙数和上行符号数组成，由 SIB1 下发给 UE。

```
tdd-UL-DL-ConfigurationCommon -pattern1: {X, x1, x2, y1, y2}
tdd-UL-DL-ConfigurationCommon -pattern2: {Y, x3, x4, y3, y4}
```

上下行时隙配置如图 1-22 所示。

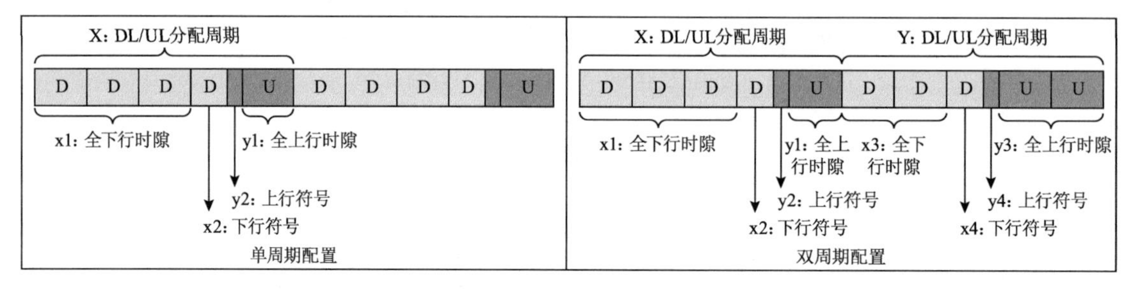

图 1-22　上下行时隙配置示意图

NR 支持的上、下行时隙配比有 8 ∶ 2、7 ∶ 3、4 ∶ 1 和 3 ∶ 1 四种，其对应的无线帧结构如下：

① 2.5ms 双周期帧结构（7 ∶ 3，DDDSUDDSUU）；

② 5ms 单周期帧结构（8 ∶ 2，7D1S2U）；

③ 2.5ms 单周期帧结构（4 ∶ 1，3D1S1U）；

④ 2ms 单周期帧结构（3 ∶ 1，DSDU）；

⑤ 2ms 单周期帧结构（3 ∶ 1，DDSU）；

⑥ 2.5ms 单周期帧结构（4 ∶ 1，DDDDU）。

中国移动 4.9G、中国电信 3.5G 和中国联通 3.5G 采用 2.5ms 双周期帧结构，中国移动 2.6G 为了兼容 LTE 采用 5ms 单周期帧结构。下面分别对几种时隙配比的无线帧结构进行描述（子载波带宽 30kHz）。

1. 2.5ms 双周期帧结构（7 ∶ 3，DDDSUDDSUU）

2.5ms 双周期帧结构仅用于 FR1 频段。无线帧中每 5ms 里面包含 5 个下行时隙 D、3 个上行时隙 U 和 2 个特殊时隙 S，如图 1-23 所示。

特殊时隙采用 10 ∶ 2 ∶ 2 配置时，该模式可支持最多 7 个 SSB 块（同步信号块）。从容量上来看，该模式上下行时隙配比为 7 ∶ 3，能提供的上行吞吐率最大。

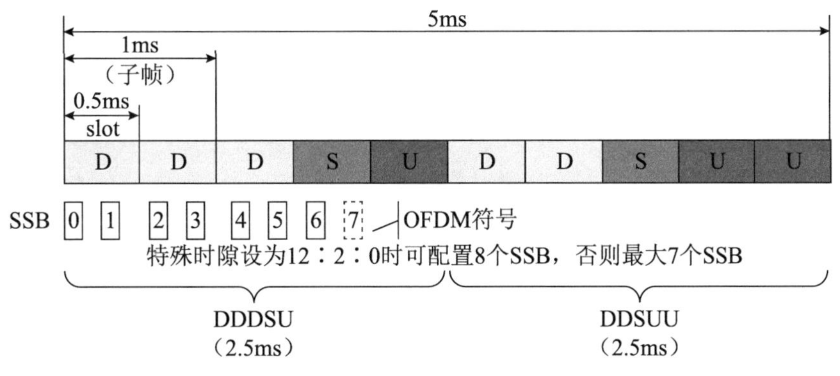

图 1-23　NR 2.5ms 双周期帧结构

2. 5ms 单周期帧结构（8 ：2，7D1S2U）

5ms 单周期帧结构仅用于 FR1 频段，每 5ms 包含 7 个下行时隙 D、1 个特殊时隙 S 和 2 个上行时隙 U。该模式可兼容现网 2.6GHz TD-LTE，相对于 LTE 有 3ms 的时域偏移，如图 1-24 所示。

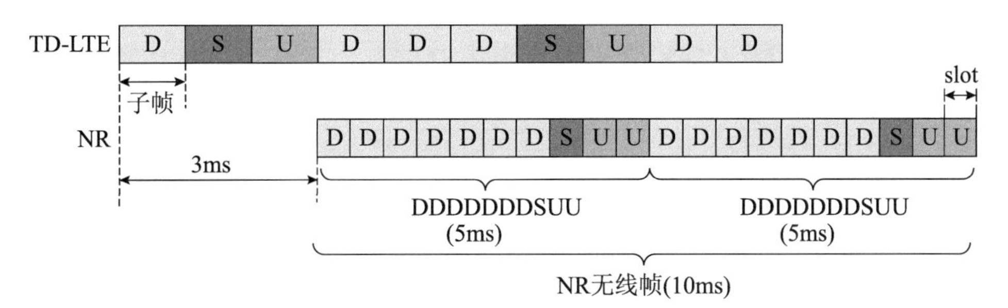

图 1-24　NR 5ms 单周期帧结构

为了和 LTE 兼容，NR 特殊时隙 S 需配置为 6 ：4 ：4，可支持最多 8 个 SSB 块。该模式下行时隙配比多，上下行转换点少，有利于提高下行吞吐量，不足之处是调度时延较大。

3. 2.5ms 单周期帧结构（3 ：1，3D1S1U）

2.5ms 单周期帧结构适用于 FR1 和 FR2 频段。每 2.5ms 包含 3 个下行时隙 D、1 个特殊时隙 S 和 1 个上行时隙 U，如图 1-25 所示。

该模式下行时隙配置较多，有利于提高下行吞吐量。与 5ms 单周期帧结构相比，该模式的不足之处是上下行转换点增多，但可以降低调度时延。

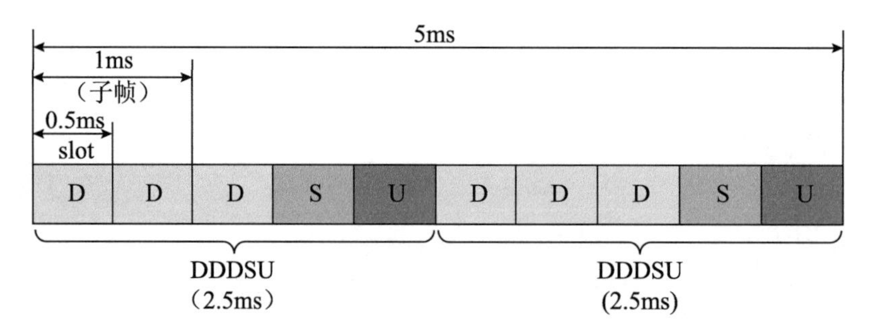

图 1-25　NR 2.5ms 单周期帧结构

4. 2ms 单周期帧结构（3 ∶ 1，DSDU）

每 2ms 里面包含 2 个全下行时隙 D、1 个上行时隙 U 和 1 个特殊时隙 S，其中特殊时隙配比可设为D ∶ GP ∶ U=10 ∶ 2 ∶ 2(可调整),上行时隙可设为D ∶ GP ∶ U=1 ∶ 2 ∶ 11（GP 长度可调整），如图 1-26 所示。优势表现为时延短，但上下行转换点过多，容易影响性能。

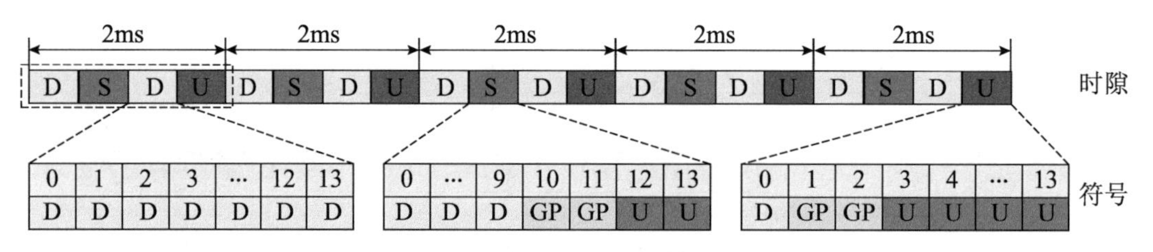

图 1-26　NR 2ms 周期帧结构

5. 2ms 单周期帧结构（3 ∶ 1，DDSU）

每 2ms 里面包含 2 个全下行时隙 D、1 个全上行时隙 U 和 1 个特殊时隙 S，其中特殊时隙配比可设为 D ∶ GP ∶ U=12 ∶ 2 ∶ 0（GP 长度可调整，且大于等于 2），如图 1-27 所示。

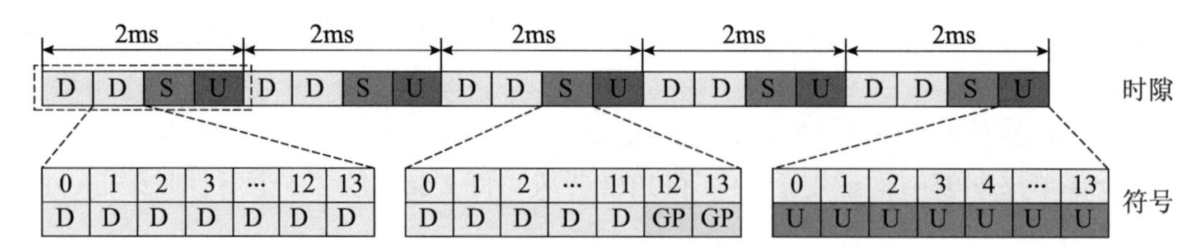

图 1-27　NR 2ms 帧结构

6. 2.5ms 周期帧结构（4 ∶ 1，DDDDU）

每 2.5ms 里面包含 5 个双向时隙，其中 4 个下行为主时隙、1 个上行为主时隙。上行时隙配比为D ∶ GP ∶ U=1 ∶ 1 ∶ 12。下行时隙配比为D ∶ GP ∶ U=12 ∶ 1 ∶ 1，如图1-28所示。

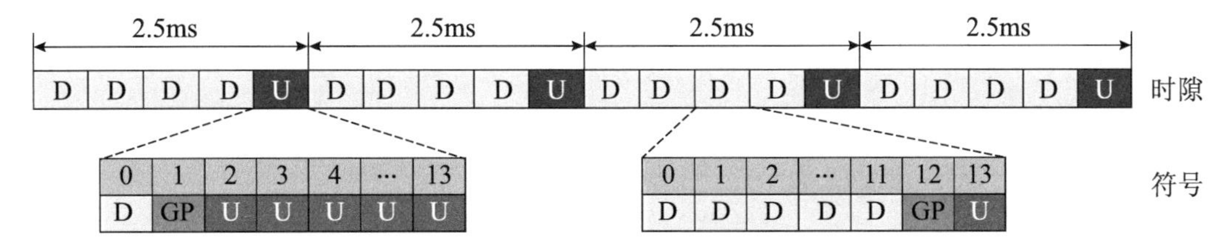

图 1-28　NR 2.5ms 帧结构

为了降低空口时延，NR 引入了自包含帧结构，即一个时隙中同时有下行符号 D、保护间隔 GP 和上行符号 U，如图 1-29 所示。自包含帧能显著降低空口时延，适用于 uRLLC 业务。

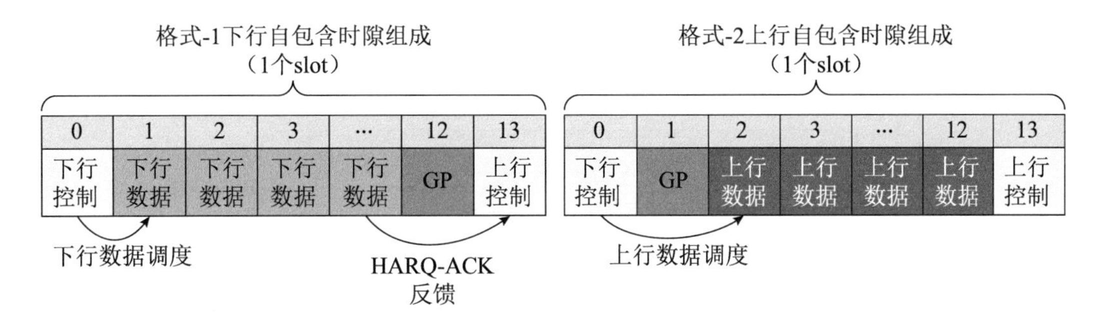

图 1-29　NR 自包含帧时隙结构（示意图）

格式 1：主要用于下行数据传输。时隙由 1 个下行控制符号、11 个下行数据符号、保护间隔 GP 和 1 个上行控制符号共 14 个 OFDM 符号组成。下行调度、数据传输和 HARQ 反馈可以在同一个时隙完成。

格式 2：主要用于上行数据传输。时隙由 1 个下行控制符号、保护间隔 GP、11 个上行数据符号和 1 个上行控制符号共 14 个 OFDM 符号组成。上行调度和数据传输可以在同一时隙完成。

1.4　协议栈

接入网 NG-RAN 协议栈沿用 4G 网络的协议栈，分为三层两面。三层分别指物理层 L1、数据链路层 L2 和网络层 L3。两面是指控制面和用户面，并遵循控制面和用户面分离的原则。用户面的数据链路层在4G基础上增加了SDAP层，另外PDCP层、RLC层功能也有所变化。NG-RAN接口协议如图1-30所示。

核心网5GC采用SBA服务式架构，接入网和核心网之间的连接仍采用传统的模式，将应用协议承载在SCTP上进行传输（参阅3GPP TS38.300）。

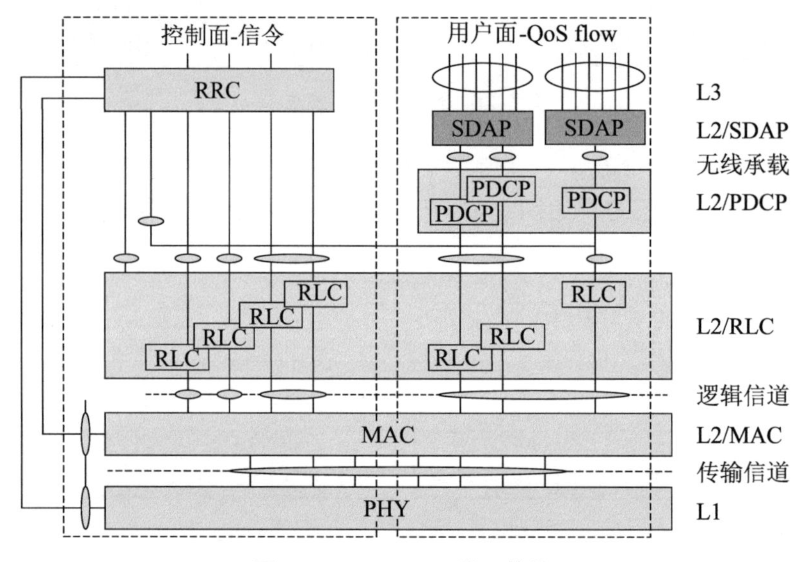

图1-30　NG-RAN接口协议

1.4.1　控制面

AMF和SMF是5GC控制面的两个主要节点，分别负责用户接入管理和会话管理，配合AMF和SMF功能单元工作的还有UDM、AUSF、PCF等。另外，NRF和NEF这两个平台支持功能节点，用于服务注册、发现、授权，帮助其他节点发现网络服务等功能。

UE和5G核心网间的NAS消息通过NR透传给AMF，再经由AMF发送给对应的模块处理。如果UE同时通过3GPP和non-3GPP接入网接入5GC，那么每个接入模式下都有一个N1 NAS信令连接。

1. UE与gNB之间的协议栈

5G空口信令协议栈如图1-31所示。

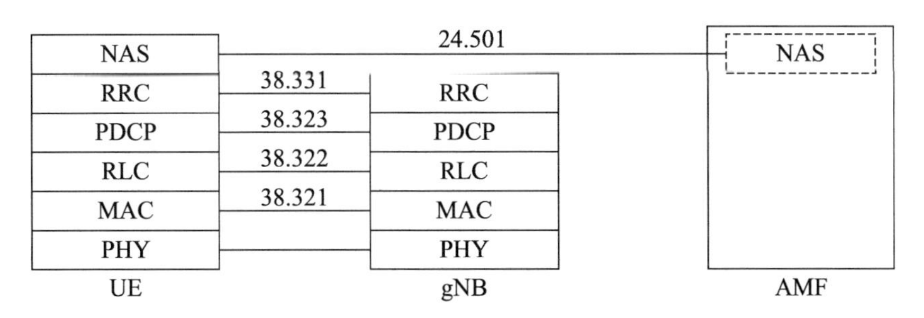

图 1-31　5G 空口信令协议栈

RRC 层位于 PDCP 层之上，完成的功能有下发系统消息、准入控制、安全管理、测量与上报、NAS 消息传输及无线资源管理。

PDCP 层功能包括传输用户面和控制面数据、加密和完整性保护、用户面报头压缩 RoHC、维护 PDCP 的 SN 号、双连接时执行数据分流（路由和重复）、重排序、重复丢弃。需要注意的是，PDCP 层新增了重排序和复制功能，以及用户面数据完整性保护功能。PDCP 层结构和功能如图 1-32 所示。

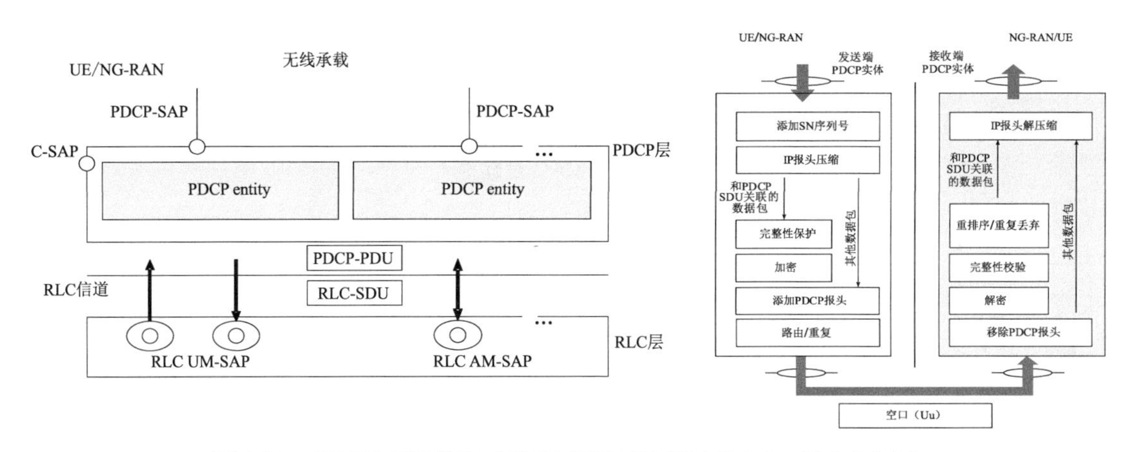

图 1-32　PDCP 层结构和功能（TS38.323 图 4.2.1-1、图 4.2.2-1）

RLC 层位于 PDCP 层以下，实体分为透传模式（TM）、非确认模式（UM）和确认模式（AM）。根据传输模式的不同，RLC 对应的功能主要包括：

1）传输上层的 PDU 数据；

2）UM 和 AM 模式时添加 SN 序列号（与 PDCP 中的序列号无关）；

3）ARQ 纠错和丢弃功能（AM）；

4）RLC SDU 分段重组功能（AM 和 UM），以及重分段功能（AM）；

5）重复包检测（AM）；

6）协议错误检测（AM）等。

MAC 层负责逻辑信道和传输信道之间映射、调度、HARQ（CA 场景下每个小区一个 HARQ 实体）、复用和解复用，双连接时 UE 会存在多个 MAC 实体。MAC 层功能如图 1-33 所示。

物理层（PHY）基本流程与 LTE 保持一致，但在编码、调制、资源映射等具体过程存在差别，如图 1-34 所示。

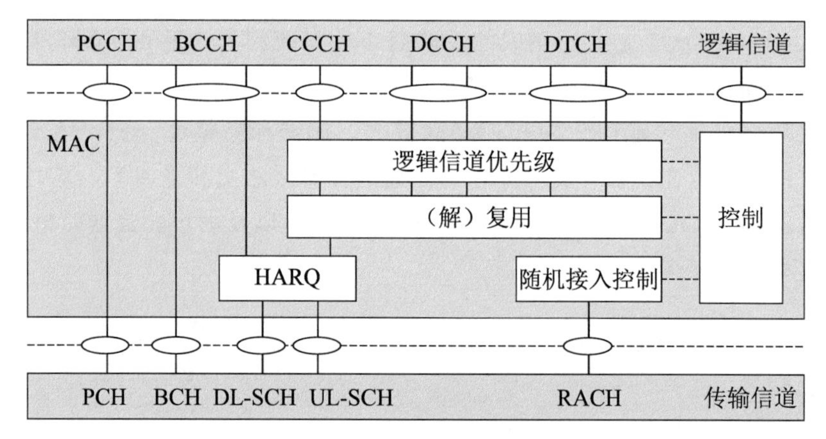

图 1-33　MAC 层功能

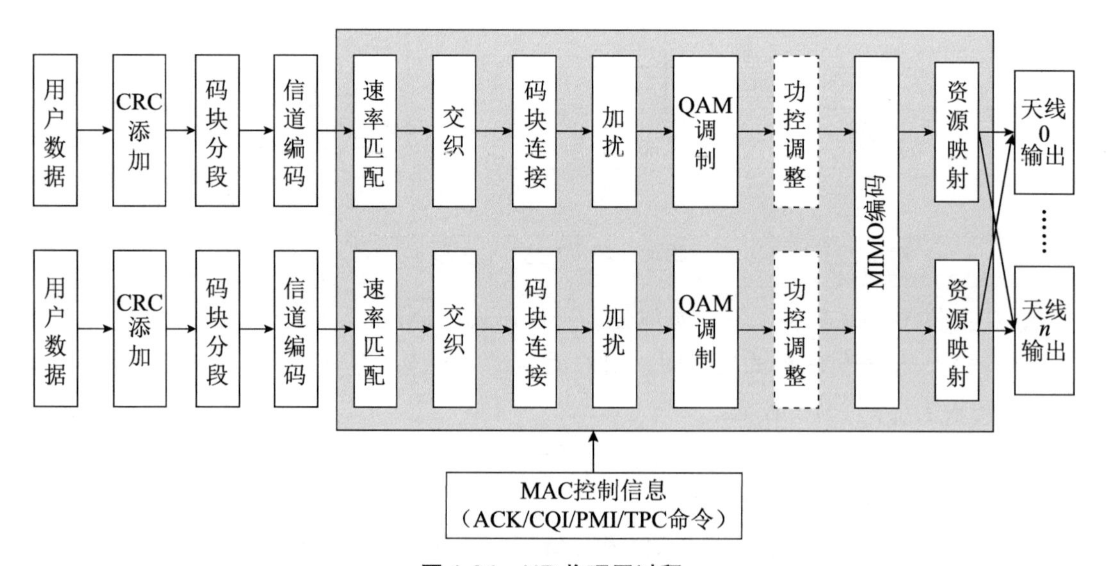

图 1-34　NR 物理层过程

NR 有 3 种 RRC 状态：空闲态（Idle）、去激活态（Inactive）和连接态（Connected）。RRC 状态间转换关系如图 1-35 所示。去激活态是 NR 新引入的一种 RRC 状态，主要是为了减小信令开销、降低终端功耗和接入时延，适用于 mMTC 场景。RRC 状态示意图如图 1-36 所示。

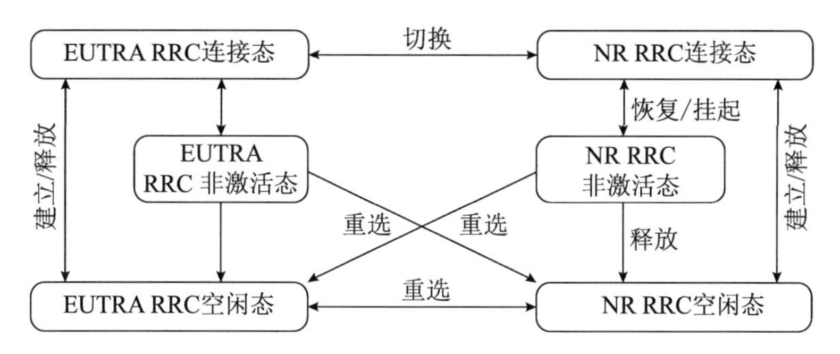

图 1-35　RRC 状态间转换关系（3GPP TS38.804 图 10.2-2）

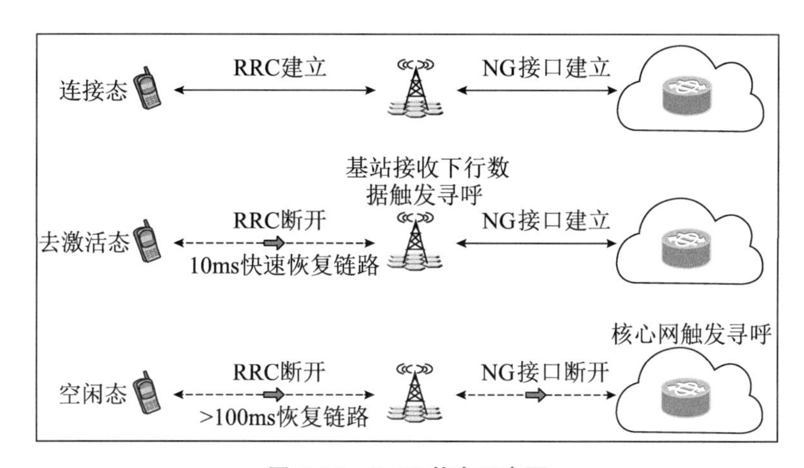

图 1-36　RRC 状态示意图

UE 处于 RRC 3 种状态时的行为如表 1-18 所示。

表 1-18　UE 处于 RRC 3 种状态时的行为

RRC 状态	监听寻呼信道	邻小区测量	读取系统消息	RNA 更新	监听控制信道	信道质量反馈	小区选择重选
空闲态	√	√	√				√
去激活态	√	√	√	√			√
连接态	√	√	√		√	√	

注：√表示提供该功能。

UE 处于 RRC_INACTIVE 状态时，仍然保持在 CM-CONNECTED 状态，且 UE 可以在 RNA 区域内移动而不用通知 NG-RAN，最后一个服务的 gNB 保留 UE 的上下文，与服务的 AMF 和 UPF 的 NG 连接。从核心网看终端，其就和 UE 处于连接态一样。如果最后一个服务 gNB 收到来自 UPF 的下行数据或者来自 AMF 的下行信令，则该 gNB 在 RNA 的所有小区寻呼 UE。如果 RNA 的小区属于邻 gNB 的，则通过 Xn 口给对应的邻 gNB 发送 XnAP-RAN-Paging 消息。

RNA（RAN-based Notification Area）可以覆盖一个或者多个小区，但一定要在核心网配置的注册区范围内。当 UE 的 RNA 定时器超时或者 UE 移动出了 RNA 范围时，UE 需要发起 RNAU（RAN-based Notification Area Update）流程。

UE 从空闲态和去激活态到连接态信令流程对比如图 1-37 所示。

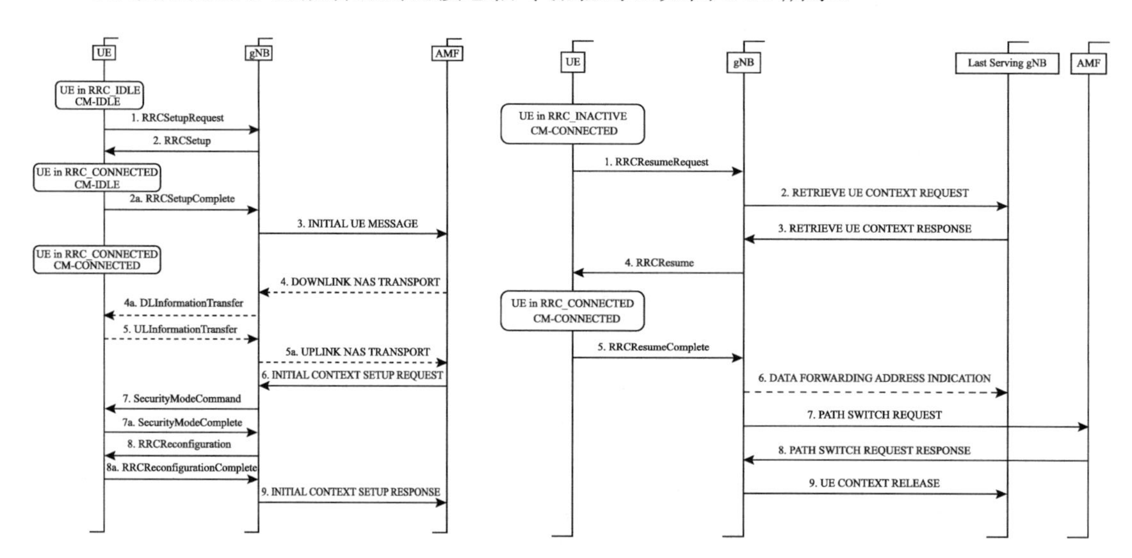

图 1-37　UE 从空闲态和去激活态到连接态信令流程对比

RRC_INACTIVE 态是 5G 新增的一种状态，目的是使 UE 可以快速恢复到连接态，而无须重新接入。为了减小 UE 接入的时延，UE 从去激活态到连接态相比于从空闲态到连接态，减少了上下文建立等流程，可以更加快速地恢复 UE 业务，包括在不同的 gNB 基站间移动过程中可以复制传递 UE 上行文。

核心网寻呼 CN-Paging 基于 5G-S-TMSI 触发，而从去激活态到激活态是由基站寻呼 RAN-Paging 触发，因基站不保存 UE 的 S-TMSI 信息，所以需要一种新的用户标识 I-RNTI（I-RNTI 在 Paging 消息中的 UE-Identity 携带，用于唤醒去激活态的 UE）。

I-RNTI 分为 full I-RNTI 和 short I-RNTI，在 SIB1 消息中通过 useFullResumeID 指

示（useFullResumeID 存在则表示使用 full I-RNTI 和 RRCResumeRequest1，不存在则表示使用 short I-RNTI 和 RRCResumeRequest），full I-RNTI 为 40bit，short I-RNTI 为 24bit，full I-RNTI 可由 UEID+gNBID+PLMN 构成。

2. UE 与 AMF 之间的协议栈

AMF 只负责 MM 消息处理，包括注册管理、连接管理、用户面连接的激活和去激活操作，以及 NAS 消息的加密和完整性保护。控制面协议栈（UE 与 AMF 间）如图 1-38 所示。

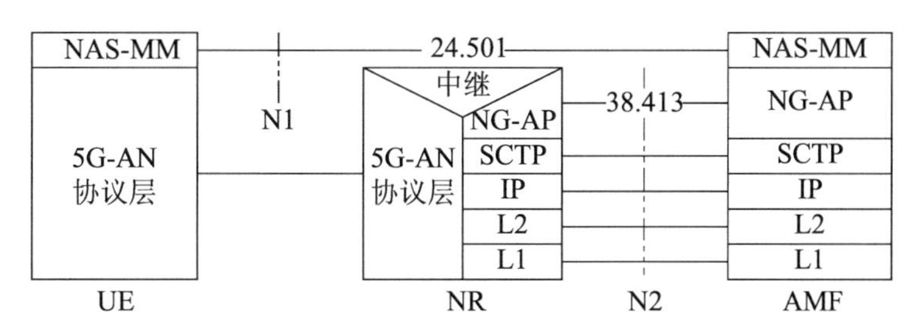

图 1-38 控制面协议栈（UE 与 AMF 间）

NAS-MM 协议负责注册管理、连接管理、用户面连接的激活和去激活操作，负责 NAS 消息的加密和完整性保护（参阅 TS 24.501）。

3. UE 与 SMF 之间的协议栈

5G 接入管理功能和会话管理功能分离。UE 与 SMF 间的会话管理（SM）消息经由 AMF 透传给 SMF，由 SMF 执行会话管理，负责控制用户面 PDU 会话的建立、修改和释放。控制面协议栈（UE 与 SMF 间）如图 1-39 所示。

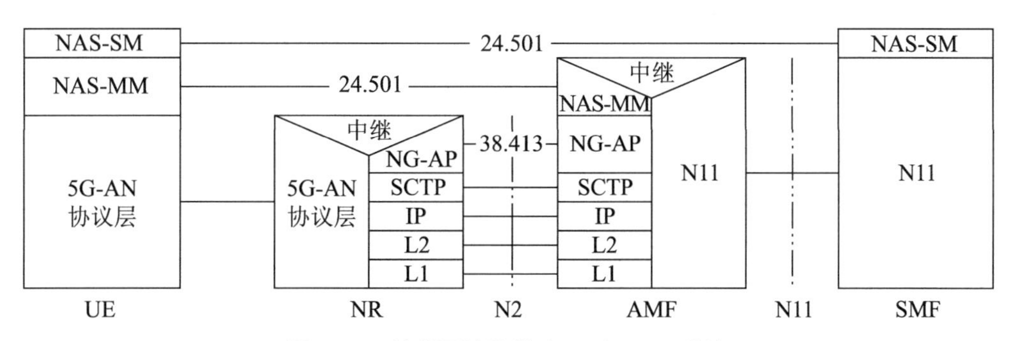

图 1-39 控制面协议栈（UE 与 SMF 间）

NAS-SM（N2-SM）消息支持用户面 PDU 会话的建立、修改、释放；NAS-SM 消息通过 AMF 透传给 SMF（即 AMF 不对 N2 消息中 SM 字段进行解析处理）。

1.4.2 用户面

5G 核心网的用户面由 UPF 节点构成，代替了原来 4G 中执行路由和转发功能的 SGW 和 PGW。PDU 会话的用户面协议栈如图 1-40 所示。

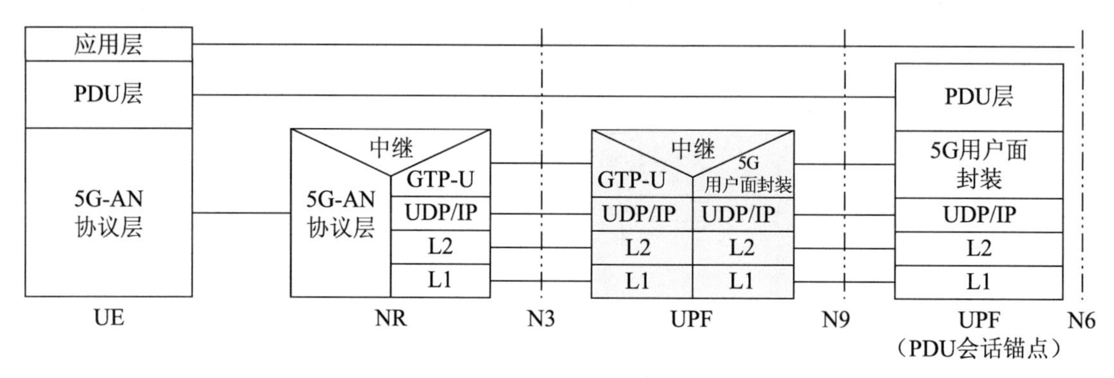

图 1-40　PDU 会话的用户面协议栈（3GPP TS23.501 图 8.3.1-1）

UE 与 NR 接入网间的用户面协议栈取决于具体的接入网类型，NR 与 UPF 间的 N3 接口使用 GTP-U 协议。如果接入网是通过 gNB 接入的，则其数据链路层（L2）由 MAC、RLC、PDCP 和 SDAP 四个子层组成，如图 1-41 所示。

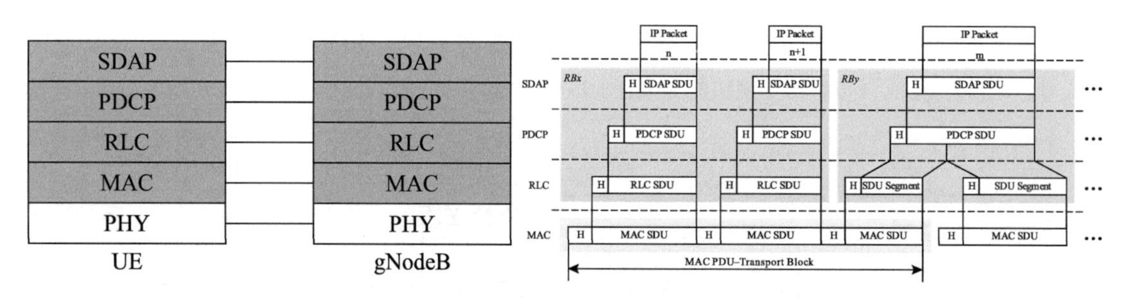

图 1-41　UE 与 NR 间用户面协议栈和数据流封装示意图（3GPP TS38.300 图 6.6-1）

一个 PDU 会话对应一个 SDAP 实体，可以包含多个 QoS flow。一个会话中的多个 QoS flow 由 SDAP 根据 QoS 等级映射到不同 DRB，每个 DRB 对应一个 PDCP 实体，如图 1-42 所示。

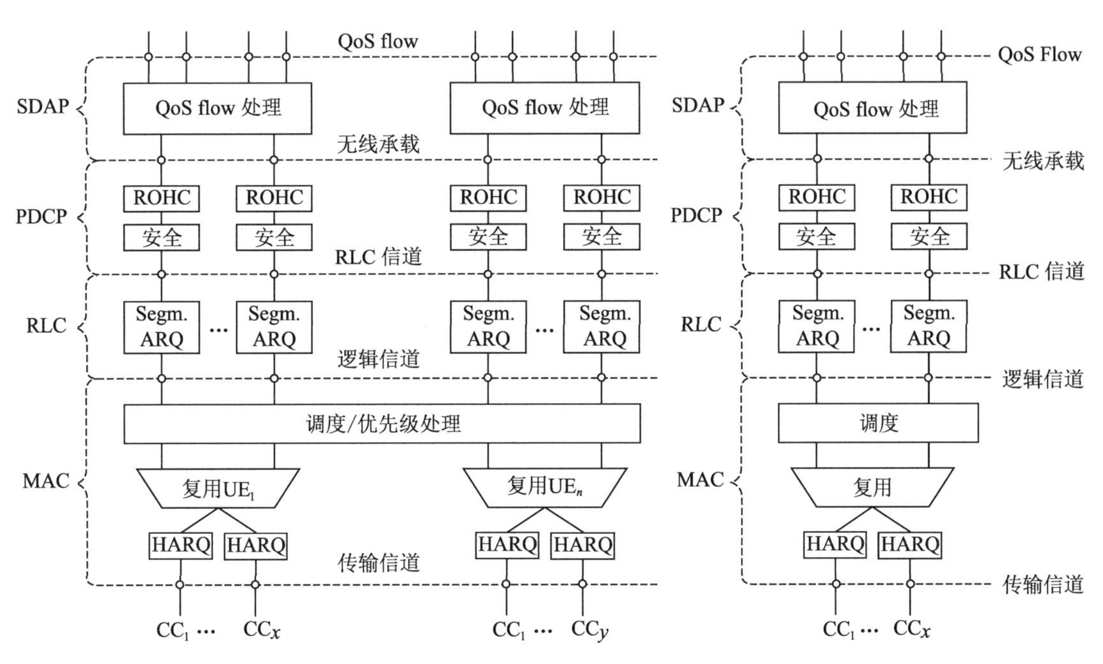

图 1-42 CA 场景下用户面数据链路层功能（TS38.300 图 6.7-1、图 6.7-2）

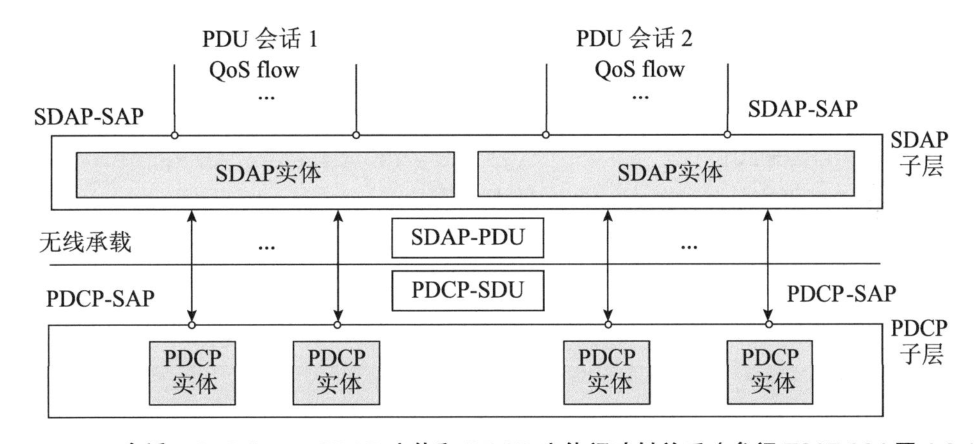

图 1-43 PDU 会话、QoS flow、SDAP 实体和 PDCP 实体间映射关系（参阅 TS37.324 图 4.2.1-1）

SDAP 子层由高层（RRC 层）配置，其功能包括：

①传输用户面数据；

②为上下行数据进行 QoS flow 到 DRB 的映射；

③在上下行数据包中标记 QoS flow ID；

④为上行 SDAP 数据进行反射 QoS flow 到 DRB 的映射，即 UE 监测下行的 QoS flow

到 DRB 的映射规则，然后将其应用到上行方向上。

RRC 信令携带 SDAP 配置（位于 DRB 配置字段），从中可以得到 QoS flow 和 DRB 的映射关系（参阅 TS38.331　6.3.2 节“RadioBearerConfig”）。

```
DRB-ToAddModList ::=        SEQUENCE(SIZE (1..maxDRB)) OF DRB-ToAddMod
DRB-ToAddMod ::=            SEQUENCE{
  cnAssociation             CHOICE{
     eps-BearerIdentity              INTEGER (0..15),     -- EPS-DRB-Setup
     sdap-Config                     SDAP-Config          -- 5GC
  }                                          OPTIONAL,    -- Cond DRBSetup
  drb-Identity                   DRB-Identity,
  reestablishPDCP                ENUMERATED{true}    OPTIONAL,   -- Need N
  recoverPDCP                    ENUMERATED{true}    OPTIONAL,   -- Need N
  pdcp-Config                    PDCP-Config         OPTIONAL,   -- Cond PDCP
}
```

协议中关于信元 SDAP-Config 的描述如下（参阅 TS38.331　6.3.2 节“SDAP-Config”）。

```
-- ASN1START
-- TAG-SDAP-CONFIG-START
   SDAP-Config ::=          SEQUENCE {
     pdu-Session                  PDU-SessionID,
     sdap-HeaderDL                ENUMERATED{present, absent},
     sdap-HeaderUL                ENUMERATED{present, absent},
     defaultDRB                   BOOLEAN,
     mappedQoS-FlowsToAdd         SEQUENCE(SIZE(1..maxNrofQFIs)) OF QFI
     mappedQoS-FlowsToRelease     SEQUENCE(SIZE(1..maxNrofQFIs)) OF QFI
   }
   QFI ::=                  INTEGER(0..maxQFI)
   PDU-SessionID ::=        INTEGER (0..255)
-- TAG-SDAP-CONFIG-STOP
-- ASN1STOP
```

一条 DRB 的 SDAP-Config 参数含义如下。

- pdu-Session：PDU会话ID，表示这条DRB属于哪个PDU会话，即这个DRB是为哪个PDU会话建立的。
- sdap-HeaderDL：下行数据传输是否配置SDAP头，如果没有配置则下行分组数据包不经过SDAP层处理。

■ sdap-HeaderUL：上行数据传输是否配置SDAP头，如果没有配置则上行分组数据包不经过SDAP层处理。

■ defaultDRB：这条PDU会话的默认DRB。一个PDU会话中的所有SDAP配置实例中，最多只能有一个默认DRB，可以没有默认DRB。

■ mappedQoS-FlowsToAdd：这是一个QFI列表，表示要再增加列表中的QoS flow映射到这条DRB上；同一个PDU会话的所有SDAP配置实例中，一个QFI值只能出现一次，即一条QoS flow不能映射到多条DRB上。

■ mappedQoS-FlowsToRelease：这是一个QFI列表，表示这些QoS flow不能再映射到这条DRB上。

可以看出，gNB 会为一个 PDU 会话建立一个或多个 DRB。每个 DRB 负责承载一个或多个 QoS 数据流。

配置 SDAP 头前后 PDU 构成对比如图 1-44 所示。

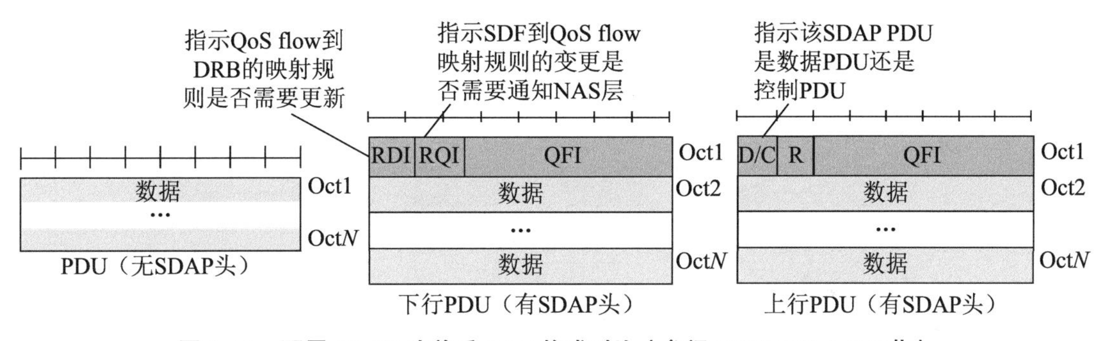

图 1-44　配置 SDAP 头前后 PDU 构成对比（参阅 TS37.324 6.2.2 节）

1.5 组网方式

5G NR 在标准制定阶段根据实际的组网发展需求制定了两种组网模式，一种是非独立组网模式 NSA，另一种是独立组网模式 SA，如图 1-45 所示。

NSA 组网是指控制信令锚定在 4G 基站或 NR 上，采用双连接（E-UTRA NR Dual Connectivity，EN-DC）的方式提供高速数据业务，即手机能同时与 4G 网络和 5G 网络进行通信，同时下载数据。SA 组网是指 5G NR 和 eLTE 基站各自独立接入 5GC，信令锚点位于各自基站。NR 组网结构如图 1-46 所示。

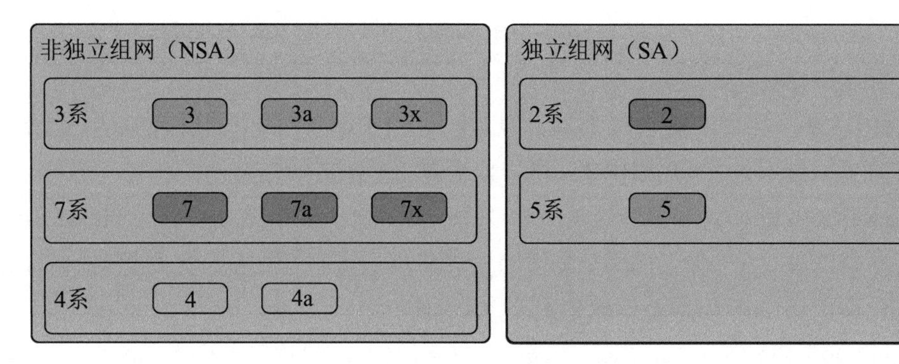

图 1-45　NR 组网模式

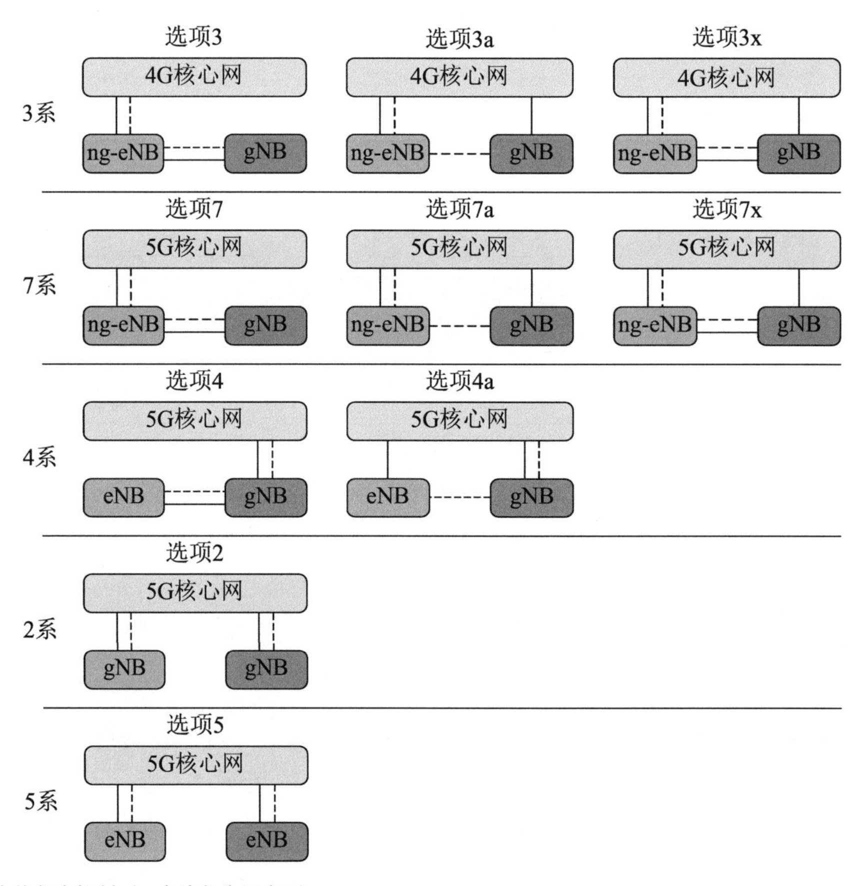

图 1-46　NR 组网结构

NSA 组网和 SA 组网是面向不同阶段的运营商 5G 部署需求而设计的。NSA 组网一般以成熟的 4G 商用网络为基础，在热点地区引入 5G 系统作为容量补充，主要面向 eMBB 应用场景，是 5G 初期运营商快速、低成本引入 5G 系统的有效方式。目前运营商 NSA 方案一般优选选项 3x，独立组网 SA 选选项 2。选项 2 和选项 3x 组网方式对比如表 1-19 所示。

表 1-19　选项 2 和选项 3x 组网方式对比

对　比　项	选项 2（SA）	选项 3x（NSA）
应用场景	NR 连续覆盖	NR 非连续覆盖
eNB 改造	不涉及	需升级
EPC 改造	不涉及	需升级
新增设备	NR、5GC	NR
现网 4G 影响	无影响	无影响
终端要求	无	支持双连接

采用 NSA 选项 3 模式时，用户接入首先占用 LTE 基站，终端控制面锚点位于 eNB，通过添加辅载波的形式将用户面切换到 gNB 基站。在业务过程中，复用 4G 切换流程，UE 移出 NR 覆盖范围，数据面不中断维持 LTE 连接。

选项 3 有三种模式（图 1-47）：选项 3 由 LTE 侧 PDCP 层进行分流，峰值速率受限；选项 3a 由 EPC 进行静态分流，无法根据 RAN 侧资源状态动态调整；选项 3x 的数据分流控制点位于 5G 基站，避免对已经在运行的 4G 基站和 4G 核心网做过多的改动，又利用了 5G 基站的速度快、能力强的优势，因此得到了业界的广泛青睐，成为 5G 非独立组网部署的首选。

不足之处：① 5G 基站必须基于 4G 基站进行工作，灵活性低；②异厂家基站间 X2 接口的兼容性差，双连接的 NR 基站和 eNB 通常需要来自同一设备厂家；③无法支持 5G 核心网引入的新功能和新业务，如网络切片。

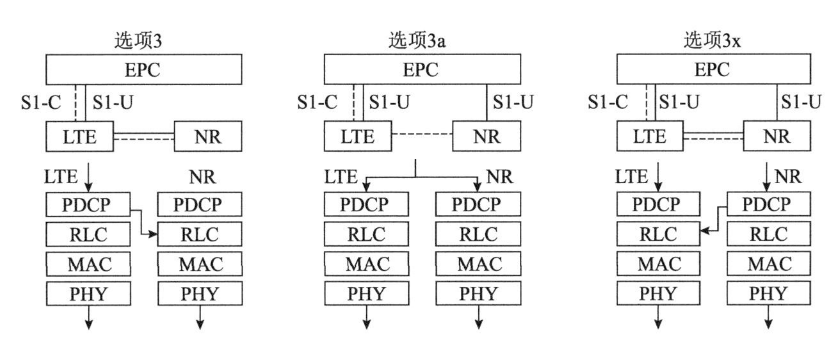

图 1-47　选项 3、选项 3a 和选项 3x 对比

非共站双连接（DC）示意图如图 1-48 所示。

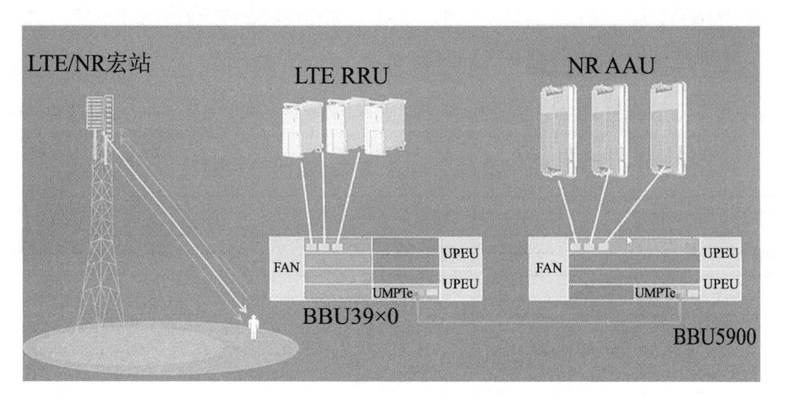

图 1-48　非共站双连接（DC）示意图

目前中国电信和中国联通合建 5G 接入网，组网方式选用选项 3，用户面锚定在 LTE 基站。以某承建区为例，其 NSA 采用的方案如下：LTE 2.1G 独立载波 +NR3.5G 共享载波的方式。2.1G 上配置两个载波，在不同载波上广播各自的网络号，并且 2.1G 小区独立，不同运营商调度各自独立频率资源，不需要考虑资源分配策略。

接入网共建共享场景下的组网结构示意图如图 1-49 所示。

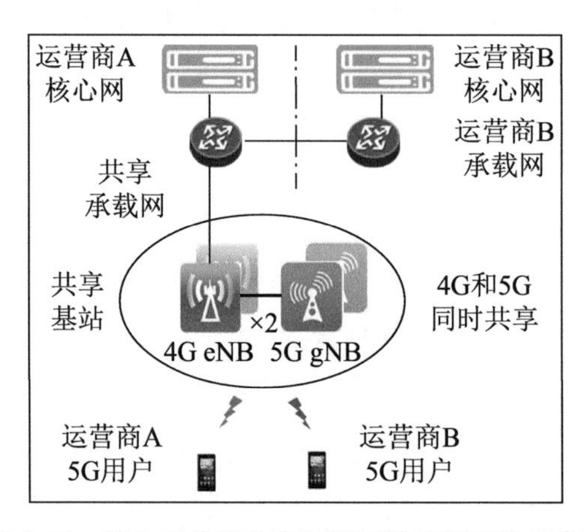

图 1-49　接入网共建共享场景下的组网结构示意图

优势：网络管理界面相对清晰，参数配置简单，分别管理各自的小区。

不足：① NSA 要求 eNB 和 gNB 来自同一厂家；②现网无 2.1G 的区域需通过替换 / 新建 RRU 的方式部署 2.1G 独立锚点载波；③后续 SA 演进需要进行传输改造。

第 2 章　物理信道

NR 上下行各有 3 个物理信道，上行分别是 PRACH、PUCCH 和 PUSCH，下行分别是 PBCH、PDCCH 和 PDSCH。逻辑信道、传输信道和物理信道的映射关系如图 2-1 所示。

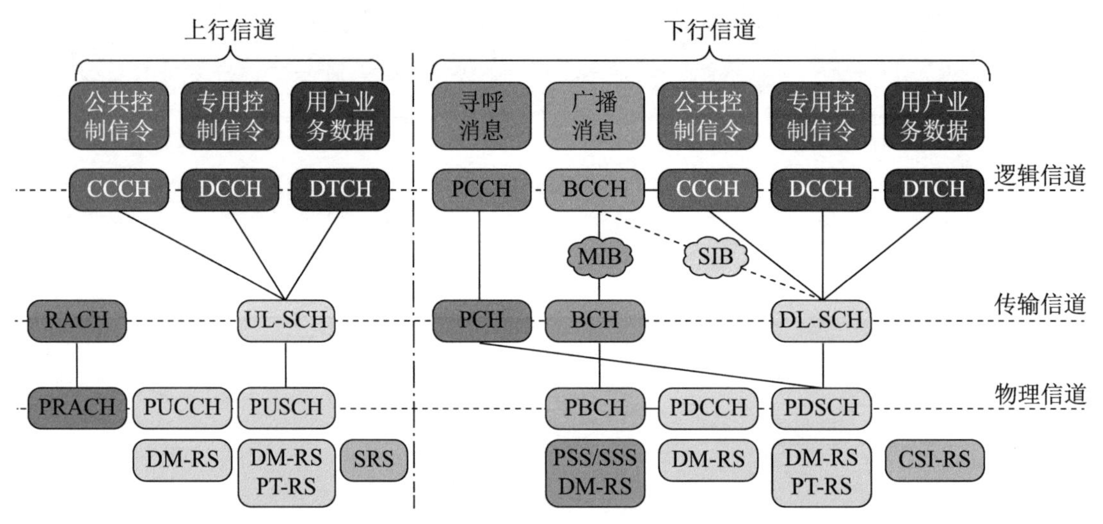

图 2-1　逻辑信道、传输信道和物理信道的映射关系

NR 物理信道功能描述如表 2-1 所示。

表 2-1　NR 物理信道功能描述

方向	信道名称	调 制 方 式	功 能 描 述
上行	PRACH	NA	物理随机接入信道，用于传输随机接入前导码
	PUCCH	QPSK	物理上行控制信道，承载 ACK/NACK，调度请求 SR，信道状态上报 CSI-Report（PMI/CQI/RI/LI 等）
	PUSCH	π/2-BPSK/QPSK/16QAM/64QAM/256QAM	物理上行共享信道，用于传输上行数据块，支持 CP-OFDM 和 DFT-s-OFDM 两种波形
下行	PBCH	QPSK	物理下行广播信道，采用 Polar 编码，用于广播 MIB 消息，消息中携带系统帧号、子载波间隔、调度 SIB1 的 PDCCH 配置信息。调度周期 80ms，每隔 20ms 重传一次
	PDCCH	QPSK	物理下行控制信道，采用 Polar 编码，用于传输 DCI 信息，包括下行资源分配、上行调度、HARQ、SFI 和上行功率控制等
	PDSCH	QPSK/16QAM/64QAM/256QAM	物理下行共享信道，用于传输下行数据块，采用 LDPC 编码，层数支持 1 ～ 8 层

NR 物理信号功能描述如表 2-2 所示。

表 2-2 NR 物理信号功能描述

方向	物理信号	功 能 描 述
上行	参考信号	解调用参考信号（DMRS），用于上行信道估计和解调，有数据传输时才发送
		探测用参考信号（SRS），用于上行信道信息获取，TDD 时根据上下行互易性获取下行信道信息，以及上行波束管理。SRS 支持周期、非周期和半静态发送
		相位跟踪参考信号（PT-RS），高频时用于基站跟踪 UE 本振引入的相位噪声
下行	同步信号	分为主同步信号（PSS）和辅同步信号（SSS），用于时频同步和小区搜索，确定唯一的物理小区标识 PCI
	参考信号	解调用参考信号（DMRS），用于下行信道估计和解调，有数据传输时才发送
		信道状态指示参考信号（CSI-RS），用于获取信道状态信息（CQI/PMI/RI/LI）、波束管理、信道 RSRP 测量、精确时频跟踪、速率匹配等
		相位跟踪参考信号（PT-RS），高频时用于 UE 跟踪基站本振引入的相位噪声

NR 物理信号的分类如图 2-2 所示。

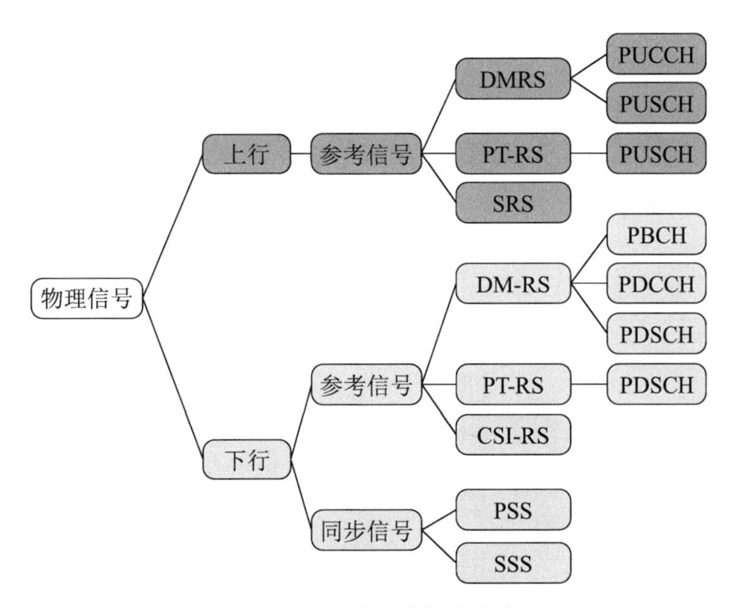

图 2-2 NR 物理信号的分类

NR 上行和下行传输使用的物理资源可分为 RE、RB、REG、CCE 等。NR 物理资源组成和功能如表 2-3 所示。

表 2-3　NR 物理资源组成和功能

资源名称	定　义
RE	资源粒子，网络的最小资源单位。一个 RE 在时域占用 1 个 OFDM 符号，在频域占用 1 个子载波，是最小的资源单位
REG	RE 组，在时域占用 1 个 OFDM 符号，在频域占用 1 个资源块 RB（频域连续的 12 个子载波）的物理资源单位，包含 9 个数据 RE
REG Bundle	REG 组，由时域或频域连续的 2、3 或 6 个 REG 组成
CCE	控制信道单元，一个 CCE 包含 6 个 REG、54 个数据 RE。CCE 是构成 PDCCH 的基本单位，一个给定的 PDCCH 可占用 1、2、4、8、16 个 CCE
SSB	同步信号块，在时域占用 4 个 OFDM 符号，在频域占用 20 个 PRB 或 240 个 RE。用于发送同步信号（PSS/SSS）和广播信道 PBCH（MIB）
CORESET	控制资源集合，在频域占用多个 PRB，在时域占用 1～3 个 OFDM 符号，且可位于时隙内任何位置，由高层参数半静态配置
RB	资源块，和 LTE 中对 RB 的定义不同，NR 协议中定义的 RB 为频域上连续的 12 个子载波，并没有对 RB 的时域进行定义（3GPP TS38.211 4.4.4 节）
RBG	RB 组，若干个连续的 RB 构成一个 RBG，然后以 RBG 为单位以位图方式进行指示。每个 RBG 包含的 RB 数目由带宽决定，一般为 2、4、8、16

NR 物理资源栅格由 k 个子载波、λ 个 OFDM 符号构成，如图 2-3 所示。RE（资源粒子）是资源栅格中的最小单元，在频域占用 1 个子载波，在时域占用 1 个 OFDM 符号，资源粒子可以由标识（k，λ）唯一确定。

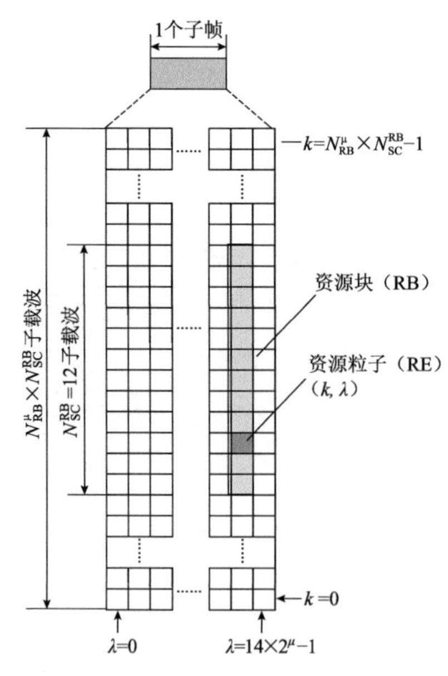

图 2-3　资源栅格（3GPP TS38.211 4.4 节）

2.1 物理广播信道

2.1.1 PBCH 位置

NR 将主同步信号（PSS）、辅同步信号（SSS）和 PBCH 组合在一起，共同构成一个 SSB（SS/PBCH Block）。SSB 在时域占用 4 个 OFDM 符号，在频域共占用 240 个子载波（20 个 PRB），使用天线端口 4000 发送。SSB 块组成如图 2-4 所示。SSB burst 和 SSB 波束示意图如图 2-5 所示。

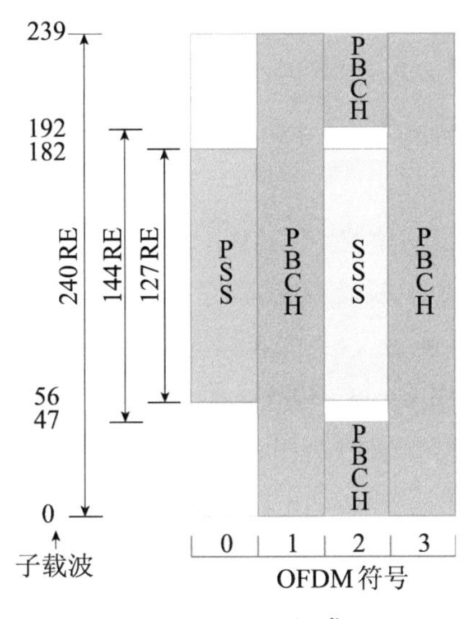

图 2-4　SSB 组成

PBCH 时域占用 SSB 中第 2、3、4 个 OFDM 符号，第 2、4 个 OFDM 符号全部被 PBCH 使用。第 3 个 OFDM 符号由 PBCH 和 SSS 频分复用，PBCH 占用两边各 4 个 RB。PSS/SSS 时域上分别使用 SSB 块内第 1 个和第 3 个 OFDM 符号，频域上映射到 SSB 中间的 12 个 PRB，占用中间连续 127 个子载波。PSS 两侧保护带以零功率发射，SSS 两边分别预留 8 或 9 个子载波作为保护带，以零功率发射。

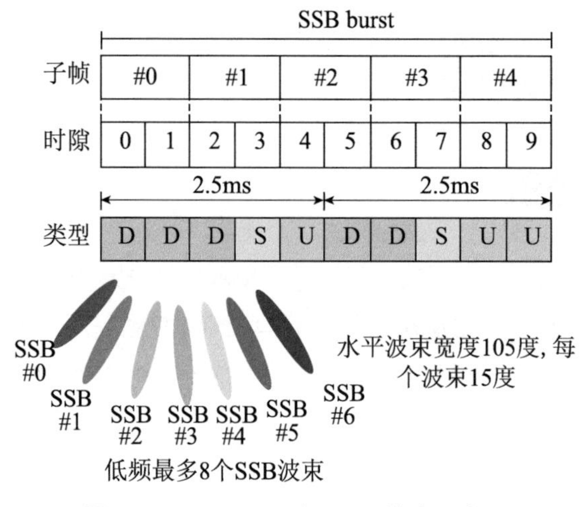

图 2-5　SSB burst 和 SSB 波束示意图

一个 SSB burst 的发送周期为 5ms（半帧），发送周期内可以配置多个 SSB，通常满足下面条件。

- *f*≤3GHz，每个半帧最多定义4个SSB。
- 3GHz<*f*≤6GHz，每个半帧最多定义8个SSB。
- *f*>6GHz，每个半帧最多定义64个SSB。

需要注意的是，SSB 采用 CaseC-30kHz 配置且非成对频谱（如 TDD 模式）分配时各个频段可定义的最大 SSB 数会有所不同。

- *f*≤2.4 GHz，每个半帧最多定义4个SSB。
- 2.4 GHz<*f*≤6 GHz，每个半帧最多定义8个SSB。按此定义，中国移动2.6G频段最大可支持8个SSB波束。
- *f* > 6 GHz，每个半帧最多定义64个SSB。

广播波束最多设计为 64 个方向固定的波束。通过在不同时刻发送方位不同的波束完成小区 SS/PBCH 覆盖。UE 通过扫描每一个波束，获得最优波束，完成同步和系统消息的解调。每个 SSB 块都能够独立解码，并且 UE 解析出来一个 SSB 后，可以获取小区 PCI、系统帧号（SFN）、SSB 波束索引（SSB Index）等信息。广播信道波束扫描如图 2-6 所示。

在一个无线帧中，SSB（见图 2-7）既可以在前 5ms（前半帧）发送，也可以在后 5ms（后半帧）发送，具体发送位置可以从 PBCH 消息中获取。半帧中 SSB 的第一个符号位置由子载波带宽和所在的频段决定，如表 2-4 所示。NR 小区 SSB 波束索引如图 2-8 所示。

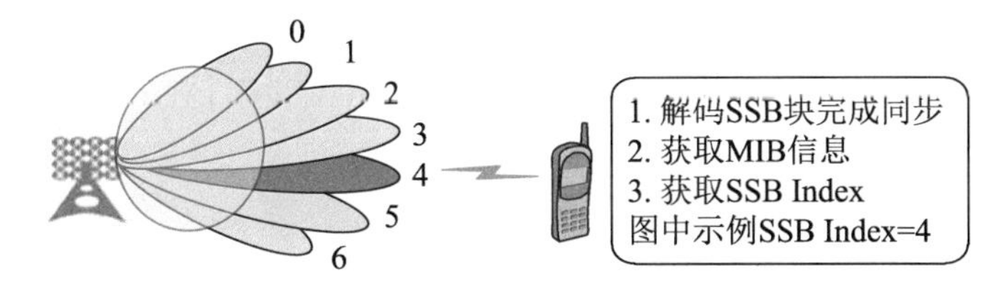

图 2-6　广播信道波束扫描

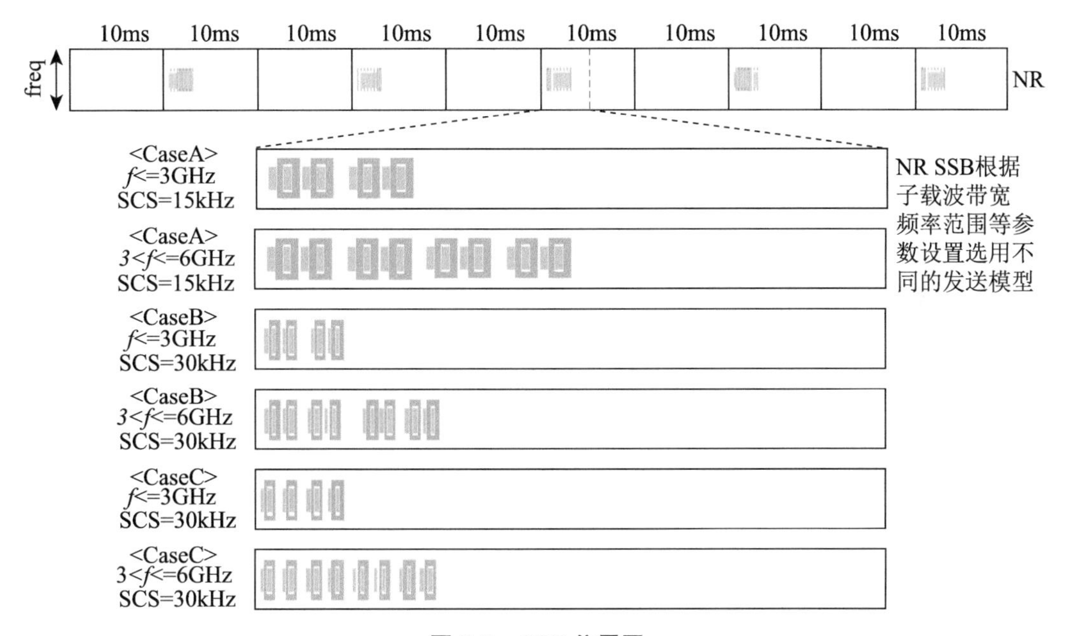

图 2-7　SSB 位置图

表 2-4　SSB 时域位置（3GPP TS38.213-4.1 节）

SSB 格式	候选 SSB 符号位置索引	变量 n 取值范围
CaseA-15kHz	$\{2,8\}+14\times n$	$f\leqslant$ 3GHz，n=0,1 3GHz<$f\leqslant$ 6GHz，n=0,1,2,3
CaseB-30kHz	$\{4,8,16,20\}+28\times n$	$f\leqslant$ 3GHz，n=0 3GHz<$f\leqslant$ 6GHz，n=0,1
CaseC-30kHz	$\{2,8\}+14\times n$	成对频谱分配模式： $f\leqslant$ 3GHz，n=0,1 3GHz<$f\leqslant$ 6GHz，n=0,1,2,3 非成对频谱分配模式： $f\leqslant$ 2.4GHz，n=0,1 2.4GHz<$f\leqslant$ 6GHz，n=0,1,2,3
CaseD-120kHz	$\{4,8,16,20\}+28\times n$	f>6GHz，n=0 ～ 3,5 ～ 8,10 ～ 13,15 ～ 18

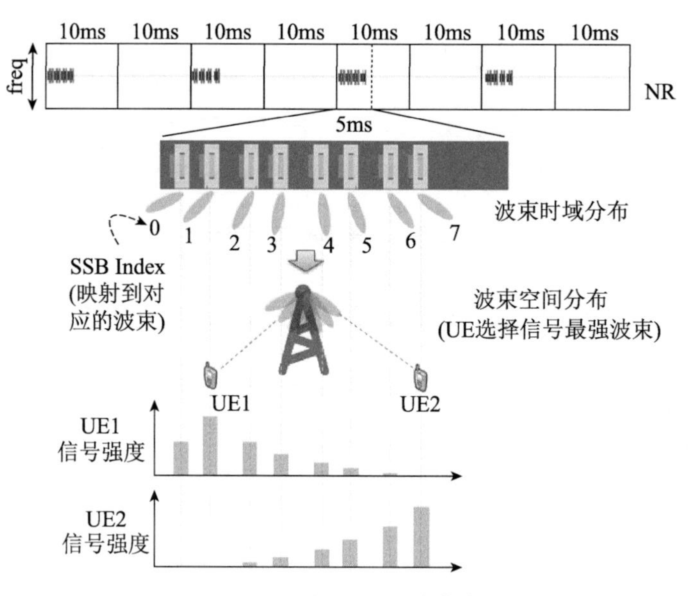

图 2-8　NR 小区 SSB 波束索引

SSB 在时隙内位置如图 2-9 所示。

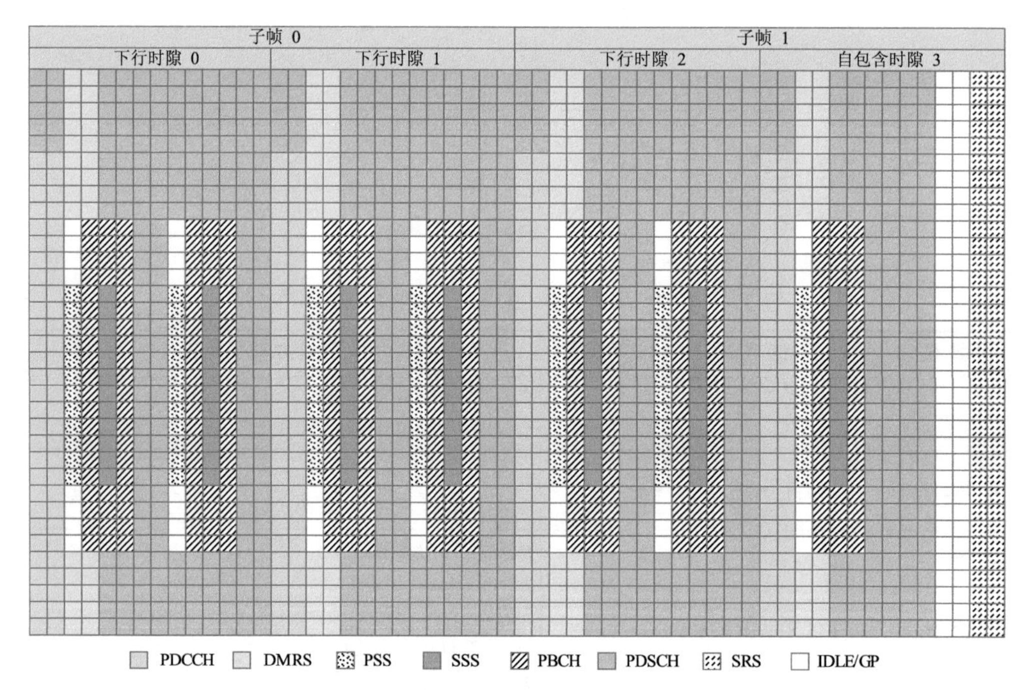

图 2-9　SSB 块在时隙内位置（CaseB-30kHz 示例）

SSB 不仅用于小区搜索，还作为 UE 进行小区测量的参考信号。通过测量 SSB，UE 可以进行信道状态指示 CSI 上报。

- 基于SSB的L1-RSRP测量，进行小区选择、重选和切换。
- 获取SSB波束索引，用于初始波束管理。

目前国内用于部署 5G 的 SSB 图样如表 2-5 所示。

表 2-5　国内用于部署 5G 的 SSB 图样（TS38.104 表 5.4.3.3-1）

频段	SSB 子载波间隔	SSB 图样	支持的 SSB index	GSCN 范围
700MHz	15KHz	caseA	4	1901~2002
2.1GHz	15KHz	caseA	4	5279~5419
2.6GHz	15KHz	caseA	4	6246~6717
	30KHz	caseC	8	6252~6714
3.5GHz	30KHz	caseC	8	7711~8051
4.9GHz	30KHz	caseC	8	8480~8880

Case C 的 SSB 块在时域内位置如图 2-10 所示。

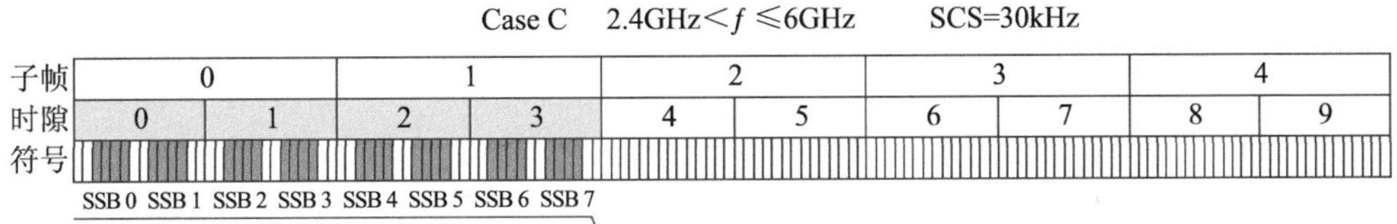

Case C　2.4GHz＜f ≤6GHz　　SCS=30kHz

子帧　0　1　2　3　4

时隙　0　1　2　3　4　5　6　7　8　9

符号

SSB 0　SSB 1　SSB 2　SSB 3　SSB 4　SSB 5　SSB 6　SSB 7

子载波带宽	符号位置	f≤2.4GHz	2.4GHz＜f≤6GHz	f＞6GHz
Case C 30kHz	{2,8}+14n	n=0,1	n=0,1,2,3	
		s=2,8,16,22	s=2,8,16,22,30,36,44,50	

图 2-10　SSB 块在时隙内位置

2.1.2　PBCH 内容解析

PBCH 承载 MIB 消息，通过 SSB 发送给 UE，修改周期为 80ms，每隔 20ms 重发一次。PBCH Payload 如图 2-11 所示（L_{max} 表示 SSB 个数）。

在 PBCH Payload 中，$\bar{a}_0$，$\bar{a}_1$，$\bar{a}_2$，…，$\bar{a}_{\bar{A}-1}$ 为物理层收到的 PBCH 传输块，即 MIB 消息。在 PBCH Payload 中，$\bar{a}_{\bar{A}}$，$\bar{a}_{\bar{A}+1}$，…，$\bar{a}_{\bar{A}+7}$ 为额外增加的 8bit，携带系统帧号 SFN、半帧位置、SSB Index、k_{SSB} 等信息，用于小区搜索中的帧同步和 SIB1 消息搜索。

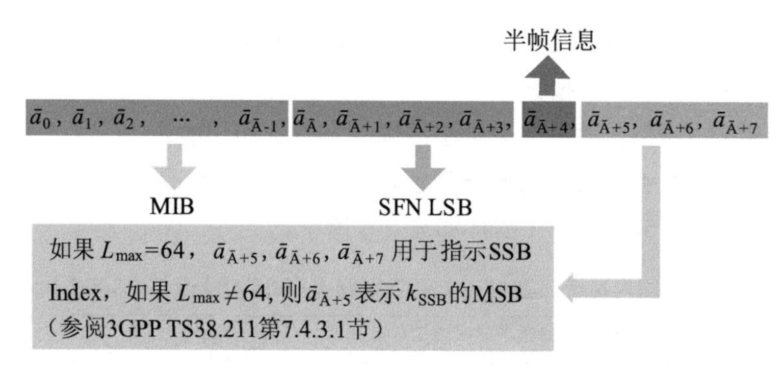

图 2-11　PBCH Payload（3GPP TS38.212 第 7.1.1 节）

MIB 消息内容如下所示。

```
-- ASN1START
-- TAG-MIB-START
MIB ::=                       SEQUENCE {
    systemFrameNumber             BIT STRING (SIZE (6)),
    subCarrierSpacingCommon       ENUMERATED{scs15or60, scs30or120},
                                  公共信道子载波间隔
    ssb-SubcarrierOffset          INTEGER (0..15), kSSB
    dmrs-TypeA-Position           ENUMERATED {pos2, pos3},
    pdcch-ConfigSIB1              PDCCH-ConfigSIB1，指示 SIB1 的控制信道对
                                  应的时频位置
    cellBarred                    ENUMERATED {barred, notBarred},
    intraFreqReselection          ENUMERATED {allowed, notAllowed},
    spare                         BIT STRING (SIZE (1))
}
-- TAG-MIB-STOP
-- ASN1STOP
```

MIB 信息主要信元解析如表 2-6 所示。

表 2-6　MIB 消息主要信元解析（3GPP TS38.331 6.2.2 节）

字 段 名 称	MIB 字段描述
cellBarred	指示 UE 小区选择时能否驻留在这个小区 [TS 38.304]
intraFreqReselection	当小区被 BAR 时，是否允许 UE 重选到其他同频小区 [TS 38.304]
dmrs-TypeA-Position	指示 TypeA PUSCH/PDSCH 第 1 个前置 DMRS 占用的时域位置（位置 2 或位置 3，编号从 0 开始），PUSCH/PDSCH 映射 TypeB 时 DMRS 起始符号固定为调度的 PUSCH/PDSCH 的起始符号 [TS 38.211 第 7.4.1.1.2 节] [TS 38.211 第 6.4.1.1.3 节]

续表

字段名称	MIB 字段描述
pdcch-ConfigSIB1	指示 SIB1 控制信道资源集合的时频资源位置，共 8bit。其中 pdcch-ConfigSIB1 的 MSB 4bit 指示 CORESET#0 占用的 RB 和符号数（对应 TS38.213 中表 13-1 ～表 13-10）。pdcch-ConfigSIB1 的 LSB 4bit 指示 PDCCH 监测时机（对应 TS38.213 中表 13-11 ～表 13-15）
ssb-SubcarrierOffset	对应 k_{SSB}，即 SSB 与整个 RB 块网格之间的频域偏移，单位子载波数，取值范围 0 ～ 15，共 4bit 信息。对于 FR2 来说，k_{SSB} 取值范围为 0 ～ 11，4bit 信息可以指示。对于 FR1 来说，k_{SSB} 的取值范围是 0 ～ 23，需要 5bit 来指示，所以除 MIB 中的 4bit 之外，还需要 PBCH Payload 中的 1bit 来共同指示
subCarrierSpacingCommon	指示公共信道子载波带宽，适用于 SIB1、初始接入 Msg2/4、寻呼和 SI 广播消息的子载波带宽： FR1 时设置 scs15or60 时 SCS 为 15 kHz，scs30or120 时为 30 kHz； FR2 时设置 scs15or60 时为 60 kHz，scs30or120 时为 120 kHz
systemFrameNumber	指示系统帧号的 MSB 6bit，SFN 剩余 LSB 4bit 在 PBCH Payload 中获取

当 UE 成功解调出 PBCH 后，就得到了 MIB 信息、SSB Index 和半帧信息。至此无论哪种 SCS 和频域范围，都取得了 10ms 帧同步。接下来根据 MIB 消息解析获取 SIB1 调度信息，根据 SIB1 得到 OSI 的调度信息。

SIB1（RMSI）消息主要用于广播 UE 初始接入网络时需要的基本信息，包括其他 SI 调度信息、初始 BWP 信息、下行信道配置等。

2.2 物理随机接入信道

PRACH 信道用于传输前导 Preamble 序列。gNB 通过测量 Preamble 获得其与 UE 间的传输时延，并将上行定时 TA 信息通过 Timing Advace Command 消息通知 UE。

和 LTE 类似，PRACH 由循环前缀 CP、前导序列 Preamble 和保护间隔 GP 三个部分构成，如图 2-12 所示。

图 2-12　PRACH 结构（示意图）

按照 Preamble 序列长度划分，Preamble 序列分为长序列（序列长度为 839）和短序列（序列长度为 139）两类前导，如图 2-13 所示。长序列沿用 LTE 设计方案，共 4 种格式。NR 长序列 Preamble 类型如表 2-7 所示（参阅 3GPP TS38.211 6.3.3 节）。

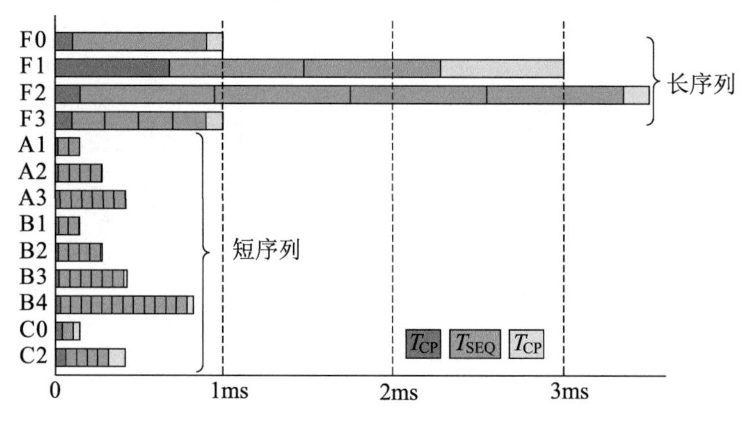

图 2-13　PRACH 分类

表 2-7　NR 长序列 Preamble 类型（时间单位 T_c）

格式	L_{RA}	Δf^{RA}	N_u	N_{CP}^{RA}	时长 /ms	占用带宽 /MHz	覆盖半径 /km	应用场景
0	839	1.25 kHz	24576κ	3168κ	1.0	1.08	14.5	普通覆盖
1	839	1.25 kHz	$2\times24576\kappa$	21024κ	3.0	1.08	100.1	广覆盖
2	839	1.25 kHz	$4\times24576\kappa$	4688κ	3.5	1.08	21.9	深度覆盖
3	839	5 kHz	$4\times6144\kappa$	3168κ	1.0	4.32	14.5	高速场景

注：κ=64，覆盖半径=（T_{CP}−多径时延扩展）×c/2（km），c是光速。

短序列为 NR 新增格式，共有 9 种格式，如表 2-8 所示。

表 2-8　NR 短序列 Preamble 类型

格　式	L_{RA}	Δf^{RA}/ kHz	N_u	N_{CP}^{RA}	覆盖半径 /km
A1	139	$15\times2^{\mu}$	$2\times2048\kappa\times2^{-\mu}$	$288\kappa\times2^{-\mu}$	$0.937/2^{\mu}$
A2	139	$15\times2^{\mu}$	$4\times2048\kappa\times2^{-\mu}$	$576\kappa\times2^{-\mu}$	$2.109/2^{\mu}$
A3	139	$15\times2^{\mu}$	$6\times2048\kappa\times2^{-\mu}$	$864\kappa\times2^{-\mu}$	$3.515/2^{\mu}$
B1	139	$15\times2^{\mu}$	$2\times2048\kappa\times2^{-\mu}$	$216\kappa\times2^{-\mu}$	$0.585/2^{\mu}$
B2	139	$15\times2^{\mu}$	$4\times2048\kappa\times2^{-\mu}$	$360\kappa\times2^{-\mu}$	$1.054/2^{\mu}$
B3	139	$15\times2^{\mu}$	$6\times2048\kappa\times2^{-\mu}$	$504\kappa\times2^{-\mu}$	$1.757/2^{\mu}$
B4	139	$15\times2^{\mu}$	$12\times2048\kappa\times2^{-\mu}$	$936\kappa\times2^{-\mu}$	$3.867/2^{\mu}$
C0	139	$15\times2^{\mu}$	$2048\kappa\times2^{-\mu}$	$1240\kappa\times2^{-\mu}$	$5.351/2^{\mu}$
C2	139	$15\times2^{\mu}$	$4\times2048\kappa\times2^{-\mu}$	$2048\kappa\times2^{-\mu}$	$9.297/2^{\mu}$

注：κ=64；μ={0,1,2,3}。

PRACH 时域位置由帧号、子帧号、时隙号和 occasion 编号构成。通过查询 PRACH 配置索引（PRACH Configuration Index）确定 PRACH 的具体物理位置（参阅 3GPP TS38.211 表 6.3.3.2-2 和表 6.3.3.2-3）。PRACH 频域和带宽、PRACH 时域位置分别如图 2-14 和图 2-15 所示。

系统带宽
Prach
Initial IBWP

序列长度	PRACH SCS	PUSCH SCS	PRACH PRB（以PUSCH为参考）
839	1.25	15	6
839	1.25	30	3
839	1.25	60	2
839	5	15	24
839	5	30	12
839	5	60	6
139	15	15	12
139	15	30	6
139	15	60	3
139	30	15	24
139	30	30	12
139	30	60	6
139	60	60	12
139	60	120	6
139	120	60	24

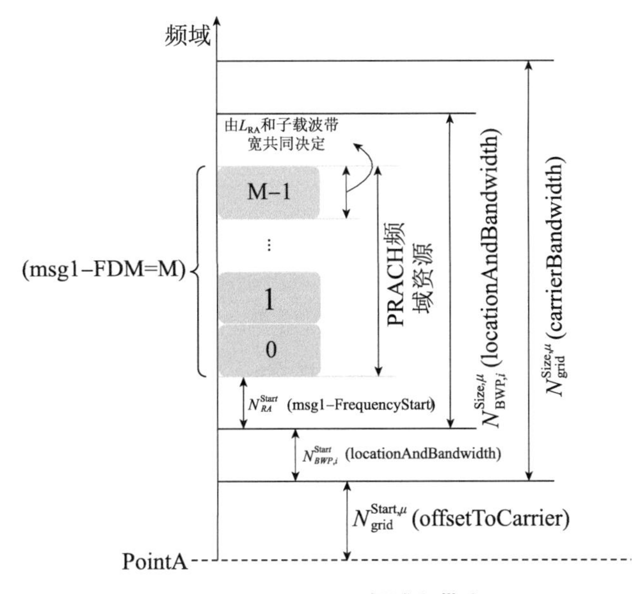

图 2-14　PRACH 频域和带宽

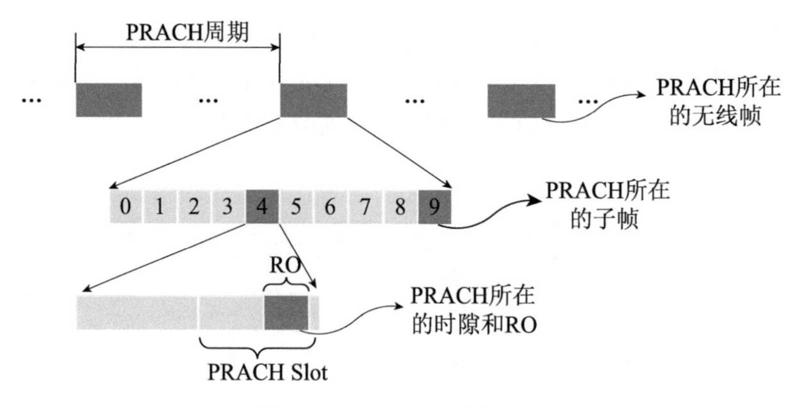

图 2-15　PRACH 时域位置

PRACH 频域起始位置由小区参数 msg1-FrequencyStart 定义。每个 PRACH 在频域占用带宽 PRB 个数由 Preamble 序列长度、PRACH 子载波间隔和 PUSCH 子载波间隔共同决定（参阅 TS38.211 表 6.3.3.2-1）。

在 NR 系统中，UE 选择的 PRACH 时频位置和 UE 搜索到的 SSB 波束相关，即只有 SSB 波束扫描到 UE 时，UE 才有机会发起随机接入。SSB 在一个周期（5ms）内有多个波束，因此需要建立 SSB 波束和 PRACH 资源映射关系，由高层参数“ssb-perPRACH-occasionAndCB-PreamblePerSSB”进行配置。通过这个机制，gNB 根据 UE 上报的 PRACH 信道解调得到的 RO 和 CB Preamble 范围判断该 UE 下行 SSB index，进行初始接入过程中的波束管理。

2.3　物理上行控制信道

PUCCH 用于传输上行控制信息（UCI）。根据内容不同，UCI 信息分为 3 类：

1）上行调度请求，即 PUSCH 调度的资源请求；

2）HARQ 反馈，用于 PDSCH 的 HARQ 反馈；

3）CSI 反馈，下行信道状态信息测量结果反馈，包含 CQI/PMI/RI/LI 等。

NR PUCCH 结构分为 2 种：短 PUCCH 和长 PUCCH。短 PUCCH 占用 1 或 2 个 OFDM 符号，用于快速上行反馈；长 PUCCH 占用 4 ～ 14 个 OFDM 符号，用于覆盖受限、时延不敏感场景。

UCI 格式有 5 种，如表 2-9 所示。目前主要使用格式 2 和格式 3，其调制编码方式为 QPSK（参阅 3GPP TS38.212 6.3 节）。

表 2-9　UCI 格式和功能（3GPP TS38.211 表 6.3.2.1-1）

PUCCH 格式	占用符号数 / 个	UCI 长度 /bit	功能描述
0	1 ～ 2	≤ 2	短 PUCCH 格式，频域占用 1 个 RB； 不配置 DMRS； 1 个 PRB 最多复用 6 个用户
1	4 ～ 14	≤ 2	长 PUCCH 格式，频域占用 1 个 RB； DMRS 和 UCI 时分复用（TDM）； 1 个 PRB 最多复用 86 个用户
2	1 ～ 2	>2	短 PUCCH 格式，频域占用 1 ～ 16 个 RB； DMRS 和 UCI 频分复用（FDM）； 不支持多用户复用
3	4 ～ 14	>2	长 PUCCH 格式，频域占用 1 ～ 16 个 RB； DMRS 和 UCI 时分复用（TDM）； 不支持多用户复用
4	4 ～ 14	>2	长 PUCCH 格式，频域占用 1 个 RB； DMRS 和 UCI 时分复用（TDM）； 支持基于码分的多用户复用

PUCCH 时频位置通过高层 RRC 信令配置。由高层定义 PUCCH 频域的起始 PRB 位置、占用的 PRB 数、时域的起始符号、占用符号数等（详见 3GPP TS38.213 表 9.2.1-1）。

图 2-16 和图 2-17 分别为一个 RB 中 PUCCH 格式 1 和格式 3 的时频结构示意图。

PUCCH 资源分配方式有 3 种：静态配置、半静态调度（如 MAC CE 激活与去激活）和动态调度。协议规定的约束条件如下：

- 调度请求SR只能通过静态配置PUCCH发送（由RRC消息配置）；
- 周期CSI支持静态配置PUCCH、半静态调度PUCCH（通过MAC CE指示）；
- HARQ支持动态调度PUCCH（通过上行调度的DCI指示）。

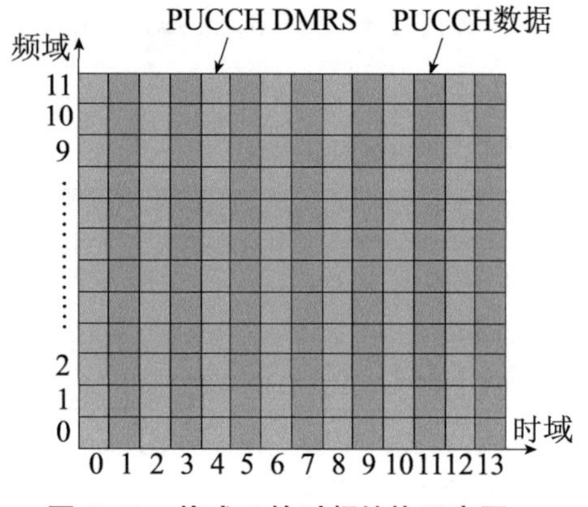

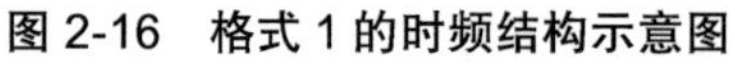
图 2-16　格式 1 的时频结构示意图

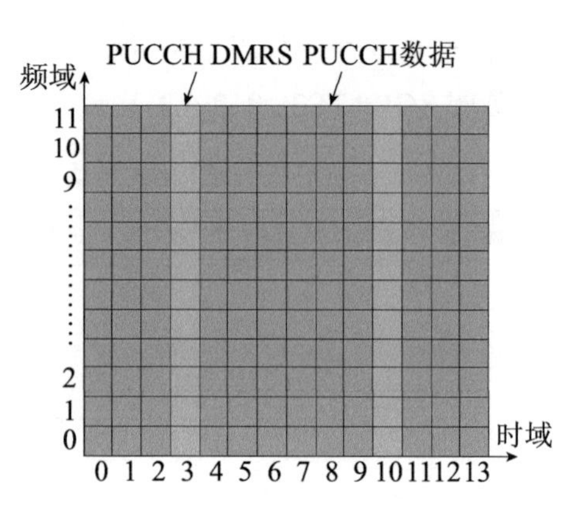

图 2-17　格式 3 的时频结构示意图

3GPP R15 版本 NR 不支持同一用户 PUCCH 和 PUSCH 并发。如果已分配了 PUSCH，则 UCI 在 PUSCH 中传输。

PUCCH 和 PRACH 频域位置示意图如图 2-18 所示。

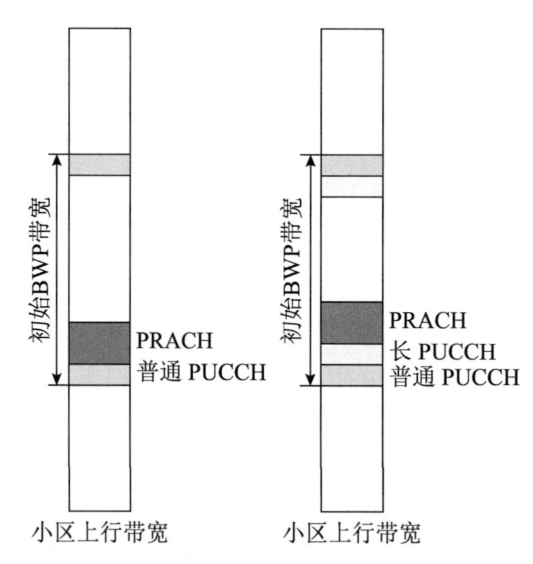

图 2-18　PUCCH 和 PRACH 频域位置示意图

2.4 物理下行控制信道

2.4.1 PDCCH 位置定义

在LTE中，PDCCH位置相对固定，频域为整个带宽，时域固定占用每个RB的前1～3个符号。也就是说，系统只需要通知UE物理下行控制信道PDCCH占据的OFDM符号数，UE便能确定PDCCH的搜索空间。

在NR系统中，由于5G系统带宽较大，如果PDCCH依然占据整个带宽会导致资源占用过多，搜索时间过长。此外，为了增加系统灵活性，5G NR中引入了控制资源集合（CORESET）概念，其对应的PDCCH频域和时域所占用资源可以灵活进行配置。因此，在NR系统中，UE先要获得PDCCH在频域上的位置和时域上的位置才能成功解码PDCCH。

1. CORESET含义

CORESET是NR中提出的概念，用以承载PDCCH频域上占据的频段和时域上占用的OFDM符号数等信息（参阅TS38.211 7.3.3.2节）。CORESET是一组物理资源，对应NR下行资源网格上的一个特定区域，用于携带PDCCH/DCI的一系列参数，等同于LTE的PDCCH。

LTE PDCCH与NR CORESET的对比如图2-19所示。

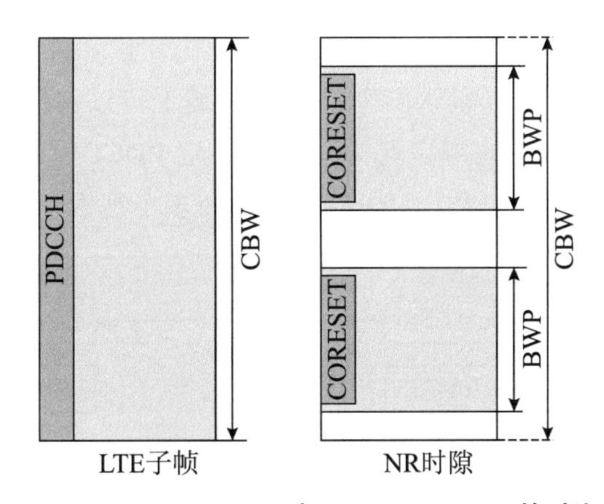

图2-19　LTE PDCCH与NR CORESET的对比

根据承载消息不同，CORESET可分为两种类型：一类为小区级CORESET，以CORESET 0进行标识，CORESET 0主要用来承载SIB1所需的Type 0-PDCCH CSS集合，由 MIB 中的 pdcch-ConfigSIB1 进行资源配置；另一类为与用户相关的 CORESET（这些 CORESET 通过系统消息的方式进行配置或通过 UE 专属 RRC 信令配置），以 CORESET 1 ～ 11 进行标识，这些 CORESET 与配置 BWP 紧密关联。

在 NR 中，PDCCH 频域占用的频段和时域占用的 OFDM 符号数等信息被封装在信息单元控制资源集合 CORESET 中；PDCCH 起始 OFDM 符号编号及 PDCCH 监测周期等信息被封装在搜索空间 SS（Search Space）中发送给 UE。

根据承载内容不同，PDCCH 搜索空间集合从逻辑上划分可分为公共搜索空间（CSS）集合和 UE 专用搜索空间（USS）集合，其中 CSS 由信元 pdcch-ConfigCommon 发送给 UE，USS 由信元 pdcch-Config 发送给 UE。搜索空间类型如表 2-10 所示。

表 2-10　搜索空间类型（3GPP TS38.213 10.1 节）

类　型		RNTI	应用场景
公共搜索空间	Type 0	SI-RNTI	接收 SIB1 消息
	Type 0A	SI-RNTI	接收其他 SIB 消息
	Type 1	RA-RNTI/TC-RNTI/C-RNTI	随机接入响应消息 Msg2/4
	Type 2	P-RNTI	接收寻呼消息 Paging
	Type 3	INT-RNTI/SFI-RNTI/TPC-RNTI/C-RNTI/CS-RNTI/SP-CSI-RNTI	接收功率控制、时隙类型指示等消息
UE 专用搜索空间	UE-specific	CS-RNTI/SP-CSI-RNTI/C-RNTI	接收 PDSCH

每个小区可以配置 0 ～ 11 个 CORESET，每个 BWP 最多被配置 3 个 CORESET（包括公共搜索空间和 UE 专用搜索空间），其中 CORESET 0 用于 SIB1 的调度，位于初始 BWP。

每个 CORESET 频域上可以包含多个 CCE，时域上可以占用 1 ～ 3 个 OFDM 符号。一个 CORESET 和一个搜索空间绑定起来后才能确定 PDCCH 的位置。一个搜索空间只能和一个 CORESET 绑定，但一个 CORESET 可以和多个搜索空间绑定，如图 2-20 所示。

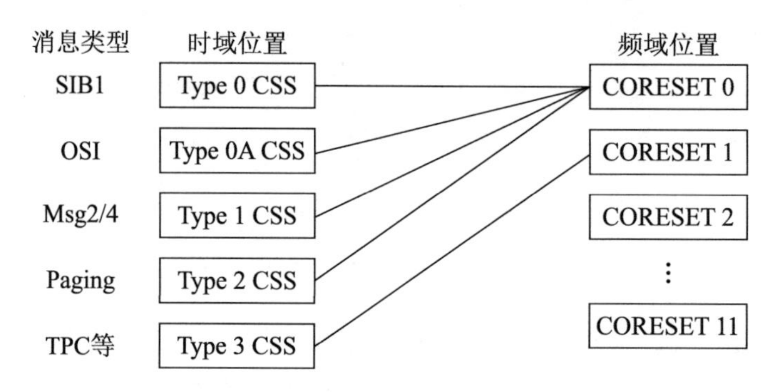

图 2-20　CSS 和 CORESET 对应关系（示意图）

2. SIB1 的搜索空间定义

根据协议，SIB1 对应 PDCCH 的搜索空间由 Type 0-PDCCH CSS 和 CORESET 0 进行定义。Type 0-PDCCH CSS 和 CORESET 0 信息封装在 MIB 消息 IE“pdcch-ConfigSIB1”中。“pdcch-ConfigSIB1”的低有效位（LSB）4bit 指示 Type 0-PDCCH CSS 的配置索引，高有效位（MSB）4bit 指示 CORESET 0 所对应的频域信息配置索引，详见 3GPP TS38.213 13 节 UE procedure for monitoring Type0-PDCCH CSS sets 中表 13-1 ～表 13-15，其中表 13-1 ～表 13-10 用于指示 CORESET 0 所对应的频域信息配置索引，表 13-11 ～表 13-15 用于指示 Type 0-PDCCH 的搜索空间 CSS。

Type 0-PDCCH CORESET 配置示例如表 2-11 所示。Type 0-PDCCH 的搜索空间 CSS 配置示例如表 2-12 所示。

表 2-11　Type 0-PDCCH CORESET 配置示例（TS38.213 表 13-1）

索 引	SSB/CORESET 复用模式	占用 RB 数 $N_{RB}^{CORESET}$	占用符号数 $N_{symbol}^{CORESET}$	Offset/RB
0	1	24	2	0
1	1	24	2	2
2	1	24	2	4
3	1	24	3	0
4	1	24	3	2
5	1	24	3	4
6	1	48	1	12
7	1	48	1	16
8	1	48	2	12
9	1	48	2	16
10	1	48	3	12
11	1	48	3	16
12	1	96	1	38
13	1	96	2	38
14	1	96	3	38
15	保留			

注：本表基于SSB SCS为15kHz、PDCCH SCS为15kHz的场景。$N_{RB}^{CORESET}$定义了初始BWP中PDCCH的RB数，同时定义了初始BWP的带宽。目前协议定义了3种带宽：24RB、48RB和96RB。$N_{symbol}^{CORESET}$定义了初始BWP中PDCCH的符号数，取值范围1、2、3。Offset定义初始BWP中PDCCH的起始RB与SSB的RB 0之间的频率偏移量。

表 2-12　Type 0-PDCCH 的搜索空间 CSS 配置示例（TS 38.213 表 13-11）

索引	O	每个时隙搜索空间数目	M	第 1 个符号索引（i 为 SSB Index）
0	0	1	1	0
1	0	2	1/2	{如果 i 偶数为 0}，{如果 i 奇数为 $N_{\text{symb}}^{\text{CORESET}}$}
2	2	1	1	0
3	2	2	1/2	{如果 i 偶数为 0}，{如果 i 奇数为 $N_{\text{symb}}^{\text{CORESET}}$}
4	5	1	1	0
5	5	2	1/2	{如果 i 偶数为 0}，{如果 i 奇数为 $N_{\text{symb}}^{\text{CORESET}}$}
6	7	1	1	0
7	7	2	1/2	{如果 i 偶数为 0}, {如果 i 奇数为 $N_{\text{symb}}^{\text{CORESET}}$}
8	0	1	2	0
9	5	1	2	0
10	0	1	1	1
11	0	1	1	2
12	2	1	1	1
13	2	1	1	2
14	5	1	1	1
15	5	1	1	2

SSB 与 CORESET 0 复用的模式类型如图 2-21 所示。

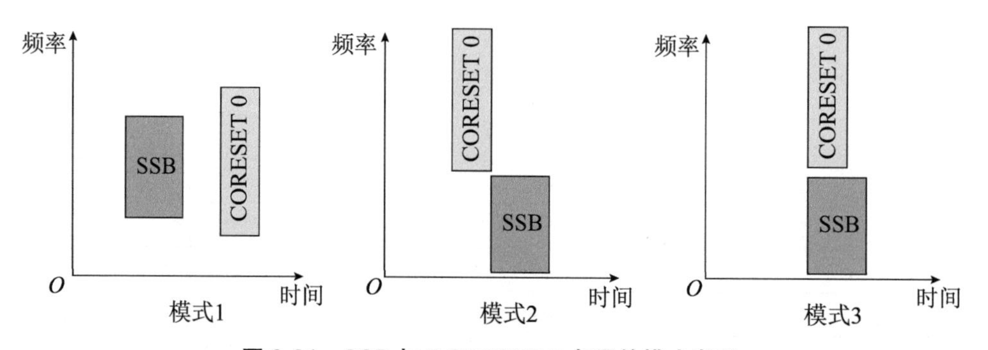

图 2-21　SSB 与 CORESET 0 复用的模式类型

注：模式1可用于FR1频段和FR2频段，SSB与CORESET 0可以映射在不同的OFDM符号，且CORESET 0的频率范围需要包含SSB。模式2和模式3仅用于FR2频段。

UE 根据 MIB 中字段“pdcch-ConfigSIB1”的指示位置读取 CORESET 0 信息（即 SIB 1 对应的 PDCCH）。通过解码 CORESET 0 获得 SIB 1 所在的 PDSCH，然后 UE 在指定 PDSCH 读取 SIB 1 消息。

1）Type 0-PDCCH CSS，“pdcch-ConfigSIB1”LSB4bit，指示 SIB 1 对应的 PDCCH 时域位置，包含的信息如下：

①参数 *O* 和 *M* 取值（仅用于模式 1）；

②搜索空间第 1 个 OFDM 符号索引；

③每个 slot 内搜索空间的数量（仅用于模式 1）。

2）CORESET 0，“pdcch-ConfigSIB 1”MSB 4bit，指示 SIB 1 对应的 PDCCH 频域位置和占用的符号数，包含的信息如下：

① SSB 与 CORESET 0 复用的模式类型，共有 3 种复用模式；

② CORESET 0 占用的 PRB 数；

③ Offset，即频域上 SSB 下边界与 CORESET 0 下边界的偏差（以 RB 为单位）。

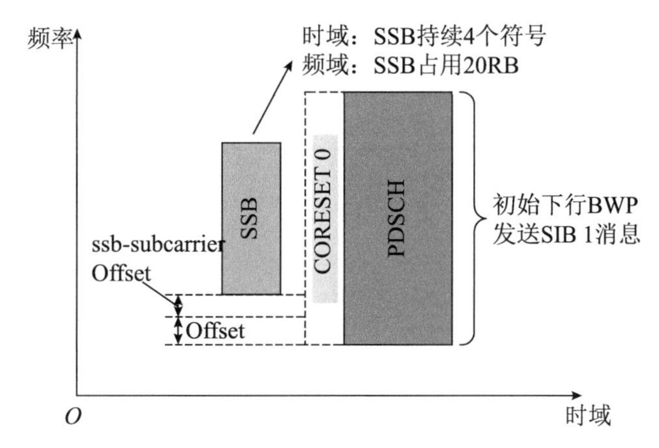

图 2-22 SSB、CORESET 0 和 SIB1 PDSCH 关系示意图

UE 读取 SIB 1 消息后，根据 SIB 1 中其他 OSI 的搜索空间和 CORESET 配置信息，利用 SI-RNTI 在指定位置盲搜 PDCCH，搜到后在 PDCCH 指定位置读取 PDSCH 中的其他 SIB 消息。UE 专用搜索空间 UE-specific 由高层 RRC 消息进行配置。

与 SSB 一样，SIB 1 需要覆盖整个小区。因此，SIB 1 的 PDCCH 与 PDSCH 也需要和 PBCH/SSB 一样进行波束扫描。同步信号块 SSB 集合中的每一个 SSB 块对应一个控制资源集合 CORESET 0，且使用相同的波束方向。

PDCCH 盲搜过程如图 2-23 所示。

例如，subcarrierspacingCommon = 15kHz，pdcch-ConfigSIB1=0，则 MSB 4bit 为 0，LSB 4bit 为 0。根据协议 TS38.213 表 13-1 可以获得，CORESET 0 占用的 RB 数为 24 个，占用的符号数为 2 个，Offset 为 0，复用模式为 1，如表 2-13 所示。

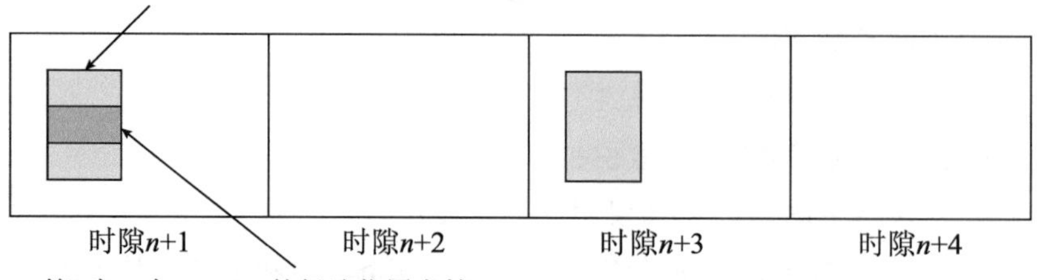

图 2-23 PDCCH 盲搜过程

注：Type 0（SIB 1）的搜索空间（CORESET和SS）信息封装在MIB中，Type 0A/Type 1/Type 2/Type 3的搜索空间封装在SIB 1中，UE专用搜索空间由高层RRC消息进行配置。

表 2-13 CORESET 0 频域设置

索 引	SSB/CORESET 复用模式	占用的 RB 数 $N_{RB}^{CORESET}$	占用的符号数 $N_{symb}^{CORESET}$	Offset/RB
0	1	24	2	0

根据协议 TS 38.213 表 13-11，得到 O=0，M=1，起始符号为 0，每个时隙上搜索空间个数为 1，如表 2-14 所示。

表 2-14 CORESET0 时域设置

索引	O	每个时隙搜索空间数	M	第 1 个符号索引（i 是 SSB Index）
0	0	1	1	0

根据 TS38.213 13 章的描述，SCS =15kHz，SSB Index =0、1、2、3 时，可以计算出 PDCCH 搜索的开始时隙 n_0={0，1，2，3}，如图 2-24 所示。以下为协议详细描述。

For the SS/PBCH block and CORESET multiplexing pattern 1, a UE monitors PDCCH in the Type0-PDCCH CSS set over two consecutive slots starting from slot n_0. For SS/PBCH block with index i, the UE determines an index of slot n_0 as $n_0=\left(O\cdot 2^{\mu}+\lfloor i\cdot M\rfloor\right)\bmod N_{\text{slot}}^{\text{frame},\mu}$ located in a frame with system frame number (SFN) SFN_C satisfying $SFN_C \bmod 2=0$ if $\left\lfloor\left(O\cdot 2^{\mu}+\lfloor i\cdot M\rfloor\right)/N_{\text{slot}}^{\text{frame},\mu}\right\rfloor \bmod 2=0$ or in a frame with SFN satisfying $SFN_C \bmod 2=1$ if $\left\lfloor\left(O\cdot 2^{\mu}+\lfloor i\cdot M\rfloor\right)/N_{\text{slot}}^{\text{frame},\mu}\right\rfloor \bmod 2=1$. M and O are provided by Tables 13-11 and 13-12, and $\mu\in\{0,1,2,3\}$ based on the SCS for PDCCH receptions in the CORESET [4, TS 38.211]. The index for the first symbol of the CORESET in slot n_C is the first symbol index provided by Tables 13-11and 13-12.

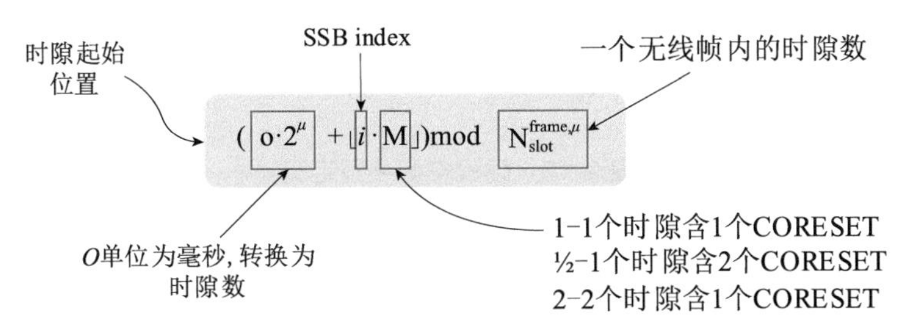

图 2-24　PDCCH 时隙位置计算过程（“i・M”表示向下取整）

根据协议描述，SS/PBCH 和 CORESET 0 复用模型为 1 时，UE 需要在两个连续的时隙上监听 PDCCH。本例中 CORESET 0 占用的时域位置和 UE 搜索空间如图 2-25 所示（灰色符号表示 CORESET 0 占用的时域位置）。

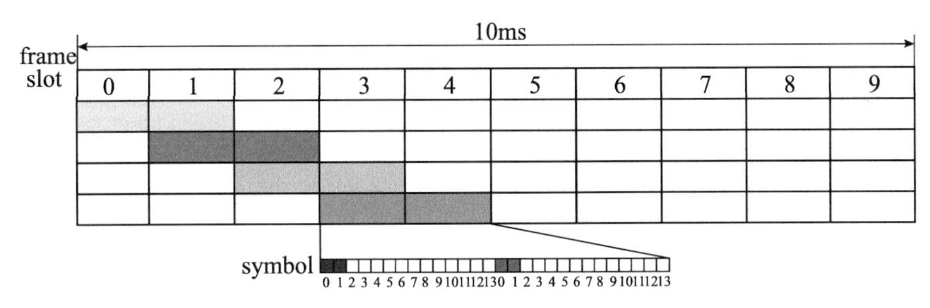

图 2-25　PDCCH 位置定义举例

3. 其他公共搜索空间定义

其他公共搜索空间由 CORESET 和 CSS 两个部分定义，包含在 SIB1 中。

控制资源集 CORESET 指示 PDCCH 占用符号数、RB 数等，CSS 指示 PDCCH 的起始符号，以及绑定的 CORESET 等。CORESET 参数含义如表 2-15 所示。

表 2-15　CORESET 参数含义

参　数　名	功　　能
controlResourceSetId	CORESET ID，用于识别对应的 CORESET 配置
frequencyDomainResources	指示 CORESET（PDCCH）的频域位置
duration	PDCCH 在时域占的符号数，如占用 2 个符号
cce-REG-MappingType	CCE 对应到具体的 REG 的映射关系
precoderGranularity	PDCCH 预编码相关的配置
tci-StatesPDCCH-ToAddList tci-StatesPDCCH-ToReleaseList	用于配置 PDCCH 对应的 TCI state，可以简单理解为指示接收 PDCCH 用的 beam 方向
tci-PresentInDCI	用于指示 DCI 是否包含指示 PDSCH 波束信息的域

搜索空间指示 PDCCH 在 slot 起始 OFDM 符号位图及 PDCCH 监测周期等信息。搜索空间参数定义如表 2-16 所示。

表 2-16　搜索空间参数定义

参　数　名	功　　能
searchSpaceId	SearchSpace ID，用于识别对应的 SearchSpace 配置
controlResourceSetId	指示跟这个 SearchSpace 绑定的 CORESET
monitoringSlotPeriodicityAndOffset	指示 SearchSpace 的周期及周期内偏移，如周期 10slot，偏移 3slot
duration	指示 CORESET 在 slot 上的重复，如重复次数 2
monitoringSymbolsWithinSlot	指示 PDCCH 在 slot 内的起始符号位图，如符号 0/7
nrofCandidates	指示 PDCCH Candidate 的数量
searchSpaceType	指示 SearchSpace 的类型及需要盲检的 DCI 类型 SearchSpace 分为 UE 专用搜索空间和公共搜索空间

例如，UE 在每 10 个时隙周期内的时隙 3 和时隙 4 内的符号 0 和符号 7 检测 CORESET，且 CORESET 在时域上占用 2 个 OFDM 符号，如图 2-26 所示。

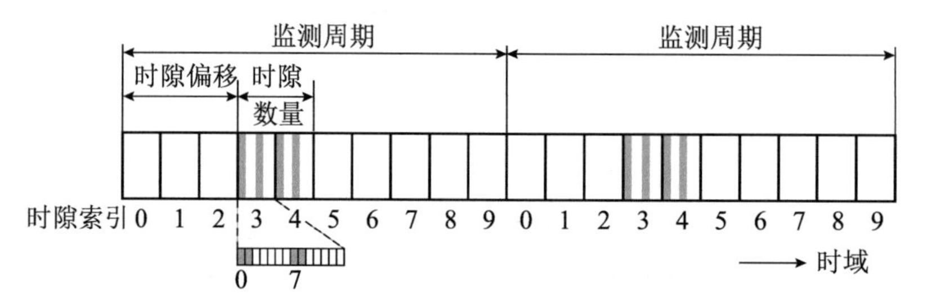

图 2-26　CORESET（PDCCH）搜索过程

每个 NR 小区可配置多个 CORESET 和搜索空间，具体数量取决于在 BWP 中配置的 CORESET/ 搜索空间数量及小区中配置的 BWP 数量。

2.4.2　PDCCH 功能分类

PDCCH 用于传输下行控制信息（DCI），共有 8 种格式，分别用于携带 3 种类型消息。

1）上行授权：包括 PUSCH 的资源指示、编码调制方式等信息，上行授权包含

Format 0_0 格式和 Format 0_1 格式。

2）下行授权：包括 PDSCH 的资源指示、编码调制方式和 HARQ 进程等信息，下行授权包含 Format 1_0 格式和 Format 1_1 格式。

3）功率控制命令：对应一组 UE 的 PUSCH 功率控制命令，作为上行授权中 PUSCH/PUCCH 功控命令的补充。

DCI 功能分类如表 2-17 所示。

表 2-17 DCI 功能分类（TS38.212 7.3 节）

DCI 格式	作 用	主要内容
0_0	上行 PUSCH 调度；fallback DCI；在波形变换、状态切换等场景使用	• 调度资源位置、跳频指示、MCS、HARQ 指示、TPC 等 • 由 C-RNTI、CS-RNTI、MCS-C-RNTI 或 TC-RNTI 加扰
0_1	上行 PUSCH 调度	• 载波指示、BWP 指示、调度资源位置、跳频指示、MCS、HARQ 指示、TPC、SRS 资源指示、预编码信息、天线端口、SRS 请求、CSI 请求 • 由 C-RNTI、CS-RNTI、SP-CSI-RNTI 或 MCS-C-RNTI 加扰
1_0	下行 PDSCH 调度；fallback DCI；在公共消息调度、状态切换时使用	• 调度资源位置、MCS、HARQ 指示、TPC、PUCCH 资源指示、随机接入前导码 • 由 C-RNTI、CS-RNTI、MCS-C-RNTI、P-RNTI 或 SI-RNTI、RA-RNTI 或 TC-RNTI 加扰
1_1	下行 PDSCH 调度	• 载波指示、BWP 指示、调度资源位置、MCS、HARQ 指示、TPC、CSI-RS 触发、PUCCH 资源指示、预编码信息、天线端口 • 由 C-RNTI、CS-RNTI 或 MCS-C-RNTI 加扰
2_0	指示 SFI	• SFI 信息 • 由 SFI-RNTI 加扰
2_1	指示 UE 不映射数据的 PRB 和 OFDM 符号	• PI 信息 • 由 INT-RNTI 加扰
2_2	指示 PUSCH 和 PUCCH 的 TPC	• 上行信道功控命令 • 由 TPC-PUSCH-RNTI 或 TPC-PUCCH-RNTI 加扰
2_3	SRS 的 TPC	• 上行 SRS 功控命令 • 由 TPC-SRS-RNTI 加扰

NR 定义小区 PDCCH 占据 1 个 slot 的前几个符号（1 个 slot 共 14 个符号，即符号 0～符号 13），最多 3 个符号，如图 2-27 所示。

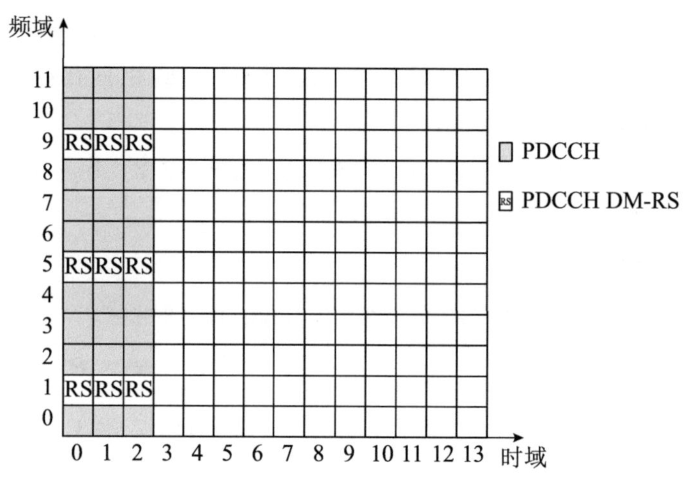

图 2-27　PDCCH 和 DM-RS 的位置

PDCCH 的调制编码方式为 QPSK，CCE 是 PDCCH 传输的最小资源单位。1 个 CCE 包含 6 个 REG，1 个 REG 对应 1 个 RB。按照码率的不同，gNB 能够将 1、2、4、8 或 16 个 CCE 聚合起来组成一个 PDCCH，对应协议定义的聚合级别 1、2、4、8、16。例如，聚合级别 1 表示 PDCCH 占用 1 个 CCE，聚合级别为 2 表示 PDCCH 占用 2 个 CCE，依次类推。

■ 聚合级别为16的PDCCH，码率最低，解调性能最好。

如果将小区内所有 UE 的 PDCCH 聚合级别都定为 16，则小区中心用户会降低 PDCCH CCE 资源的使用效率。

■ 聚合级别为1的PDCCH，码率最高，解调性能最差。

如果将小区内所有 UE 的 PDCCH 聚合级别都定为 1，则无法保证小区中点和远点用户的 PDCCH 被正确解调。

gNB 默认会根据 CQI 指示的 PDCCH 信道质量及 PDCCH 的 BLER 选择合适的 PDCCH 聚合级别，即选择满足 PDCCH 解调性能的最小聚合级别，使得 PDCCH 的解调性能和容量达到最优。

2.5　物理下行共享信道

NR PDSCH 采用 OFDM 符号调制方式，起始符号和结束符号都由 DCI 指示，支持 LDPC 编解码，调制方式支持 QPSK/16QAM/64QAM/256QAM。PDSCH 处理流程如图 2-28 所示。

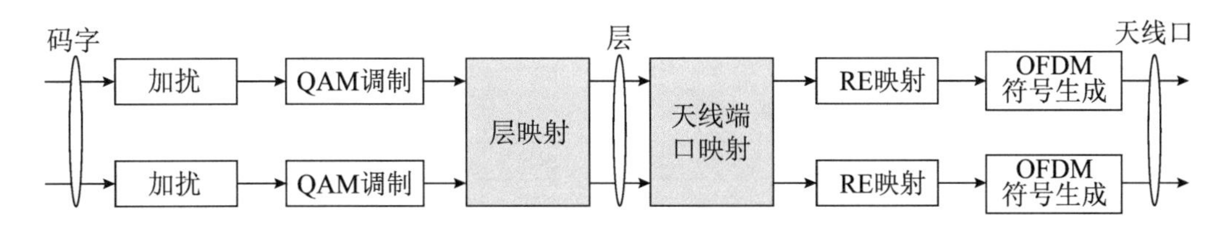

物理信道	信道编码	调制方式	层数	波形
PDSCH	LDPC	QPSK/16QAM/64QAM/256QAM	1 ～ 8	CP-OFDM
PBCH	Polar	QPSK	1	CP-OFDM
PDCCH	Polar	QPSK	1	CP-OFDM

图 2-28　PDSCH 处理流程

- 加扰：扰码ID由高层参数进行用户级配置，不配置时默认值为小区PCI。
- 调制：由高层参数MCS-table进行用户级配置。
- 层映射：将码字映射到多个层上传输，单码字映射1～4层，双码字5～8层。
- 天线端口映射（加权）：将多层数据加权后映射到发射天线。加权方式包括基于SRS互易性动态加权、基于反馈的PMI加权、开环静态加权。
- RE映射：将数据映射到对应的RE单元。

PDSCH 由 DCI1_0 和 DCI1_1 进行资源分配，最大码字数为 2 个，最大层数为 8，最大 HARQ 进程数为 16 个，由 RRC 高层进行配置。

PDSCH 资源映射有两种方式（3GPP TS38.214 表 5.1.2.1.1-2 ～表 5.1.2.1.1-5）。

- Type A映射：PDSCH起始符号数为{0,1,2,3}，长度3～14个符号，用于eMBB。
- Type B映射：PDSCH起始符号为0～12，长度为{2,4,7}，用于uRLLC。

Type A 和 Type B 的区别就是两种方式对应的起始符号 S 和符号长度 L 候选值不一样。Type A 主要面向 eMBB 业务，S 比较靠前，L 比较长。而 Type B 主要面向 uRLLC 业务，对时延要求较高，所以 S 的位置比较随意以便传输随时到达的 uRLLC 业务，L 较短，可降低传输时延。

PDSCH 的频域资源分配有 bitmap 和 RIV 两种方式。

- Type 0：分配方式为bitmap。通过对RB进行分组，若干个连续的RB构成一个RBG，然后以RBG为单位采用bitmap方式进行指示，RBG大小支持{2,4,8,16}。
- Type 1：分配方式为RIV。由RIV（资源指示值）指示所分配RB起始位置和序号连续的VRB长度。

PDSCH 示意图如图 2-29 所示。

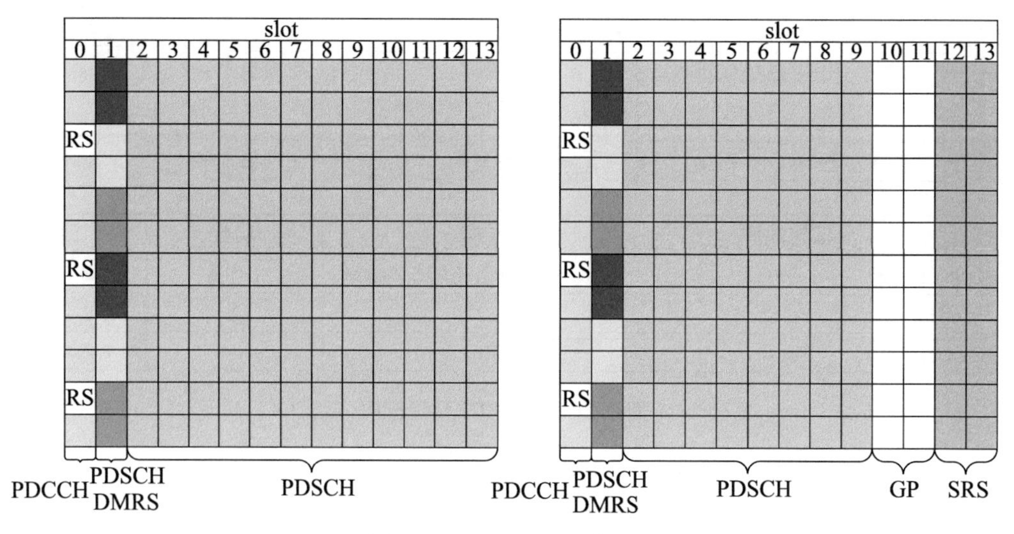

图 2-29　PDSCH 示意图

2.6 物理上行共享信道

NR PUSCH 支持两种波形（参阅 TS38.300 5.1 节、TS38.211 6.3.1.5 节）：

- CP-OFDM，多载波波形，支持多流MIMO。
- DFT-S-OFDM，单载波波形，仅支持单流。

UE 是否需要使用 CP-OFDM 或 DFT-S-OFDM 取决于 RRC 参数 TP 设置：

- RACH-ConfigCommon.msg3-TransformPrecoding，取值{ enabled , disabled}。
- PUSCH-Config. TransformPrecoding，取值{ enabled , disabled}。

若 TransformPrecoding（TP）为 disabled，则表示 PUSCH 使用 CP-OFDM 波形，反之使用 DFT-S-OFDM 波形。PUSCH 物理层处理过程如图 2-30 所示。

PUSCH 支持两种映射格式。

- Type A：起始符号0，长度（含DMRS）1～14个符号。
- Type B：起始符号0～12，长度（含DMRS）2～14个符号。

PUSCH 资源映射如图 2-31 所示（浅灰色为 PUSCH RE，深灰色为 PUSCH DMRS）。

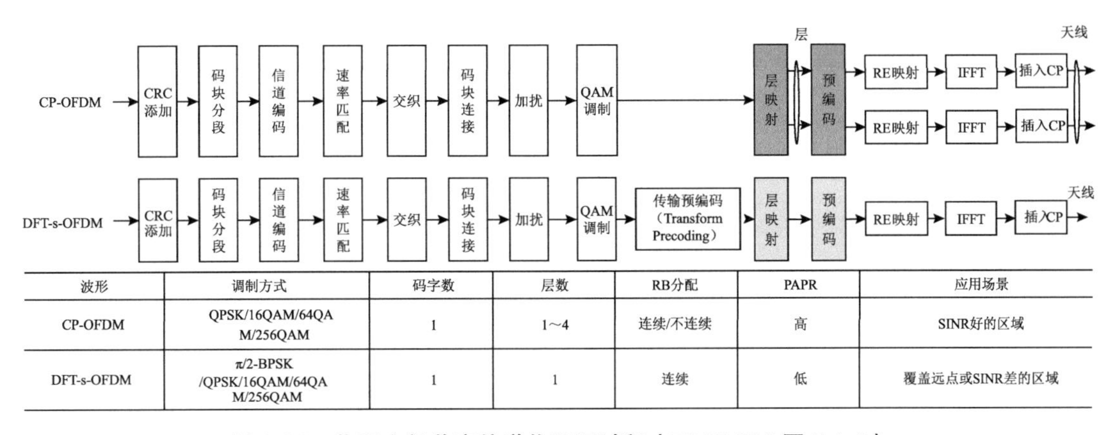

波形	调制方式	码字数	层数	RB分配	PAPR	应用场景
CP-OFDM	QPSK/16QAM/64QAM/256QAM	1	1～4	连续/不连续	高	SINR好的区域
DFT-s-OFDM	π/2-BPSK/QPSK/16QAM/64QAM/256QAM	1	1	连续	低	覆盖远点或SINR差的区域

图 2-30　物理上行共享信道物理层过程（TS38.300 图 5.1-1）

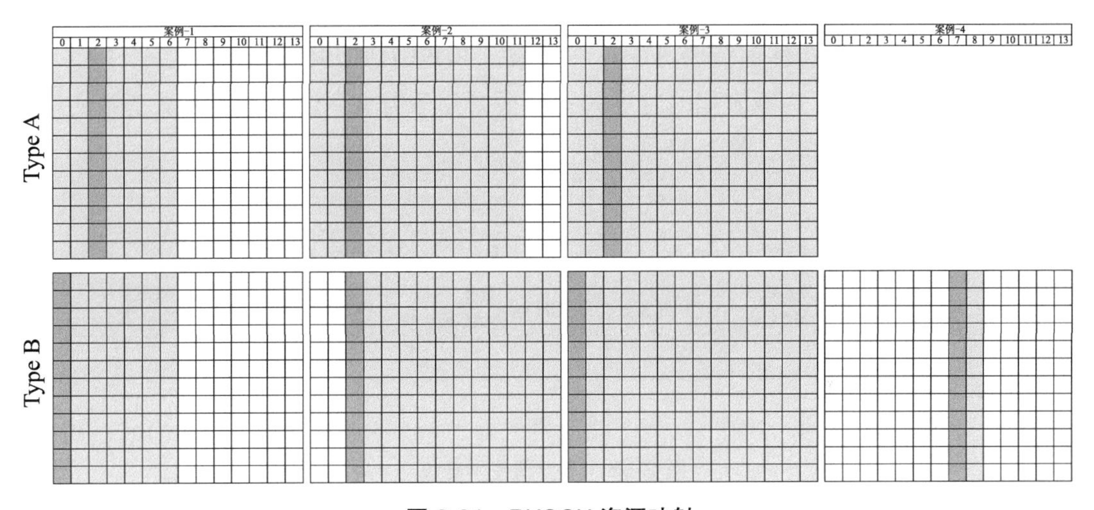

图 2-31　PUSCH 资源映射

2.7 物理共享信道分配

在 LTE 协议中，DCI 的位置和对应的 PDSCH/PUSCH 相对固定。例如，下行 DCI 和 PDSCH 位于同一个子帧上；而上行 PUSCH 通常出现在对应的 DCI 后 4 个子帧上。

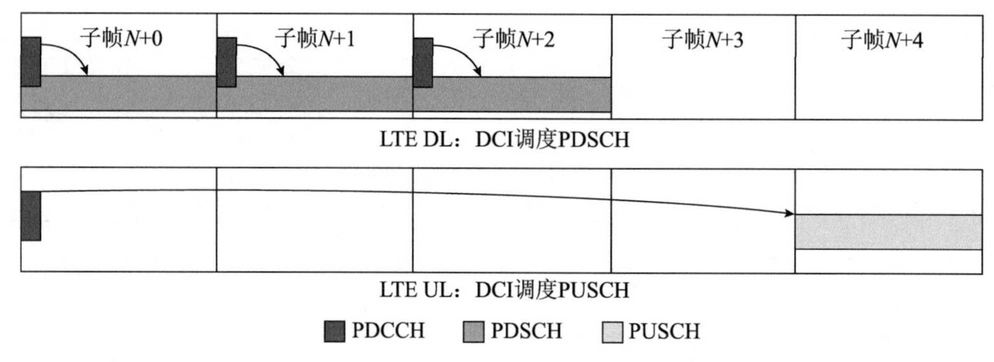

图 2-32　LTE PDSCH、PUSCH 与 DCI 位置示意图

此外，LTE PDSCH 和 PUSCH 的时域固定从每个子帧的 0 号符号开始，长度固定为 14 个符号，即一个子帧。

5G 系统为了支持灵活的资源分配，在时域上 PDSCH/PUSCH 与 PDCCH（DCI）的位置不再固定。上下行传输流程的时序关系可根据业务需求和调度方式遵从基站的动态指示，调度流程如图 2-33、图 2-34 所示。

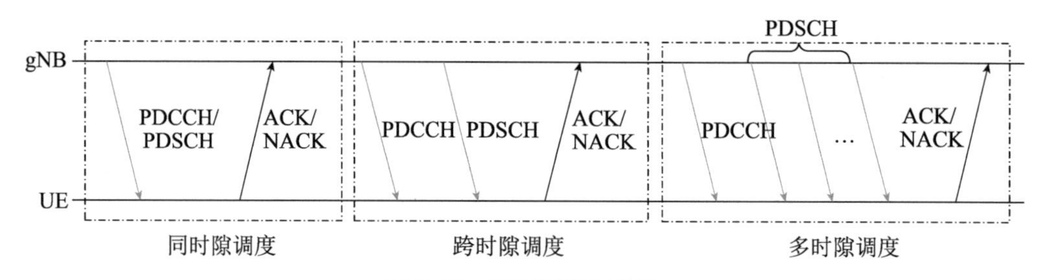

图 2-33　下行调度示意图

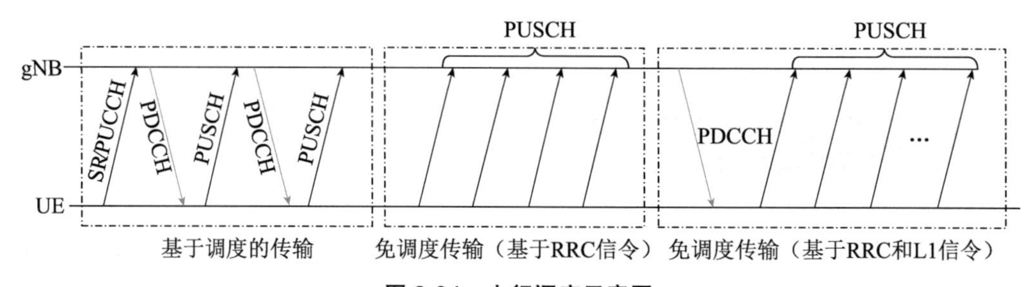

图 2-34　上行调度示意图

对于 PDSCH，其与 PDCCH 的相对位置由 DCI 中的 K_0 域指示。K_0=0 表示 PDSCH 与 PDCCH 在同一个时隙上，K_0=1 表示 PDSCH 位于 PDCCH 后面一个时隙，依次类推。

对于 PUSCH，其与 PDCCH 的相对位置由 DCI 中的 K_2 域指示。K_2=0 表示 PUSCH 与 PDCCH 在同一个时隙上，K_2=1 表示 PUSCH 位于 PDCCH 后面一个时隙上，依次类推。

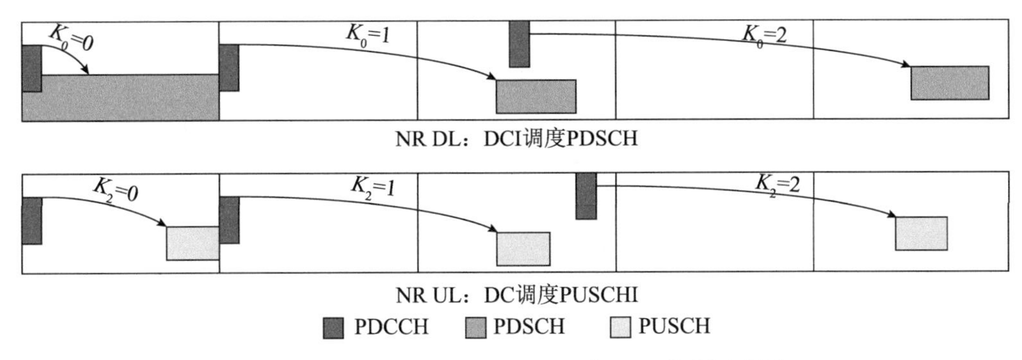

图 2-35　NR PDSCH&PUSCH 与 DCI 位置示意图

在 NR 中，PUSCH 是在下行调度 DCI 后间隔 *K* 个时隙进行发送，*K* 的取值与 PUSCH 的格式、PUSCH 资源分配、CP 类型及 SCS 相关。

在资源分配的过程中需要了解两个概念：虚拟资源块（Virtual Resource Block，VRB）和物理资源块（Physical Resource Block，PRB）。文中提到的资源分配方式均指 VRB 的分配方式。VRB 到 PRB 映射方式有交织映射和非交织映射两种。交织映射是指 VRB 打乱后映射到 PRB 上，有利于克服多径衰落。非交织映射是指 VRB 直接映射到 PRB。

定义 VRB 和 PRB 目的是简化资源分配的过程。VRB 主要负责资源分配而无须考虑实际的物理位置。各个 VRB 实际的物理位置由 PRB 定义。

2.8 物理信号

NR 上行物理信号只有参考信号一种类型，分为解调用参考信号（DM-RS）、探测用参考信号（SRS）和相位跟踪参考信号（PT-RS）；下行物理信号分为同步信号和参考信号两种，同步信号包括主同步信号（PSS）和辅同步信号（SSS），参考信号分为解调用参考信号（DM-RS）、信道状态指示参考信号（CSI-RS）和相位跟踪参考信号（PT-RS）。物理信号功能对比如表 2-18 所示。

与 LTE 相比，NR 物理信号及功能变化主要表现为以下几个方面。

- 用SSS、CSI-RS和DMRS取代CRS信号。
- 下行业务信道采用TM1波束赋形传输模式。

■ 基于SSB或CSI-RS进行RSRP和SINR测量。

■ 基于DMRS进行共享信道和控制信道解调（下行PDSCH DMRS最大支持12端口1000～1011，单用户最大使用8端口）。

表 2-18　物理信号功能对比

功 能 分 类	4G		5G	
	下行数据信道	下行广播 / 控制信道	下行数据信道	下行广播 / 控制信道
空闲态 RSRP/SINR 测量	-	CRS	-	SSS
连接态 RSRP/SINR 测量	CRS	-	CSI-RS	SSS
CQI/PMI/RI 测量	CRS	-	CSI-RS	-
数据解调	CRS	CRS	DMRS	DMRS

图 2-36、图 2-37 分别为 NR 上、下行参考信号示意图。

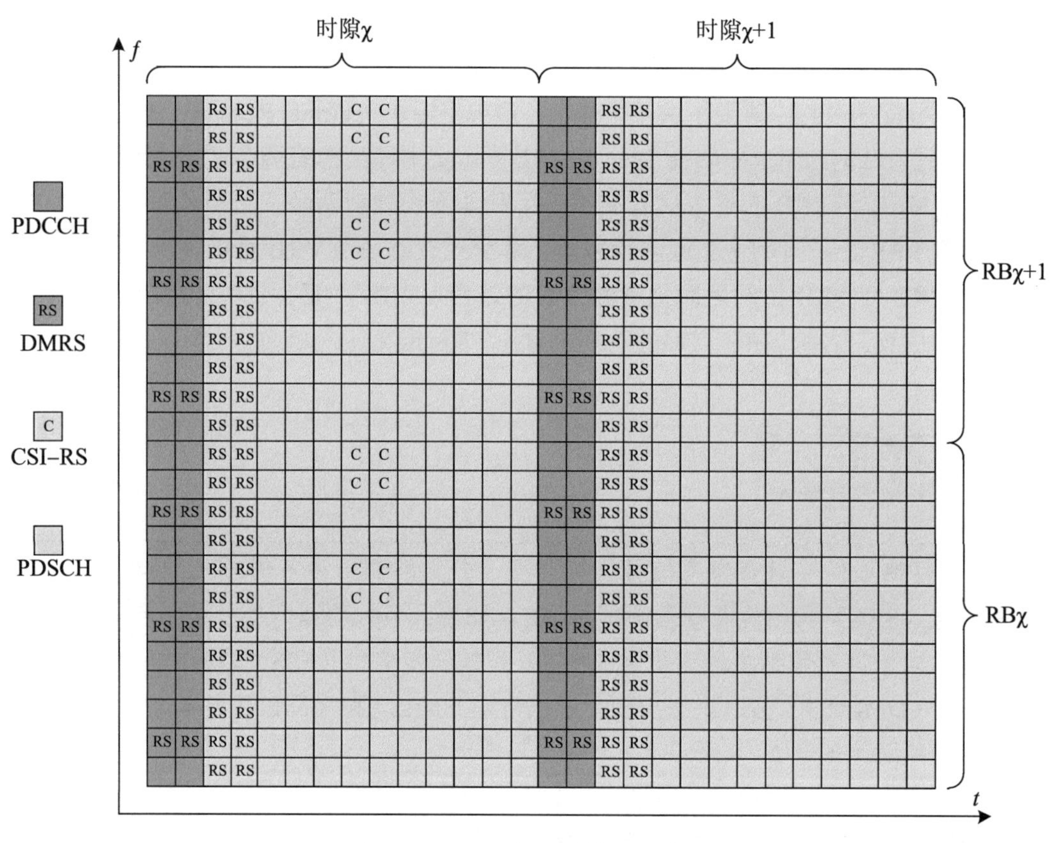

图 2-36　NR 下行参考信号示意图

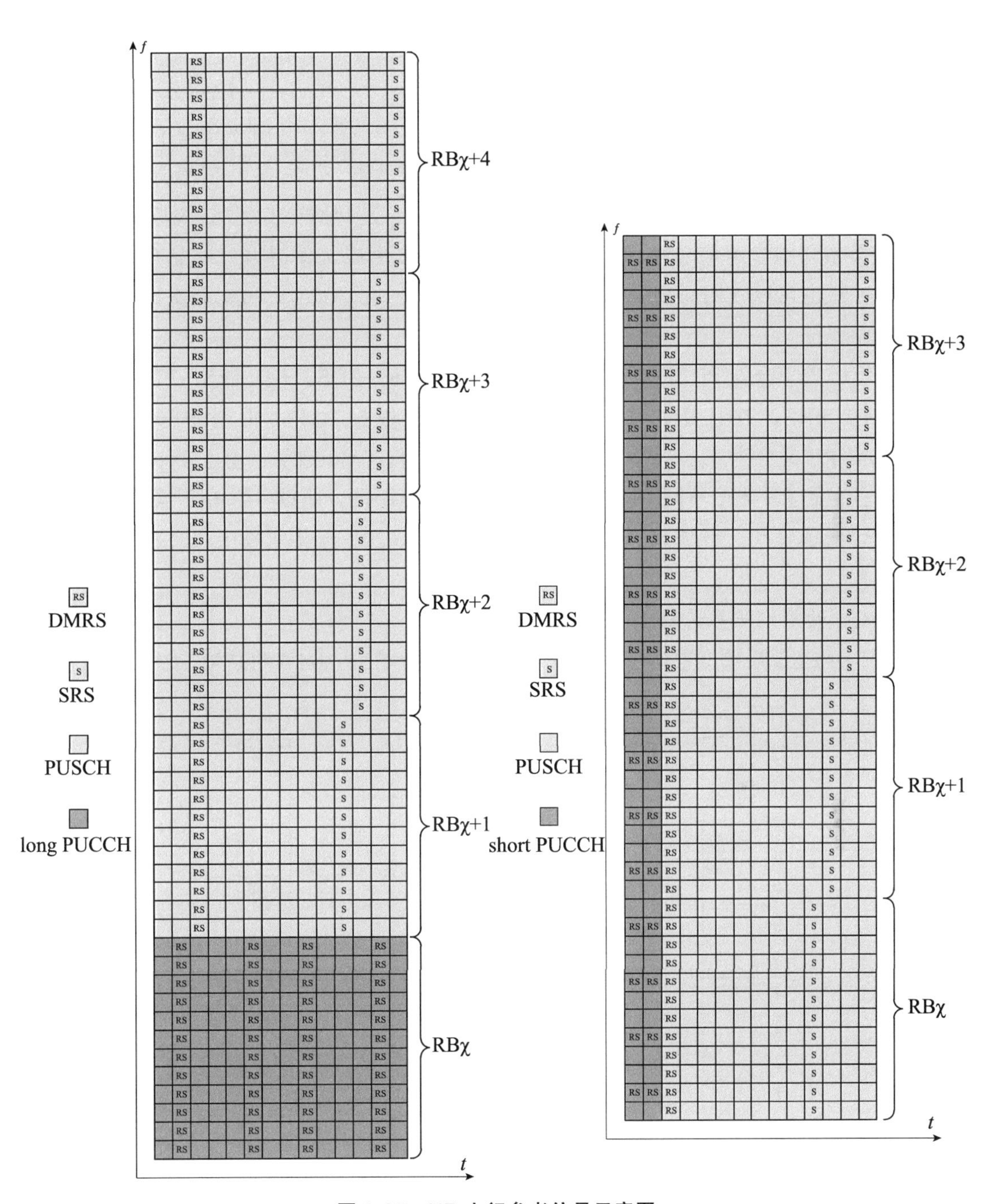

图 2-37 NR 上行参考信号示意图

2.8.1 解调用参考信号

NR 使用 DMRS 取代 CRS，只在分配使用的带宽上发送，用于信道估计和解调。DMRS 序列采用 Zadoff-Chu 基序列生成，对于长度大于 72 的参考信号序列，其可用基序列共有 60 个，分为 30 组，每组（或每个 Group）包含 2 个正交基序列。不同的 DMRS 基于相同的参考信号序列使用不同的循环移位生成，使得彼此间完全正交而互不干扰。同时，也可以使用正交覆盖码（Orthogonal Cover Code， OCC）来定义相互正交的 DMRS。

按照信道类型分为 PBCH DMRS，PDCCH DMRS，PDSCH DMRS，PUCCH DMRS 和 PUSCH DMRS，并且是伴随数据传输时发送。根据 DMRS 占用符号数，PDSCH/PUSCH DM-RS 又分为 Type 1 和 Type 2，由参数 dmrs-Type 指示。由于 Type 1 和 Type 2 每个端口占用的 RE 数量不同，即每个端口的 RE 密度不同，所以各自有不同的适用场景，Type 1 适合低信噪比、频域选择性较高的场景，Type 2 适合高信噪比、时延扩展较小的场景。

1. PBCH 的解调用参考信号

PBCH DM-RS 频域位置为 {0+v，4+ v，8+ v}，v 为 PCI mod 4 的结果，如图 2-38 所示。

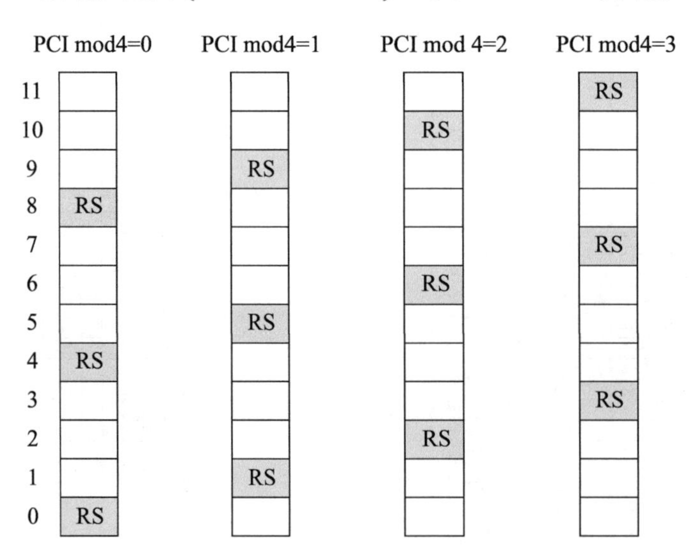

图 2-38　PBCH 上的 DMRS（灰色表示该 RE 携带 DMRS）

2. PDCCH 的解调用参考信号

PDCCH DM-RS 频域位置固定占用 1/5/9 号子载波，如图 2-39 所示。

3. PDSCH 的解调用参考信号

用于接收端（UE 侧）进行信道估计和信道解调。与小区专用参考信号不同，DMRS 只在分配给 UE 的带宽上发送，属于 UE 级别参考信号。

时域上，根据 PDSCH 的 DM-RS 在时隙中映射位置可分为 Type A 和 Type B。对于 PDSCH 映射 Type A，front-loaded DMRS 的起始位置由 dmrs-TypeA-Position 的值 {pos2，pos3} 决定。对于 PDSCH 映射 Type B，front-loaded DMRS 的起始位置位于 PDSCH 的起始符号。

频域上，PDSCH 的 DM-RS 可分为 Type1 和 Type2 两种类型，Type1 DMRS 在频域上连续占用 1 个 RE，Type2 DMRS 在频域上连续占用 2 个 RE。其中 Type1 单符号时支持 4 端口，双符号支持 8 端口；Type2 单符号支持 6 端口，双符号支持 12 端口。

Type1 DMRS 主要特性：

- 最多支持8个天线端口，端口号1000-1007；
- 使用两个CDM组，CDM group 0和CDM group 1（FDM）；
- 每个端口上的DMRS密度为6个子载波/PRB。

Type2 DMRS 主要特性：

- 最多支持12个天线端口，端口号1000-1011；
- 使用三个CDM组，CDM group0，CDM group1和CDM group2（FDM）；
- 每个端口上的DMRS密度为4个子载波/PRB。

Type1 PDSCH DM-RS 和 Type2 PDSCH DM-RS 参数配置可参阅 TS38.211 表 7.4.1.1.2-1 和表 7.4.1.1.2-2。

DMRS 的频域和时域位置（k，l）由下面公式计算得到（参阅 TS38.211 第 7.4.1.1.2 节）。

$$k=\begin{cases}4n+2k'+\Delta(\text{type1 DMRS})\\6n+k'+\Delta(\text{type2 DMRS})\end{cases}$$

$$k'=0,1$$

$$l=\bar{l}+l'$$

$$n=0,1,\cdots$$

DMRS 类型、DMRS 符号长度和附加 DMRS 位置的详细配置由信元 DMRS-DownlinkConfig 下发给 UE。其中 DMRS 类型缺省值为 Type 1，附加 DMRS 位置需根据 IE dmrs-additionalPosition 设置查表 TS38.211 表 7.4.1.1.2-3/4 决定。

PDSCH Type 1 解调用参考信号如图 2-40 所示。“PDSCH DMRS port：1000/1001”表示深灰色 RE 对应的 RS 同时在 1000/1001 两个天线口发射，如果对应 4 个天线即表示在 4 个天线口发射，接收端通过联合解调区分不同端口信号。

图 2-39　PDCCH 上的 DM-RS

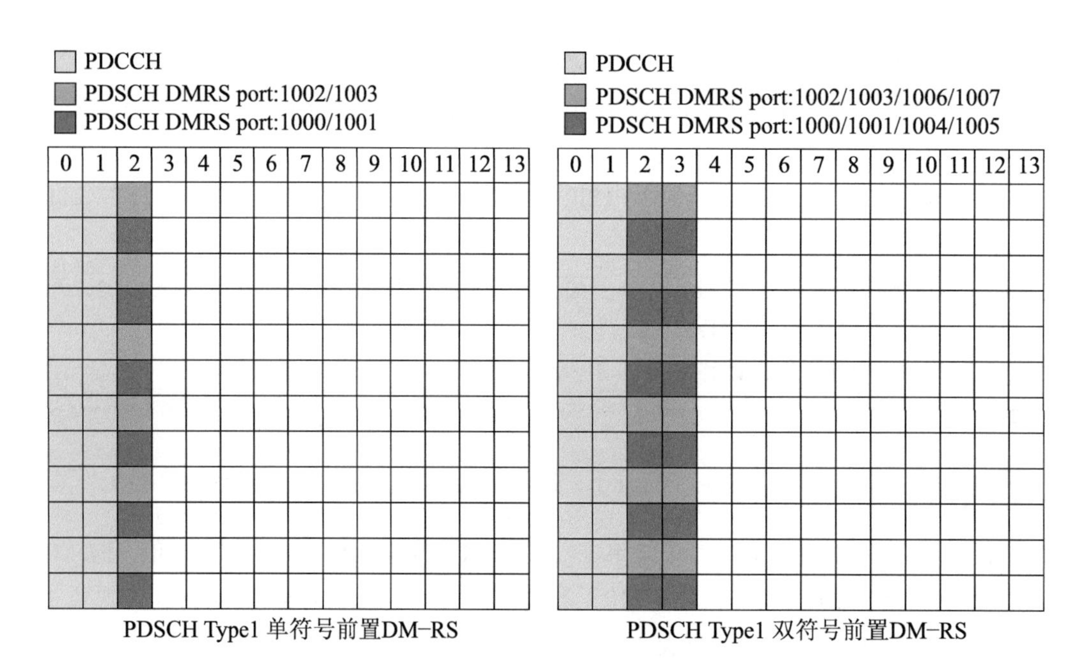

图 2-40　PDSCH Type 1 解调用参考信号

PDSCH Type 2 解调用参考信号如图 2-41 所示。

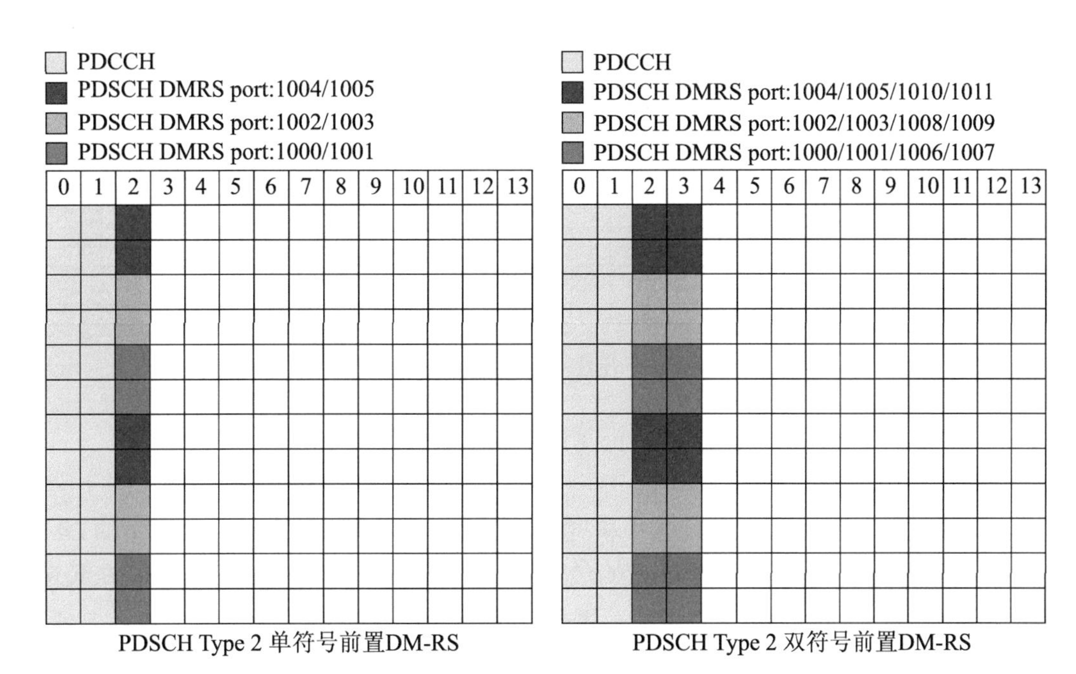

图 2-41　PDSCH Type 2 解调用参考信号

4. PUSCH 的解调用参考信号

用于接收端（基站侧）进行信道估计和信道解调。

时域上，根据 PUSCH 的 DM-RS 映射方式不同，分为 Type A 和 Type B。对于 PUSCH 映射 Type A，front-loaded DMRS 的起始位置由 dmrs-TypeA-Position 的值决定。对于 PUSCH 映射 Type B，front-loaded DMRS 的起始位置位于 PUSCH 的起始符号。

频域上，PUSCH 的 DMRS 分为 Type1 和 Type2 两类，由 RRC 层进行配置。波形为 DFT-s-OFDM 时必须采用 Type1。

Type 1：单符号支持 4 端口，双符号 8 端口；

Type 2：单符号支持 6 端口，双符号 8 端口；

DMRS 类型、DMRS 符号长度和附加 DMRS 位置的详细配置由信元 DMRS-UplinkConfig 下发给 UE。其中 DMRS 类型缺省值为 Type 1，附加 DMRS 位置需根据信元 dmrs-additionalPosition 设置查表 TS38.211 表 6.4.1.1.3-3/4 决定。

PUSCH 上的 DM-RS 如图 2-42 所示。

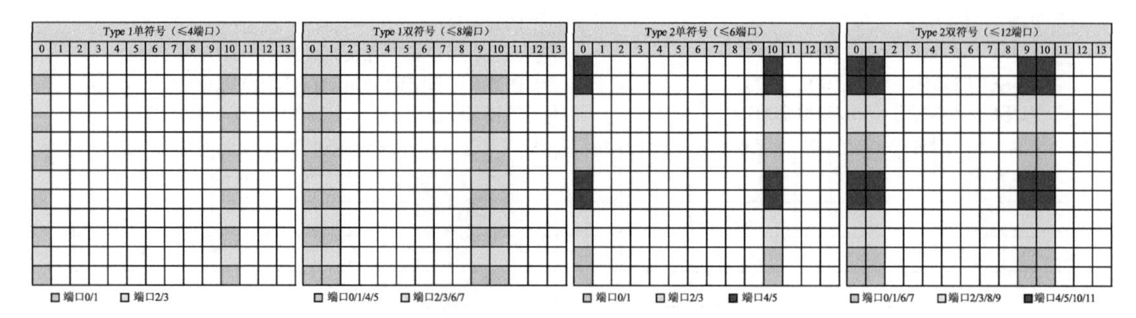

图 2-42　PUSCH 上的 DM-RS

由于 Type 1 导频密度大，因此 Type 1 的信道估计性能优于 Type 2。

5. PUCCH 的解调参考信号

PUCCH 支持 5 种 UCI 格式，其中格式 0（短格式）不配置 DMRS；格式 1 的 DMRS 在时域上的位置为偶数的 OFDM 符号（0,2,4,⋯）；格式 2（短格式）的 DMRS 在频域上的位置 κ 为 $3m+1\{m=0,1,2,\cdots\}$ 号子载波；格式 3 和格式 4 的 DMRS 时域位置如表 2-19 所示。

表 2-19　PUCCH 格式 3 和格式 4 的 DMRS 时域位置（TS38.211 表 6.4.1.3.3.2-1）

PUCCH 长度	PUCCH 中 DM-RS 位置 l			
	不包含附加 DM-RS		附加 DM-RS	
	无跳频	跳频	无跳频	跳频
4	1	0、2	1	0、2
5	0、3		0、3	
6	1、4		1、4	
7	1、4		1、4	
8	1、5		1、5	
9	1、6		1、6	
10	2、7		1、3、6、8	
11	2、7		1、3、6、9	
12	2、8		1、4、7、10	
13	2、9		1、4、7、11	
14	3、10		1、5、8、12	

PUCCH 的 DM-RS 位置示意图如图 2-43 所示。

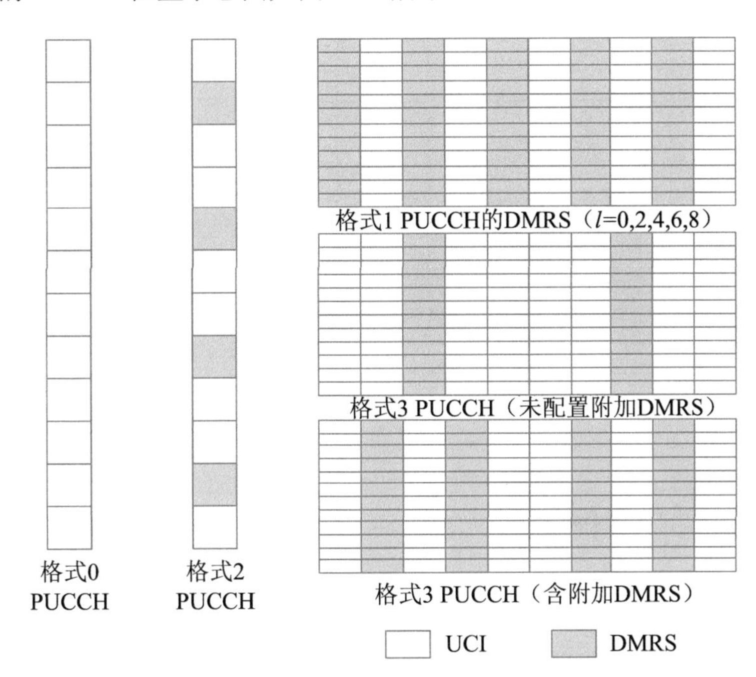

图 2-43　PUCCH 的 DM-RS 位置示意图（36GP TS38.211 第 6.4.1.3 节）

6. 附加的解调用参考信号

5G 引入了附加 DMRS，目的是在高速场景中满足对信道时变性的估计精度，保障高速移动场景下网络性能。附加 DMRS 由高层参数 dmrs-AdditionalPosition 配置，每一组附加 DMRS 导频的图样都是前置 DMRS 导频的重复，即每组附加 DMRS 与前置 DMRS 导频占用相同的子载波和相同的 OFDM 符号数。

根据具体场景，单符号前置 DMRS 时最多可以增加 3 组附加导频，双符号前置 DMRS 时最多可以增加 1 组附加导频，即每个时隙的 DMRS 最大占用 4 个 OFDM 符号。具体根据需要进行配置并通过控制信令指示。

DMRS 配置时，需结合具体场景进行综合考虑，实现性能和开销的平衡。如果信道频域波动较大时，建议采用 type1 DMRS，增加 DMRS 频域密度，提高接收端信道解调能力。如果信道时域变化较快，检测时间较短，如高铁，则建议配置附加 DMRS，通过增加 DMRS 的时域数量，提高接收端的信道解调能力。

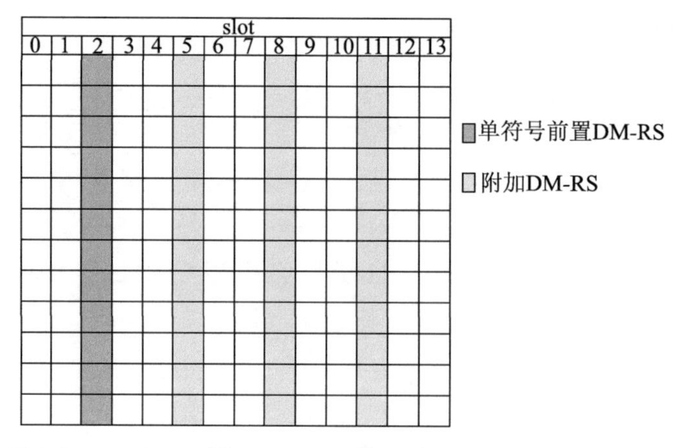

图 2-44　PDSCH 附加 DM-RS 导频示意图（适用于高速场景）

2.8.2　探测用参考信号

SRS 为上行 Sounding 信号或探测信号。UE 在激活 BWP 带宽内发送 SRS，gNB 接收 UE 发送的 SRS 并进行处理，测量出 UE 在 BWP 带宽内的 SINR、RSRP、PMI 等。SRS 作用包括：①用于上行信道质量测量，做频率选择性调度；② TA 测量，用于上行定时控制；③基于上行信道估计，根据 TDD 上下行信道互易性进行下行波束赋形。SRS 位置示意图如图 2-45 所示。

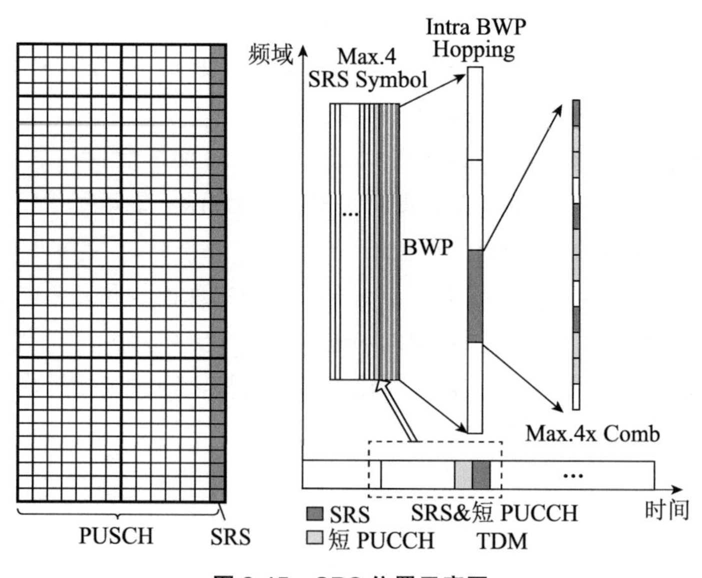

图 2-45　SRS 位置示意图

SRS 由 ZC 序列生成，频域支持全频段覆盖，SRS 带宽为 4 RB 的整数倍，最大 272 个 RB，最小 4 RB；时域上位于时隙内 PUSCH/DMRS 的后面。SRS 发送方式支持 1、2、4 端口发送。每个用户 SRS 的发送周期、发送带宽等参数由高层 RRC 独立配置。

表 2-20 为 SRS 的 SRS-Config 消息中的 usage 信元取值（codebook 和 antennaSwitching）及对应功能说明。

表 2-20　探测用参考信号 SRS 作用

类　别	作　　用	说　　明
codebook	上行 SU-MIMO/MU-MIMO	gNB 基于 SRS 进行上行 LA（Link Adaptive），并将结果发送给 UE，用于指导 UE 发送数据。UE 发送数据时，可以对数据基于 PMI 进行加权
	上行波束管理	用于选择 gNB 侧的最优接收波束，为上行信道选择最优的服务波束
	上行定时	上行定时
antenna Switching	下行 SU-MIMO/MU-MIMO	gNB 发送数据时，可以对数据基于 SRS 权值进行加权
		gNB 基于 SRS 进行下行 LA，LA 的结果用于 gNB 发送数据
	下行波束管理	用于选择 gNB 侧的最优发送波束，为下行信道选择最优的服务波束

SRS 配置方式分为周期 SRS、非周期 SRS 和半静态 SRS 3 种方式。

- 周期SRS：通过RRC进行配置，UE收到周期SRS资源配置后会周期性地发送SRS。
- 半静态SRS：通过RRC进行配置，UE收到半静态SRS资源配置后不会直接发送SRS，需要MAC CE激活后，才周期性发送SRS。
- 非周期SRS：通过DCI进行指示，UE收到非周期SRS资源配置后需要DCI触发才发送SRS。

每个 UE 的 SRS 资源包括多个 SRS set，每个 SRS set 包括的 SRS Resource 参数可参阅 3GPP TS38.331 6.3.2 节。

SRS 相关概念（可参阅 3GPP TS38.214 6.2.1 节）。

- SRS slot周期：用户的SRS发送周期，如果用户每隔n个slot（或ms）发送一次SRS，则n为该用户SRS的slot周期。
- SRS slot偏置：每个周期中SRS在时域上的发送位置（slot号）。

SRS 资源配置通过 RRC 消息中的 SRS-Config 单元发给 UE。UE 收到后，周期 SRS 会在资源对应的时频资源上发送 SRS，非周期 SRS 资源则需要由调度决定，gNB 通过 DCI 指示 UE 发送 SRS。

SRS 的复用方式包含频分复用（FDM）和码分复用（CDM）两种。其中，FDM 表示在 UE 之间使用不同的频率资源传送 SRS 给 gNB，CDM 表示多个用户的 SRS 可以通过 CDM 的方式占用相同的时频资源发送给 gNB。

2.8.3 信道状态参考信号

由于传输模式 TM9 最大可以达到 8 层传输，在此传输模式下，端口数也可能达到 8 个。这样就会引入一个问题，即协议 TS36.211 只规定了最大 4 端口的 CRS，如果按照类似的方式将其扩充到 8 端口的 CRS，则 CRS 将占据大量的固定时频资源，降低了业务数据可利用资源，其代价较大，也违背了设计 TM9 提高数据速率的初衷，于是引入了 CSI-RS，与 CRS 相比，CSI-RS 是一种低密度的参考信号，只占据少量必要的时频资源，同样能达到测量下行信道的目的。

CSI-RS 作用主要如下。

1）获取信道状态信息，用于调度、链路自适应。

2）波束管理，UE 和基站侧波束赋形权值的获取。

3）移动性管理，基于服务小区和邻区 CSI-RS 信号质量测量，进行移动性管理。

4）精确的时频跟踪，通过设置 TRS 实现。

CSI-RS 发射模式可以配置为周期、非周期和半静态 3 种。CSI-RS 发送间隔越短，信道测量越准确，但 CSI-RS 资源开销越大，支持的在线用户数越少。在 NR 中，UE 最大支持 32 个端口的 CSI-RS 测量。CSI 可通过 PUCCH 或 PUSCH 进行上报，其上报类型分为周期性上报（PUCCH）、非周期性上报（PUSCH）、半静态上报（PUCCH 或 PUSCH，由 DCI 激活），上报方式由信元 CSI-ReportConfig 中的参数 reportConfig 定义。

CSI-RS 配置和上报方式如表 2-21 所示。

表 2-21　CSI-RS 配置和上报方式（参阅 TS38.214 表 5.2.1.4-1）

配置	周期性上报	半静态上报	非周期性上报
周期 CSI-RS	非动态触发 / 激活	对于 PUCCH 上报，UE 通过接收 MAC CE 激活命令进行激活；对于 PUSCH 上报，UE 通过接收 DCI 进行触发	由 DCI 触发
半静态 CSI-RS	不支持	对于 PUCCH 上报，UE 通过接收 MAC CE 激活命令进行激活；对于 PUSCH 上报，UE 通过接收 DCI 进行触发	由 DCI 触发
非周期 CSI-RS	不支持	不支持	由 DCI 触发

CSI-RS 根据功能可细分为 TRS 和 CSI-RS for CM 两种参考信号。

- TRS（Tracking Reference Signal），即下行时频偏跟踪信号。基站在激活BWP带宽内发送TRS，UE接收基站发送的TRS完成时频偏跟踪。
- CSI-RS for CM：CSI-RS for Channel Measurement，用于下行信道状态测量的参考信号。基站在激活 BWP 带宽内发送 CSI-RS for CM，UE 接收基站发送的 CSI-RS for CM 并进行处理，测量出 BWP 带宽内的 CSI并上报给基站。CSI内容如下。
  - L1-RSRP：如果CSI-RSRP被用来作为L1的参考信号，则在天线端口3000和3001传输的CSI参考信号用来判决CSI-RSRP，主要应用于没有配置SSB的BWP的波束测量（类似SSB波束扫描，根据测量电平选择最优波束）。
  - CRI（CSI-RS Resource Indicator，CSI参考信号资源指示符）：UE根据L1-RSRP指示最好的CSI RS资源索引，对应最好的波束。
  - RI（Rank Indicator，秩指示符）：根据CRI采用测量算法计算得到RI，用于层映射。例如，利用SVD分解法计算RI，接收端对每个子载波信道矩阵的自相关矩阵进行奇异值分解，将得到的奇异值由大到小排序，再按照约定方法将奇异值与信噪比进行比较得到最佳RI值。
  - PMI（Precoding Matrix Indicator，预编码矩阵指示符）：根据RI和CRI计算得到，基站根据PMI选择预编码矩阵进行预编码。例如，基于性能的PMI测量算法，根据已知的RI值，遍历码本中与此RI相关的预编码矩阵，测量得到信道容量最大时的PMI。
  - CQI（Channel Quality Indicator，信道质量指示符）：根据PMI、RI和CRI计算得到，用于自适应调制编码，基站根据CQI选择合适的编码和调制方式。
  - LI（Layer Indicator，层指示符）：根据CQI、PMI、RI和CRI计算得到，指示最强的层，用于在下行最强的层上发送PTRS参考信号。
  - SSBRI（SS/PBCH Block Resource Indicator，SSB资源指示符）：指示最好的SSB波束（类似CRI），基于SSB的L1-RSRP测量得到。

CQI、RI 和 PMI 功能示意图如图 2-46 所示。UE 首先测量 L1-RSRP（下行 BWP 配有 SSB 时测量 SSS 同步信号电平，对于没配置 SSB 的 BWP 测量 CSI-RS）；根据 L1-RSRP 选择最好的波束 CRI；对选定波束的已知信号 CSI-RS 采用算法进行计算得到 RI（如小区配置 8 个天线端口，但接收端 UE 计算后只能得到 4 路不相关的通道，则 RI 为 4）；根据 RI 和天线端口数确定可用的 PMI 集合，对所有可能的 PMI 通过遍历的方法计算，选择性能最优的 PMI；PMI 确定后通过仿真按照容量最大的原则得到 CQI。

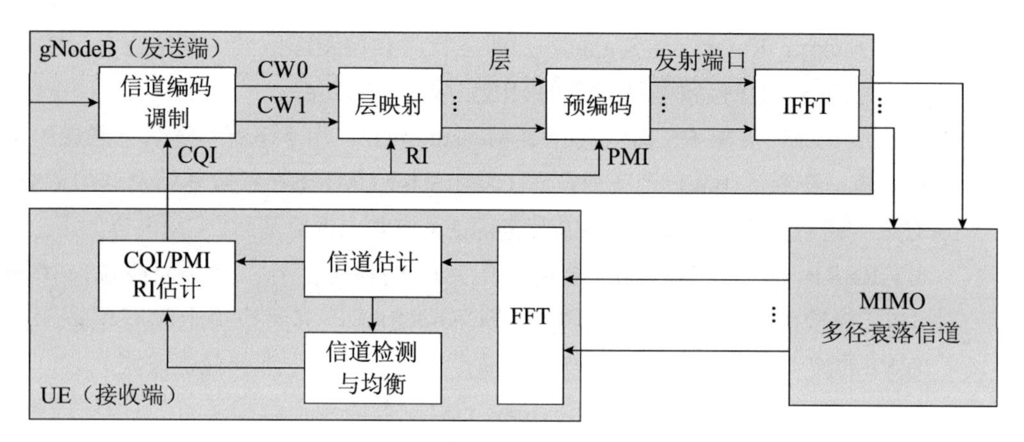

图 2-46　CQI、RI 和 PMI 功能示意图

在 NR 中，将时域和频域上相邻的多个 RE 作为一个基本单元，并通过基本单元的聚合构造出不同端口数的 CSI-RS 图样。NR 支持的 CSI-RS 图样基本单元如表 2-22 所示。每 *X* 个端口 CSI-RS 的图样基本单元由一个 PRB 内频域相邻的 *Y* 个 RE 和时域上相邻的 *Z* 个符号构成。

- 1端口：（*X*,*Y*）=（1,1）。
- 2端口：（*X*,*Y*）=（2,1）。
- 4端口：（*X*,*Y*）=（4,1）或（2,2）。

表 2-22　CSI-RS 图样基本单元（方块表示 RE）

CSI-RS 端口数	符号数 =1	符号数 =2
X=1		—
X=2		—
X=4		

CSI-RS 图样示意图如图 2-47 所示。

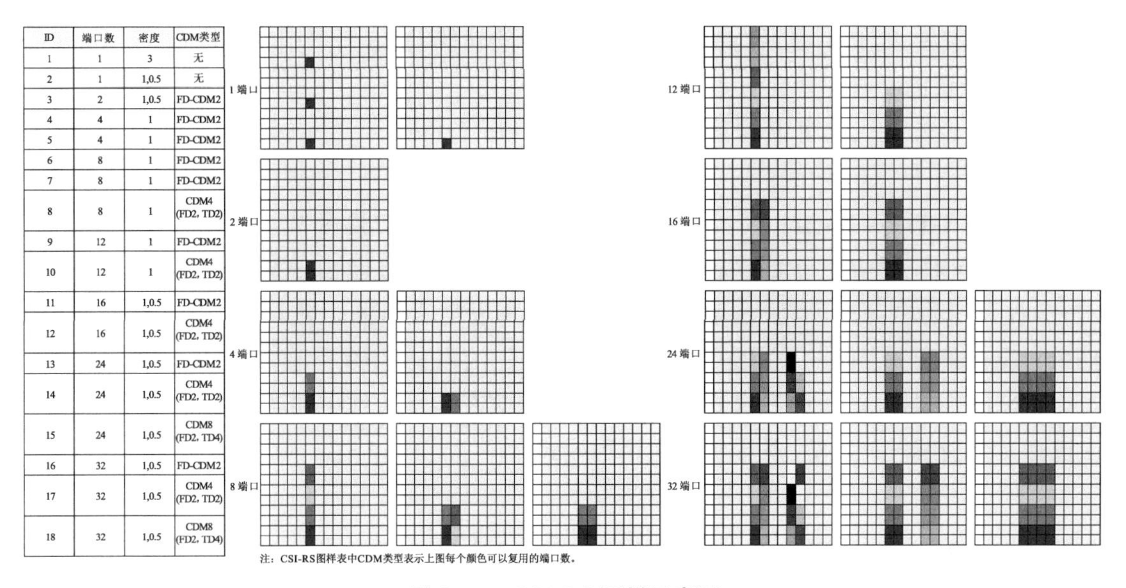

ID	端口数	密度	CDM类型
1	1	3	无
2	1	1,0.5	无
3	2	1,0.5	FD-CDM2
4	4	1	FD-CDM2
5	4	1	FD-CDM2
6	8	1	FD-CDM2
7	8	1	FD-CDM2
8	8	1	CDM4 (FD2，TD2)
9	12	1	FD-CDM2
10	12	1	CDM4 (FD2，TD2)
11	16	1,0.5	FD-CDM2
12	16	1,0.5	CDM4 (FD2，TD2)
13	24	1,0.5	FD-CDM2
14	24	1,0.5	CDM4 (FD2，TD2)
15	24	1,0.5	CDM8 (FD2，TD4)
16	32	1,0.5	FD-CDM2
17	32	1,0.5	CDM4 (FD2，TD2)
18	32	1,0.5	CDM8 (FD2，TD4)

图 2-47　CSI-RS 图样示意图

2.8.4　SRS 天选

目前，手机反馈信道状态信息有 PMI 和 SRS 这两种不同的模式。PMI 是基站通过一种预先设定的机制，依靠终端测量后辅以各种量化算法来估计信道信息和资源要求，并上报给基站；而 SRS 则是利用信道互易性让终端直接将信道信息上报给基站。相比 PMI，后者可实时反馈信道状态，更加精确。

SRS 天选功能是指支持 1T4R 或 2T4R 的手机终端可在多个天线上轮流发射 SRS 信号，从而让基站更好地评估每个天线对应通道的信号传输质量。手机天选示意图如图 2-48 所示。

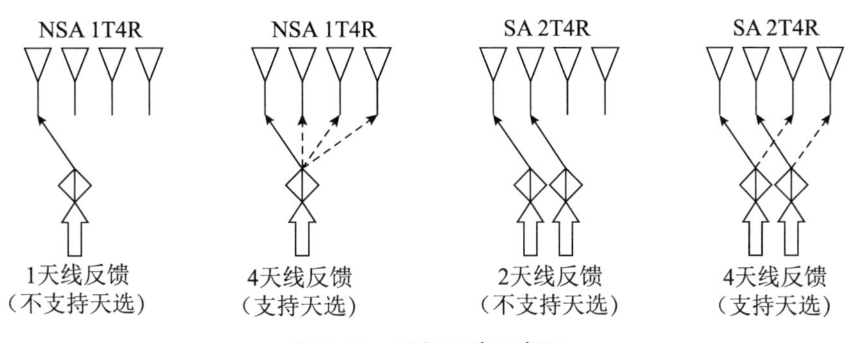

图 2-48　手机天选示意图

根据协议要求，PMI是所有5G手机必须支持的功能，SRS天选则是可选功能。实测中，支持SRS天选的手机速率会有明显提升。

手机是否支持天选可通过消息ueCapabilityInformation → phyLayerParameters → SRS-TxSwitch → supportedSRS-TxPortSwitch进行查询（参阅TS38.306第4.2.7.1节）。supportedSRS-TxPortSwitch表示UE支持的SRS Tx端口切换模式，所示的UE天线切换能力“xTyR”对应一个UE，能够在y天线端口上轮询进行SRS传输，其中y对应于UE接收天线的全部或子集，x表示每次轮询选择发射天线的个数。例如supportedSRS-TxPortSwitch配置1T4R是指终端在4个天线上轮流发射SRS信号，一次选择1个天线发射，NSA终端常采用这种模式。2T4R是指终端在4个天线上轮流发射SRS信号，一次选择2个天线发射，SA终端常采用这种模式。

2.9 天线端口

天线端口为逻辑概念，由天线的参考信号决定，与物理天线不存在一一对应的关系，但是物理天线数必须大于等于天线端口数。在下行链路中，天线端口与下行参考信号（RS）一一对应，即天线端口等同于下行参考信号，有多少种参考信号就有多少个天线端口。如果多个物理天线传输同一个参考信号，那么这些物理天线就对应同一个天线端口，如图2-49所示。目前协议对天线端口和物理天线间的映射关系没有明确规定，两者间的映射关系由厂商实现。

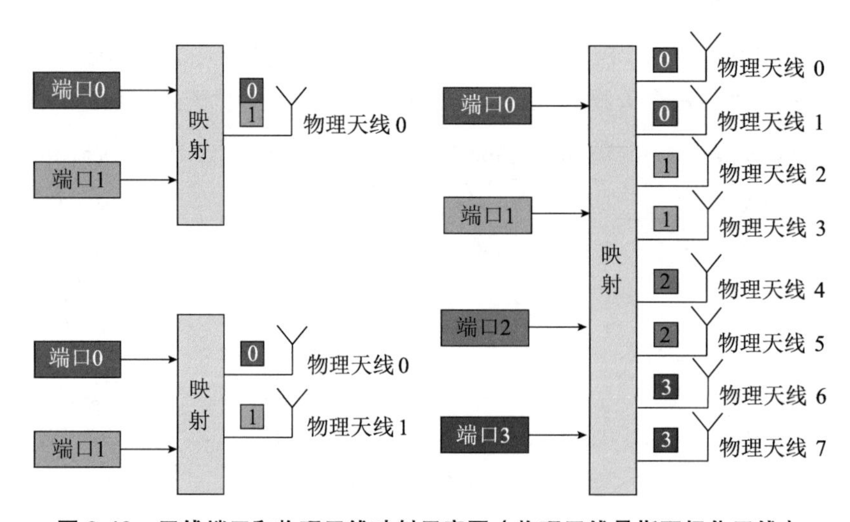

图2-49 天线端口和物理天线映射示意图（物理天线是指双极化天线）

天线端口编号与物理信道映射关系如表 2-23 所示。通过天线端口扩展空间资源，提高空口传输效率。

表 2-23　天线端口编号与物理信道映射关系（参阅 TS38.211）

方　向	物理信道	天线端口
上行	PUSCH	从 0 开始
	SRS	从 1000 开始
	PUCCH	从 2000 开始
	PRACH	4000
下行	PDSCH	从 1000 开始
	PDCCH	从 2000 开始
	CSI-RS	从 3000 开始
	SS/PBCH	从 4000 开始

LTE 网络中利用小区参考信号 CRS 区分不同的天线端口，如图 2-50 所示。

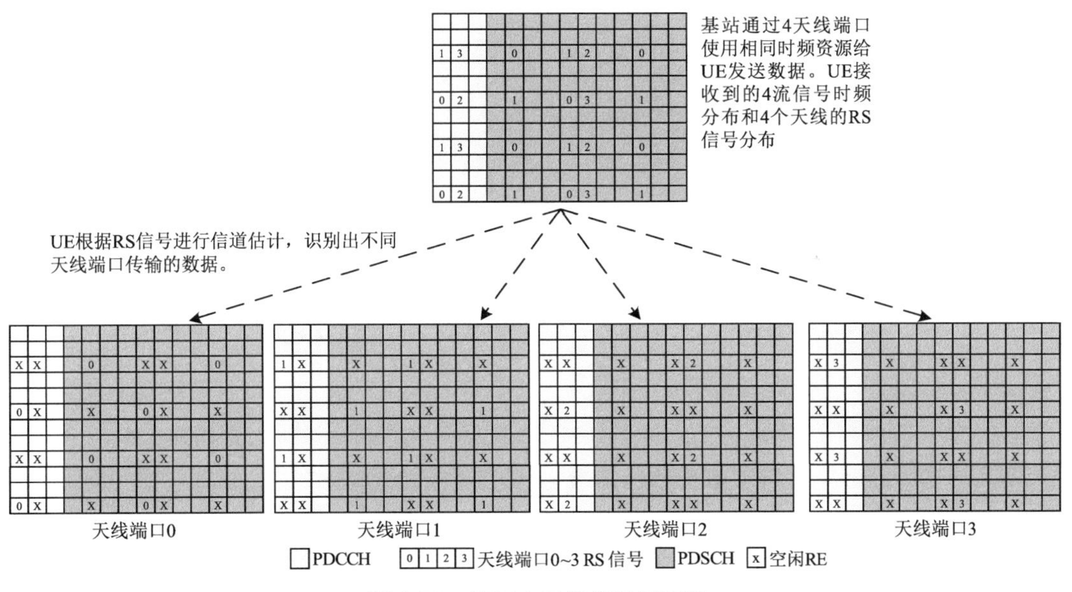

图 2-50　LTE 4 天线端口示意图

在 NR 中，下行参考信号用 DM-RS（标识用户级天线端口），CSI-RS（标识小区级天线端口）取代 CRS，UE 根据 DM-RS 信号通过多个端口联合解调来区别不同的天线端口发过来的数据。NR 8 端口和 12 端口示意图如图 2-51 所示。

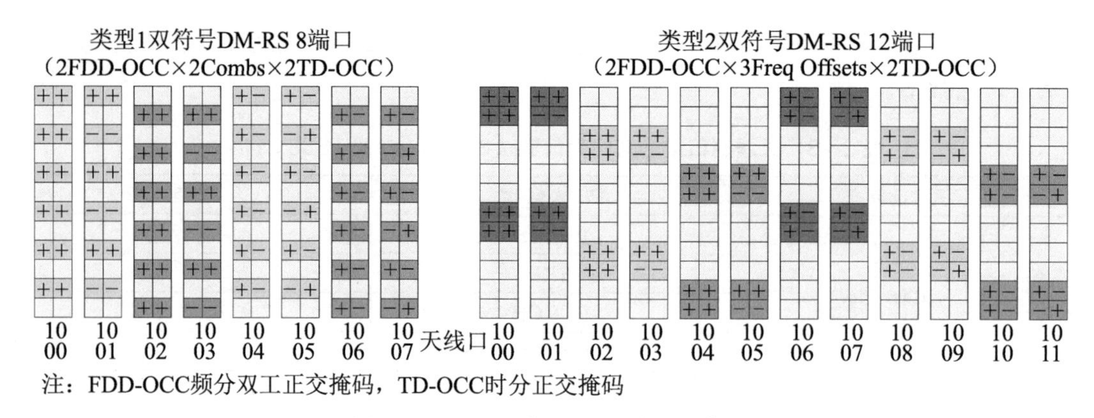

图 2-51　NR 8 端口和 12 端口示意图

相同颜色的 RE 表示属于同一 CDM group，灰色的 RE 表示空闲不发射，RE 里面的加号和减号表示正交序列。下面以 CSI-RS 两端口为例，描述 5G 空口的天线端口复用（DM-RS 类似）。假定两端口的 CDM-Type 为 fd-CDM2，每个 RB 中 CSI-RS 频域占用 2 个 RE，时域占用 1 个符号，即占用同一个时域符号的频域两个连续 RE，如图 2-52 所示。

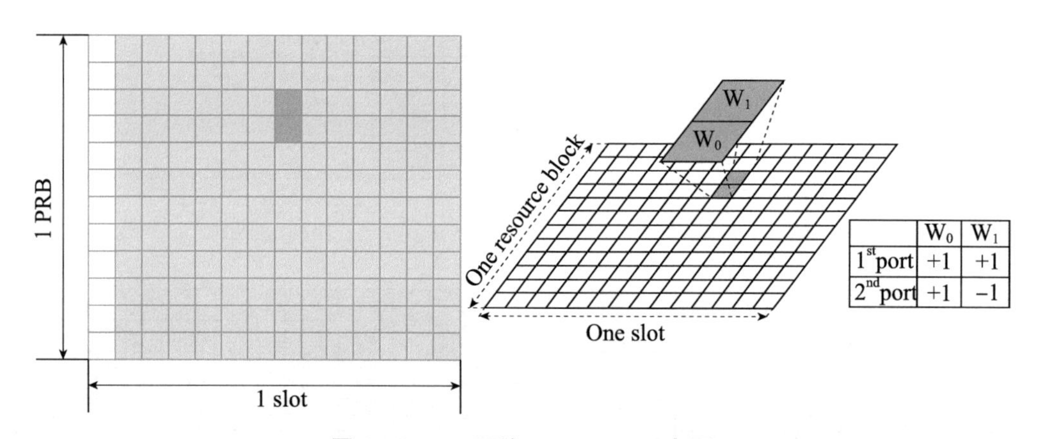

图 2-52　NR 两端口 CSI-RS 示意图

根据协议 TS38.211 描述，两端口 CDM group 正交编码权值如表 2-24 所示。

表 2-24　FD-CDM2 对应的正交序列（TS38.211 表 7.4.1.5.3-3）

索　引	$[w_f(0)\quad w_f(1)]$	$w_t(0)$
0	$[+1\quad +1]$	1
1	$[+1\quad -1]$	1

假设两个端口的原始序列 $\boldsymbol{S}$=[a, b]，则对其进行正交编码可得到如下结果：

$$\boldsymbol{S}\times\boldsymbol{W}=[a,b]\cdot\begin{bmatrix}W_0\\W_1\end{bmatrix}=aW_0+bW_1$$

则频域两个 RE 的实际映射值为

$$\alpha_0=[a,b]\cdot\begin{bmatrix}+1\\+1\end{bmatrix}=a+b$$

$$\alpha_1=[a,b]\cdot\begin{bmatrix}+1\\-1\end{bmatrix}=a-b$$

在接收端，通过对接收到的信号进行联合正交解码，从而区分不同天线端口的信号。

$$a=\frac{(\alpha_0+\alpha_1)}{2},\quad b=\frac{(\alpha_0-\alpha_1)}{2}$$

2.10 波束管理

5G 网络未定义传输模式（TM），所有信道都采用波束赋形。波束赋形是对发射信号进行加权，形成指向 UE 或特定方向的窄波束。NR 波束管理过程包括：

波束扫描：参考信号波束在预定义的时间间隔进行空间扫描

波束测量：UE 测量参考信号波束，选择最好的波束进行接入

波束上报：UE 测量 SSB 或 CSI-RS 后上报相应的波束信息

波束指示：基站指示 UE 使用的波束

波束恢复：现有波束传输质量无法满足要求或波束追踪失败，UE 与基站间重新建立连接的过程

波束管理涉及的参考信号如表 2-25 所示。

表 2-25 波束管理用参考信号

方向	信号类型
下行	SSB（空闲态）和 CSI-RS（连接态）
上行	PRACH（初始接入）和 SRS（连接态）

NR 天线权值分为静态权值和动态权值，其中静态权值用于广播信道、公共控制信道，动态权值用于 PDSCH 信道，如表 2-26 所示。

表 2-26　不同信道波束权值类型

信道 / 信号类型	权值类型	192 个天线振子波束示例（64TR）
SSB 广播信道	预设静态权值	sub 6 GHz 最大 8 个波束
PDCCH 信道	预设静态权值	小区级波束 32 个，用户级最优波束 2 个
CSI-RS 信号	预设静态权值	小区级波束 32 个，用户级最优波束 2、4 或 8 个
PDSCH 信道	SRS 或 PMI 动态权值	小区级波束 32 个，用户级基于接收天线数

1. SSB 广播信道静态波束管理

TS38.213 协议定义了 5 种 SSB 图样，其中 sub 6G 以下频段应用前 3 种，分别是 CaseA、CaseB 和 CaseC，6Ghz 以上频段应用 CaseD 和 CaseE，且协议要求每个频段固定使用一种模板。目前国内主要使用 Case C，如图 2-53 所示。

Slot 0		Slot 1		Slot 2		Slot 3		Slot 4
DL		DL		DL		DL		UL
SSB0	SSB1	SSB2	SSB3	SSB4	SSB5	SSB6	SSB7	

图 2-53　Case C SSB 图样

NR 提供多种 SSB 广播波束类型，以支持不同场景的广播波束覆盖，比如楼宇场景，广场场景等。默认 SSB 波束的水平波宽 105°，垂直波宽 6°，数字权值倾角{-2°，9°}可调，最大采用 7+1 波束（7 个窄波束，1 个宽波束）扫描。如果帧结构采用 7∶3 配比 30kHz 子载波间隔场景下，采用 Case C 的 SSB 图样时，只能使用 7 个窄波束，宽波束不用。

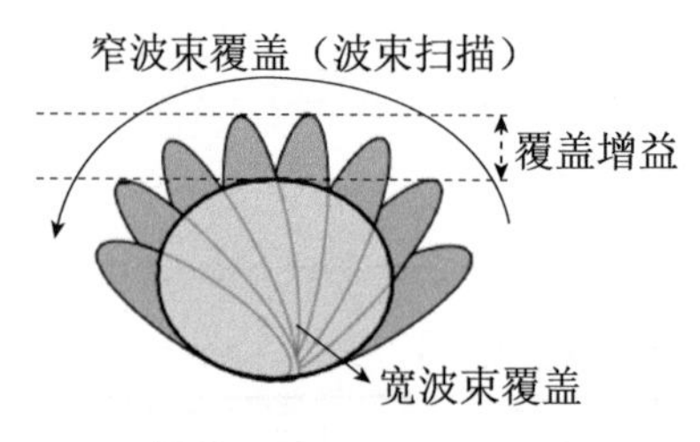

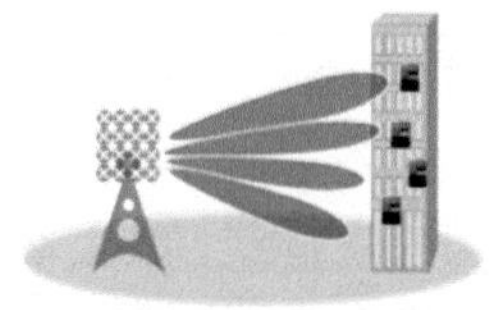

高楼场景，保用垂直面覆盖比较宽的波束，提升垂直覆盖范围

广场场景，近点使用宽波束，保证接入，远点使用窄波束，提升覆盖

商业区，既有广场又有高楼，采用水平垂直覆盖角度都比较大的波束

图 2-54　SSB 波束应用场景示例

SSB广播信道波束扫描和测量过程如图2-55所示。

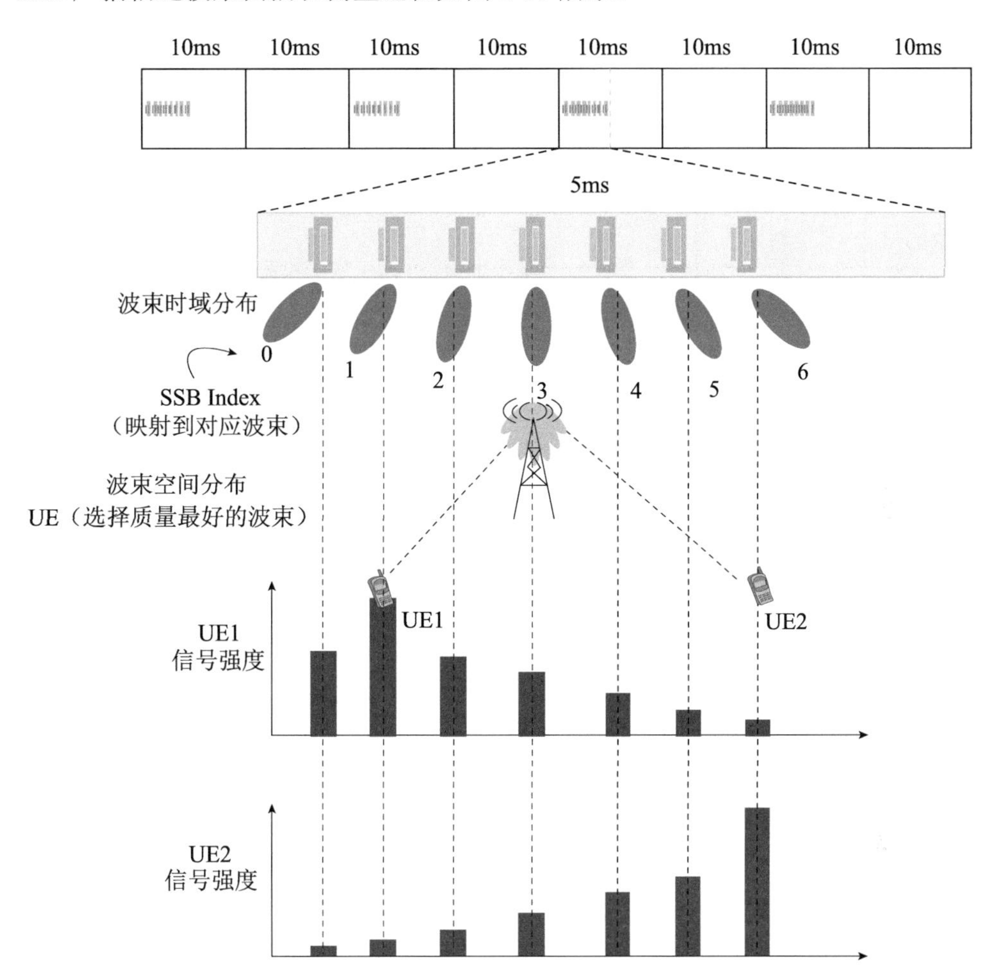

图2-55 SSB波束扫描和测量示意图

不同广播波束对应的的覆盖场景如表2-27所示。

表2-27 广播波束的覆盖场景

覆盖场景ID	水平3dB波宽	垂直3dB波宽	覆盖场景	场景介绍
SCENARIO_1	110	6	广场场景	非标准3扇区组网，适用于水平宽覆盖，水平覆盖比场景2大，比如广场场景和宽大建筑。近点覆盖比场景2略差

续表

覆盖场景 ID	水平 3dB 波宽	垂直 3dB 波宽	覆盖场景	场景介绍
SCENARIO_2	90	6	基站密集且导频污染场景	非标准 3 扇区组网，当邻区存在强干扰源时，可以收缩小区的水平覆盖范围，减少邻区干扰的影响。由于垂直覆盖角度最小，适用于低层覆盖
SCENARIO_3	65	6		
SCENARIO_4	45	6	楼宇场景	低层楼宇，热点覆盖
SCENARIO_5	25	6		
SCENARIO_6	110	12	中层覆盖广场场景	非标准 3 扇区组网，水平覆盖最大，且带中层覆盖的场景
SCENARIO_7	90	12	中层覆盖干扰场景	非标准 3 扇区组网，当邻区存在强干扰源时，可以收缩小区的水平覆盖范围，减少邻区干扰的影响。由于垂直覆盖角度相对于 SCENARIO_1~SCENARIO_5 变 大，适用于中层覆盖
SCENARIO_8	65	12		
SCENARIO_9	45	12	中层楼宇	中层楼宇，热点覆盖
SCENARIO_10	25	12		
SCENARIO_11	15	12		
SCENARIO_12	110	25	广场 + 高层楼宇场景	非标准 3 扇区组网，水平覆盖最大，且带高层覆盖的场景。当需要广播信道体现数据信道的覆盖情况时，建议使用该场景
SCENARIO_13	65	25	高层覆盖干扰场景	非标准 3 扇区组网，当邻区存在强干扰源时，可以收缩小区的水平覆盖范围，减少邻区干扰的影响。由于垂直覆盖角度最大，适用于高层覆盖
SCENARIO_14	45	25	高层楼宇	高层楼宇，热点覆盖
SCENARIO_15	25	25		
SCENARIO_16	15	25		

2. PDSCH 信道动态波束管理

PDSCH 信道基于 SRS 权或者 PMI 权进行动态波束赋形，权值采用自适应选择。若 UE 的 SINR 超过设定门限 1（可设）时，选择基于 SRS 得到的赋形权值；反之 UE 的 SINR 低于设定门限 2（可设）时，选择基于 PMI 的赋形权值。相对于 SRS 权，远点用户通过 PMI 权可以提升赋形权值准确性，改善边缘用户 SINR。

3. 控制信道静态窄波束

公共控制信道 PDCCH 与 CSI-RS 信号波束相同，均为 X 个小区级窄波束波瓣。UE 进行波束扫描，将信号最强的波束集合上报给基站。

第 3 章　信令流程分析

5G 核心网取消承载概念，采用 PDU 会话进行 UE 和 UPF 之间的数据传输。每个 PDU 会话支持一种 PDU 会话类型，即 IPv4、IPv6、IPv4v6、Ethenet、Unstructured 中的一种。PDU 会话在 UE 和 SMF 之间通过 NAS SM 信令进行建立、修改、释放。一个 PDU 会话建立后，即建立了一条 UE 和外部数据网（DN）的数据传输通道。单个 PDU 会话在一个用户面隧道承载，可以传送多个 QoS flow 的数据报文。多个 QoS flow 由 gNB 中 SDAP 层根据 QoS 等级映射到已建立的 RB，或者根据需要新建 RB 来映射。相比 LTE 而言，5G QoS 管理的粒度细化为 QoS flow，可以支持更多的业务类型，虽然更加复杂，但是也带来对多种业务的适应性。

从图 3-1 可以看出，PDU 会话由 NG-U 隧道和 RB 承载两个部分组成。用户发起业务时会涉及系统消息监听、寻呼、随机接入、NG 连接建立等多个过程。

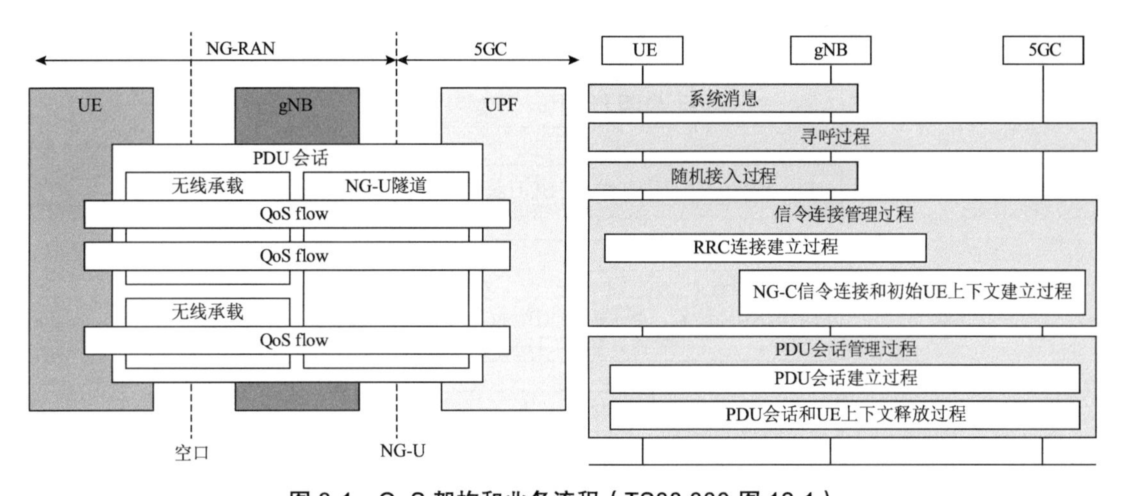

图 3-1　QoS 架构和业务流程（TS38.300 图 12-1）

1）系统消息广播：UE 获得网络基本服务信息的第一步。通过系统消息广播过程，UE 可以获得基本的接入层（AS）和非接入层（NAS）信息。

2）寻呼：网络通过寻呼过程找到 UE。

3）随机接入：简称 RA，用于 UE 和 gNB 上行初始同步和上行资源分配。

4）信令连接管理：信令连接包括 RRC 信令连接和专用 NG-C 信令连接。

5）PDU 会话管理：UE 上下文，PDU 会话的建立、修改和删除过程，以及对应无线承载管理过程。

6）移动性管理过程：业务过程中所发起的切换过程。

针对信令流程分析，我们需要关注三个方面内容：一是消息路由，即用户面和控制面传输通道的建立；二是消息内容，主要指和业务相关的上下文信息、无线侧资源配置信息等；三消息的作用和功能。

下文分别从随机接入、NG 连接建立、RRC 重配置、PDU 会话管理等维度介绍 UE 开机注册、业务建立和切换过程。

3.1 随机接入

随机接入（RA）的目的是在 UE 与 gNB 之间建立和恢复上行同步。RA 过程发生在 UE 和网络通信前，由 UE 向 gNB 请求接入，gNB 进行响应并给 UE 分配上行资源，以进行正常业务传输的过程。初始接入过程如图 3-2 所示。

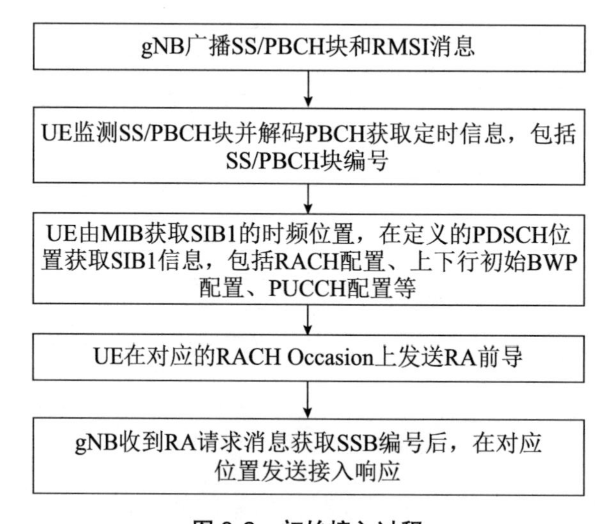

图 3-2 初始接入过程

RA 过程分为竞争模式和非竞争模式。

1. 竞争模式

接入前导由 UE 随机选定，不同 UE 选择的前导可能冲突。gNB 需要通过竞争解决不同 UE 的接入。

2. 非竞争模式

接入前导由 gNB 分配给 UE，这些接入前导属于专用前导。在这种情况下，UE 不会发生前导冲突。当专用资源不足时，gNB 会指示 UE 发起基于竞争的 RA 过程。

RA 的触发场景和类型如表 3-1 所示。

表 3-1　RA 的触发场景和类型

触发场景	场 景 描 述	类　　型
初始 RRC 连接建立	UE 从空闲态或 RRC_INACTIVE 状态转到连接态，需要建立 RRC 连接时会发起 RA 过程	基于竞争的 RA
RRC 连接重建	UE 检测到无线链路失败，需要重新建立 RRC 连接时会发起 RA 过程	基于竞争的 RA
切换	UE 进行切换时，UE 会在目标小区发起 RA。	优先采用基于非竞争的 RA，但在 gNodeB 专用前导用完时，会采用基于竞争的 RA
下行数据到达	当 UE 处于连接态，gNodeB 有下行数据需要传输给 UE，却发现 UE 上行失步状态，则 gNodeB 将控制 UE 发起 RA。	基于非竞争的 RA
上行数据发送	当 UE 处于连接态，UE 有上行数据需要传输给 gNodeB，却发现自己处于上行失步状态，则 UE 将发起 RA。	基于竞争的 RA
请求其他 SI	UE 需要请求特定 SI 时发起 RA 过程	基于竞争的 RA
波束失败恢复	当 UE 物理层检测到波束失步时通知 UE MAC 层发起 RA 过程选择新的波束	基于竞争的 RA
NSA 场景添加 NR 小区	NSA 场景添加 NR 小区时，需要发起 RA。	基于非竞争的 RA

3.1.1 竞争模式

UE 在发送 RA 前导前会先选择 SSB，先将小区内所有 SSB 的 RSRP 与规定的 RSRP 门限进行比较（该门限对应 3GPP TS 38.331 协议信元 rsrp-ThresholdSSB，可通过参数进行配置），选择一个大于该门限的 SSB Index。如果没有满足要求的 SSB，则任选择一个 SSBIndex。然后 UE 利用从系统消息中获得的 prach 配置，计算出该 SSB Index 对应的 prach 的 occasion（即时频资源），并在对应的 occasion 上发 RA 前导。当基站收到 UE 发来的 preamble 时，根据 SSB 和 preamble 关联关系就可以获知哪个波束指向 UE，进行初始波束管理。

基于竞争的 RA 流程如图 3-3 所示（参阅 3GPP TS 38.321 5.1.2 节）。RAR 消息内容

解析如图 3-4 所示。

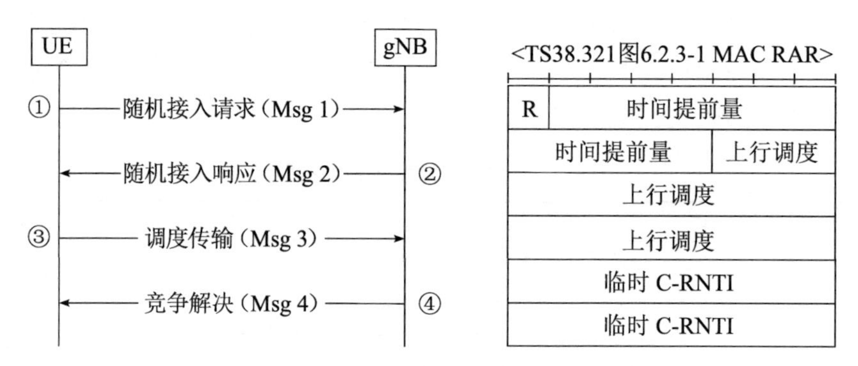

图 3-3　基于竞争的 RA 流程

<TS38.213表8.2-2 功控命令>

TPC命令	数值/dB
0	−6
1	−4
2	−2
3	0
4	2
5	4
6	6
7	8

<TS38.213表8.2-1 上行调度>

RAR调度域	长度/bit
跳频标识	1
PUSCH频域资源分配	14
PUSCH时域资源分配	4
MCS	4
PUSCH功控命令（TPC）	3
CSI请求	1

图 3-4　RAR 消息内容解析

1. Msg 1：RA 前导

UE 在 PRACH 信道发送 RA 请求，消息中携带 preamble 码。传输前导的目的在于向基站指示当前终端的 RA 尝试，使基站能够估计 gNB 和终端之间的传输延迟。

2. Msg 2：RA 响应

UE 发送了 RA 前导后通过在 RA 响应窗口中监测 RA-RNTI 标识的 PDCCH 来接收相应的 RA 响应消息（发送 Msg2 时的 PDCCH 使用 RA-RNTI 加扰，使用 DCI 1_0 格式，RA 响应窗的窗长由基站在广播信息 SIB2 中发送）。

gNB 收到消息后，在 PDSCH 上返回 RA 响应，并指示 UE 调整上行同步。Msg 2 由 gNB 的 MAC 层组织，并由 DL_SCH 承载，一条 Msg 2 可同时响应多个 UE 的 RA 请求。基站使用 PDCCH 调度 Msg 2，并通过 RA-RNTI 进行寻址，Msg 2 包含上行传输定时提前量 TA（TA=0，1，2，…，3846）、为 MSG 3 分配的上行资源、临时 C-RNTI 等（参阅 TS 38.321 6.2 节，TS 38.213 4.2 节）。

3. Msg 3：第 1 次调度传输

UE 收到 Msg 2 后，判断是否属于自己的 RA 响应消息（利用 preamble ID 核对），解码后获得 UL Grant、MCS、TPC、CSI 请求、TC-RNTI 信息，并在指定的 PUSCH 上发送 Msg 3。针对不同的场景，Msg 3 包含不同的内容，主要分以下 5 种情况。

- 初始接入：携带RRC建立请求，包含UE的初始标识S-TMSI或随机数。
- 连接重建：携带RRC层生成的RRC连接重建请求、C-RNTI和PCI。
- 切换：传输RRC切换完成消息及UE的C-RNTI。
- 上/下行数据到达：传输UE的C-RNTI。
- 其他情况，传输UE的C-RNTI。

4. Msg 4：竞争解决

不同的 UE 同时使用同一前导序列时会发生冲突，冲突解决是基于 PDCCH 上的 C-RNTI 或者 DL-SCH 上的 UE 冲突解决 ID 进行的。有 C-RNTI 时，则用 C-RNTI 加扰 Msg 4 的 PDCCH，冲突解决基于此 C-RNTI（连接状态）；无 C-RNTI 时，则用 TC-RNTI 加扰 PDCCH，冲突解决基于 UE 冲突解决识别号码（非连接状态）。UE 只有收到属于自己的下行 RRC 竞争解决消息（Msg 4），才能回复 HARQ ACK。RA 冲突解决流程如图 3-5 所示。

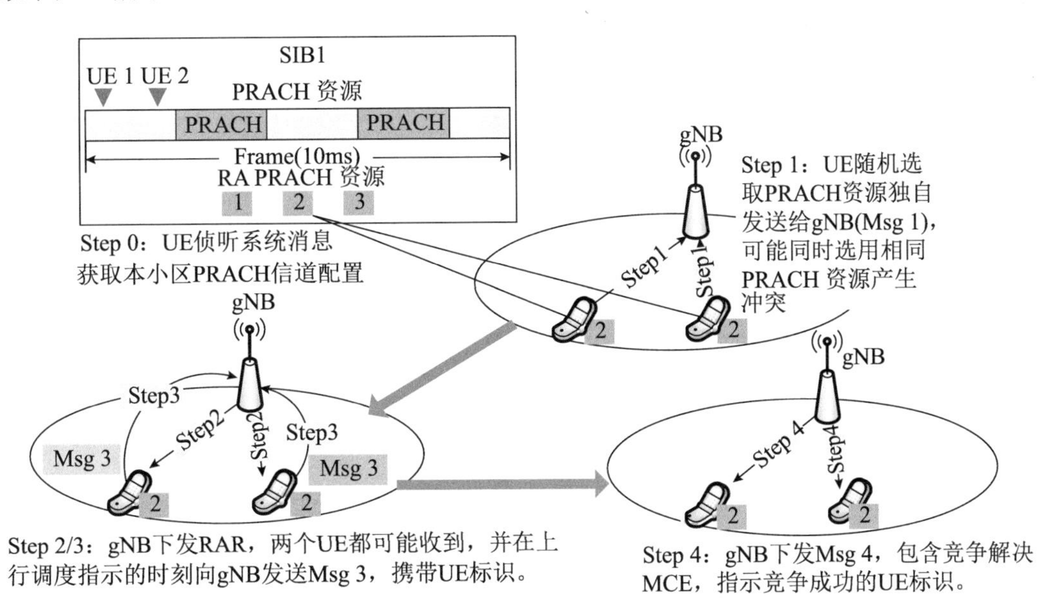

图 3-5　RA 冲突解决流程

UE 在发送了 Msg 3 后，开始启动竞争解决定时器。竞争解决定时器时长为 64ms。在竞争解决定时器超时前，UE 一直监听 PDCCH 信道。若存在以下任一情况，则 UE 认为竞争解决成功，并停止竞争解决定时器。

- 在PDCCH上监听到该UE的C-RNTI。
- 在PDCCH上监听到该UE的Temporary C-RNTI，并且MAC PDU解码成功。

解码成功指的是 UE 接收到的 PDSCH 中的 UE 竞争解决标识与 UE 发送的 Msg3 携带的 UE 竞争解决标识相同。如果竞争解决定时器超时，UE 将认为此次竞争解决失败。竞争失败后，如果 UE 的 RA 尝试次数小于最大尝试次数，则重新进行 RA 尝试，否则 RA 流程失败。

3.1.2 非竞争模式

非竞争模式与竞争模式的最大差别在于非竞争模式的接入前导是由 gNB 分配的，减少了竞争和冲突解决过程。非竞争 RA 包括 3 种情况：切换中 RA、RRC 连接状态下行数据到达、NSA 添加 NR 小区场景。非竞争 RA 流程如图 3-6 所示。

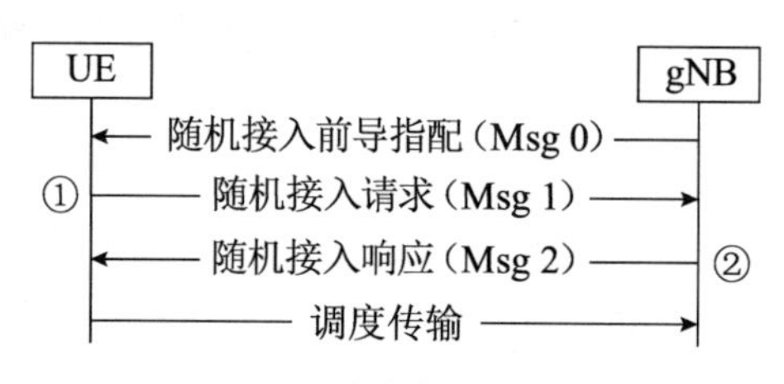

图 3-6 非竞争 RA 流程

gNB 为 UE 分配 RA 前导时，先通过 PDCCH 或 RRC 信令的方式通知 UE 指示的 SSB。UE 发送 RA 前导前，根据 gNB 的指示选择 SSB。不同场景下，UE 的 SSB 选择策略有所不同。

1）PDCCH 方式：当 SSB 指示信息通过 PDCCH 方式通知 UE 时，UE 直接选择指示的 SSB，完成非竞争 RA 的后续流程。

2）RRC 信令方式：当 SSB 指示信息通过 RRC 信令方式通知 UE 时，UE 需要将指示的 SSB 的 RSRP 与规定的 SS-RSRP 门限进行比较。如果超过该门限，则选择指示的 SSB，完成非竞争 RA 的后续流程；如果未超过该门限，则发起基于竞争的 RA。

基于非竞争的 RA 过程说明如下。

1）Msg 0：RA 指配。gNB 的 MAC 层通过下行专用信令（DL-SCH）给 UE 指派一

个特定的 preamble 序列（该序列不是基站在广播信息中广播的 RA 序列组）。

2）Msg 1：RA 前导。UE 接收到信令指示后，在特定的时频资源发送指定的 preamble 序列。

3）Msg 2：RA 响应。基站接收到 RA preamble 序列后，发送 RA 响应。不同场景下，RA 响应消息携带内容有所不同。

- 切换时，RA响应消息中包含TA信息和初始上行授权信息。
- 下行数据到达时，RA响应包含TA信息和RA前导识别。
- NSA添加NR小区场景，RA响应至少包含TA和RA前导识别。

4）RA 响应成功后，基于非竞争的 RA 过程结束，UE 进行上行调度传输，包含 UE 的 C-RNTI。

3.1.3 RRC 连接建立

UE 在 RRC 空闲状态下收到高层请求建立信令连接的消息后，发起 RRC 连接建立流程。UE 通过信令承载 SRB 0 向 gNB 发送 RRC 建立请求消息。如果 RRC 建立请求消息的冲突解决成功，则 UE 将从 gNB 收到 RRC 建立消息。UE 根据 RRC 建立消息进行资源配置，并进入 RRC 连接状态，配置成功后向 gNB 反馈 RRC 建立完成消息。RRC 连接建立流程如图 3-7 所示。

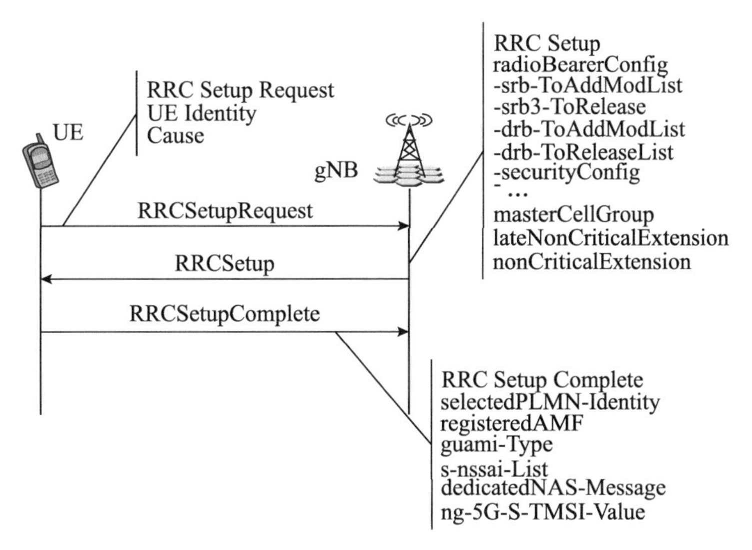

图 3-7　RRC 连接建立（参阅 TS38.331 6.2.2 节）

1）UE 向 gNB 发送 RRCSetupRequest 消息，携带 UE 标识和 RRC 建立原因，并启动计时器 T300，收到 RRCSetup 或 RRCReject 消息后停止。若计时器超时，则 UE 进入空闲态。RRC 连接建立原因包括 mo-Data、mt-Access、mo-Signalling、mo-VoiceCall、mo-VideoCall、emergency、highPriorityAccess、mo-SMS、mps-PriorityAccess、mcs-PriorityAccess，UE 标识可以是 S-TMSI 或随机数。

- 如果上层提供S-TMSI，则携带S-TMSI信息给gNB。
- 如果没有S-TMSI信息，则生成一个0～$2^{39}-1$的随机数给gNB。

2）gNB 向 UE 回复 RRCSetup 消息（调度 PDCCH 使用 DCI 1_0 格式并进行 TC-RNTI 加扰），消息中携带 SRB1 资源配置的详细信息。

3）UE 解码 RRCSetup 消息获得无线承载相关配置和 master cell group 信息参数。UE 根据消息指示进行无线资源配置，然后发送 RRCSetupComplete 消息给 gNB，携带 UE 注册的 AMF、选择的 PLMN 标识、UE 专用的 NAS 消息。至此，RRC 连接建立完成。

RRCSetupComplete 消息

```
-- ASN1START
-- TAG-RRCSETUPCOMPLETE-START

RRCSetupComplete ::=                    SEQUENCE {
    rrc-TransactionIdentifier               RRC-TransactionIdentifier,
    criticalExtensions                      CHOICE {
        rrcSetupComplete                        RRCSetupComplete-IEs,
        criticalExtensionsFuture                SEQUENCE {}
    }
}

RRCSetupComplete-IEs ::=                SEQUENCE {
    selectedPLMN-Identity                   INTEGER (1..maxPLMN),
    registeredAMF                           RegisteredAMF           OPTIONAL,
    guami-Type                              ENUMERATED {native, mapped} OPTIONAL,
    s-nssai-List                            SEQUENCE OF S-NSSAI         OPTIONAL,
    dedicatedNAS-Message                    DedicatedNAS-Message,
    ng-5G-S-TMSI-Value                      CHOICE {
        ng-5G-S-TMSI                            NG-5G-S-TMSI,
        ng-5G-S-TMSI-Part2                      BIT STRING (SIZE (9))
    }                                                                   OPTIONAL,
    lateNonCriticalExtension                OCTET STRING            OPTIONAL,
```

```
    nonCriticalExtension                    SEQUENCE{}          OPTIONAL
}

RegisteredAMF ::=                       SEQUENCE {
    plmn-Identity                           PLMN-Identity       OPTIONAL,
    amf-Identifier                          AMF-Identifier
}

-- TAG-RRCSETUPCOMPLETE-STOP
-- ASN1STOP
```

表 3-2 RRCSetupComplete 消息解析（TS38.331 6.2.2 节）

信息（IE）单元	内 容 描 述
guami-Type	用于指示 GUAMI 是本机（源自本机 5G-GUTI）还是映射得到（来自 EPS，派生自 EPS GUTI）
ng-5G-S-TMSI-Part2	5G-S-TMSI
registeredAMF	已注册的 AMF
selectedPLMN-Identity	UE 从 SIB1 PLMN 标识列表（plmn-IdentityList）中选择的 PLMN 索引。以电联 RAN 共享为例，同一个 NR 小区连接两个 5GC，共享 NR 小区在 SIB1 里面会同时广播电信和联通两个 PLMN 网络号。基站根据 UE 选择的 PLMN 进行路由，选择对应的核心网提供服务。
dedicatedNAS-Message	专用的 NAS 消息，经 gNodeB 透传给 AMF，如注册请求会携带注册类型，5G-GUTI, 最后登记的 TAI, 请求的 NSSAI, UE 能力，PDU 会话列表等信息。详细信息可参阅 TS24.501 第 8 章。

3.1.4 RRC 连接重建

RRC 重建流程是由 UE 发起、用于快速建立 RRC 连接的业务处理流程。该过程旨在重建 RRC 连接，包括 SRB1 操作的恢复及安全的重新激活。只有已成功建立 RRC 连接且已成功启用安全模式的 UE 才能发起 RRC 重建过程。触发 RRC 重建过程的场景包括：

1）检测到无线链路失败；

2）NR-RAN 向异系统网络切换失败；

3）NR-RAN 内切换失败；

4）完整性校验失败；

5）RRC 连接重配置失败。

在 RRC 重建初始化阶段，UE 会启动定时器 T311，挂起除 SRB0 之外的所有 RB，复位 MAC，释放当前服务小区配置，并进行小区选择。当选择一个合适的小区后，RRC 重建初始化完成，计时器 T311 停止计时。此时，UE 向选择的小区发起 RRC 重建请求，执行后续 RRC 重建过程，如图 3-8 所示（参阅 TS38.311 5.3.7 节）。

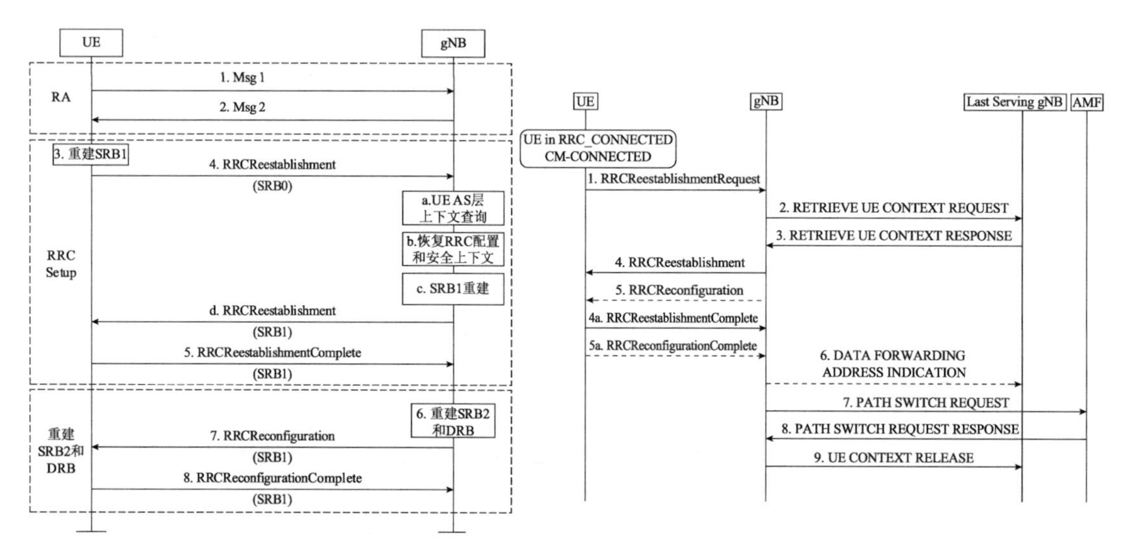

图 3-8　RRC 连接重建过程（TS38.300 图 9.2.3.3-1，TS38.331 5.3.7 节）

1）UE 向 gNB 发送 Msg 1，发起 RA 过程。

2）gNB 向 UE 发送 Msg 2，为 UE 分配上行资源。

3）UE 在 Msg 2 指定的时频资源向 gNB 发送 RRC 重建请求消息，并启动定时器 T301。消息中携带 UE ID、重建原因，以及重建前的 c-RNTI、physCellId 和 shortMAC-I。

4）gNB 收到 RRCReestablishmentRequest 消息后，进行如下处理。

- 根据c-RNTI、physCellId和shortMAC-I，查找RRC重建前的UE上下文。
- 根据查找到的UE上下文，恢复RRC配置信息和安全信息。
- 重建SRB 1。

完成上述动作后，gNB 通过 SRB 1 承载向 UE 发送 RRCReestablishment 消息，携带 nextHopChainingCount（NCC）信元。

5）UE 收到后停止计时器 T301，并向 gNB 回复 RRCReestablishmentComplete 消息。

UE 根据收到的 NCC 参数更新 AS 层安全密匙 K_{gNB}，并使用更新后的安全秘钥对传输的内容进行完整性保护和加密，如图 3-9 所示。

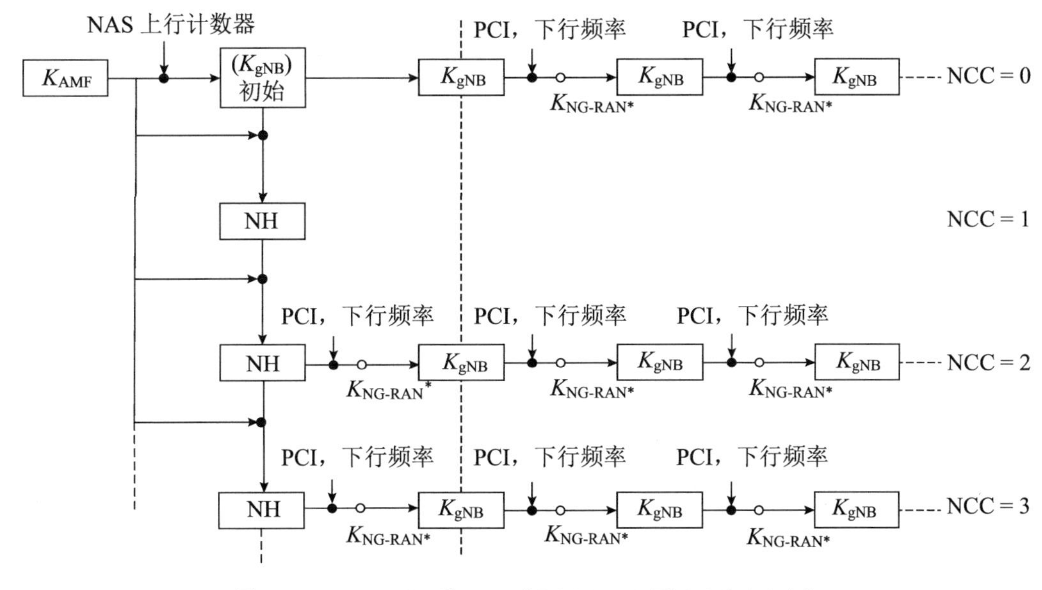

图 3-9 NH、NCC 和 K_{gNB}（TS33.501 图 6.9.2.1.1-1）

6）gNB 重建 SRB2 和 DRB 承载。

7）gNB 向 UE 发送 RRCReconfiguration 消息，指示重建 SRB2 和 DRB。

8）UE 向 gNB 回复 RRCReconfigurationComplete 消息，RRC 重建过程完成。

RRC 重建相关计时器如表 3-3 所示。

表 3-3 RRC 重建相关计时器（TS38.331 7.1.1 节）

定时器	开　始	停　止	计时器超时后动作
T310	一旦 UE 检测到物理层问题，如 UE 连续收到 N310 个底层失步指示	在 T310 溢出前 UE 连续收到 N311 个同步指示	如果 UE 安全没有激活，则 UE 转入空闲态，否则触发 RRC 连接重建初始化过程
T311	UE 启动 RRC 连接重建初始化过程	UE 选择一个合适小区驻留成功	UE 转入空闲态
T301	UE 向基站发送 RRCReestablishmentRequest 消息后启动	UE 收到 RRCReestablishment 或 RRCSetup 消息后停止	UE 转入空闲态

3.1.5 时间提前量

时间提前量（Timing Advance，TA）是指 UE 上行传输定时，UE 发送上行数据的系统帧相比对应的下行帧要提前一定的时间，以保障上行同步，避免上下行干扰，如图 3-10 所示。

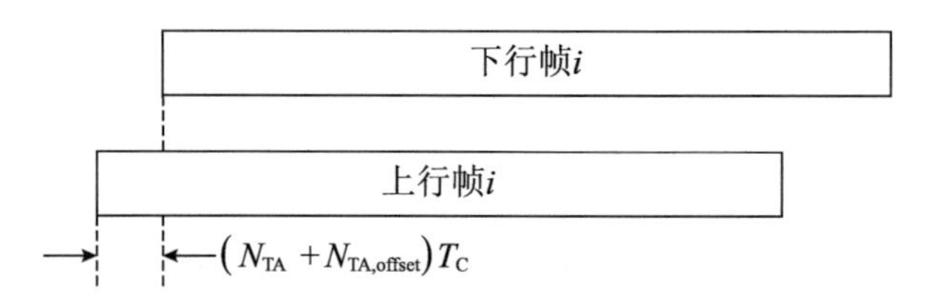

图 3-10　时间提前量示意图（参阅 TS38.211 图 4.3.1-1）

i—系统帧号；N_{TA}—UE在定时提前命令中解析出的量；$N_{TA,offset}$—服务小区的时间调整偏移值；T_C—NR基本时间单位，取值5.086×10^{-10}s

在图 3-10 中，N_{TA} 由基站 MAC CE 或 MAC RAR 通过定时提前命令 TimingAdvance Command（TAC）下发给 UE，$N_{TA,offset}$ 由基站通过参数 n-TimingAdvanceOffset 下发给 UE。

在 LTE 网络中，TA 值对应的距离是参照基本时间单位 Ts 进行计算，并且以 16Ts 为最小调整粒度。例如，TA = 1，那么 N_{TA} = 1×16Ts，表征 LTE 小区最小距离调整精度为 78.13 m（即 1×16×1/（15000×2048）×3.0×10^8/2）。与 LTE 类似，NR 时间提前命令(TAC)用于指示上行时序相对于当前上行时间的变化，并以 $16\times64\times T_C/2^\mu$ 的倍数表示，其最小调整粒度随着子载波间隔 μ 变化，$\mu=0$ 时对应 LTE 的 16Ts（参阅 TS38.213 4.2 节）。

UE 初始接入阶段，N_{TA} 值由基站通过 RAR 消息下发给 UE。进入连接态后，UE 根据基站下发的 TA 值，按照下式计算得到时间提前量 N_{TA}。

$$N_{TA\_new}=N_{TA\_old}+（TA-31）\times16\times64/2^\mu$$

其中，N_{TA_old} 是收到 TAC 之前使用的 N_{TA}；TA 由基站通过 TimingAdvanceCommand 命令下发给 UE，取值范围为 {0,1,2,⋯,63}；N_{TA_new} 是收到 TAC 更新后的 N_{TA}。

UE 与 NR 基站间的距离 d 计算公式如下：

$$d=c\times N_{TA\_new}\times T_C/2$$

例如，μ=1，子载波带宽 30kHz 时，可计算得到 NR 小区最小距离调整精度约为 39m，最大调整范围 1.2km，小区的最大接入半径约为 150km。计算过程如下。

ΔTA=1 时（最小距离调整精度），$d=3.0\times10^8\times1\times16\times64/2^1\times[1/(480000\times4096)]/2=$

39（m）；

ΔTA=31 时（最大调整范围），$d=3.0\times10^8\times31\times16\times64/2^1\times[1/(480000\times4096)]/2=$ 1211（m）；

N_{TA}=3846 时（最大接入半径），$d=3.0\times10^8\times3846\times16\times64/2^1\times[1/(480000\times4096)]/2=$ 150234（m）。

若 $\mu=3$（子载波带宽为 120kHz），则 NR 的最小距离调整精度可以达到 10m。

3.2 NG 连接建立

RRC 建立成功后，gNB 将 RRC 连接建立完成消息携带的 NAS 消息通过初始 UE 消息发送给 AMF，开始建立专用 NG-C 连接。当 gNB 收到 AMF 发来的初始上下文建立请求消息后，NG-C 连接建立完成，如图 3-11 所示。

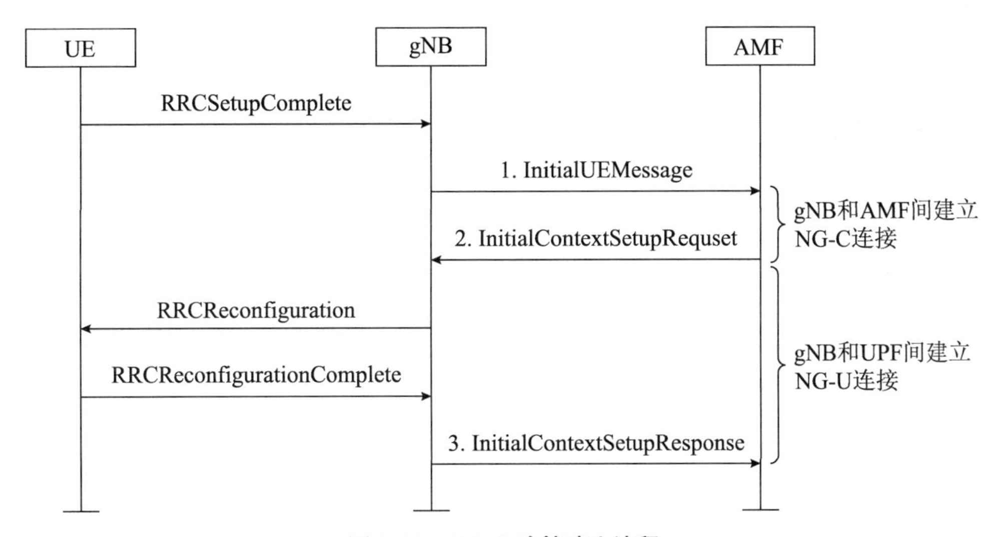

图 3-11 NG-C 连接建立流程

NG-C 连接建立流程说明如下。

1）InitialUEMessage（初始 UE 消息，见表 3-4），由基站发往核心网，携带服务小区的 TAI，NCGI、RRC 建立原因，如 mo-Signalling、mo-Data（主叫）、mt-Access（被叫）等，请求在核心网创建上下文。gNB 收到 RRC 连接建立完成消息，将给 UE 分配专用的标识 RAN UE NGAP ID，并将 RRC 连接建立完成消息中的 NAS 消息和 NGAP ID 填入初始 UE 消息，发送给 AMF。

表 3-4　InitialUEMessage 消息解析（TS38.413 9.2.5.1 节）

信息单元 / 组名称	必要性	描　　述
Message Type	M	消息类型
RAN UE NGAP ID	M	RAN 侧为 UE 分配的 NGAP ID，用于控制信令路由
NAS-PDU	M	NAS-PDU 内容可参阅 TS24.501 8.2 节
User Location Information	M	用户位置信息，包括 NR CGI 和 TAI 等
RRC Establishment Cause	M	RRC 建立原因，如 mo-data、mt-access 等
5G-S-TMSI	O	5G-S-TMSI
AMF Set ID	O	标识 AMF 区域内的 AMF 集
UE Context Request	O	UE 上下文请求，指示 5GC 需要在 NG-RAN 上设置包含安全信息的 UE 上下文
Allowed NSSAI	O	允许的网络切片标识集合

注：M表示必选；O表示可选。

2）InitialContextSetupRequest（初始上下文建立请求，见表 3-5），由核心网发往基站，消息中包含分配的 PDU 会话 ID、UPF IP 地址和隧道标识 GTP-TEID、QoS 流级 QoS 参数、UE 安全能力、允许的 NSSAI 等。AMF 收到初始 UE 消息后根据网络建立的具体原因处理 UE 业务请求，为 UE 分配专用的标识 AMF UE NGAP ID，用于建立 gNB 和 AMF 间的信令路由，并向 gNB 发送初始上下文建立请求消息。gNB 收到后根据消息中 QoS 流级 QoS 参数要求为该 UE 分配资源建立 DRB 数据承载并完成 QoS flow 和 DRB 的映射。

表 3-5　InitialContextSetupRequest 消息解析（TS38.413 9.2.2.1 节）

信息单元 / 组名称	必要性	描　　述
Message Type	M	消息类型
AMF UE NGAP ID	M	AMF 侧为 UE 分配的 NGAP ID，用于控制信令路由
RAN UE NGAP ID	M	RAN 侧为 UE 分配的 NGAP ID
Old AMF	O	旧 AMF 名称
UE Aggregate Maximum Bit Rate		UE 聚合最大速率
Core Network Assistance Information	O	核心网辅助信息，包括 gNB 用于计算寻呼帧的 UE 标识索引值、Paging DRX、周期性位置更新计时器、MICO 指示、RRC 非激活态 TAI 列表等
GUAMI	M	AMF 标识

续表

信息单元 / 组名称	必要性	描　　述
PDU Session Resource Setup Request List		PDU 会话资源建立请求列表
>PDU Session Resource Setup Request Item		PDU 会话资源建立请求项
>>PDU Session ID	M	PDU 会话标识
>>NAS-PDU	O	NAS 协议数据单元
>>S-NSSAI	M	标识该 PDU 会话关联的网络切片
>>PDU Session Resource Setup Request Transfer	M	PDU 会话资源配置信息，包括 UPF IP 地址和隧道标识、QoS 流级 QoS 参数，见表 3-6
Allowed NSSAI	M	允许的网络切片标识集合
UE Security Capabilities	M	UE 安全能力，指示 UE 支持的加密算法和完整性保护算法
Security Key	M	安全密钥，即 K_{gNB}
Trace Activation	O	跟踪激活
Mobility Restriction List	O	移动限制列表，包括 RAT Restriction、Forbidden Area、Service Area Restrictions、核心网类型限制。例如，某些区域只允许特定 UE 才能接入或者切换进来
UE Radio Capability	O	UE 无线能力，如 UE 支持的 RAT 类型、频段、功率等级等
Index to RAT/Frequency Selection Priority	O	RAT/ 频率选择优先级的索引，用于 RRM 管理，如空闲态的小区驻留优先级及连接态的 RAT 间 / 频率间切换控制
Masked IMEISV	O	移动设备识别号和软件版本（暗码）
NAS-PDU	O	NAS 协议数据单元
Emergency Fallback Indicator	O	紧急回落指示
RRC Inactive Transition Report Request	O	此 IE 用于请求 NG-RAN 节点在 UE 进入或离开 RRC_INACTIVE 状态时向 5GC 报告或停止报告
UE Radio Capability for Paging	O	UE 用于寻呼的无线能力

表 3-6　PDU Session Resource Setup Request Transfer（TS TS38.413 9.3.4.1 节）

信息单元 / 组名称	必要性	描　　述
PDU Session Aggregate Maximum BitRate	O	PDU 会话最大聚合速率，存在 non-GBR QoS flow 时，该字段有效
UL NG-U UP TNL Information	M	UPF 传输层 IP 地址和隧道标识
Additional UL NG-U UP TNL Information	O	

续表

信息单元 / 组名称	必要性	描　述
Data Forwarding Not Possible	O	此 IE 表示 5GC 决定相应的 PDU 会话将不受数据转发
PDU Session Type	M	PDU 会话类型，如 IPv4、IPv6、IPv4v6 等
Security Indication	O	指示用户面是否进行加密和完整性保护
Network Instance	O	提供 NG-RAN 节点在选择特定传输网络资源时使用的网络实例
QoS Flow Setup Request List		QoS flow 建立请求列表
>QoS Flow Setup Request Item		QoS flow 建立请求项
>>QoS Flow Identifier	M	QoS flow 标识，用于标识 PDU 会话中的不同 QoS flow
>>QoS Flow Level QoS Parameters	M	QoS 流级 QoS 参数
>>E-RAB ID	O	LTE E-RAB 的标识符

3）InitialContextSetupResponse（初始上下文建立响应，见表 3-7），由 gNB 发往 AMF，消息包含 gNB IP 地址和隧道标识 GTP-TEID、接受的 PDU 会话列表、拒绝的 PDU 会话列表、建立失败原因。至此 gNB 和 UPF 间的 NG-U 连接建立完成。

表 3-7　InitialContextSetupResponse 消息（TS38.413 9.2.2.2 节）

信息单元 / 组名称	必要性	描　述
Message Type	M	消息类型
AMF UE NGAP ID	M	AMF 侧为 UE 分配的 NGAP ID，用于控制信令路由
RAN UE NGAP ID	M	RAN 侧为 UE 分配的 NGAP ID
PDU Session Resource Setup Response List		PDU 会话资源建立响应列表
>PDU Session Resource Setup Response Item		PDU 会话资源建立响应项
>>PDU Session ID	M	PDU 会话标识
>>PDU Session Resource Setup Response Transfer	M	PDU 会话资源配置信息，包括 gNB 的 IP 地址和隧道标识，见表 3-8
PDU Session Resource Failed to Setup List		PDU 会话资源建立失败列表
>PDU Session Resource Failed to Setup Item		PDU 会话资源建立失败项
>>PDU Session ID	M	建立失败的 PDU 会话标识
>>PDU Session Resource Setup Unsuccessful Transfer	M	指示 PDU 会话建立失败的原因，如 EPS fallback 触发、无资源、加密完保算法不支持、传输资源不可用、鉴权失败、传输语法错误等
Criticality Diagnostics	O	

表 3-8 PDU SessionResourceSetupResponseTransfer（TS38.413 9.3.4.2 节）

信息单元 / 组名称	必要性	描 述
QoS Flow per TNL Information	M	NG-U 传输层信息（和 PDU 会话关联的 gNB 侧 IP 地址和 GTP 隧道终结点标识符）及关联 QoS flow 列表
Additional QoS Flow per TNL Information	O	
Security Result	O	指示该 PDU 会话用户面完整性保护和加密是否被执行
QoS Flow Failed to Setup List	O	QoS flow 标识及失败原因

图 3-12～图 3-14 所示分别为初始直传消息、初始上下文请求消息和初始上下文响应消息（参考协议 TS 24.501 8.2 节）。

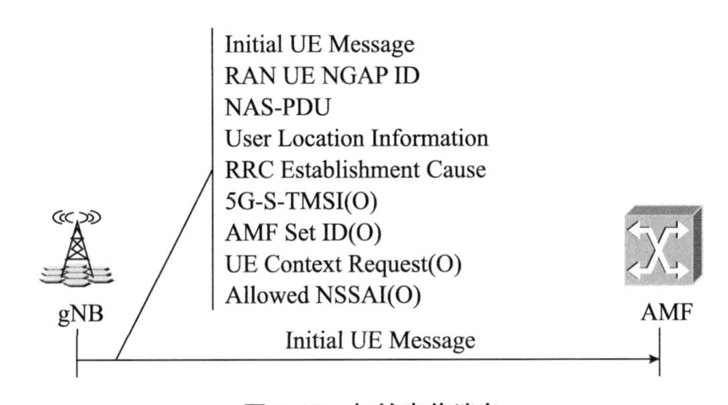

图 3-12 初始直传消息

注：初始UE消息必须包含RAN UE NGAP ID、NAS协议数据单元（用于生成安全密钥的ngKSI和NAS count值、用于初始UE消息完整性保护的验证码）、TAI、全球小区识别码（NCGI）、RRC连接建立原因，有时也会携带5G-S-TMSI、AMF集合标识和允许的NSSAI信息。

NG 建立过程中可能出现核心网不响应 UE 消息的情况，这时需要检查 AMF 的配置是否正确，如初始 UE 消息中的 TAC 在 AMF 中是否有效，如果配置正常则需要与 AMF 联合定位。

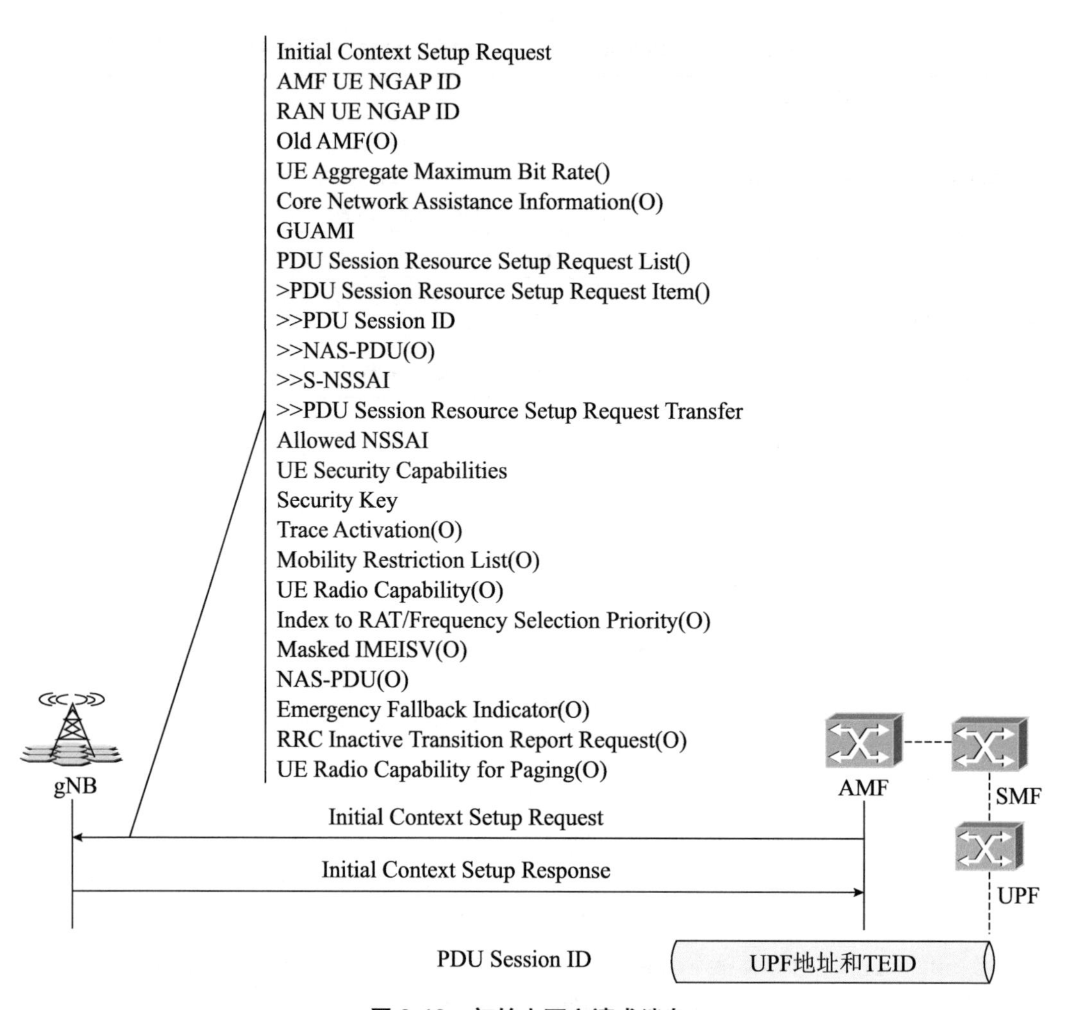

图 3-13　初始上下文请求消息

注：初始上下文建立请求消息主要包括AMF UE NGAP ID、RAN UE NGAP ID、UE聚合最大速率、请求建立的PDU会话列表（包含PDU会话ID、QoS流级的QoS参数、UPF IP地址和隧道标识GTP-TEID、NAS协议数据单元）、UE安全能力、安全密钥。根据UE状态和业务类型（如业务类型、是否初次接入等），该请求消息也可能携带UE无线能力信息、RAT/频率优先级等信息。

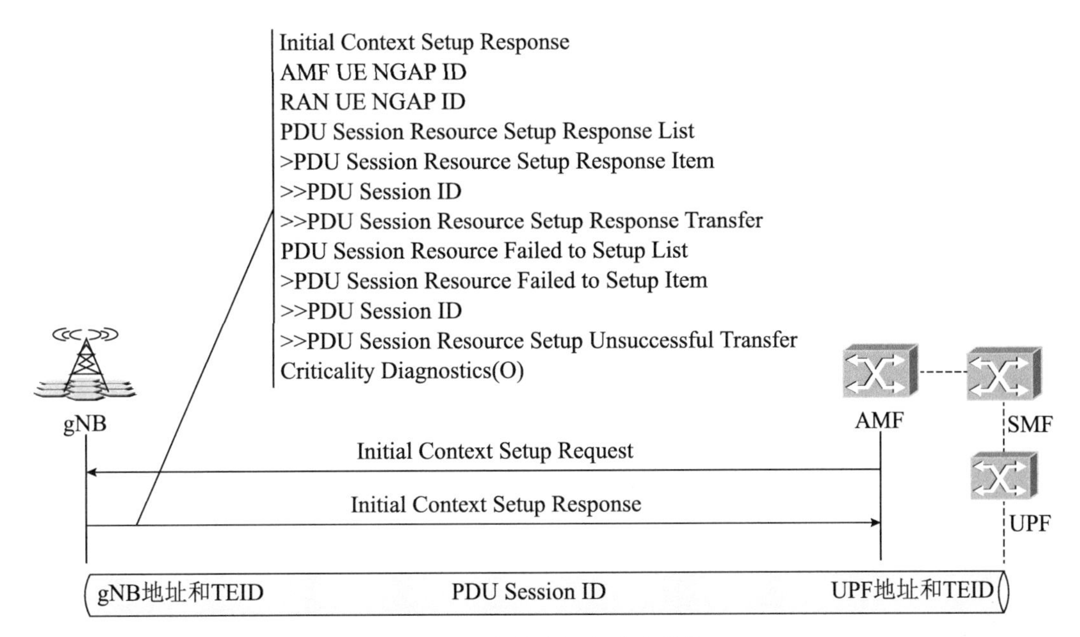

图 3-14　初始上下文响应消息

注：初始上下文建立响应消息主要包含AMF UE NGAP ID、RAN UE NGAP ID、建立的PDU会话列表（包括建立的PDU会话ID、gNB IP地址和隧道标识GTP-TEID）。如果PDU会话建立失败，则初始上下文建立响应消息返回PDU会话建立失败列表和失败原因信息。

3.3 RRC 重配置

RRC 重配置消息由基站通过 SRB1 或 SRB3 发送给 UE，用于发送测量配置、移动控制、无线资源配置、安全配置等信息给 UE。RRC 重配置过程的目的是修改 RRC 连接，如建立 / 修改 / 释放无线承载、使用同步执行重配置、设置 / 修改 / 释放测量、添加 / 修改 / 释放 SCells 和小区组，也可以传输 NAS 专用信息给 UE。

在 EN-DC 中，NR 辅节点 SgNB 可以和 UE 建立 SRB3，SgNB 通过 SRB3 直接向 UE 发送测量配置、接收测量上报，（重新）配置 MAC、RLC、物理层和 RLF 计时器以及 SCG 配置的常量，重新配置与 S-K_{gNB} 或 SRB3 关联的 DRB 的 PDCP。

RRC 重配置流程如图 3-15 所示（参阅 TS38.331 6.2.2 节）。

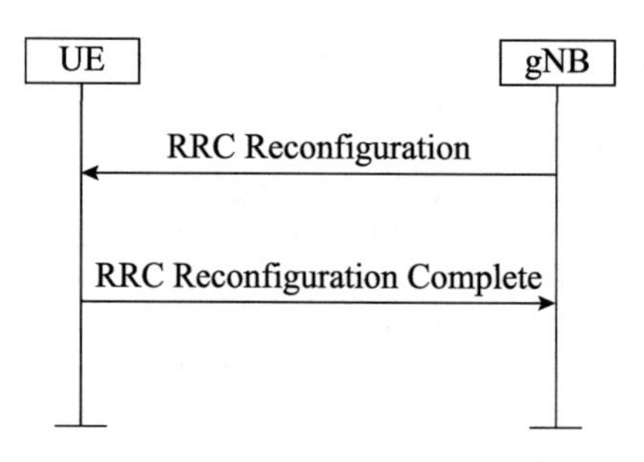

图 3-15　RRC 重配置流程

1）gNB 向 UE 发送 RRC 重配置消息，携带专用的 NAS 消息、SIB1 系统消息、主小区组配置、辅小区组配置及安全参数调整指示等信息。

RRC 重配置消息

```
-- ASN1START
-- TAG-RRCRECONFIGURATION-START

RRCReconfiguration ::=                SEQUENCE {
    rrc-TransactionIdentifier             RRC-TransactionIdentifier,
    criticalExtensions                    CHOICE {
        rrcReconfiguration                    RRCReconfiguration-IEs,
        criticalExtensionsFuture              SEQUENCE {}
    }
}

RRCReconfiguration-IEs ::=            SEQUENCE {
    radioBearerConfig                         RadioBearerConfig OPTIONAL, Need M
    secondaryCellGroup                        (CellGroupConfig) OPTIONAL, Need M
    measConfig                                MeasConfig        OPTIONAL, Need M
    lateNonCriticalExtension                  OCTET STRING      OPTIONAL,
    nonCriticalExtension                      RRCReconfiguration-v1530-IEs
                                                                    OPTIONAL
}

RRCReconfiguration-v1530-IEs ::=          SEQUENCE {
    masterCellGroup                           (CellGroupConfig)
                                                  OPTIONAL, -- Need M
    fullConfig                            {true}
                                                  OPTIONAL, -- Cond FullConfig
```

```
    dedicatedNAS-MessageList                         OPTIONAL, -- Cond nonHO
    masterKeyUpdate                           MasterKeyUpdate
                                                     OPTIONAL, -- Cond MasterKeyChange
    dedicatedSIB1-Delivery                      (SIB1)      OPTIONAL, -- Need N
    dedicatedSystemInformationDelivery          (SystemInformation)
                                                      OPTIONAL, -- Need N
    otherConfig                                   OtherConfig OPTIONAL, -- Need M
    nonCriticalExtension                            RRCReconfiguration-v1540-IEs
OPTIONAL
}

RRCReconfiguration-v1540-IEs ::=          SEQUENCE {
    otherConfig-v1540                         OtherConfig-v1540  OPTIONAL, -- Need M
    nonCriticalExtension                      SEQUENCE {}        OPTIONAL
}

MasterKeyUpdate ::=                              SEQUENCE {
    keySetChangeIndicator                        BOOLEAN,
    nextHopChainingCount                   NextHopChainingCount,
    nas-Container                          OCTET STRINGOPTIONAL,     -- Cond securityNASC
    ...
}

-- TAG-RRCRECONFIGURATION-STOP
-- ASN1STOP
```

RRCReconfiguration 消息主要信元如表 3-9 所示。

表 3-9　RRCReconfiguration 消息主要信元（TS38.331 6.2.2 节）

IE 名称	IE 描述
dedicatedNAS-MessageList	专用的 NAS 消息列表
dedicatedSIB1-Delivery	SIB1 系统消息
dedicatedSystemInformationDelivery	SIB6、SIB7、SIB8 消息
fullConfig	指示适用于 RRC 重配置消息完整配置选项
keySetChangeIndicator	切换时密钥改变指示，用于决定是否更新 AS 安全密钥 K_{gNB}
masterCellGroup	配置主小区组，详见下文 CellGroupConfig
nas-Container	NAS 容器，参阅 TS 24.501

续表

IE 名称	IE 描述
nextHopChainingCount	在切换和 / 或连接重建立的时候，UE 根据信元指示更新 AS 安全密匙 K_{gNB}
otherConfig	包含与其他配置相关的配置
radioBearerConfig	配置无线承载（DRB、SRB），包括 SDAP/PDCP。在 EN-DC 中，只有通过 SRB3 传输 RRC 重配置消息时，此字段才有效
secondaryCellGroup	配置辅小区组（EN-DC），详见下文 CellGroupConfig

字段 CellGroupConfig 用于配置主小区组（MCG）或辅小区组（SCG）。小区组由一个 MAC 实体、一组具有关联的 RLC 实体的逻辑信道、主小区（SpCell）和一个或多个辅小区（SCells）组成。

CellGroupConfig 信元

```
-- ASN1START
-- TAG-CELL-GROUP-CONFIG-START
-- Configuration of one Cell-Group:
CellGroupConfig ::=            SEQUENCE {
    cellGroupId                          CellGroupId
    rlc-BearerToAddModList               RLC-BearerConfig
    rlc-BearerToReleaseList              LogicalChannelIdentity
    mac-CellGroupConfig                  MAC-CellGroupConfig
    physicalCellGroupConfig              PhysicalCellGroupConfig
    spCellConfig                         SpCellConfig /* MCG 的 PCell 或 SCG 的
                                         PSCell 配置 */
    sCellToAddModList                    SCellConfig/* PCell 或 PSCell 对应的辅小
                                         区配置 */
    sCellToReleaseList                   SCellIndex
    reportUplinkTxDirectCurrent-v1530    ENUMERATED {true}
}
-- Serving cell specific MAC and PHY parameters for a SpCell:
SpCellConfig ::=                         SEQUENCE {
    servCellIndex                        ServCellIndex
    reconfigurationWithSync              ReconfigurationWithSync
    rlf-TimersAndConstants               SetupRelease { RLF-TimersAndConstants }
    rlmInSyncOutOfSyncThreshold          ENUMERATED {n1}
    spCellConfigDedicated                ServingCellConfig /* 含有详细 BWP 配置 */
}
```

```
ReconfigurationWithSync ::=          SEQUENCE {
    spCellConfigCommon                   ServingCellConfigCommon
    newUE-Identity                       RNTI-Value,
    t304                                 ENUMERATED {ms50, ms100, ms150,…… }
    rach-ConfigDedicated                 CHOICE {
        uplink                               RACH-ConfigDedicated,
        supplementaryUplink                  RACH-ConfigDedicated
    }
    smtc                                  SSB-MTC
    }/* 需要注意的是，信元 reconfigurationWithSync 是用于从源小区到目标小区进行同步重
配的消息，消息中除了服务小区通用配置信息外还包含了随机接入相关参数，例如切换过程需要从源小
区到目标小区进行同步的流程，利用该信令通知目标小区同步所用的参数，即与随机接入过程相关的
参数 */
    SCellConfig ::=                  SEQUENCE {
        sCellIndex                       SCellIndex,
    sCellConfigCommon                    ServingCellConfigCommon
    sCellConfigDedicated                 ServingCellConfig
    smtc                                 SSB-MTC
    }
-- TAG-CELL-GROUP-CONFIG-STOP
-- ASN1STOP
```

2）RRC 重配置完成消息。UE 根据消息指示完成相应配置后向 gNB 发送 RRC 重配置完成。

3.4 服务质量控制

5G 核心网取消承载的概念，采用 PDU 会话进行 UE 和 UPF 之间的数据传输，基于 QoS flow 进行业务质量管控，RAN 执行核心网 QoS flow 和接入网 DRB 的映射。UE 和 UPF 间 PDU 会话建立后，也就建立了一条 UE 和 UPF 间的数据传输通道。一个 PDU 会话可以包含多条（最多 64 条）QoS flow，但每条 QoS flow 的 QFI 不同（取值范围为 0 ～ 63）。

5GS 服务质量控制的最小颗粒度是 QoSflow，每个 PDU 会话中每条 QoS flow 用 QFI 标识，具有相同 QFI 的用户平面数据会获得相同的转发处理（如调度策略、排队管

理策略、速率修正策略、RLC配置等）。QoS flow由QoS rule、QoS profile和PDR共同定义。

1）QoS rule：存储于UE，用于上行数据分类和标记，包括QFI、报文过滤集合、一个precedence值、默认QoS rule。QoS rule可以通过PDU Session Establishment/Modification procedure显式发给UE，或者在UE中预配置，或者UE通过应用Reflective QoS控制获取的QoS rule。同一个QoS flow（QFI）可以对应一个或多个QoS rule。

2）QoS profile：存储于AN结点，用于AN做DRB映射。QoS profile可以由AN预配置，或者由SMF经AMF转发给AN。每个QoS profile与一个QFI标识对应，但这个QFI并不在QoS profile中。

3）PDR：包检测规则，由SMF提供给UPF，UPF根据PDR规则进行下行数据包分类和标记。

根据QoS保证类型的不同，5GQoS flow分为三种。

1）保障速率的GBR QoS flow；

2）非保障速率的Non-GBR QoS flow；

3）时延临界保障速率的Delay Critical GBR QoS flow。

GBRQoS flow是指QoS flow要求的比特速率被网络优先保障分配，即使在网络资源紧张的情况下，相应的比特速率也能够被优先保持。

Non-GBRQoS flow在网络拥堵的情况下，业务需要承受降低速率的要求。由于Non-GBRQoS flow不需要占用固定的网络资源，因而可以长时间建立，而GBRQoS flow一般只是在需要时才建立。

Delay Critical GBR是5G系统新增的QoS承载类型，是对时延要求更加严格的GBR QoS flow。数据传输时延超过要求，会被认定为数传失败，主要用于uRLLC业务。

3.4.1 QoS参数

无论是保障速率的GBR QoS flow还是非保障速率的Non-GBRQoS flow，它们都包含5QI和ARP两个参数。GBR QoS flow主要用于实时业务，如语音、视频、实时游戏等。Non-GBR QoS flow则主要用于非实时业务，如E-MAIL、FTP、HTTP等。Delay Critical GBR用于uRLLC场景。QoS参数说明如表3-10所示。

表 3-10 QoS 参数说明（TS23.501 5.7.2 节）

QoS 参数	参 数 说 明
5QI	5G QoS ID，英文全称 5G QoS Identifier，用于索引一个 5G QoS 特性
ARP	分配和保留优先级，包含优先级、抢占能力、可被抢占等信息。在系统资源受限时，ARP 参数决定一个新的 QoS flow 是被接受还是被拒绝，当前 QoS flow 能否被抢占
RQA	反射 QoS 属性，可选参数，指示该 QoS flow 上的某些业务受到反射 QoS 的影响
AMBR	聚合最大速率，分为 UE-AMBR 和 Session-AMBR 两种。AMBR 是用户订阅数据，SMF 从 UDM 获取，定义一个 PDU 会话的所有 non-GBR QoS flow 的比特率之和上限；UE-AMBR 定义一个 UE 所有的 non-GBR QoS flow 比特率之和上限
GFBR	保障的流速率，表示 QoS flow 的保障速率，上行和下行独立定义
MFBR	最大流速率，表示 QoS flow 的最大速率。超过 MFBR 时，数据包可能被 UE/RAN/UPF 丢弃、延时传输等，上行和下行独立定义
通知控制（QNC）	核心网通过该参数控制 NG-RAN 是否在 GBR QoS flow 的 GFBR 无法满足时上报消息通知核心网。使能情况下，NG-RAN 发现某 QoS flow 的 GFBR 无法满足时向 SMF 发送通知
默认值（Default）	针对每个 PDU 会话进行设置。SMF 从 UDM 检索订阅的默认 5QI 和 ARP 值，SMF 使用授权的默认 5QI 和 ARP 值去配置默认 QoS flow 的 QoS 参数。订阅的默认 5QI 值应为标准化值范围中的 non-GBR 5QI
最大丢率（MPLR）	QoS flow 可以允许的最大丢包率

各网络功能使用的 QoS 参数如表 3-11 所示。

表 3-11 网络功能与 QoS 参数

QoS 参数	5QI	ARP	GFBR	MFBR	UE-AMBR	Session-AMBR
UDM	Yes	Yes	No	No	Yes	Yes
UPF	Yes	Yes	Yes	Yes	No	Yes
gNB	Yes	Yes	Yes	Yes	Yes	No
UE	Yes	No	Yes	Yes	No	Yes

QoS flow 的 5QI 值决定了其在 SMF 和 RAN 侧的处理策略。例如，对于误包率要求比较严格的 QoS flow，RAN 侧一般通过配置 AM 模式来提高空口传输的准确率。不同 5QI 对应的 QoS 特性如表 3-12 所示。

表 3-12　标准 5QI 到 5G QoS 特性的映射（TS23.501 表 5.7.4-1）

5QI	资源类型	优先级	时延	误包率	最大数据突发量	速率计算平均窗口时长	应用场景
1	GBR	20	100ms	10^{-2}	-	2000ms	语音会话
2		40	150ms	10^{-3}	-	2000ms	视频会话（实时数据流）
3		30	50ms	10^{-3}	-	2000ms	实时游戏、V2X 消息、过程自动化－监控
4		50	300ms	10^{-6}	-	2000ms	非对话视频（缓冲流）
65		7	75ms	10^{-2}	-	2000ms	关键任务用户平面推送对话语音
66		20	100ms	10^{-2}	-	2000ms	非关键任务用户平面推送对话语音
67		15	100ms	10^{-3}	-	2000ms	关键任务视频用户面
75		注：仅用于通过 TS 23.285 中定义的 MBMS 承载器传输 V2X 消息					
5	non-GBR	10	100ms	10^{-6}	-	-	IMS 信令
6		60	300ms	10^{-6}	-	-	视频（缓冲流）、TCP 业务（如 WWW、电子邮件、聊天、FTP、P2P 文件共享、渐进式视频等）
7		70	100ms	10^{-3}	-	-	语音、视频（实时流）、互动游戏
8		80	300ms	10^{-6}	-	-	视频（缓冲流）、TCP 业务（如 WWW、电子邮件、聊天、FTP、P2P 文件共享、渐进式视频等）
9		90					
69		5	60ms	10^{-6}	-	-	关键任务延迟敏感信号（如 MC-PTT 信号）
70		55	200ms	10^{-6}	-	-	关键任务数据
79		65	50ms	10^{-2}	-	-	V2X 消息
80		68	10ms	10^{-6}	-	-	AR
82	Delay Critical GBR	19	10ms	10^{-4}	255 byte	2000ms	离散自动化
83		22	10ms	10^{-4}	1354 byte	2000ms	离散自动化
84		24	30ms	10^{-5}	1354 byte	2000ms	智能交通系统
85		21	5ms	10^{-5}	255 byte	2000ms	配电－高压

注：优先级表示5G QoS flow资源调度优先级，参数值越小表示优先级越高。

接口传输的是5QI的值而不是其对应的QoS属性，主要是为了减少接口上的控制信令数据传输，并且在多厂商互联环境和漫游环境中使得不同设备/系统间的互联互通更加容易。QoS flow类型和参数如图3-16所示。

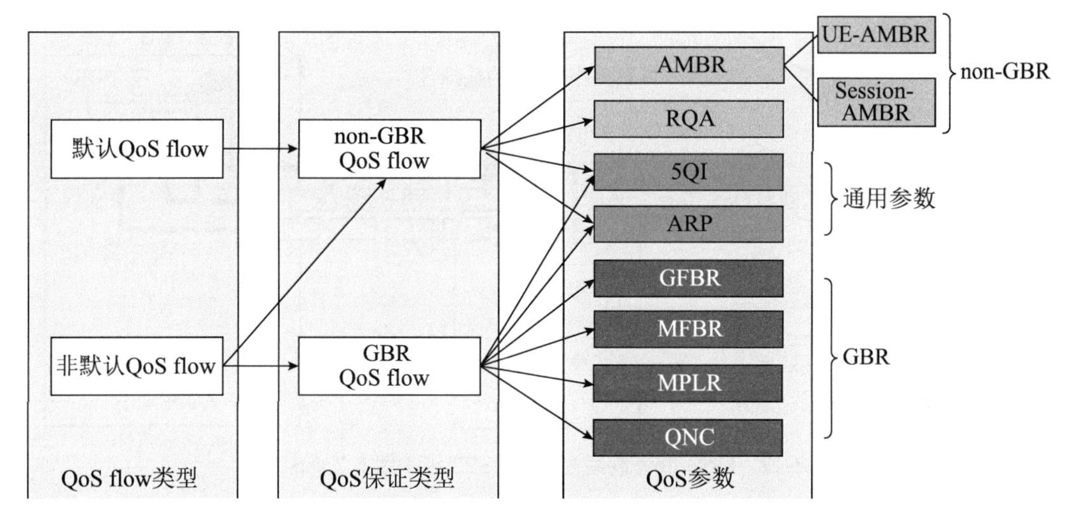

图3-16 QoS flow类型和参数

在5GS中，每个PDU会话都要配置一个默认的QoS rule。默认的QoS rule在PDU会话建立时关联到一条QoS flow，并且在PDU会话的整个生命周期内，这条默认QoS flow一直保持存在，默认的QoS flow必须是non-GBR QoS flow。协议定义默认QoS rule是在PDU会话中唯一的一个包过滤集可以包含允许所有上行的包过滤器的QoS rule，也可以理解为一个数据包所有QoS rule都不满足时，可以通过默认的QoS flow进行传输。默认QoS rule可以配置为允许通过所有上行包，不是必须配置为允许通过所有上行包。

3.4.2 QoS映射

在用户入网时，用户将签订合约并将定义的合约信息保存在UDM中。当用户发起业务请求时，SMF从UDM获取用户签约信息，负责QoS的控制。用户向AMF发起业务请求时，SMF会为UPF、gNB、UE配置相应的QoS参数，UPF、gNB和UE基于该QoS参数为用户提供服务。图3-17展示了用户面数据的分类、标记与QoS flow映射到DRB的规则流程。

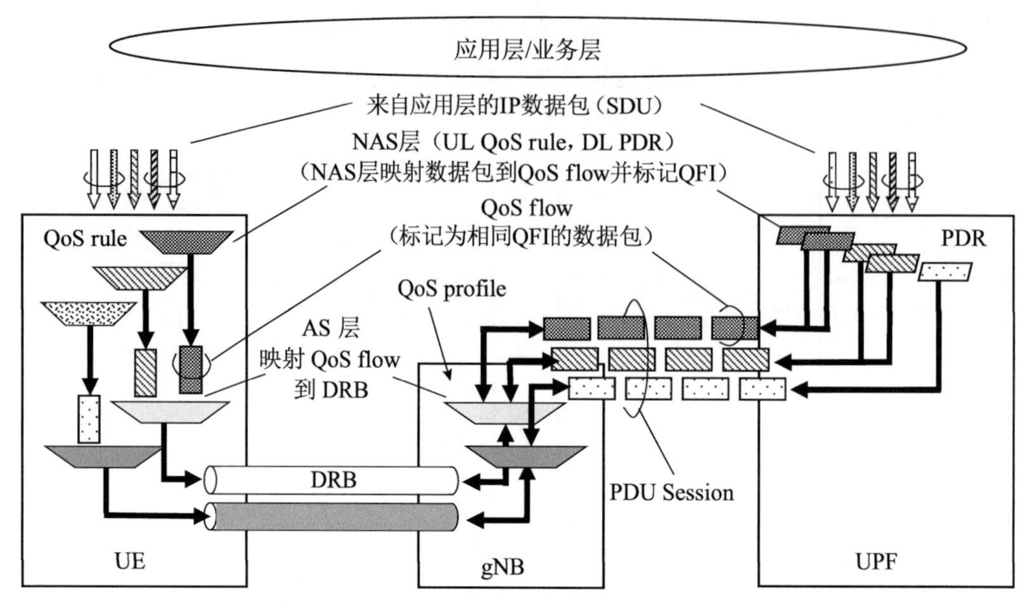

图 3-17　QoS flow 映射过程（TS23.501 图 5.7.1.5-1）

5G 采用数据流 In-band QoS 标记机制，基于业务的 QoS 需求，网关或 APP Server 对数据流标记相应的 QoS 处理标签，网络侧基于 QoS 标签，执行数据包转发。QoS 标签可基于业务数据流的需求实时变化，实时满足业务需求。NAS 层将多个有相同 QoS 需求的 IP 数据流映射到同一个 QoS flow，gNB 将 QoS flow 映射到 DRB，使无线侧适配 QoS 需求。

上行链路，UE 根据 QoS rule 对上行数据包进行匹配和 QFI 标记，将相同 QFI 的上行数据包映射到同一个 QoS flow 以及与之对应的上行 DRB 传输。下行链路，UPF 根据数据包检测规则（PDR）对下行数据包进行分类和 QFI 标记，将相同 QFI 的下行数据包映射到同一个 QoS flow，通过 N3 接口发送给 gNB，由 gNB 根据 QoS profile 将之映射到对应的下行 DRB 上传输。

3.5 开机入网流程

开机入网流程包括PLMN选择、小区选择和注册登记过程，图3-18把小区重选放入该章节主要为了跟小区选择进行区分。

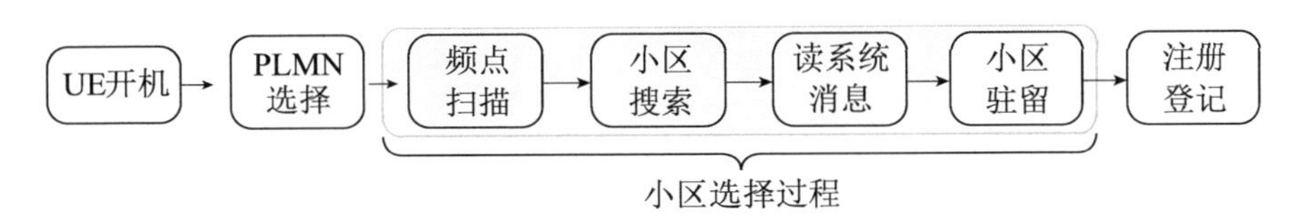

图3-18 UE开机流程

UE开机后先进行NAS层PLMN选择，该过程在UE侧完成（详细描述可参阅TS23.122第5章）。在PLMN选择期间，根据PLMN优先级顺序，可以自动或手动选择特定的PLMN（优先级RPLMN → EHPLMN → HPLMN）。根据选择的PLMN确定允许搜索的频段，然后开始进行小区选择和注册登记过程。

3.5.1 小区搜索

小区搜索即UE与小区获得时间和频率同步，获得物理小区标识，再根据物理小区标识，得到小区的信号质量和其他系统信息的过程。整个小区搜索过程分为主同步信号搜索、辅同步信号搜索、物理广播信道检测和读取系统消息四个部分。

NR同步信号块SSB的时域位置和频域位置都不固定，而是灵活可变。频域上，SSB不再固定于频带中间；时域上，SSB发送的位置、数量与小区频率范围、参数配置有关。因此，在NR中，仅通过解调PSS/SSS信号，无法获得频域和时域资源的完全同步，必须完成PBCH的解调，才能实现时频资源的同步。

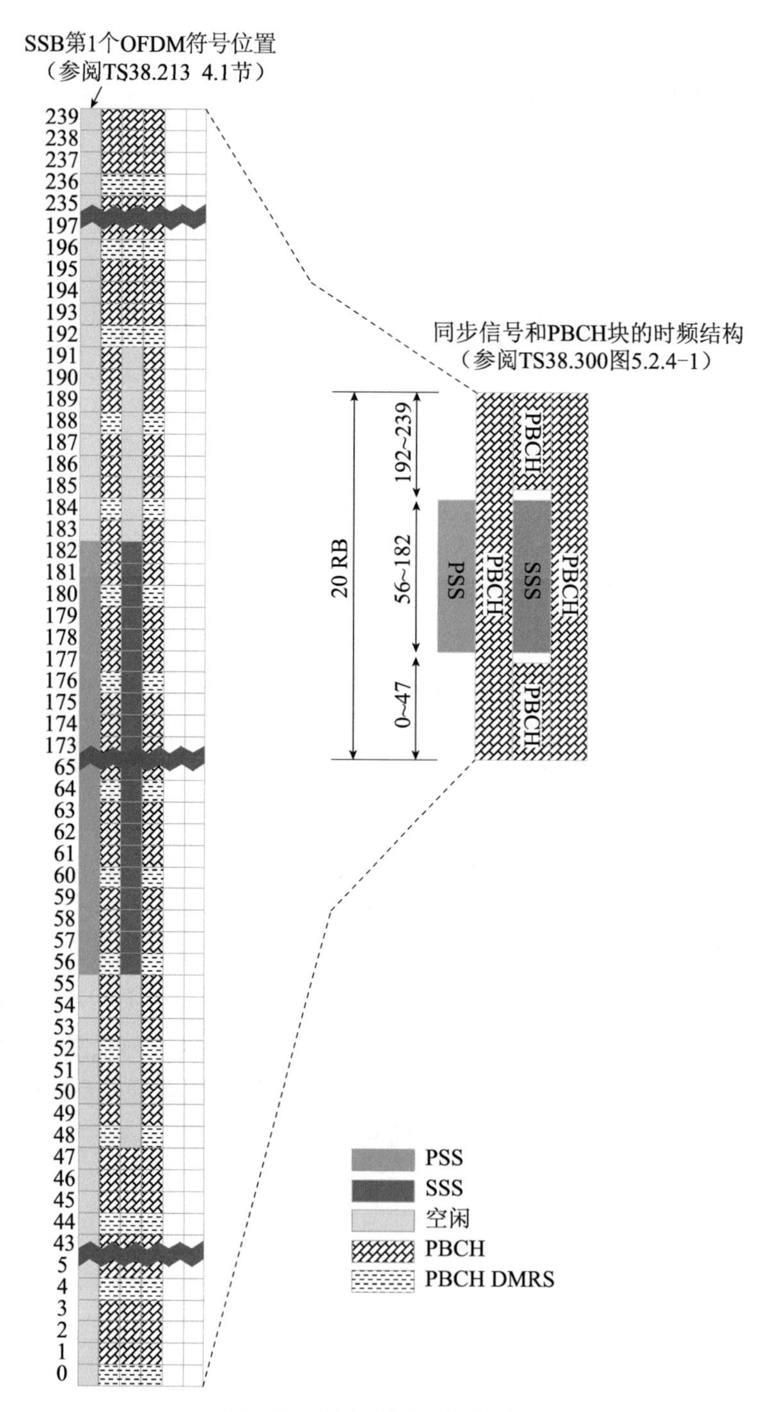

图 3-19　同步信号块 SSB 构成

NR 小区搜索流程如图 3-20 所示。

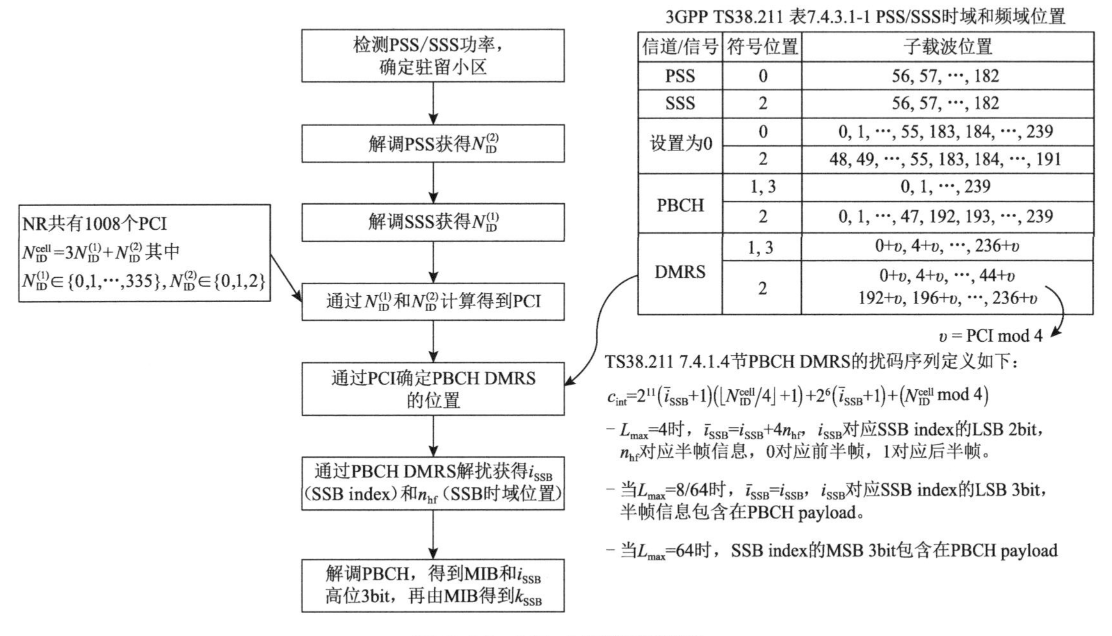

图 3-20　NR 小区搜索流程

小区搜索流程描述：

1）UE 首先搜索 SSB 块，检测主同步信号 PSS，完成符号边界同步、SSB 频率同步，并获得物理小区标识的组内标识 $N_{ID}^{(2)}$。

在 SSB 的第一个符号时间内，SSB 频域范围内只有 PSS 信号，因此可以对它做相关检测。SSS 和 PBCH 共用第 3 个符号，所以暂时无法对 SSS 做时域相关检测。

2）根据 PSS 的位置可以获得 SSS 的准确位置，再在频域对 SSS 做相关检测，获得物理小区标识的组编号 $N_{ID}^{(1)}$。至此，UE 完成 SSB 的符号同步和 SSB 同步。

3）UE 根据 $N_{ID}^{(1)}$ 和 $N_{ID}^{(2)}$，计算得到物理小区标识 PCI。

$$N_{ID}^{cell}=3N_{ID}^{(1)}+N_{ID}^{(2)}$$

4）UE 根据 PCI 确定 PBCH DMRS 的位置，通过解码 PBCH DMRS 获得 SSB index 和所在半帧编号（确定检测到的 SSB 位于前半帧还是后半帧），获得 10ms 帧同步。

PBCH DMRS 的扰码序列定义如下（3GPP TS38.2117.4.1.4 节）：

$$C_{int}=2^{11}\left(\bar{i}_{SSB}+1\right)\left(\left\lfloor N_{ID}^{cell}/4\right\rfloor+1\right)+2^{6}\left(\bar{i}_{SSB}+1\right)+\left(N_{ID}^{cell} \bmod 4\right)$$

根据协议描述，当 SSB 数 L_{max}=4 时，$\bar{i}_{SSB}=i_{SSB}+4n_{hf}$，$i_{SSB}$ 对应 SSB index 的 LSB 2bit，对应半帧信息，0 对应前半帧，1 对应后半帧。当 L_{max} =8/64 时，$\bar{i}_{SSB}=i_{SSB}$，i_{SSB} 对应 SSB index 的 LSB 3bit。

注意：

①当 L_{max} =8/64 时，扰码序列不再包含半帧信息，需要在 PBCH payload 中解调出半帧信息（PBCH payload 描述参阅 2.1.2 节）。

②当 L_{max}=64 时，需要 6bit 来指示 64 个 SSB index，此时，除了 PBCH DMRS 中解调得到的 3 bit，仍然需要额外 3bit 信息，这 3bit 信息在 PBCH payload 中得到。

至此，当 UE 成功解调 PBCH DMRS 之后，如果 L_{max}=4，那么 UE 可以得到 SSB index 和半帧信息，时域上获得 10ms 帧同步。如果 L_{max}=8/64，那么 UE 需结合解调出的 PBCH payload 才能获得 10ms 帧同步。

5）UE 读取 PBCH 上的 MIB 广播消息，获得系统帧号 SFN、公共信道子载波间隔、SIB1 PDCCH 配置、小区是否允许接入等信息。

当 UE 完成 SSB 所有内容的解调时，也就完成了时域上的帧同步，得到下一步要解调的 SIB1 的 CORESET 和搜索空间等信息。

6）读取 SIB1 信息，获取小区接入和小区选择的相关参数，以及 OSI 的调度信息。

7）UE 发起随机接入，执行网络注册登记过程。

UE 开机小区搜索和初始接入过程如表 3-13 所示。

表 3-13　UE 开机小区搜索和初始接入过程

步骤	阶　段	占用资源	功能描述
0	PSS/SSS Decode		用于下行同步
1	MIB decode		UE 解析 MIB 消息，得到 CORESET 0 配置
2	SIB1 decode	CORESET 0	RMSI 解析，得到初始上行 / 下行 BWP 设置
3	Msg1 UE → gNB	InitialULBWP	UE 向 gNB 发起随机接入请求
4	Msg2 UE ← gNB	CORESET 0	gNB 向 UE 发送随机接入响应（RAR）
5	Msg3 UE → gNB	InitialULBWP	UE 向 gNB 发 RRC 连接请求
6	Msg4 UE ← gNB	CORESET 0	gNB 向 UE 发送 RRC 连接建立消息
7	Msg5 UE → gNB	1stActiveBWP	RRC 建立完成

3.5.2　小区选择

当 UE 开机、脱网后重新进入覆盖区，呼叫重建或从连接态转移到空闲态时，需要进行小区选择，选择一个合适的小区驻留。UE 进行小区选择的过程如下：

1）优先根据 RRC Connection Release 信息中分配的专有频率优先级信息选择合适的小区驻留（专有频率优先级有效时间由计时器 T320 定义）。

2）若选不到合适的小区，则尝试选择在连接态时所在的最后一个小区，作为合适的小区驻留。

3）若仍选不到合适的小区，则尝试采用“利用存储的信息进行小区选择”方式选择小区，寻找合适的小区驻留。

4）若仍选不到合适的小区，则启用“初始小区选择”方式寻找合适的小区驻留。

5）若采用“初始小区选择”方式也选不到合适的小区，UE 将进入任意小区选择状态。

处于任意小区选择状态状态下的 UE 会一直尝试搜索可接受的小区。搜索到可接受的小区后，UE 将选择在该小区驻留下来，获得限制服务，同时周期性地使用“初始小区选择”方式搜索合适的小区。任意小区选择状态下 UE 的具体行为可参考 3GPP TS 38.304 5.2.7 节。

“利用存储的信息进行小区选择”和“初始小区选择”两种方式的小区选择过程如图 3-21 所示（参阅 TS38.304 5.2.2 节和 5.2.3 节）。

（1）初始小区选择（事先不知道哪个 RF 信道是 NR 频率）

在此方式下，UE 会扫描其支持制式上的所有载波频点，搜索合适的小区。在每个载波频点上，UE 仅搜索信号最强的小区，并驻留到最先搜索到的合适的小区。

（2）利用存储的信息进行小区选择，可以加快小区选择

在此方式下，UE 会根据早前存储的载波频点信息和小区参数（通过之前收到的测量控制信息或者检测到的小区系统消息获得）进行小区选择，搜索满足条件的小区作为合适的小区。

“合适小区”表示可以让驻留其中的 UE 获得正常服务的小区。该小区必须满足条件“小区没有被禁止”，并且满足满足小区选择规则。

“可接受小区”表示可以让驻留其中的 UE 获得限制服务（如紧急呼叫、接收 ETWS、CMAS 通知等）的小区。该小区必须满足条件“小区没有被禁止”，并且满足小区选择规则。

“被禁小区”表示禁止服务小区。对于单运营商小区，会在 MIB 消息中指示；对于多运营商小区，会在 SIB1 消息中分运营商指示。

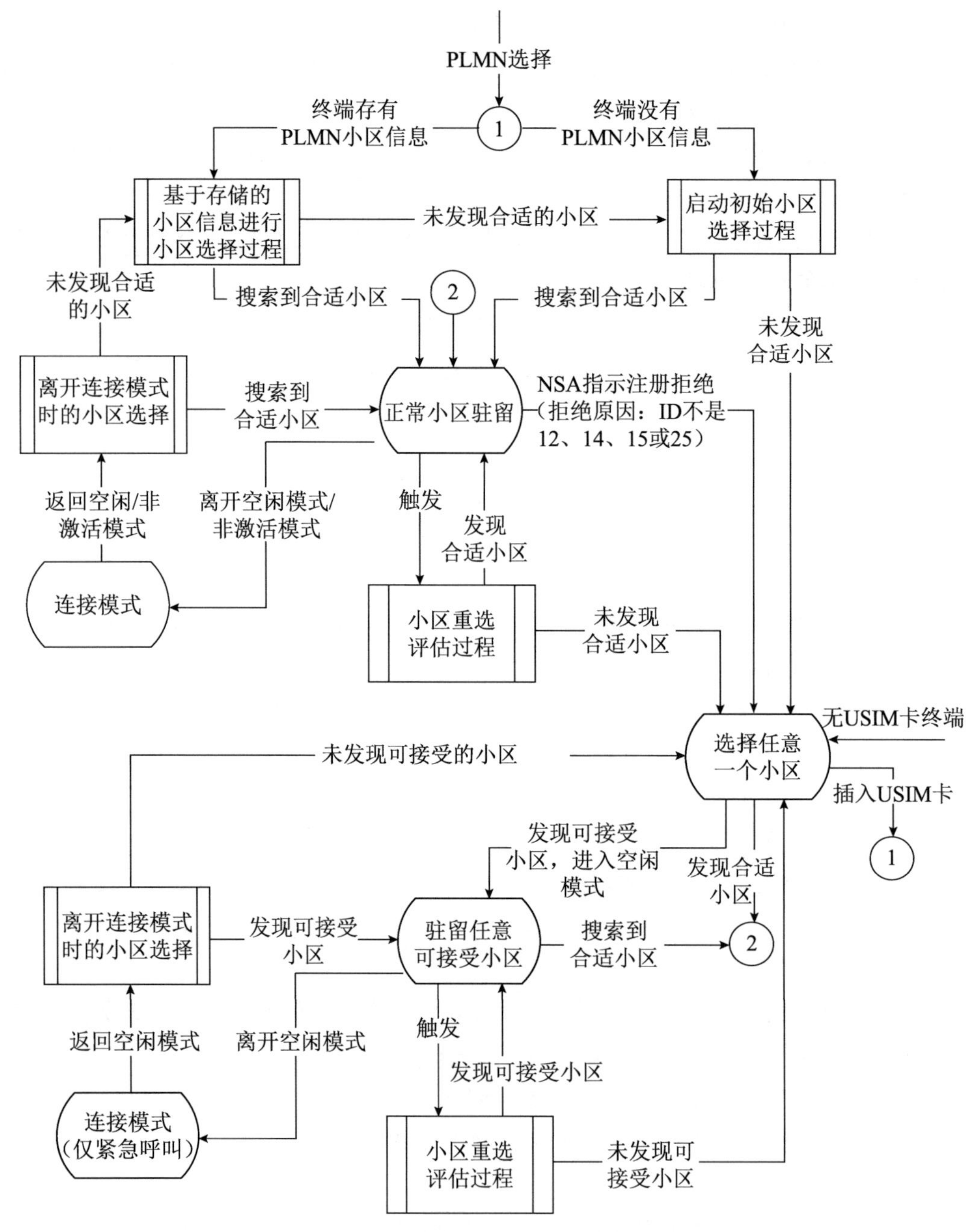

图 3-21　小区选择流程（TS38.304 图 5.2.2-1）

UE 根据 S 准则进行小区选择，只有满足此条件的小区 UE 才能够选择驻留。小区 S

准则的判决公式如下：

$$\mathrm{Srxlev} > 0 \text{ 并且 } \mathrm{Squal} > 0$$

其中：

$$\mathrm{Srxlev} = Q_{\mathrm{rxlevmeas}} - (Q_{\mathrm{rxlevmin}} + Q_{\mathrm{rxlevminoffset}}) - P_{\mathrm{compensation}} - Q_{\mathrm{offsettemp}}$$

$$\mathrm{Squal} = Q_{\mathrm{qualmeas}} - (Q_{\mathrm{qualmin}} + Q_{\mathrm{qualminoffset}}) - Q_{\mathrm{offsettemp}}$$

小区选择参数含义如表 3-14 所示（目前 NR 小区选择只考虑 Srxlev> 0）。

表 3-14　小区选择参数含义

参数名称	参数含义描述
Srxlev	小区选择接收信号强度值（dB）
$Q_{\mathrm{rxlevmeas}}$	实际测量的电平值（RSRP），单位 dBm
Q_{rxlevmin}	小区参数定义的最小接收电平值（dBm），由 SIB1 下发给 UE，单位 2dBm
$Q_{\mathrm{rxlevminoffset}}$	Q_{rxlevmin} 电平偏移值（dB）。在 Srxlev 评估中，UE 驻留在 VPLMN 中时补偿由定期搜索更高优先级的 PLMN 而导致的信号 Q_{rxlevmin} 偏移 [TS 23.122]
$P_{\mathrm{compensation}}$	如果 UE 支持 NR-NS-*P*maxList 中的附加 P_{max}，并且在 SIB1、SIB2 和 SIB4 中有附加的 P_{max}，则 $\max(P_{\mathrm{EMAX1}} - P_{\mathrm{PowerClass}}, 0) - (\min(P_{\mathrm{EMAX2}}, P_{\mathrm{PowerClass}}) - \min(P_{\mathrm{EMAX1}}, P_{\mathrm{PowerClass}}))$（dB）；否则 $\max(P_{\mathrm{EMAX1}} - P_{\mathrm{PowerClass}}, 0)$（dB）
P_{EMAX1}，P_{EMAX2}	小区定义的 UE 可以使用的最大上行发射功率（dBm），在 SIB1 中下发给 UE[TS38.101/TS 38.331]
$P_{\mathrm{PowerClass}}$	协议定义的终端最大上行发射功率（dBm），通常为 26dBm [TS 38.101 表 6.2.1-1]
Squal	小区选择信号质量值（dB）
Q_{qualmeas}	实际测量的小区质量等级（RSRQ）
Q_{qualmin}	小区参数定义的最低质量等级（dB）
$Q_{\mathrm{qualminoffset}}$	Q_{qualmin} 质量偏移值（dB）
$Q_{\mathrm{offsettemp}}$	小区的偏移量（dB）[TS 38.331]

UE 根据 S 准则寻找、标识合适的小区。如果找不到合适的小区，则标识一个可以接受的小区。当寻找到适合的小区或可以接受的小区后发起小区重选过程（适合的小区定义为UE可以正常驻留的小区，可以接受的小区定义为UE可以尝试发起紧急呼叫的小区）。

3.5.3 小区重选

小区重选是指 UE 在空闲模式下通过监测邻区和当前小区的信号质量以选择一个最

好的小区提供服务的过程。当UE驻留当前小区超过1s后，邻区的信号质量及电平满足R准则且满足一定重选判决门限时，终端将接入该小区驻留。UE小区重选过程如下（参阅TS38.304 5.2.4节）。

1）当服务小区的RSRP测量值低于同频测量启动门限时，启动同频测量，测量同频点的其他小区的RSRP值。

2）在满足小区选择规则（即S规则）的同频邻区中，选择信号质量最好的小区作为排名最高的小区。

3）识别出信号质量满足条件的多个邻区作为候选邻区。

$$\mathrm{RSRP}_{\max}-\mathrm{RSRP}_{n}\leqslant \mathrm{rangeToBestCell}$$

式中，$\mathrm{RSRP}_{\max}$为排名最高小区的RSRP值；RSRP_{n}为各邻区的RSRP值；固定为3dB，在SIB2消息中指示。

4）在排名最高的小区和满足条件的邻区中，选择小区RSRP值大于absThreshSS-BlocksConsolidation门限，且波束个数最多的小区作为最好的小区。若同时有多个满足条件的小区，则在其中选择小区RSRP值最高的小区作为最好的小区。

5）若最好的小区满足如下条件，则UE重选到该小区，否则继续驻留在原小区。

UE在当前服务小区的驻留时间大于1s，并且最好小区在持续1s的时间内满足如下条件（R准则）：

$$R_n > R_s$$

$$R_s = Q_{\mathrm{meas},s} + Q_{\mathrm{hyst}}$$

$$R_n = Q_{\mathrm{meas},n} - Q_{\mathrm{offset}}$$

式中，$Q_{\mathrm{meas},s}$为基于SSB测量得到的服务小区RSRP值；Q_{hyst}为小区重选迟滞，由参数配置；$Q_{\mathrm{meas},n}$为基于SSB测量得到的邻小区RSRP值；Q_{offset}为邻区重选偏置，由参数设置。

与LTE类似，5G系统同样引入了频率优先级的概念，主要用于4/5G互操作。在5G系统，网络可配置不同频点的优先级，通过系统消息或通过RRC连接释放消息通知UE。对应参数为小区重选优先级（CellReselectionPriority），配置单位是频点，取值为0，1，2，…，7，值越大，优先级越高。若UE收到的RRC连接释放消息携带专有频率优先级信息（同时启动T320计时器），则UE忽略广播消息中的优先级信息，直到UE侧T320计时器超时后才启用广播的频率优先级。对于重选优先级高于服务小区的频率，UE始终对其测量，如图3-22所示。

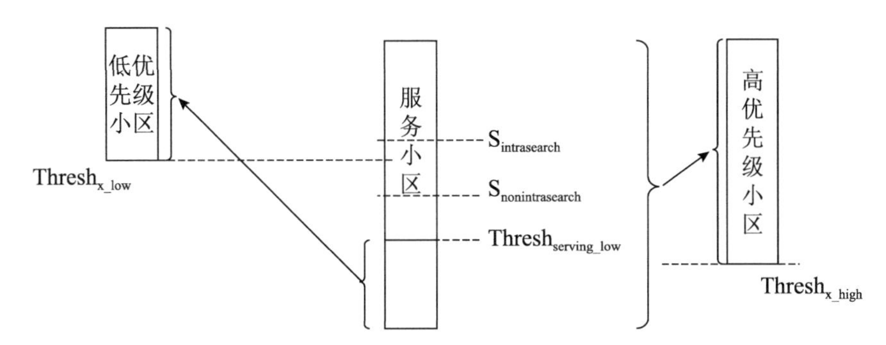

图 3-22　不同优先级的小区重选门限

$S_{intrasearch}$—同频测量启动门限；$S_{nonintrasearch}$—异频/异系统测量启动门限；$Thresh_{serving\text{-}low}$—服务频点低优先级重选门限；$Thresh_{x\text{-}low}$—低优先级邻区重选门限；$Thresh_{x\text{-}high}$—高优先级重选门限

通过配置各频点的优先级，网络能更方便地引导终端重选到高优先级的小区驻留，达到均衡网络负荷、提升资源利用率、保障 UE 信号质量等作用。

1）高优先级小区重选的触发条件。

- UE在当前小区驻留超过1s；
- 高优先级邻区的$S_{nonservingcell}$>$Thresh_{x\text{-}high}$；
- 时间$T_{reselection}$内$S_{nonservingcell}$一直高于该阈值$Thresh_{x\text{-}high}$。

$S_{nonintrasearch}$ 仅用于重选优先级相同或低于服务频点的异频 / 异系统。对于优先级高于服务小区的频点，UE 始终对其进行测量。重选到高优先级小区时不考虑服务小区电平，即使服务小区 S_{rxlev} 好于高优先级小区 $S_{nonservingcell}$，只要高优先级小区满足 $Thresh_{x\text{-}high}$ 条件就可以触发重选。

2）低优先级小区重选的触发条件。低优先级小区重选包括测量启动和重选触发两个过程。

①测量启动条件：RRC 层根据服务小区 RSRP 测量结果计算 S_{rxlev}，并将其与 $S_{nonintrasearch}$ 比较作为启动邻区测量的判决条件。判断规则如下：

$$S_{rxlev} \leqslant S_{nonintrasearch}$$

②重选触发条件：重选到低优先级邻区需要同时满足下面 5 个条件。

- UE驻留在当前小区超过1s；
- 高优先级和同优先级频率层上没有其他合适的小区；
- 服务小区$S_{servingcell}$<$Thresh_{serving\text{-}low}$；
- 低优先级邻区$S_{nonservingcell}$>$Thresh_{x\text{-}low}$；
- 时间$T_{reselection}$内$S_{nonservingcell}$一直高于该阈值$Thresh_{x\text{-}low}$。

对于终端，其遵循的频率优先级可能存在几种情况：尚未获取专有频率优先级时使用广播的频率优先级进行小区重选；若终端收到基站通过 RRC connection release 下发的专有频率优先级，此时 UE 忽略广播消息中的优先级信息，并启动计时器 T320，专有频率优先级同时用于连接态释放后的小区选择和空闲态小区重选；终端侧 T320 超时后才能启用广播的频率优先级进行小区重选。

3.5.4 注册登记

UE 和网络之间进行注册（注册流程主要发生在 UE 和 AMF 之间），目的在网络建立用户上下文。注册成功后，UE 可以获取下列信息。

- 5G-S-TMSI；
- 注册区；
- URSP信息；
- UE-AMBR；
- 移动性限制；
- 周期性注册更新定时器；
- LADN信息（对应一个TA集）；
- Allowed NSSAI；
- MICO模式；
- 切换限制表；
- IMS语音会话指示；
- DRX参数；
- 互操作N26支持与否的指示。

注册成功后，5G 核心网中保留注册用户的会话状态，使得用户可以快速发起业务，缩短控制面接入时延，同时完成用户位置登记、新 GUTI 分配等。

根据注册原因不同，注册分为四种类型。

1）初始注册：UE 开机进行网络注册登记过程。

2）移动更新注册：UE 移动到新的 TA 小区触发的注册登记过程。

3）周期性注册：UE 侧周期性注册定时器 T3512 超时触发的注册登记过程。

4）紧急注册。

注册登记过程如图 3-23 所示。

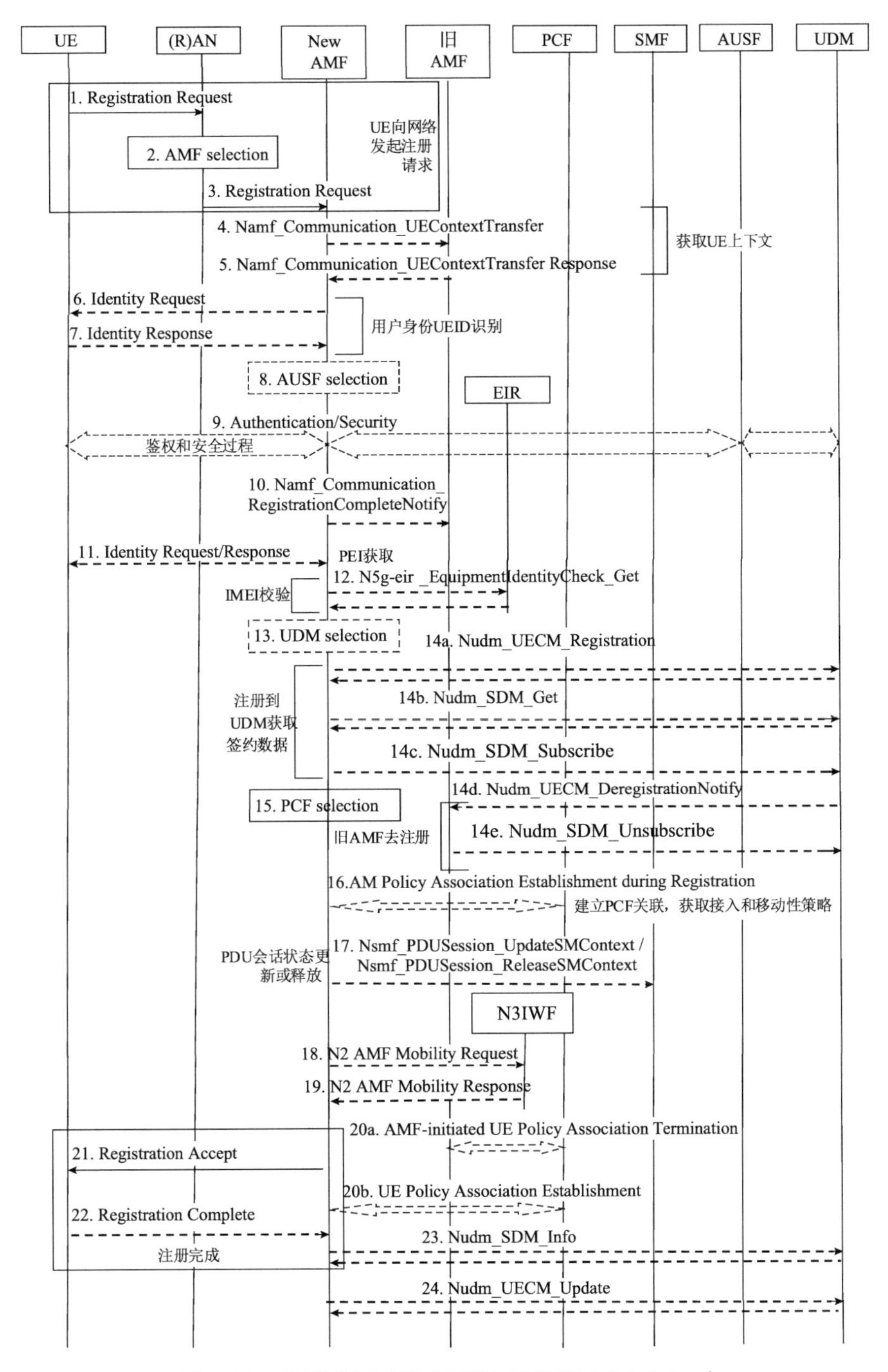

图 3-23 注册登记过程（TS23.502 图 4.2.2.2.2-1）

注册登记过程如下（参阅 TS23.502 4.2.2 节）。

消息 1：终端向网络发起注册请求，并启动定时器 T3510（时长 15s，TS24.501 表 10.2.1）。消息包含两个部分：AN 参数和 NAS 消息，由 RRCSetupComplete 消息发送给基站。

携带的 AN 参数包括（发给基站）：SUCI 或 5G-GUTI、选择的 PLMN ID、请求的 NSSAI、建立原因，详见 3.1.3 节。

携带的注册请求信息包括（发给 AMF）：注册类型（初始注册、周期性注册、移动更新注册或紧急注册）、SUCI 或 5G-GUTI 或 PEI、最后访问的 TAI（如果可用）、标识 K_{AMF} 的密钥集标识符、请求的 NSSAI、默认配置 NSSAI 指示、UE 无线能力更新、UEMM 核心网络能力、PDU 会话状态、要激活的 PDU 会话列表、MICO 模式首选项、请求的 DRX 参数等。

Registration Request 消息内容如表 3-15 所示。

表 3-15　Registration Request 消息内容（TS24.501 表 8.2.6.1.1，NAS 层消息）

信息单元（IE）名称	必要性	IE 字段描述
Extended protocol discriminator	M	
Security header type	M	
Spare half octet	M	
Registration request message identity	M	用于标识消息类型为 RegistrationRequest
5GS registration type	M	注册类型，如初始注册、周期性注册、紧急注册、移动更新注册
ngKSI	M	密钥集标识符，标识 K_{AMF}
5GS mobile identity	M	SUCI 或 5G-GUTI 或 PEI
Non-current native NAS key set identifier	O	非当前本机 NAS 密钥集标识符
5GMM capability	O	UE 网络能力，向网络提供有关与 5GC 或与 EPS 交互的 UE 相关方面的能力，如是否支持异系统切换，S1 Mode 等。对 EPS Fallback 而言，UE 必须支持 S1 Mode
UE security capability	O	UE 侧支持的加密和完保算法
Requested NSSAI	O	请求的 NSSAI
Last visited registered TAI	O	最后访问的 TAI
S1 UE network capability	O	S1 UE 网络能力
Uplink data status	O	上行数据状态，用于指示网络保留的 PDU 会话是否有上行数据挂起

续表

信息单元（IE）名称	必要性	IE字段描述
PDU session status	O	PDU 会话状态，用于指示每个 PDU 会话的 5G SM 状态是激活态或非激活态
MICO indication	O	仅限 UE 发起的连接指示
UE status	O	UE 状态，指示 UE 4G MM 和 5G MM 状态：注册或非注册，其中，NI Mode reg 表示 UE 在 5GC 的注册状态，SI Mode reg 表示 UE 在 EPC 的注册状态
Additional GUTI	O	附加的 GUTI
Allowed PDU session status	O	允许的 PDU 会话状态
UE’s usage setting	O	0=voice centric，表示语音优先，要求 UE 驻留的网络必须支持语音业务（EPS Fallback 或 VoNR）； 1=data centric，表示数据优先，驻留的网络可以不支持语音业务
Requested DRX parameters	O	请求的 DRX 参数
EPS NAS message container	O	EPS NAS 消息容器
LADN indication	O	本地数据网指示
Payload container type	O	容器携带的消息类型，如 N1 SM Information
Payload container	O	容器携带的消息内容
Network slicing indication	O	网络切片指示
5GS update type	O	5GS 更新类型
Mobile station classmark 2	O	移动台等级信息
Supported codecs	O	支持的编码
NAS message container	O	NAS 消息容器
EPS bearer context status	O	EPS 承载上下文状态
Requested extended DRX parameters	O	请求的扩张 DRX 参数
T3324 value	O	

消息 2：gNB 根据 UE 携带的参数选择合适的 AMF。如果注册请求消息中无 5G-S-TMSI 和 GUAMI，或者 5G-S-TMSI 或 GUAMI 未指示有效的 AMF，则 RAN 基于 Requested NSSAI（如果可用）、负荷均衡、本地策略进行 AMF 选择。AMF 选择过程示意图如图 3-24 所示。

消息 3：gNB 通过 N2 消息将 NAS 层的 RegistrationRequest 消息发给 AMF；如果接入层（AS）和 AMF 间已存在 UE 的信令连接，则 N2 消息为 Uplink NAS Transport 消息，

否则为 Initial UE Message。如果注册类型为周期性注册，那么消息 4 ～ 20 可以忽略。

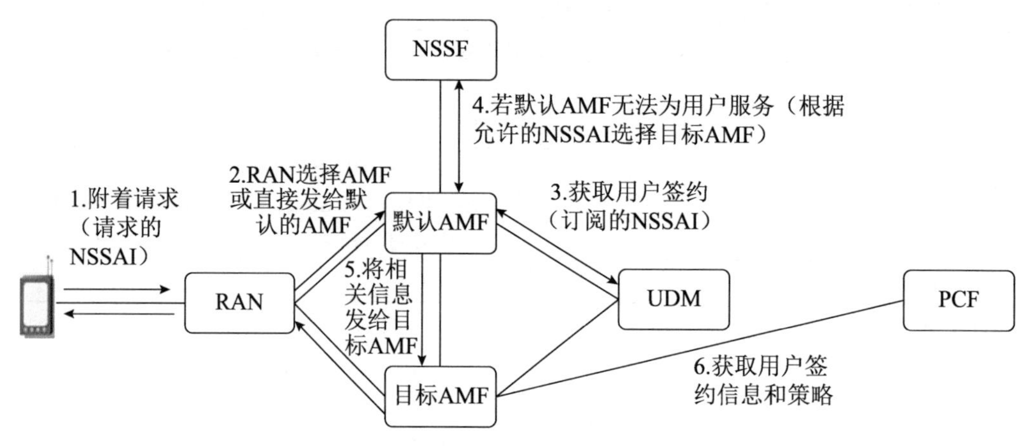

图 3-24 AMF 选择过程示意图（参阅 TS 23.501 6.3.5 节）

消息 4 ～ 5：[C]（注：[C] 表示满足条件时，该过程被触发）新 AMF 向旧 AMF 获取 UE 的上下文信息。旧 AMF 回复响应消息，响应消息中携带 SUPI、UE 上下文、SMF 信息、PCF ID。

消息 6 ～ 7：[C] 新 AMF 向 UE 获取用户身份 UEID 信息。如果 UE 注册请求中未提供 SUCI，并且也没有从旧 AMF 获取到用户标识，则 AMF 触发用户身份请求过程，向 UE 发起身份识别请求要求提供 SUCI 消息。

消息 8：AMF 基于 SUPI 或 SUCI 选择鉴权服务器。

消息 9：UE 与核心网之间的安全过程和鉴权过程，详见 3.6 节。

消息 10：[C] 新 AMF 通知旧 AMF 终端的注册结果。

消息 11：[C] 设备永久标识（PEI）获取流程。如果 UE 没有提供 PEI 且无法从旧 AMF 中获取到，那么 AMF 就会触发 PEI 查询流程来获取 PEI，PEI 应该进行加密传输，但无鉴权的紧急注册除外。

注：PEI（Permanent Equipment Identifier）类似 4G 的 IMEI。

消息 12：[O]（注：[O] 表示该过程为可选过程，不是必须发生）AMF 请求 EIR 检查 MEID 的合法性。

消息 13：新 AMF 进行 UDM 选择。

消息 14a ～ 14c：AMF 将 UE 注册到 UDM，并更新 UDM 信息，包括终端信息、支持的能力、访问的 PLMN ID、接入类型、注册类型等。AMF 从 UDM 获取 UE 的接入和移动订阅数据、SMF 选择订阅数据、UE 在 SMF 的上下文信息等。

消息 14d：UDM 通知旧 AMF 删除 UE 注册信息，旧 AMF 删除 UE 上下文等信息。

消息 14e：旧 AMF 向 UDM 取消终端的相关订阅。

消息 15 ～ 16：如果 AMF 还没有 UE 的有效接入和移动策略信息，那么选择合适 PCF 去获取 UE 的接入和移动策略信息。

消息 17：（可选）PDU 会话状态更新。对于紧急注册的 UE，当注册类型为移动更新注册时，才会在注册流程中调用 PDU 会话更新流程。对于非紧急注册 UE，注册流程完成后单独发起 PDU 会话建立流程，包括 UE 会话的 IP 地址分配。

消息 18 ～ 19：通知 N3IWF。

消息 20：旧 AMF 触发 Policy Association 终结流程。

消息 21：新 AMF 向 UE 发送注册接受消息 Registration Accept（见表 13-6），指示注册请求已被接受，UE 收到后停止计时器 T3510。消息中包括新分配的 5G-GUTI（可选）、注册区域、移动性限制、PDU 会话状态、允许的 NSSAI、周期性注册更新计时器、LADN 信息和接受的 MICO 模式、支持 PS 语音的 IMS 语音指示、紧急服务支持指示符、接受的 DRX 参数、网络切片订阅更改指示、无 N26 接口的互联互通支持指示等。

表 3-16 RegistrationAccept 消息内容（TS24.501 表 8.2.7.1.1）

信息单元（IE）名称	必要性	IE 字段描述
Extended protocol discriminator	M	
Security header type	M	
Spare half octet	M	
Registration accept message identity	M	用于标识消息类型为 Registration Accept
5GS registration result	M	5G 系统注册结果
5G-GUTI	O	5G 临时身份标识
Equivalent PLMNS	O	等效的 PLMNS
TAI list	O	TAI 列表
Allowed NSSAI	O	允许的网络切片标识集合
Rejected NSSAI	O	拒绝的 NSSAI
Configured NSSAI	O	配置的 NSSAI
5GS network feature support	O	指示 UE 网络是否支持某些功能，如是否支持 IMS-VoPS-3GPP，是否支持 N26 接口等
PDU session status	O	PDU 会话状态，用于指示每个 PDU 会话的 5G SM 状态是激活态或非激活态

续表

信息单元（IE）名称	必要性	IE 字段描述
PDU session reactivation result	O	PDU 会话激活结果，指示 PDU 会话用户面资源建立结果
PDU session reactivation result error cause	O	用户面资源建立失败的 PDU 会话对应错误原因值
LADN information	O	本地数据网信息，对应一个 TAs 集合
MICO indication	O	MICO（MobileInitiatedConnectionOnly）模式指示。UE 启用 MICO 模式时，若 UE 处于 CM-IDLE 状态则只能发起主叫业务，不能做被叫和接收寻呼消息，只有 UE 处于 CM-CONNECTED 态时，网络才可以将下行数据或者消息发给终端
Network slicing indication	O	网络切片指示
Service area list	O	服务区域列表，是一个 TAs 集合
T3512 value	O	用于周期性注册登记的计时器，默认值为 54 min，参阅 TS24.501 表 10.2.1
Non-3GPP de-registration timer value	O	非 3GPP 去附着计时器
T3502 value	O	UE 侧 T3510 计时器超时（注册失败）后启动，T3502 溢出后重新发起注册请求，参阅 TS24.501 表 10.2.1
Emergency number list	O	紧急号码列表
Extended emergency number list	O	扩展紧急号码列表
SOR transparent container	O	SOR 透明容器
EAP message	O	EAP 消息
NSSAI inclusion mode	O	NSSAI 包含模式
Operator-defined access category definitions	O	
Negotiated DRX parameters	O	协商的 DRX 参数
Non-3GPP NW policies	O	非 3GPP NW 策略
EPS bearer context status	O	EPS 承载上下文状态
Negotiated extended DRX parameters	O	协商的扩展 DRX 参数
T3447 value	O	
T3448 value	O	
T3324 value	O	

其中信元 5GSNetwork Feature Support 里面 IWKN26 取值 0 表示“interworking without N26 interface not supported”，即 AMF 支持 N26 接口，此时 UE 只能工作于“单

注册模式”；IWK N26 取值 1 表示“interworking without N26 interface supported”，即 AMF 不支持 N26 接口，此时 UE 可以工作于“单注册模式”或“双注册模式”。

消息 22：UE 回复网络注册完成消息。当 Registration Accept 消息分配了新的 5G-GUTI 或者网络分片订阅发生改变时，UE 才需要回复注册完成消息。

3.6 鉴权过程和安全过程

3.6.1 鉴权过程

在 LTE 系统 AKA 流程中，归属网络鉴权中心 AUC 将一组鉴权向量和 XRES 发送给访问网络 MME，由访问网络 MME 根据这些参数对 UE 进行鉴权，归属网络并不关心 UE 的鉴权结果。在 5G AKA 流程中，归属网络 AUSF 将一组 5G 鉴权向量和对应的 HXRES* 发送给访问网络的安全锚点 SEAF（和 AMF 在一起），访问网络 SEAF 根据这些参数对 UE 鉴权后，还需要将 UE 的鉴权响应发回给归属网络 AUSF 做进一步的鉴权，归属网络再将鉴权结果发给访问网络，从而完成最终鉴权。

5G AKA 鉴权过程如图 3-25 所示。

UE 向 AMF 发送初始 UE 消息，携带用户标识。本地 AMF 收到后如果发现没有 UE 安全上下文且不能从最近访问的旧 AMF 获取 UE 安全上下文信息，或初始消息完整性校验失败，则启动鉴权认证过程。

步骤 1：对于每个 Nudm_UE Authenticate_Get Request 信息，UDM/ARPF 都会创建鉴权向量 5G HE AV（RAND、AUTN、XRES*、K_{AUSF}）。

步骤 2：UDM/ARPF 在 Nudm_Authenticate_Get Response 消息中将 5G HE AV（RAND、AUTN、XRES*、K_{AUSF}）发送给 AUSF。如果 Nudm_Authenticate_Get Request 消息包含有 SUCI，则 UDM/ARPF 在 Nudm_Authenticate_Get Response 中携带参数 SUPI。

步骤 3：AUSF 将 XRES *、K_{AUSF} 与收到的 SUCI 或 SUPI 一起存储。

步骤 4：AUSF 创建 5G AV（RAND、AUTN、HXRES*、K_{SEAF}）。按照 TS33.501 Annex A.5 由 XRES* 推导出 HXRES*，按照 TS33.501Annex A.6 由 K_{AUSF} 推导出 K_{SEAF}，用推导出来的 HXRES* 和 K_{SEAF} 替换掉 5G HE AV（RAND、AUTN、XRES*、K_{AUSF}）的 XRES*、K_{AUSF}，得到 5G AV（RAND、AUTN、HXRES*、K_{SEAF}）。

步骤 5：AUSF 给 SEAF 发送 Nausf_UEAuthentication_Authenticate Response 消息，消息携带 5G AV（RAND、AUTN、HXRES*、K_{SEAF}）。

注：从步骤 4 ～ 5 可以看出，XRES*、K_{AUSF} 不会离开归属网络的鉴权中心 AUSF，归属网络从这两个参数进一步推导出 XRES* 和 K_{SEAF} 给 SEAF 使用。

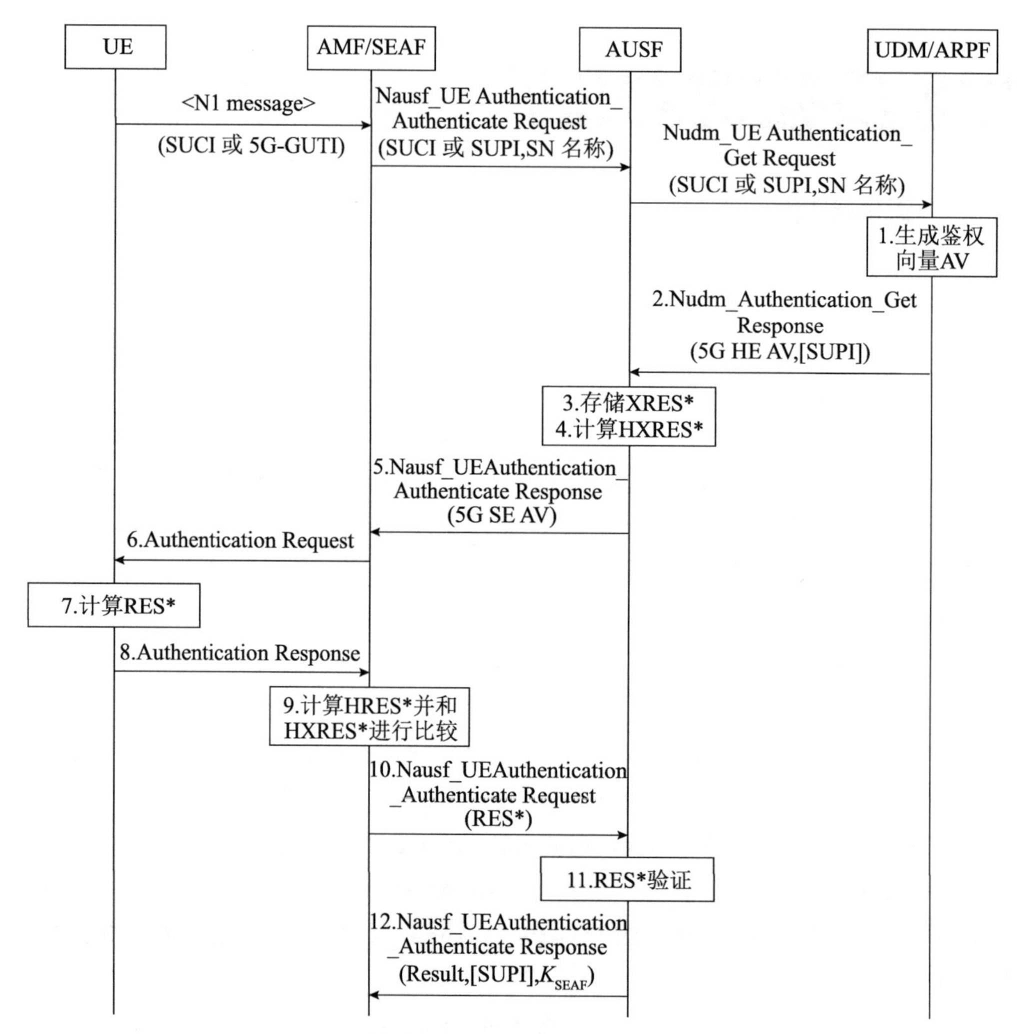

图 3-25　5G AKA 鉴权过程（TS33.501 图 6.1.3.2-1）

步骤 6：SEAF（AMF）向 UE 发送鉴权请求消息 Authentication Request（表 3-17），携带鉴权参数 RAND、AUTN 和 ngKSI。其中，ngKSI 参数是安全密钥索引，RAND 和 AUTN 用于网络和终端设备鉴权。

表 3-17 Authentication Request 消息内容（TS24.501 表 8.2.1.1.1）

信息单元（IE）名称	必要性	描 述
Extended protocol discriminator	M	
Security header type	M	
Spare half octet	M	
Authentication request message identity	M	鉴权请求消息标识
ngKSI	M	密钥集标识符，标识 K_{AMF}
Spare half octet	M	
ABBA	M	指示为5GS定义的安全功能集
Authentication parameter RAND	O	RAND用于用户鉴权
Authentication parameter AUTN	O	AUTN用于网络鉴权
EAP message	O	EAP消息

步骤7：UE收到RAND和AUTN后，验证5G AV的新鲜度（按照TS 33.102的描述进行验证），验证“MAC=XMAC”。这些验证通过后，USIM接着计算响应RES，USIM将响应RES、CK、IK返回给ME；ME按照TS33.501Annex A.4从RES推导出RES*，按照Annex A.2从CK||IK推导出 K_{AUSF}，按照Annex A.6从 K_{AUSF} 推导出 K_{SEAF}。

注：USIM卡计算和验证过程可参阅TS33.102第6.3.3节。

步骤8：UE给网络AMF（SEAF）发送鉴权响应消息Authentication Response（表3-18），携带RES*。

表 3-18 Authentication Response 消息内容（TS24.501 表 8.2.2.1.1）

信息单元（IE）名称	必要性	描 述
Extended protocol discriminator	M	
Security header type	M	
Spare half octet	M	
Authentication response message identity	M	鉴权响应消息标识
Authentication response parameter RES*	O	鉴权响应参数RES*
EAP message	O	EAP消息

步骤9：SEAF按照TS33.501Annex A.5从UE发上来的RES*推导出HRES*，然后将HRES*和HXRES*进行比较。如果比较通过，则在访问网络SEAF侧完成初步鉴权。

步骤10：SEAF给归属网络鉴权中心AUSF发送Nausf_UEAuthentication_Authenticate Request消息，携带UE发送过来的RES*参数以及用户身份标识SUCI或SUPI。

步骤 11：归属网络 AUSF 接收到 Nausf_UEAuthentication_Authenticate Request 消息后，首先判断 AV 是否过期，如果过期则认为鉴权失败；否则，对 RES* 和 XRES* 进行比较，如果相等，则在归属网络侧鉴权成功。

步骤 12：AUSF 给 SEAF 发送 Nausf_UEAuthentication_Authenticate Respones 消息，通知 SEAF 该 UE 在归属网络的鉴权结果。

如果鉴权成功，SEAF 收到的 5G AV 中的 K_{SEAF} 就会成为锚点 key；SEAF 按照 TS33.501 Annex A.7 从 K_{SEAF} 推导出 K_{AMF}，然后将 ngKSI 和 K_{AMF} 发送给 AMF 使用。

AUC 侧鉴权向量生成和 USIM 侧鉴权机制如图 3-26 所示。

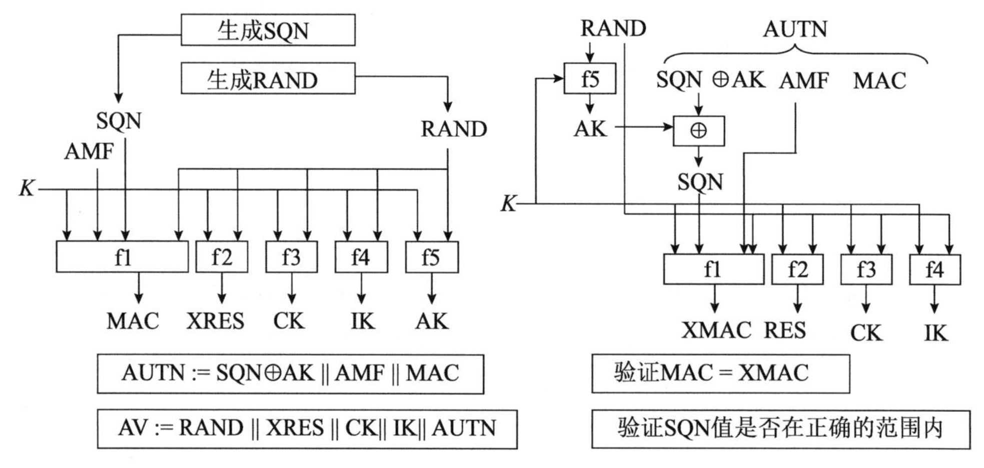

图 3-26　AUC 侧鉴权向量生成和 USIM 侧鉴权机制（TS33.102 6.3.3 节）

3.6.2　安全过程

安全过程包括完整性保护和加密两个部分，其中完整性保护是强制执行，加密为可选择执行。加密分为 NAS 层加密和 AS 层加密，AS 层加密又分为控制面信令加密和用户面数据加密。NAS 层加密和完保由 UE 和 AMF 完成，AS 层加密和完保由 UE 和 gNB 完成。

5G 安全过程示意图如图 3-27 所示。

步骤 1：UE 通过初始 UE 消息向 AMF 发起注册请求或业务请求。

如果 UE 没有 NAS 安全上下文，则初始 NAS 消息仅包含明文字段，即用户标识符（如 SUCI 或 5G GUTI）、UE 安全能力、S-NSSAI、ngKSI、最后访问的 TAI 等。如果 UE 具有 NAS 安全上下文，则初始消息应包含完整消息，其中上面给出的信息将以明文形式发送，消息的其余部分被加密发送。其中，UE 安全能力指示 UE 支持的安全算法，如 EA 和 IA 算法；ngKSI 是 K_{AMF} 的索引，标识 UE 和 AMF 中的 K_{AMF}，“ngKSI=7”表示 UE 没有安全密钥。

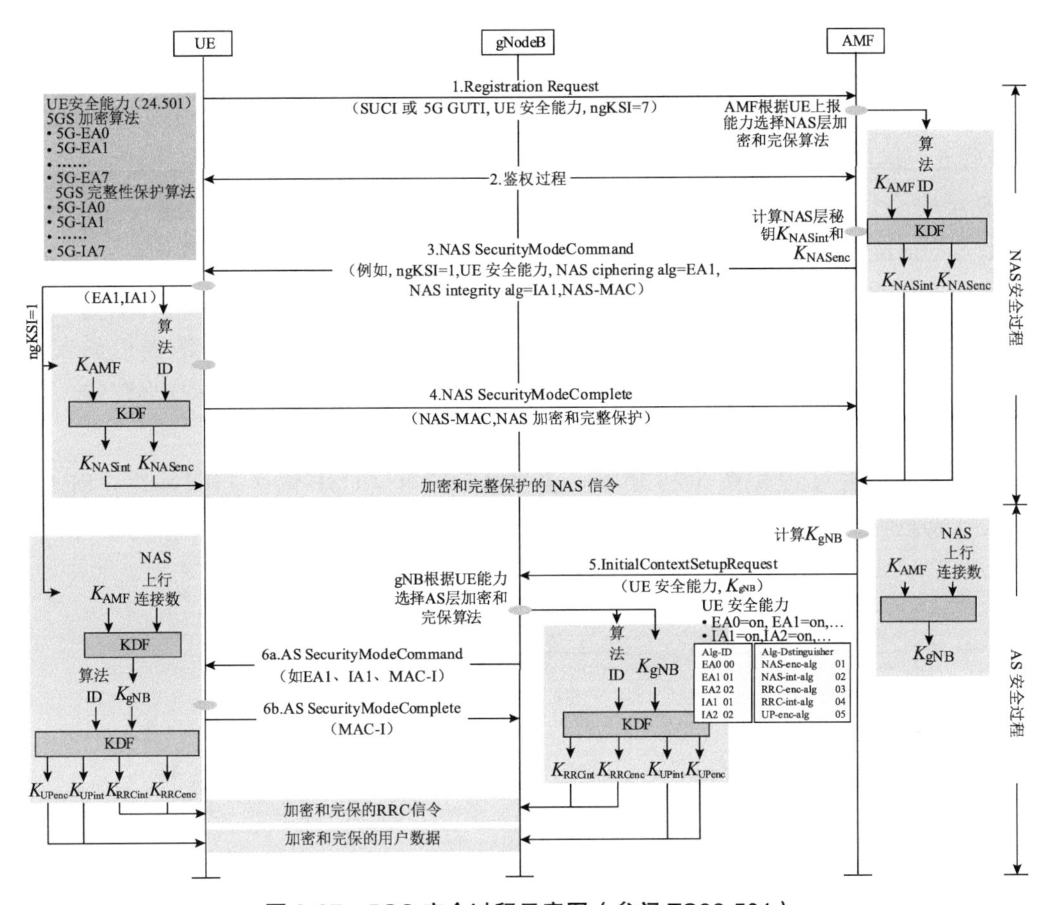

图 3-27 5GS 安全过程示意图（参阅 TS33.501）

步骤 2：如果服务的 AMF 没有 UE 安全上下文且不能从最近访问的旧 AMF 获取安全上下文信息，或初始消息完整性检查失败，则 AMF 启动与 UE 的鉴权过程。

步骤 3：如果鉴权成功，则 AMF 向 UE 发送 NAS 安全模式命令 NAS SecurityModeCommand 消息。

5GC 在成功对 UE 进行鉴权以后，就会根据 UE 上报的安全能力来选择合适的算法进行 NAS 层的加密和信令完整性保护。AMF 通过 NAS SecurityModeCommand 消息将选中的算法发送给 UE，同时 AMF 将接收到的 UE 安全能力返回给 UE。

步骤 4：UE 向 AMF 发送 NAS 安全模式完成 NAS SecurityModeComplete 消息。

UE 接收到 NAS 层的 SecurityModeCommand 消息后，首先验证其中的 UE 安全能力与自己上报给 AMF 的是否一致，然后根据 NAS SecurityModeCommand 中选中的算法计算出 NAS 层的完整性保护密钥 K_{NASint} 和加密密钥 K_{NASenc}，并生成 NAS SecurityModeComplete 消息，进行完整性保护和加密后发送给 AMF。此时，NAS 层的安全保护已经激活。

步骤 5：AMF 向 gNB 回复 InitialContextSetupRequest 消息，消息包含基站级安全密钥 K_{gNB}。

步骤 6：gNB 收到后启动 RAN 侧的 AS 层安全过程。

AS 层安全过程包括控制面信令、用户面数据加密，以及完整性保护。gNodeB 通过 RRC SecurityModeCommand 通知 UE 启动完整性保护和加密过程，该消息由 gNodeB 进行完整性保护。UE 根据消息中的安全算法计算获取 AS 层密钥 K_{RRCint}、K_{RRCenc}、K_{UPenc} 和 K_{UPint}，并生成 RRC SecurityModeComplete 消息，进行加密和完整性保护后发送给 gNodeB。RRC SecurityModeCommand 消息定义的加密算法对 SRB 和 DRB 都有效。至此，AS 层的安全保护已经激活。

5GS 密钥产生过程如图 3-28 所示，其中 UDM 和 AUSF 位于归属网络，SEAF 和 AMF 位于访问网络。

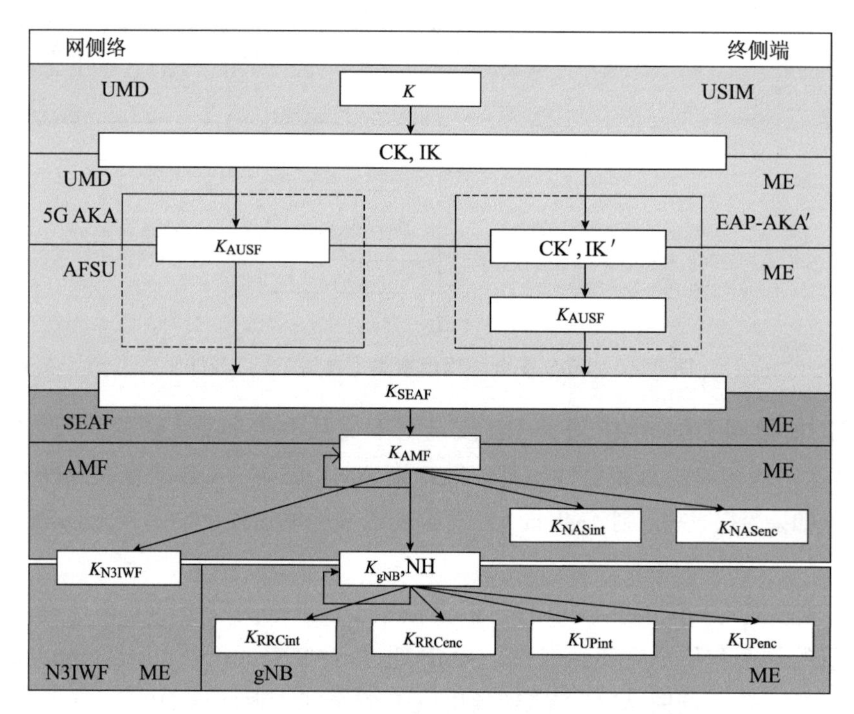

图 3-28　5GS 密钥产生过程（TS 33.501 图 6.2.1-1 和图 6.2.2-1）

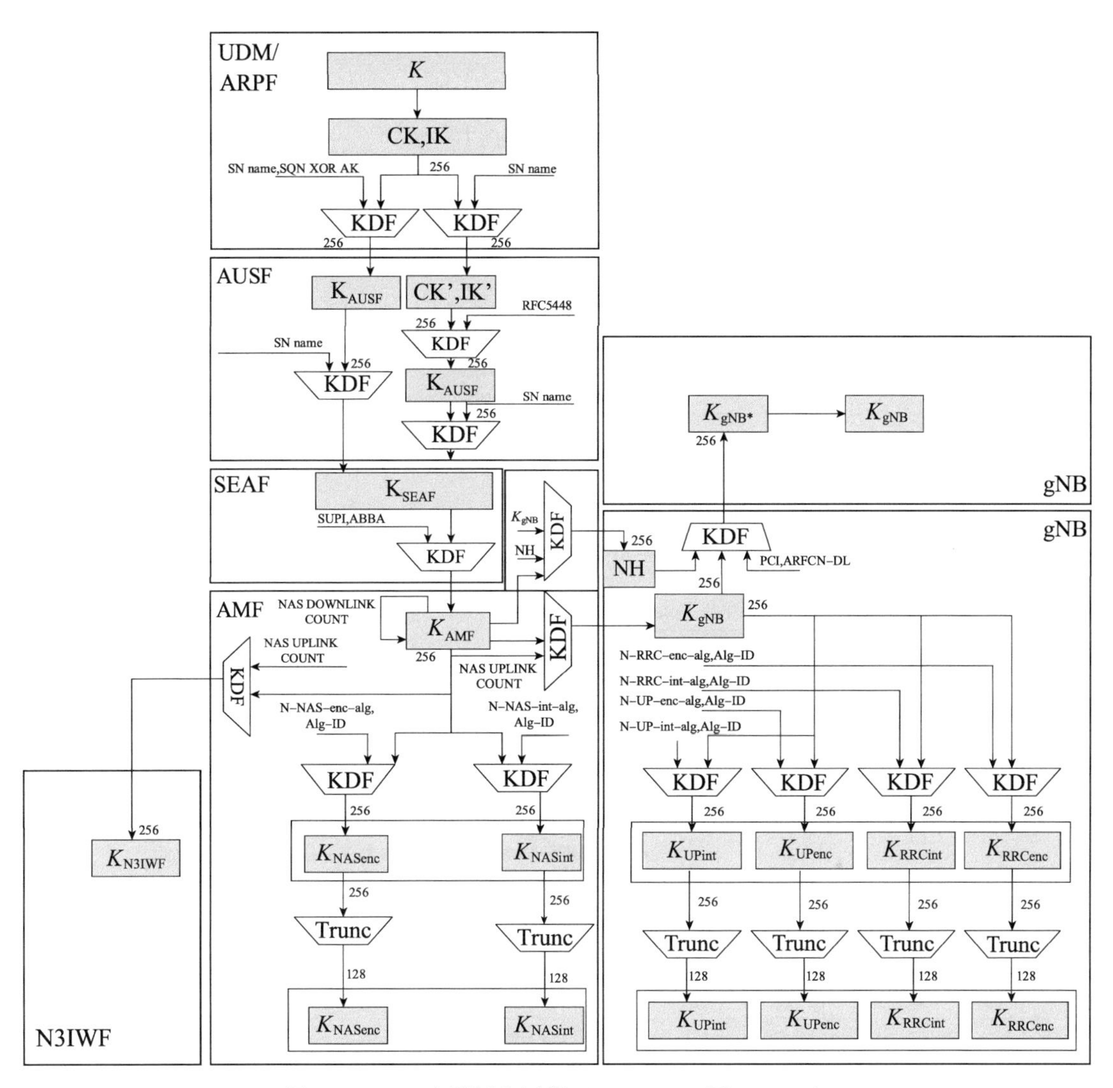

图 3-29 5G 密钥派生过程（TS33.501 图 6.2.2-1）

3.7 PDU 会话过程

在 5G 中，PDU 会话的建立流程类似于 EPC 中的 PDN 连接的建立流程。然而，5GC 中已经没有了 EPS 承载的概念。PDU 会话的建立不涉及默认承载，取而代之的是 QoS flow，每个 PDU 会话有一个默认的 QoS flow。

4G会话建立流程可以伴随附着过程一起完成，但是在5G中，AMF的注册登记流程和SMF的PDU会话建立流程完全独立（除非紧急注册），即AMF通知SMF处理PDU会话的请求之前，AMF需要先行完成Registration过程。

另外，5G中永久在线（always-on PDU session）是可选项，并且5GC的PDU Session Establishment只能由UE发起。

PDU会话建立示意图如图3-30所示。

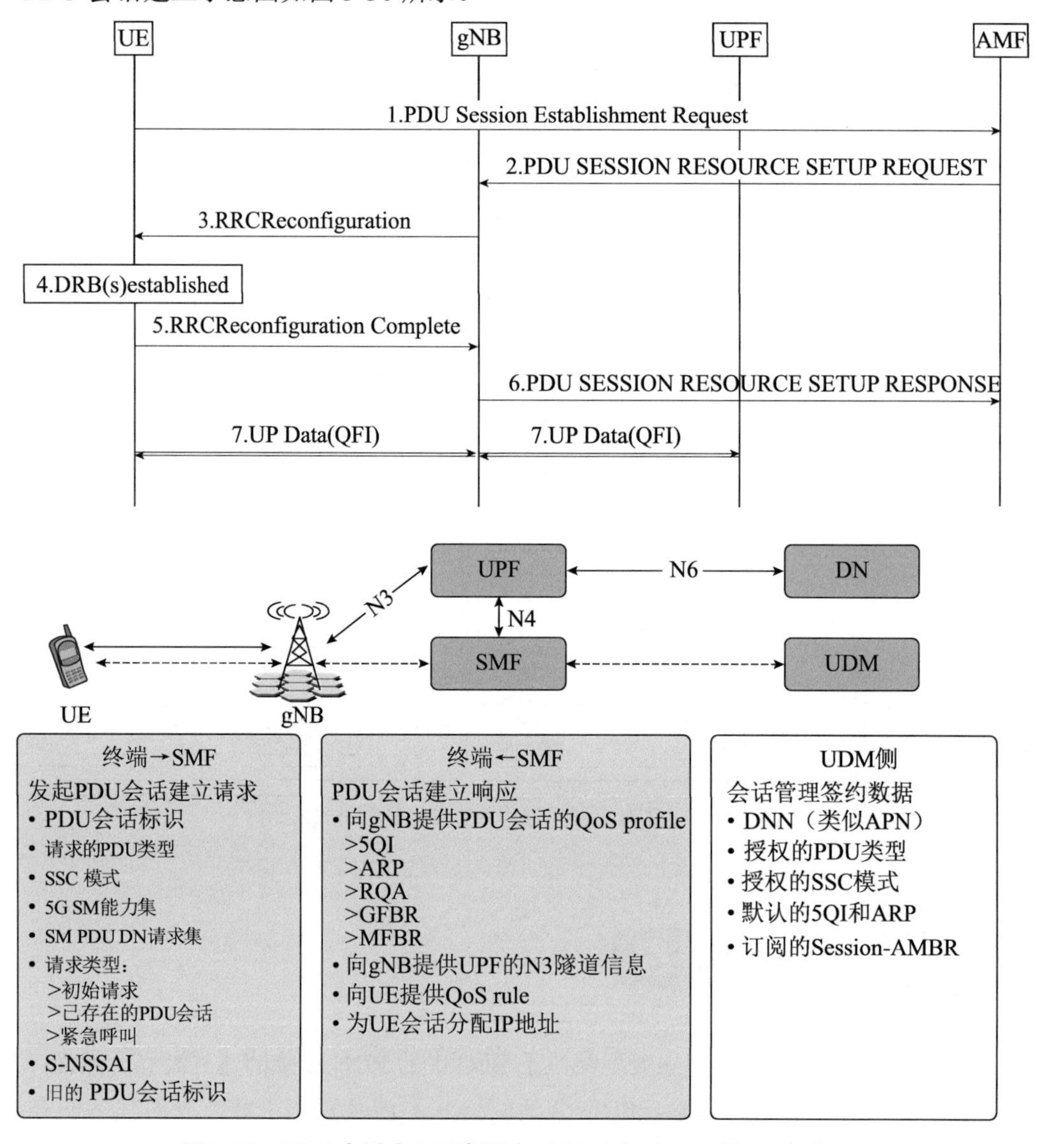

图3-30　PDU会话建立示意图（3GPP TS 38.500 图A.1-1）

3.7.1 PDU 会话建立流程

PDU 会话建立流程如图 3-31 所示（参阅 TS25.401 4.3.2.2 节）。

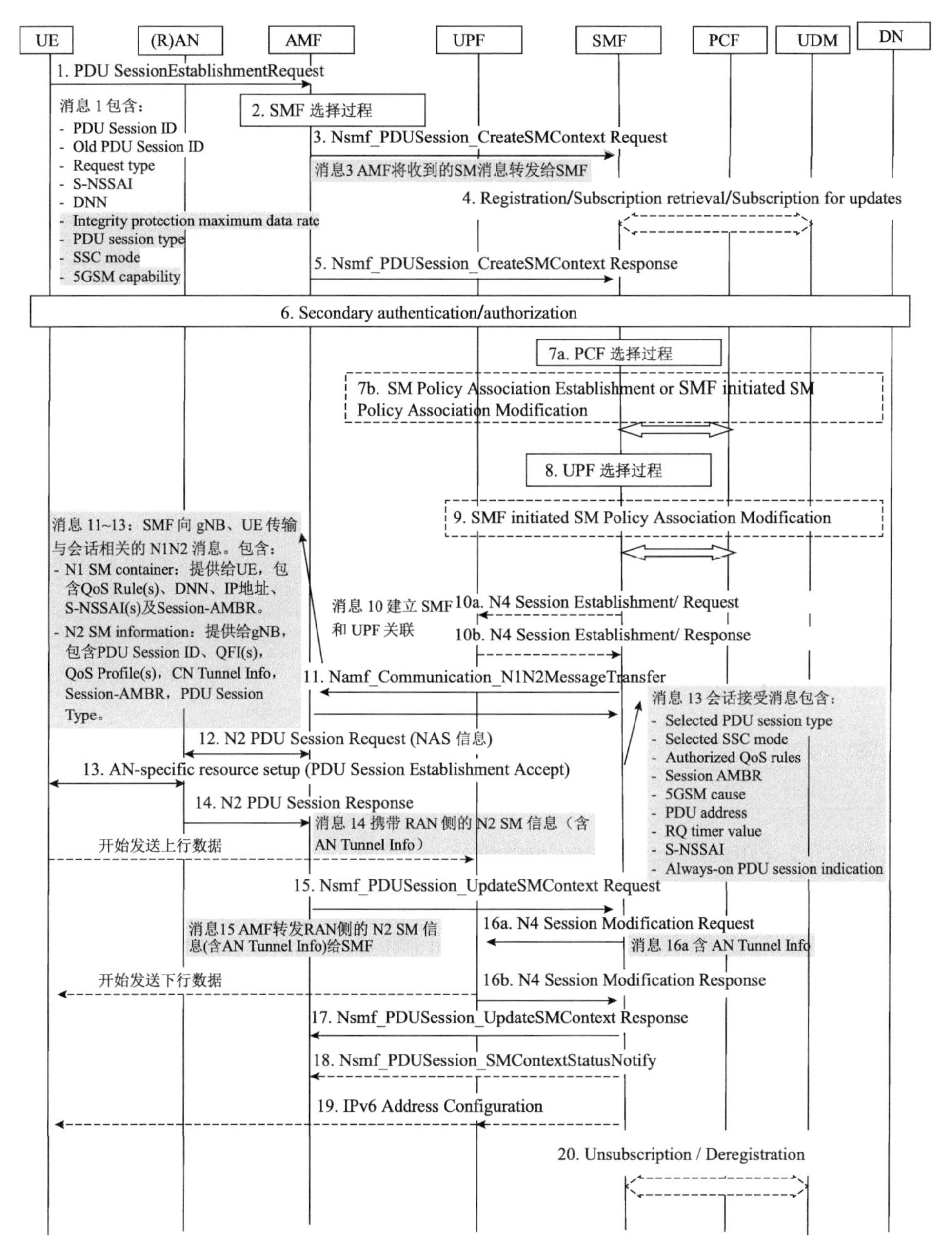

图 3-31 PDU 会话建立流程（TS23.502 图 4.3.2.2.1-1）

消息 1：UE 向 AMF 发送 N2 消息，携带 S-NSSAI（s）、DNN、PDU Session ID、Request type、Old PDU Session ID、N1 SM container（PDU Session Establishment Request）。如果接入层（AS）和 AMF 间已存在 UE 的信令连接，则 N2 消息为 Uplink NAS Transport 消息（表 3-19），否则为 Initial UE Message。

表 3-19　UL NAS Transport 消息内容（TS24.501 表 8.2.10.1.1）

信息单元 / 组名称	必要性	描　　述
Extended protocol discriminator	M	
Security header type	M	
Spare half octet	M	
UL NAS TRANSPORT message identity	M	用于指示该消息类型，本例消息类型为 UL NAS TRANSPORT
Payload container type	M	容器类型，本例中容器类型为 N1 SM information
Spare half octet	M	
Payload container	M	容器内容，PDUSessionEstablishmentRequest 消息
PDU session ID	C	UE 新生成的会话标识
Old PDU session ID	O	旧的 PDU 会话标识
Request type	O	请求类型，如 initial request、existing PDU session、modification request 等
S-NSSAI	O	UE 首选的网络切片，或 UE 之前注册过的 NSSAI
DNN	O	Data Network Name，类似于 LTE 中的 APN，标识 UE 想要接入的数据网络
Additional information	O	
MA PDU session information	O	MA PDU 会话信息

需要注意的是，PDU SessionEstablishmentRequest（表 3-20）包含在 UplinkNASTransport 消息中的 Payload container 中或 initialUEmessage 消息 NAS-PDU 信元中。N2 消息中的 RequestType 用于指示 PDU 会话请求类型，如 InitialRequest、existingPDUSession 等，existingPDUSession 表示已经建立的 PDU Session 情况。容器中的 RequestedPDUSessionType 是指 PDU 会话类型，如 IPv4、IPv6 等。

表 3-20　PDU SessionEstablishmentRequest（TS24.501 表 8.3.1.1.1）

信息单元 / 组名称	必要性	描　　述
Extended protocol discriminator	M	
PDU session ID	M	PDU 会话标识

续表

信息单元 / 组名称	必要性	描　述
PTI	M	程序事务标识
PDU SESSION ESTABLISHMENT REQUEST message identity	M	消息类型
Integrity protection maximum data rate	M	提供完整保护的最大速率（上、下行独立设置）
PDU session type	O	PDU 会话类型，如 IPv4、IPv6、IPv4v6 等
SSC mode	O	会话和服务连续模式，共有 3 种
5GSM capability	O	UE 与 PDU 会话相关的能力，如是否支持 RqoS、S1 模式下的 PDN 类型等
Maximum number of supported packet filters	O	支持的最大包过滤器数目，取值范围 17 ～ 1024
Always-on PDU session requested	O	用于指示是否请求建立一条一直保持的 PDU 会话
SM PDU DN request container	O	包含 DN-specific identity
Extended protocol configuration options	O	扩张协议配置选项

注：5GS支持有三种SSC模式：①针对SSC模式1的PDU会话，网络会一直维持在PDU会话建立时充当PDU会话锚点的UPF；②针对SSC模式2的PDU会话，用户移动要求重新选择会话锚点UPF时，先断后连，即先断开先前的PDU会话，再建立一条到新锚点UPF的会话（接入相同DN），并重新分配IP地址，适合对连续性要求不高的场景；③针对SSC模式3的PDU会话，用户移动要求重新选择会话锚点UPF时，先连后断，即先建立一条到新锚点UPF的会话（接入相同DN），再断开先前的PDU会话，需重新分配IP地址。SSC模式3仅可应用于IP类型的PDU会话，接入模式可以是3GPP或non-3GPP。一个PDU会话的SSC模式在该PDU会话的整个生命周期内不会改变。

消息 2：AMF 收到会话建立请求消息后，如果请求类型指示“现有 PDU 会话”，则 AMF 将根据从 UDM 接收的 SMF ID 选择 SMF。如果请求类型指示“初始请求”，则根据下面流程进行 SMF 选择（参阅 TS 23.502 第 4.3.2.2.3 节）。非漫游场景 SMF 选择流程如图 3-32 所示。

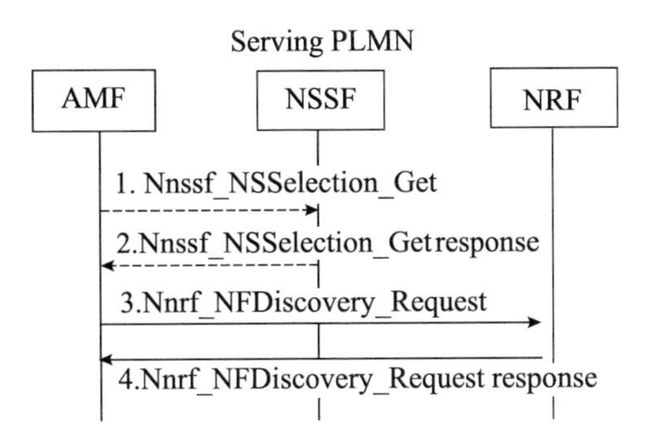

图 3-32　非漫游场景 SMF 选择流程（TS 23.502 图 4.3.2.2.3.2-1）

AMF 调用 NSSF；NSSF 根据 S-NSSAI、PLMN ID、TAI 选择网络切片实例，确定并返回用于在所选网络切片实例中选择 NF/ 服务的相应 NRF 及与网络切片实例对应的 NSI ID；AMF 向指定 NRF 发出查询请求；NRF 根据 AMF 提供的 S-NSSAI、PLMN ID、DNN 和 NSI ID 返回一组 SMF 实例或地址。

消息 3：AMF 根据 PDU 会话建立请求消息中的请求类型（本例为初始请求）向 SMF 发送 Nsmf_PDUSession_CreateSMContext Request 消息。若请求类型为“现有 PDU 会话”则向 SMF 发送 Nsmf_PDUSession_UpdateSMContext Request 消息。

Nsmf_PDUSession_CreateSMContext Request 消息包含 SUPI、DNN、S-NSSAI、PDU 会话 ID、AMF ID、请求类型、PCF ID、优先级接入、N1 SM 容器（PDU 会话建立请求）、用户位置信息、接入类型、PEI、GPSI、UE presence in LADN service area（用于指示 UE 是否在 LADN 服务区）、PDU 会话状态通知的订阅、DNN 选择模式等。如果 NAS 消息不包含 S-NSSAI，则 AMF 选择默认 S-NSSAI，或者基于运营商策略，选择一个 S-NSSAI。

消息 4：Subscription retrieval/ Subscription for updates（可选），SMF 向 UDM 获取签约数据，或者更新签约数据（AMF 在消息 3 中也会告知 SMF 用户的签约信息）。

消息 5：Nsmf_PDUSession_CreateSMContext Response，SMF 收到消息 3 后回复 AMF 响应消息，包括 SM Context ID、N1 SM container。如果 SMF 在消息 3 ～ 4 出现异常，container 应包含 Reject 消息，否则，仅通知 AMF，SM Context 在处理中。

消息 6：Secondary authentication/authorization（可选），UE 和 DN 之间二次鉴权 / 授权。

消息 7a ～ 7b：PCF 选择与会话策略建立。如果 SMF 采用动态 PCC，则 SMF 需要选择一个 PCF，否则 SMF 应用本地策略。

消息 8 ～ 9：SMF 选择一个（或多个）UPF 为 UE 服务，并为 UE 会话分配一个 IP 地址（基于请求的 PDU 会话类型），用户面数据转发将会在此 UPF 上进行。SMF 可基于 DNN、切片信息、位置信息、用户策略、SMF 服务区、UPF 负载、SMF 本地策略等进行 UPF 选择（参阅 TS 23.501 第 6.3.3 节）。UPF 选择过程示意图如图 3-33 所示。

同时，SMF 可能会与 PCF 交互，执行 SMF 启动的 SM 策略关联修改过程，同时告知 PCF 在这个会话上分配的 IP 地址。

需要注意的是，SMF 将会为 UE 的每个 Session 分配一个 IP 地址，即便选择多个 UPF 为 UE 的一个 Session 服务，也只分配一个 IP 地址。

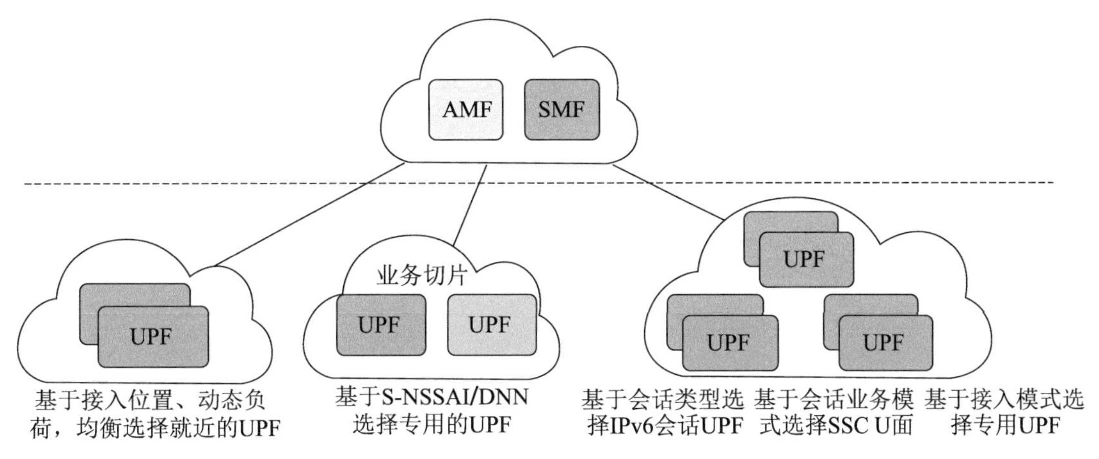

图 3-33 UPF 选择过程示意图

消息 10a：N4 Session Establishment Request，SMF 向选择的 UPF 发起 N4 会话建立请求，建立 SMF 与 UPF 在控制面的关联。此消息主要包含 IP 地址、CN Tunnel Info、Packet detection、enforcement 及 reporting rules。CN Tunnel Info 由 SMF 分配给 UPF，UPF 通过此信息标识此 Session 在 N4 接口上的 SMF 侧节点。

消息 10b：N4 Session Establishment Response，UPF 向 SMF 回复 N4 会话建立响应，响应包含 UPF 分配给 SMF 的 CN Tunnel Info 信息。SMF 和 UPF 根据双方分配的 CN Tunnel Info 在控制面上建立对此 Session 的关联。

消息 11：Namf_Communication_N1N2MessageTransfer，SMF 向 AMF 发送与 N1 与 N2 接口相关的 SM 消息，包含 PDU Session ID、N1 SM container 及 N2 SM information。

N1 SM container：提供给 UE 使用，是一个 SM 消息（PDU SessionEstablishedAccept），包含 QoS rule（s）、S-NSSAI（s）、DNN、UE 会话级 IP 地址及 Session-AMBR。其中，QoS rule（s）用于 UE 对一个 Session 多个 QoS Flow 的配置，IP 地址用于 UE 从 UPF 出口以后的数据路由。

N2 SM information：提供给 gNB 使用，包含 PDU Session ID、QFI（s）、QoS profile（s）、CN Tunnel Info、Session-AMBR、PDU Session Type。其中，QoS profile（s）用于 gNB 对一个 Session 多个 QoS flow 的配置，CN Tunnel Info 则用于标识此 Session 在 N3 口 UPF 侧节点。

消息 12：N2 PDU Session Request，AMF 向 RAN（gNB）发送 N2 会话请求，包含 CN Tunnel Info，即 UPF 隧道地址和 TEID。基站根据收到的 CN Tunnel Info 获知 PDU 会话在 N3 口 UPF 侧节点，至此基站已可以在用户面上向 UPF 传输上行数据。

消息 13：UE 与 RAN（gNB）交互，建立针对此 Session 的无线传输通道，同时 RAN 将从 AMF 侧收到的 N1 SM container（含 PDU SessionEstablishedAccept，见表 3-21）转发给 UE。

表 3-21　PDU SessionEstablishmentAccept（TS24.501 表 8.3.2.1.1）

信息单元 / 组名称	必要性	描　述
Extended protocol discriminator	M	
PDU session ID	M	PDU 会话标识
PTI	M	程序事务标识
PDU SESSION ESTABLISHMENT ACCEPT message identity	M	用于标识消息类型为 PDU 会话建立接受消息
Selected PDU session type	M	协商选择的 PDU 会话类型
Selected SSC mode	M	协商选择的 SSC 模式
Authorized QoS rules	M	授权的 QoS rule，用于 UE 对上行数据分类和标记
Session AMBR	M	用于指示 UE 建立 PDU 会话时的初始订阅 PDU 会话聚合的最大比特率，或指示新订阅的 PDU 会话聚合的最大比特率（如果网络有调整），上下行独立设置
5GSM cause	O	指示 5GSM 被拒绝的原因，如没有充足的资源、无法识别的 DNN、PTI 已在使用等
PDU address	O	SMF 分配给 UE 会话的 IP 地址信息，地址类型可以是 IPv4、IPv6、IPv4v6
RQ timer value	O	
S-NSSAI	O	用于标识一个网络切片，由 SST 和 SD 组成
Always-on PDU session indication	O	用于指示是否建立一个 PDU 会话作为 Always-on 的 PDU 会话
Mapped EPS bearer contexts	O	指示 PDU 会话映射的一组 EPS 上下文
EAP message	O	EAP 消息
Authorized QoS flow descriptions	O	授权给 UE 的一组 QoS flow 描述，包括 QFI、操作代码（创建、删除、调整 QoS flow 描述）、5QI、GFBR、MFBR 等
Extended protocol configuration options	O	扩张协议配置选项，如 P-CSCF 地址信息
DNN	O	Data Network Name，类似于 LTE 中的 APN，代表 UE 想要接入的数据网络
5GSM network feature support	O	指示 UE 网络是否支持 Ethernet PDN type in S1 mode，IMS-VoPS-3GPP
Session-TMBR	O	指示 UE 建立 PDU 会话时的初始订阅 PDU 会话总最大比特率，或指示新订阅的 PDU 会话总最大比特率（如果网络更改）

续表

信息单元 / 组名称	必要性	描　　述
Serving PLMN rate control	O	允许 UE 每 6 分钟间隔通过 PDN 连接发送的上行 ESM 数据传输消息（包括用户数据容器 IE）的最大数量
ATSSS container	O	ATSSS 容器
Control plane only indication	O	指示 PDU 会话是否仅用于控制平面 CIoT 5GS 优化

消息 14：N2 PDU Session Response，包含 RAN（gNB）要发给 SMF 的 N2 SM information。N2 SM information 中有一个重要的参数——AN Tunnel Info，含有基站侧隧道地址和 TEID，标识 Session 在 N3 口的 gNB 侧节点。

消息 15：Nsmf_PDUSession_UpdateSMContext Request，AMF 收到消息 14 后，通过该消息将来自 gNB 侧的 N2 SM 信息（含 AN Tunnel Info）转发给 SMF。

消息 16a：SMF 收到后，向 UPF 发送 N4 Session Modification Request，并将下行的转发规则告知 UPF。

消息 16b：UPF 向 SMF 发送 N4 Session Modification Response，UPF 收到 AN Tunnel Info 后，在 N3 口建立 Session 的下行隧道。UPF 更新 Session 上下文，并向 SMF 报告。

消息 17：Nsmf_PDUSession_UpdateSMContext Response，SMF 收到 UPF 下行隧道建立响应消息后，对消息 15（AMF 的更新 SM 上下文请求）进行确认。至此，完成 PDU 会话建立流程。

3.7.2 PDU 会话资源分配

PDU 会话资源建立过程包括核心网 NG-U 用户面连接建立和无线侧 DRB 建立两个部分，目的是在无线侧为 PDU 会话和 QoS flow 分配资源，为 UE 建立相关 DRB。PDU 会话资源建立请求消息包含要建立的 PDU 会话标识、NAS-PDU 信元、网络切片标识 S-NSSAI 等。gNB 收到消息后，执行相关配置，分配资源，建立至少一个 DRB，并将 QoS flow 关联到 DRB，完成后由 gNB 向 UE 转发 PDU 会话 NAS-PDU 信元。

PDU 会话资源建立流程如图 3-34 所示（对应图 3-31 的消息 12 ～ 14）。

消息 1：5G 核心网向基站发送 PDU 会话建立请求（PDU SessionResourceSetupRequest），携带的信息有 PDU 会话资源请求列表，列表里面包含请求建立的 PDU 会话标识、对应的网络切片标识 S-NSSAI、UPF 传输层 IP 地址和隧道标识 GTP-TEID、QoS 流级的 QoS 参数等。PDU SessionResourceSetupRequest 如表 3-22 所示。

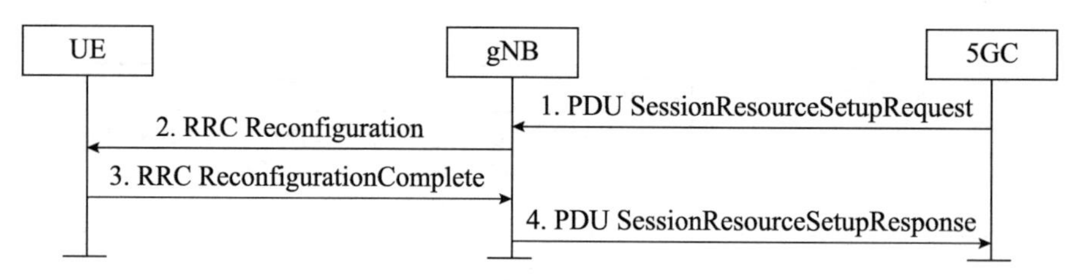

图 3-34　PDU 会话资源建立流程（TS38.413 图 8.2.1.2-1）

表 3-22　PDUSessionResourceSetupRequest（TS38.413 9.2.1.1 节）

信息单元 / 组名称	必要性	描　　述
Message Type	M	消息类型
AMF UE NGAP ID	M	AMF 侧分配的 NGAP ID
RAN UE NGAP ID	M	RAN 侧分配的 NGAP ID
RAN Paging Priority	O	RAN 寻呼优先级
NAS-PDU	O	NAS 层协议数据单元
PDU Session Resource Setup Request List		PDU 会话资源请求列表
>PDU Session Resource Setup Request Item		PDU 会话资源请求项
>>PDU Session ID	M	PDU 会话标识
>>PDU Session NAS-PDU	O	NAS 层协议数据单元
>>S-NSSAI	M	网络切片标识，由 SST 和 SD 两个部分组成
>>PDU Session Resource Setup Request Transfer	M	PDU 会话资源配置信息，包括 UPF IP 地址和隧道标识，QoS flow 级 QoS 参数

消息 2：基站收到消息后，触发建立 DRB 承载，并向 UE 发送 RRC 重配置消息。*RRCReconfiguration* 消息包含 RadioResourceConfigDedicated 中的 drb-ToAddModList。

消息 3：UE 收到重配置消息后，根据消息指示建立对应的 PDCP 实体并配置相关安全参数，建立并配置 RLC 实体、DTCH 逻辑信道，完成后向基站发送重配置完成消息。

消息 4：基站收到后向 5G 核心网发送 PDU 会话建立响应消息（PDU SessionResource SetupResponse，见表 3-23），携带的信息包含 gNB 传输层 IP 地址和隧道标识 GTP-TEID、接受的 PDU 会话列表、拒绝的 PDU 会话列表和建立失败的原因。

表 3-23　PDU SessionResourceSetupResponse（TS38.413 9.2.1.2 节）

信息单元 / 组名称	必要性	描　　述
Message type	M	消息类型
AMF UE NGAP ID	M	AMF 侧分配的 NGAP ID
RAN UE NGAP ID	M	RAN 侧分配的 NGAP ID

续表

信息单元 / 组名称	必要性	描　　述
PDU session resource setup response list		PDU 会话资源建立响应列表
>PDU session resource setup response item		PDU 会话资源建立响应项
>>PDU session ID	M	PDU 会话标识
>>PDU session resource setup response transfer	M	PDU 会话资源配置信息，包括 gNB IP 地址和隧道标识等
PDU session resource failed to setup list		PDU 会话资源建立失败列表
>PDU session resource failed to setup item		PDU 会话资源建立失败项
>>PDU session ID	M	建立失败的 PDU 会话标识
>>PDU session resource setup unsuccessful transfer	M	指示 PDU 会话建立失败的原因，如 IMS voice EPS fallback or RAT fallback triggered，无法识别的 QFI 等
Criticality diagnostics	O	

3.8 业务建立流程

UE 在空闲模式下需要发送信令、数据或接收数据时，发起业务建立流程。当 UE 发起业务请求时需先发起随机接入过程，业务请求消息由 RRCSetupComplete 携带给网络。当下行数据到达时，网络侧先对 UE 进行寻呼，随后 UE 发起随机接入过程和业务建立流程。业务建立流程的目的是完成初始上下文建立，在 N3 口上建立 NG-U 连接，在 Uu 接口上建立数据无线承载，打通 UE 到 5GC 之间的路由，为数据传输做好准备。

3.8.1 主叫流程

UE 需要发送信令或发送数据时，通过 N1 口向 AMF 发送业务请求消息，以请求建立 N1 NAS 信令连接和 / 或请求为 PDU 会话建立用户平面资源。

空口侧业务建立流程如图 3-35 所示。

消息 1：UE 通过 SRB0 向 gNB 发送 RRC 建立请求消息 RRCSetupRequest，包括连接建立原因，如 mo-Data、mt-Access、mo-Signalling 等。

消息 2：gNB 向 UE 发送 RRC 建立消息 RRCSetup，要求建立 SRB1 信令承载。

消息 3：UE 向 gNB 发送 RRC 建立完成消息 RRCSetupComplete，携带 AN 参数和 UE 专

有的 NAS 消息，其中 AN 参数包括 PLMN ID、注册的 AMF、GUAMI 类型、S-NSSAI 列表信息。

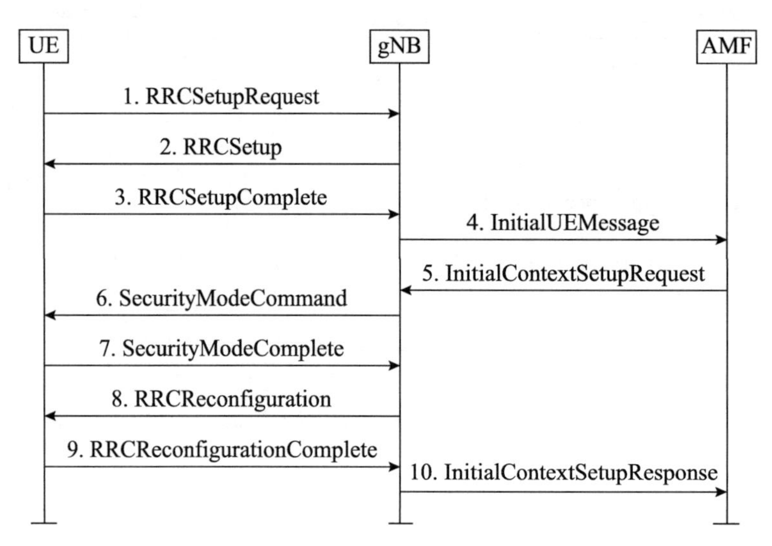

图 3-35　空口侧业务建立流程（TS38.401 图 8.1-1）

消息 4：gNB 向 AMF 发送初始 UE 消息 InitialUEmessage，包含用户位置信息、RRC 建立原因、5G-S-TMSI、UE 上下文请求、NAS-PDU（如 ServiceRequest）等。

消息 5：AMF 向 gNB 发送 InitialContextSetupRequest 消息，包含 AMF 侧为 UE 分配的 NGAP ID、UE 聚合最大速率、GUAMI、PDU 会话资源建立请求列表（PDU 会话标识、NAS 协议数据单元等）、允许的 NSSAI、UE 安全能力、UE 无线能力、RAT/ 频率选择优先级的索引等。

消息 6：gNB 向 UE 发送安全模式命令消息 SecurityModeCommand，该消息被完整性保护。

消息 7：UE 回复安全模式完成消息 SecurityModeComplete，并对 SecurityModeComplete 消息进行加密和完整性保护。从 SecurityModeComplete 消息开始进行加密传输。

消息 8：gNB 向 UE 发送重配置消息 RRCReconfiguration，要求建立 SRB2 和 DRB 承载。重配置包括但不限于以下情况：同步和安全密钥更新，MAC 重置，安全更新，RLC 和 PDCP 重建立。

消息 9：UE 向 gNB 回复重配置完成消息 RRCReconfigurationComplete。

消息 10：gNB 向 AMF 发送初始上下文建立响应消息 InitialContextSetupResponse，包括 PDU 会话建立成功和建立失败列表。

5G 核心网侧，UE 触发的业务流程涉及 N1（UE-AMF）、N2（AN-AMF）、N4

（SMF-UPF）、N9（UPF- UPF）和 N11（AMF-SMF）接口消息，如图 3-36 所示。

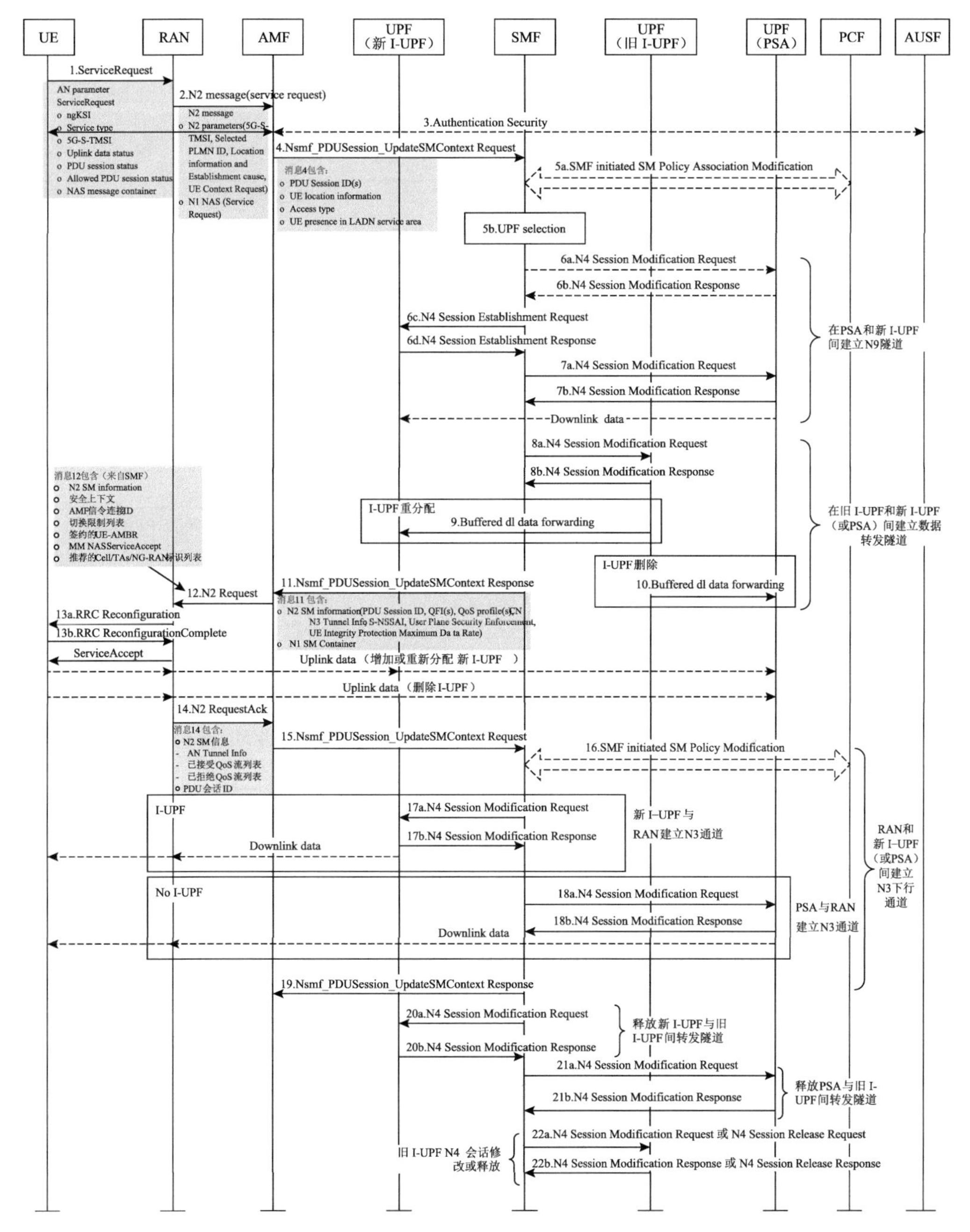

图 3-36 核心网侧 UE 发起的业务建立流程（3GPP TS 23.502 图 4.2.3.2-1）

消息 1：UE 向 AMF 发起业务请求消息 NAS ServiceRequest（ServiceRequest 被封装在 RRCSetupComplete 信元 dedicatedNAS-Message 中），并启动定时器 T3517。Request 消息携带业务请求类型、安全参数、5G-S-TMSI、NAS 消息等信息。ServiceRequest 信元内容如表 3-24 所示。

表 3-24　ServiceRequest 信元内容（TS24.501 8.2.16 节）

信息单元 / 组名称	必要性	内容描述
Extended protocol discriminator	M	
Security header type	M	
Spare half octet	M	
Service request message identity	M	消息类型，用于标识 ServiceRequest 消息
ngKSI	M	NAS 密钥集标识符，用于标识使用的 K_{AMF}，ngKSI=7 表示 UE 无密钥标识符
Service type	M	指示业务类型，如主叫、被叫、紧急呼叫等
5G-S-TMSI	M	用户临时标识
Uplink data status	O	上行数据状态，用于指示网络保留的 PDU 会话是否有上行数据挂起
PDU session status	O	PDU 会话状态，用于指示每个 PDU 会话的 5G SM 状态是激活态还是非激活态
Allowed PDU session status	O	指示网络与 non-3GPP 访问相关联的 PDU 会话的用户面资源是否允许通过 3GPP 访问重建
NAS message container	O	NAS 消息容器。参阅 TS24.501 5.6.1 节定义的服务请求消息

消息 2：RAN 通过 N2 接口向 AMF 转发业务请求消息（N2 口 ServiceRequest 被封装在 InitialUEMessage 信元 NAS-PDU 中），携带 N2 参数，包括 5G-S-TMSI、用户位置信息、业务请求原因、UE 上下文请求、允许的网络切片标识集合。

消息 3：如果业务请求没有发送完整性保护或完整性保护验证失败，则 AMF 应启动 NAS 身份验证 / 安全过程，详见鉴权和安全过程。

消息 4：如果 UE 在服务请求中要发送数据，则 AMF 向 SMF 发送 PDU 会话上下文更新请求消息 Nsmf_PDUSession_UpdateSMContext Request，携带 PDU 会话标识、操作类型、UE 位置信息、接入类型、RAT 类型、UE presence in LADN service area、可以更改访问类型的指示，请求 SMF 返回该会话的空口参数信息。

消息 5a：在消息 4 发送过程中 AMF 通知 SMF 可以更改 PDU 会话的访问类型，并且部署了PCC，若满足策略控制请求触发条件（即更改访问类型），则SMF将执行由SMF发起的SM策略修改过程。PCF提供更新的PCC规则。

消息5b：SMF执行UPF选择过程。如果PDU会话ID对应于一个本地数据网（LADN），并且SMF根据来自AMF的UE presence in LADN service area确定UE在LADN可用区域之外，则SMF根据本地策略决定：

- 保留PDU会话，但拒绝激活PDU会话的用户平面连接，并通知AMF；
- SMF释放PDU会话，并通知AMF。

在以上两种情况下，SMF回复AMFPDU会话拒绝激活原因，并且停止PDU会话的用户平面激活；否则，SMF根据从AMF收到的位置信息，检查UPF选择标准，并确定执行以下任一项：

- 接受UP连接的激活并继续使用当前的UPF。
- 接受UP连接的激活并选择新的中间UPF（I-UPF），如果UE已移出以前连接到AN的UPF的服务区域，则同时保持UPF充当PDU会话锚点。
- 拒绝激活SSC模式2的PDU会话的UP连接，并触发在服务请求过程后重新建立PDU会话，以执行分配新的UPF以充当PDU会话锚点。例如，UE已移出连接到NG-RAN的锚点UPF的服务区域。

消息6a：SMF通过N4接口向锚点UPF发送会话修改请求消息（注：下文锚点UPF简称PSA）。

在服务请求过程中，N3或N9接口PSA的CN隧道信息可能会更改，例如，连接到不同IP域的UPF。如果需要使用不同的CN隧道信息，并且CN隧道信息由UPF分配，则SMF向PSA发送N4会话修改请求消息。如果CN隧道信息由SMF分配，则SMF会在消息7发送过程中提供更新的CN隧道信息和上行数据包检测规则。

消息6b：PSA通过N4接口向SMF发送会话修改响应消息。

如果PSA分配了PSA的CN隧道信息，则PSA向SMF提供CN隧道信息。PSA将CN隧道信息与SMF提供的上行数据包检测规则相关联。

消息6c：SMF通过N4接口向新的中间UPF（I-UPF）发送会话建立请求。

- 如果SMF选择一个新的UPF作为PDU会话的中间UPF，或者SMF选择为没有中间UPF的PDU会话插入中间UPF，则SMF将N4会话建立请求消息发送到新的UPF，提供被部署在I-UPF上的数据包检测、数据转发、实施和报告规则，并将PSA的CN隧道信息提供给中间UPF，用于建立N9隧道。
- 如果业务请求由网络触发，并且SMF选择了一个新的UPF来替换旧的I-UPF，UPF

分配UP隧道终结点信息，则SMF还可能包括请求UPF分配第二个隧道终结点，用于缓存来自旧 I-UPF的下行数据。

消息 6d：新 I-UPF 通过 N4 接口向 SMF 发送会话建立响应消息。

如果 UPF 分配 CN 隧道信息，则按照 SMF 在消息 6a 中的请求提供下行 CN 隧道。SMF 启动一个计时器，用于在消息 22a 发送过程中释放旧 I-UPF 中的资源。

消息 7a：SMF 通过 N4 接口向 PSA 发送 N4 会话修改请求消息。

- 如果 SMF 选择一个新的 UPF 作为 PDU 会话的I-UPF，则SMF 向 PDU 会话锚定的PSA发送 N4 会话修改请求消息，提供来自新I-UPF 的下行隧道信息。SMF 还可提供更新的上行 CN 隧道信息。如果为 PDU 会话添加了新I-UPF，则PSA开始将下行数据按照DL隧道信息指示发送到新I-UPF。
- 如果业务请求由网络触发，则SMF 会删除旧I-UPF，但不会将其替换为新I-UPF。如果PSA分配 UP 隧道终结点信息，则 SMF 还可能请求PSA分配第二个隧道终结点，用于缓存来自旧 I-UPF的下行数据。在这种情况下，PSA同时缓存从N6 接口（DN）接收的下行数据。

消息 7b：PSA 通过 N4 接口向 SMF 发送 N4 会话修改响应消息。

- 如果 SMF 请求，则PSA会向 SMF 发送旧I-UPF 的 CN DL隧道信息。SMF 启动一个计时器，用于消息22a发送过程中释放旧I-UPF 中的资源。
- 如果连接到RAN的 UPF是PSA，并且SMF发现 PDU会话在接收Nsmf_PDUSession_UpdateSMContext Request（消息4）时激活，操作类型设置为“UP激活”以指示为 PDU 会话建立用户平面资源，则SMF删除 AN 隧道信息并启动N4 会话修改过程以删除 UPF 中的 AN 隧道信息。

消息 8a：SMF 通过 N4 接口向旧 I-UPF 发送 N4 会话修改请求，携带新的 UPF 地址、新的 UPF DL 隧道 ID。

- 如果业务请求由网络触发，并且 SMF 删除旧I-UPF，则SMF 会将 N4 会话修改请求消息发送到旧I-UPF，为需缓存的下行数据提供下行隧道信息。如果 SMF 分配了新的 I-UPF，则下行隧道信息来自作为N3终止点的新I-UPF。如果SMF未分配新的I-UPF，则下行隧道信息来自作为 N3 终止点的新PSA。SMF 启动一个计时器，监控转发隧道，类似消息6b和7b。
- 如果 SMF 在接收 Nsmf_PDUSession_UpdateSMContext Request（消息4）时激活PDU 会话，操作类型设置为“UP激活”以指示为 PDU 会话建立用户平面资源，则SMF将删除 AN 隧道信息并启动 N4 会话修改过程以删除 UPF 中的 AN 隧道信息。

消息 8b：旧 I-UPF 通过 N4 接口向 SMF 发送 N4 会话修改响应。

消息 9：在 I-UPF 重新分配的情况下，新 I-UPF 缓存旧 I-UPF 转发过来的下行数据。

如果 I-UPF 已更改，并且将转发隧道建立到新 I-UPF，则旧 I-UPF 将其缓存数据转发到充当 N3 终止点的新 I-UPF。

消息 10：I-UPF 被删除且未分配新 I-UPF，PSA 缓存旧 I-UPF 转发过来的下行数据。

如果旧I-UPF被删除，并且未为 PDU 会话分配新I-UPF，并且向PSA建立了转发隧道，则旧 I-UPF 将其缓存数据转发到充当 N3 终止点的 PSA。

消息 11：SMF 向 AMF 发送 Nsmf_PDUSession_UpdateSMContext Response 消息，包括发送给 AN 的 N2 SM 会话管理信息，发给 UE 的 N1 SM 容器：

- N2 SM information（PDU Session ID、QFI、QoS profile、Session AMBR）；
- N1SMcontainer（PDU Session ID、QosRule、QoS flow级QoS参数、Session AMBR）。

消息包含 PDU 会话 ID、QFI、QoS 配置文件、CN N3 隧道信息、S-NSSAI、用户平面安全强制信息、UE 完整性保护最大数据速率、原因。如果连接到 RAN 的 UPF 是 PSA，则 CN N3 隧道信息是PSA的上行隧道信息。如果连接到RAN 的 UPF 是新的I-UPF，则 CN N3 隧道信息是 I-UPF 的上行隧道信息。

- SMF 应在适用的情况下向 AMF 发送 N1 SM 容器和/或 N2 SM 信息（例如，SMF 在消息4中获知PDU 会话的访问类型可以被更改）。
- 对于在消息5a 或 5b 中SMF决定接受 UP 连接激活的 PDU 会话，SMF 仅生成 N2 SM 信息，并向 AMF 发送Nsmf_PDUSession_UpdateSMContext响应消息以建立用户面。
- N2 SM 信息包含 AMF 应提供给 NG-RAN 的信息。如果 SMF 决定更改 SSC 模式 3 PDU 会话的PSA，则 SMF 在接受 PDU 会话 UP 的激活后会触发 SSC 模式 3 PDU 会话锚点的更改。
- SMF 可以在Nsmf_PDUSession_UpdateSMContext响应中拒绝 PDU 会话 UP 的激活，包括拒绝原因。例如：
  - PDU 会话对应于 LADN，并且 UE 在消息5b 中描述的 LADN 的可服务区域之外。
  - AMF 通知 SMF，该UE只能用于监管优先服务，而要激活的PDU会话不能用于监管优先服务。
  - SMF 决定更改请求的 PDU 会话的 PSA UPF，如消息5b所述。在这种情况下，在发送Nsmf_PDUSession_UpdateSMContext响应后，SMF 触发另一个过程，指示 UE 重新建立 PDU 会话。

○ SMF 在消息6b 中由于 UPF 资源不可用而收到负响应。

- 如果 PDU 会话已指配任意EPS承载 ID，则 SMF 还包括 EPS 承载 ID 和 QFI 之间的映射，包含在N2 SM 信息中发送到 NG-RAN。
- 如果用户平面安全强制信息指示完整性保护是“首选”或“必需”，则 SMF 还包括 UE 完整性保护最大数据速率。

消息 12：AMF 通过 N2 接口向 RAN 发送 N2 请求消息（即 InitialContextSetupRequest），携带从 SMF 接收的 N2 SM 信息、安全上下文、移动限制列表、已订阅的 UE-AMBR、MM NAS 服务接受信息（ServiceAccept，见表 3-25）、推荐小区 /TA /NG-RAN 节点标识符列表、UE 无线能力、核心网络辅助信息、跟踪要求。N2 消息包含 UE 访问类型的允许 NSSAI。如果订阅信息包括跟踪要求，则 AMF 在 N2 请求中包括跟踪要求。

表 3-25　ServiceAccept 信元内容（TS24.501 8.2.17 节）

信息单元 / 组名称	必要性	内容描述
Extended protocol discriminator	M	
Security header type	M	
Spare half octet	M	
Service accept message identity	M	消息类型，用于标识 ServiceAccept 消息
PDU session status	O	PDU 会话状态，用于指示每个 PDU 会话的 5G SM 状态是激活态还是非激活态
PDU session reactivation result	O	PDU 会话激活结果，指示 PDU 会话用户面资源建立结果
PDU session reactivation result error cause	O	用户面资源建立失败的 PDU 会话对应错误原因值
EAP message	O	EAP 消息
T3448 value	O	

消息 13：RAN 向 UE 发起 RRC 重配置流程，并将收到的含有 ServiceAccept 的 NAS 消息转发给 UE，UE 收到后停止计时器 T3517。

- 如果 N2 请求包含 NAS 消息，NG-RAN 会将 NAS 消息转发到 UE，包括 ServiceAccept消息。UE 本地删除 5GC 中不可用的 PDU 会话上下文。
- 用户面无线资源建立完成后，来自 UE 的上行数据现在可以转发到 NG-RAN。NG-RAN 将上行数据发送到消息11 中提供的 UPF 地址和隧道 ID。

消息 14：RAN 向 AMF 发送 N2 请求响应消息（即 InitialContextSetupResponse），

携带 N2 SM 信息（AN 隧道信息、已激活 UP 连接的 PDU 会话的已接受 QoS flow 列表、已拒绝的 UP 连接已激活的 PDU 会话的 QoS flow 列表）、PDU 会话 ID。

消息 15：AMF 向 SMF 发送 Nsmf_PDUSession_UpdateSMContext 请求消息，携带 N2 SM 信息、RAT 类型、访问类型。AMF 根据与 N2 接口关联的全局 RAN 节点 ID 确定访问类型和 RAT 类型。如果 AMF 在消息 14 中收到 N2 SM 信息（一个或多个），则 AMF 应将 N2 SM 信息转发到每个 PDU 会话 ID 相关的 SMF。

消息 16：如果部署了动态 PCC，则 SMF 可能会执行 SMF 启动的 SM 策略修改过程，从而启动向 PCF（如果已订阅）的新位置信息通知。PCF 提供更新的策略。

消息 17a：SMF 通过 N4 接口向新 I-UPF 发送 N4 会话修改请求，携带 AN 隧道信息和接受的 QFI 列表。如果 SMF 在消息 5b 发送过程中选择了新 UPF 作为 PDU 会话的 I-UPF，则 SMF 会启动 N4 会话修改过程到新 I-UPF 并提供隧道信息。来自新 I-UPF 的下行数据现在可以转发到 NG-RAN 和 UE。

消息 17b：UPF 向 SMF 发送 N4 会话修改响应。

消息 18a：SMF 向 PSA 发送 N4 会话修改请求（AN 隧道信息、被拒绝的 QoS flow 列表）。如果要建立或修改用户面，并且修改后没有 I-UPF，SMF 会向 PSA 启动 N4 会话修改过程，并提供 AN 隧道信息。来自 PSA 的下行数据现在可以转发到 NG-RAN 和 UE。

消息 18b：UPF 向 SMF 发送 N4 会话修改响应消息。

消息 19：SMF 向 AMF 发送 Nsmf_PDUSession_UpdateSMContext Response 消息。

消息 20a：SMF 向新 I-UPF 发送 N4 会话修改请求，释放转发隧道。如果已建立到新 I-UPF 的转发隧道，并且在消息 8a 中 SMF 为转发隧道设置的计时器已过期，则 SMF 将 N4 会话修改请求发送到充当 N3 终止点的新 I-UPF 以释放转发隧道。

消息 20b：新 I-UPF 向 SMF 发送 N4 会话修改响应。

消息 21a：SMF 向 PSA 发送 N4 会话修改请求消息，释放转发隧道。

如果已建立到 PSA 的转发隧道，并且消息 7b 中 SMF 为转发隧道设置的计时器已过期，则 SMF 会向充当 N3 终止点的 PSA 发送 N4 会话修改请求以释放转发隧道。

消息 21b：PSA 向 SMF 发送 N4 会话修改响应消息。

消息 22a：SMF 向旧 UPF 发送 N4 会话修改请求或 N4 会话释放请求。如果 SMF 决定在消息 5b 中继续使用旧 UPF，则 SMF 将发送 N4 会话修改请求，提供隧道信息。如果 SMF 决定在消息 5b 中选择一个新 UPF 作为 I-UPF，而旧的 UPF 不是 PSA UPF，则 SMF 将在消息 6b 或 7b 中的计时器过期后通过向旧 I-UPF 发送 N4 会话释放请求来启动资源释放。

消息 22b：旧 I-UPF 向 SMF 发送 N4 会话修改响应或 N4 会话释放响应。

旧 UPF 使用 N4 会话修改响应或 N4 会话释放响应消息确认，以确认资源的修改或释放。

3.8.2 被叫流程

1. 寻呼过程

对于处于空闲状态的 UE，当下行数据到达 5GC 时，数据终结在 UPF，由 AMF 发起寻呼，如图 3-37 所示。

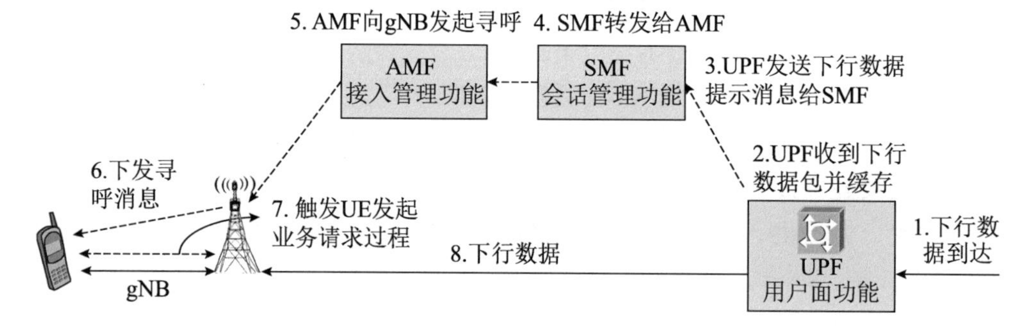

图 3-37　UE 空闲态寻呼消息下发路径

网络侧触发的业务建立流程如图 3-38 所示。

消息 1：当 UPF 收到下行数据，并且 UPF 中未根据 SMF 的指令在 PDU 会话中存储任何 AN 隧道信息时，则 UPF 缓存下行数据，或将下行数据转发到 SMF。

消息 2a：UPF 向 SMF 发送数据通知，携带 N4 会话标识，用于标识下行数据包的 QoS flow 的信息和 DSCP。

- 当UPF收到下行数据包时，如果 SMF 之前未通知 UPF 不向 SMF 发送数据通知（在这种情况下，将跳过后续步骤），则 UPF 应向 SMF 发送数据通知消息。
- 如果 UPF 在同一PDU 会话中接收另一个 QoS flow的下行数据包，则UPF向 SMF 发送另一个数据通知消息。

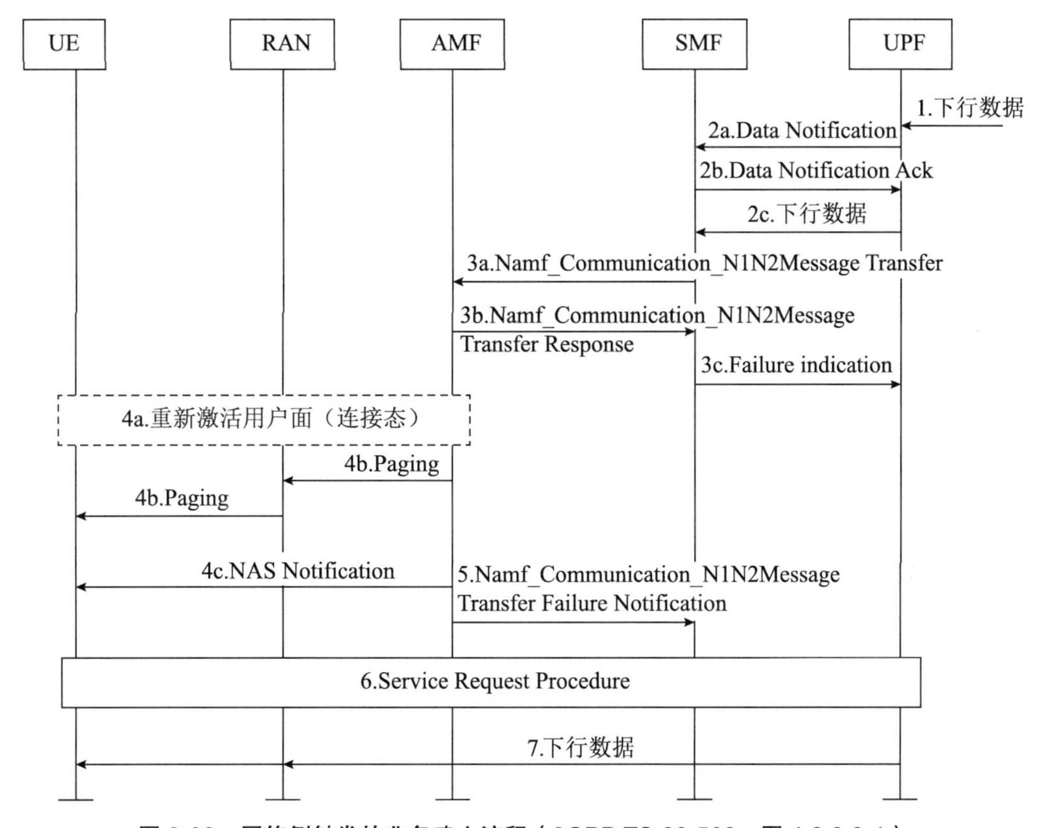

图 3-38　网络侧触发的业务建立流程（3GPP TS 23.502　图 4.2.3.3-1）

■ 如果 UPF 支持寻呼策略区分功能，并且 PDU 会话类型为 IP会话，则 UPF 还应在 TOS（IPv4）/TC（IPv6）中包含下行数据包的 IP 标头中的 DSCP 值及标识下行数据包的 QoS flow的信息。

消息 2b：SMF 向 UPF 发送数据通知确认消息。

消息 2c：如果 SMF 响应消息指示 UPF 将数据包发往 SMF，则 UPF 会将下行数据包转发到 SMF（即 SMF 将缓存数据包）。

消息 3a：SMF 向 AMF 发送 Namf_Communication_N1N2MessageTransfer 消息，携带 SUPI、PDU 会话标识、N1 SM 容器（SM 消息）、N2 SM 信息（QFI、QoS 配置文件、CN N3 隧道信息、S-NSSAI）、N2 SM 信息的有效区域范围、ARP、寻呼策略指示、5QI、N1N2 传输失败通知目标地址。

消息 3b：AMF 向 SMF 发送响应消息。

消息 3c：如果 SMF 收到来自 AMF 的指示，指示 UE 无法访问或仅针对监管优先级服务进行到达，则 SMF 通知 UPF 有关用户平面建立失败。

消息 4a：如果 UE 处于 CM 连接状态，将执行 UE 主叫触发服务请求过程中的消息 12 到消息 22 对应的步骤，而不向 RAN 节点和 UE 发送寻呼消息。在消息 12 发送过程中，AMF 不会向 UE 发送 NAS 服务接受消息。此过程的其余部分将被省略。

消息 4b：如果 UE 处于 3GPP 接入网的空闲（CM-IDLE）状态，并且消息 3a 中从 SMF 接收的 PDU 会话标识已与 3GPP 接入网相关联，则 AMF 通过 3GPP 网络向 NG-RAN 节点发送寻呼消息。

消息 4c：如果 UE 在同一 PLMN 中同时注册了 3GPP 和 non-3GPP 接入网，UE 处于 3GPP 接入网的 CM 连接状态，并且消息 3a 中的 PDU 会话标识与 non-3GPP 接入网相关联，则 AMF 会发送一条 NAS 通知消息给 UE，其中包含 non-3GPP 接入网类型。

消息 5：AMF 使用计时器监控寻呼过程。如果计时器溢出后 AMF 仍然未收到 UE 寻呼响应消息，则 AMF 向 SMF 发送寻呼失败提示。

消息 6：UE 处于 3GPP 接入网的空闲（CM-IDLE）状态，当收到与 3GPP 接入网关联的 PDU 会话的寻呼请求时，触发 UE 发起业务请求流程。

消息 7：UPF 经 RAN 节点将缓存的下行数据传输到 UE。

2. 不连续接收过程

根据 3GPP TS 38.304 第 7 章的描述，每一个处于 RRC_IDLE 状态的 UE 仅在属于它的固定的空口时域位置接收寻呼消息，这个固定的空口时域位置以寻呼帧 PF（Paging Frame）和寻呼时刻 PO（Paging Occasion）来表示，如图 3-39 所示。

PF：一个无线帧，表示寻呼起始帧，包含多个完整的 PO。

PO：一套 PDCCH 监听机会，由多个 slot 组成。一个 PO 的长度等于一个波束扫描周期（对应多个 SSB 波束），在每个 SSB 波束上发送的 Paging 消息完全相同。3GPP TS 38.321 定义一个 PO 支持最大的寻呼 UE 数量为 32。

PF 和 PO 的计算公式如下。

PF 的 SFN 帧号：$(\text{SFN} + \text{PF\_offset}) \bmod T = (T \text{ div } N) \times (\text{UE\_ID} \bmod N)$。

PO 的 i_s：$\text{i\_s} = \text{floor}(\text{UE\_ID}/N) \bmod N_s$。

函数 floor 表示向下取整。PO 的 *i_s* 指示了一套 PDCCH 监听机会的起始位置，UE 从第 *i_s* 个 PO 开始接收寻呼消息。T 表示 UE 的 DRX 周期（即寻呼周期）；PF_offset 表示 PF 的帧偏置；N 表示寻呼周期 T 包含的 PF 个数；UE_ID 为 5G-S-TMSI mod 1024 得到的值；N_s 表示 PF 包含的 PO 个数。

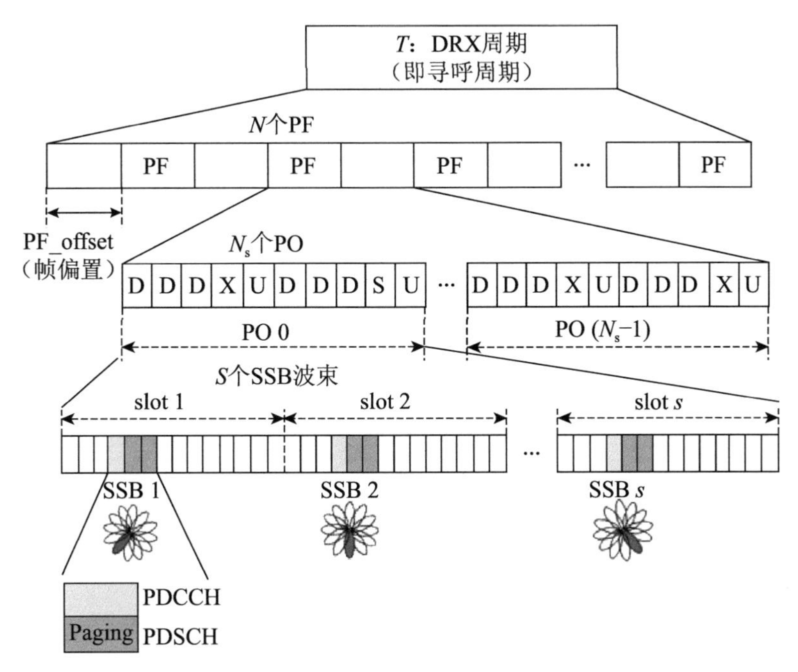

图 3-39 寻呼机制示意图

上述参数由系统消息 SIB1 中的 PCCH-Config 下发给 UE（SIB1 → servingCellConfigCommon → DownlinkConfigCommonSIB → PCCH-Config），代码如下。

DownlinkConfigCommonSIB

```
-- ASN1START
-- TAG-DOWNLINK-CONFIG-COMMON-SIB-START
DownlinkConfigCommonSIB ::=      SEQUENCE {
    frequencyInfoDL                    FrequencyInfoDL-SIB,
    initialDownlinkBWP                 BWP-DownlinkCommon,
    bcch-Config                           BCCH-Config,
    pcch-Config                           PCCH-Config,
    ...
}
BCCH-Config ::=                  SEQUENCE {
    modificationPeriodCoeff            ENUMERATED {n2, n4, n8, n16},
    ...
}
PCCH-Config ::=                  SEQUENCE {
    defaultPagingCycle                    PagingCycle,
```

```
    nAndPagingFrameOffset                    CHOICE {
        oneT                                     NULL,
        halfT                                    INTEGER (0..1),
        quarterT                                 INTEGER (0..3),
        oneEighthT                               INTEGER (0..7),
        oneSixteenthT                            INTEGER (0..15)
    },
    ns                                       ENUMERATED {four, two, one},
    firstPDCCH-MonitoringOccasionOfPO        CHOICE {
        sCS15KHZoneT
        sCS30KHZoneT-SCS15KHZhalfT
        sCS60KHZoneT-SCS30KHZhalfT-SCS15KHZquarterT
        ...
    }   OPTIONAL,              -- Need R
    ...
}
-- TAG-DOWNLINK-CONFIG-COMMON-SIB-STOP
-- ASN1STOP
```

字段 defaultPagingCycle 定义寻呼周期 T；字段 nAndPagingFrameOffset 用于定义参数 N 和 PF_offset。例如，oneT 表示 DRX 周期为 T 内可以作为寻呼帧的数目为 T。假定一个 DRX 周期为 32 个帧，oneT 表示这 32 个帧都可以作为寻呼帧，而 halfT 表示只有 16 个帧可以作为寻呼帧，后面的数值表示 PF_offset；字段 ns 表示 N_s，指示 PF 包含的 PO 个数。

3.8.3 EPS fallback 流程

5G 网络语音解决方案包括 VoLTE、EPS Fallback 和 VoNR，如表 3-26 所示。

表 3-26　5G 语音解决方案

	VoLTE	EPS Fallback	VoNR
场景	NSA 组网	SA 组网 NR 不连续覆盖	SA 组网 NR 连续覆盖
终端驻留网络	平时驻留 4G 语音由 VoLTE 承载 数据由 LTE 和 NR 承载	平时驻留 5G 语音由 VoLTE 承载 数据由 NR 承载	平时驻留 5G 语音和数据由 NR 承载

续表

	VoLTE	EPS Fallback	VoNR
业务能力影响	同 4G 业务	支持 5G 新业务	支持 5G 新业务
呼叫建立时延	空闲态 <3.5s 连接态 <2.5s	单注册支持 N26 场景下增加时延约 400ms	<2s

5G 网络建设初期以 EPS Fallback 方案为主。即用户驻留在 5G 小区，接入 5G 核心网完成 IMS 语音业务注册，终端发起语音呼叫或有语音呼入时回落到 4G 网络完成语音业务承载的建立。由于 PGW 和 UPF 合设，所以语音业务回落过程可以保持 IP 地址和业务连续性。EPS Fallback 的优势包括：5G 终端没有特殊要求；技术相对成熟，用户感知和语音连续性可保障。

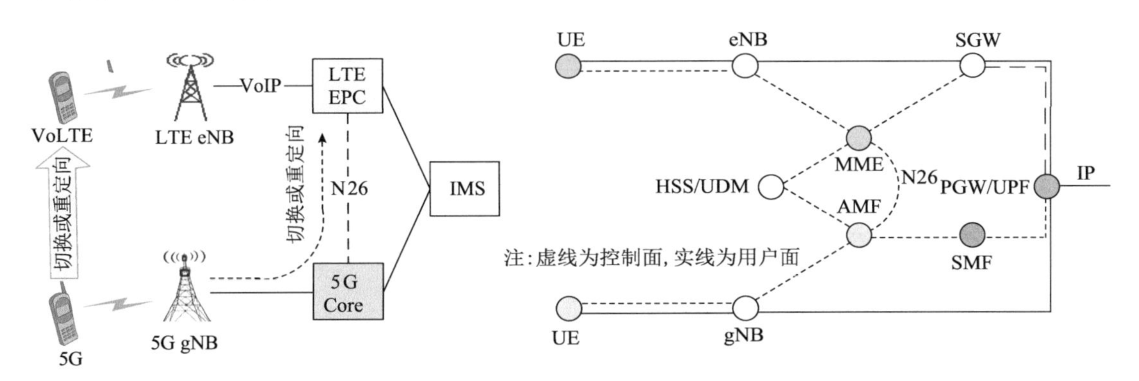

图 3-40　EPS Fallback 控制面和用户面路由示意图

1. EPS Fallback 信令流程

EPS Fallback 的用户终端在 5G 网络完成注册后再通过 5G 网络注册到 IMS 网络，IMS 信令承载在 5G 网络上。当用户发起呼叫或者收到语音呼入请求，建立语音或者视频专用承载时，用户回落至 4G 网络，由 4G 网络提供语音业务的用户面，如图 3-41 所示。

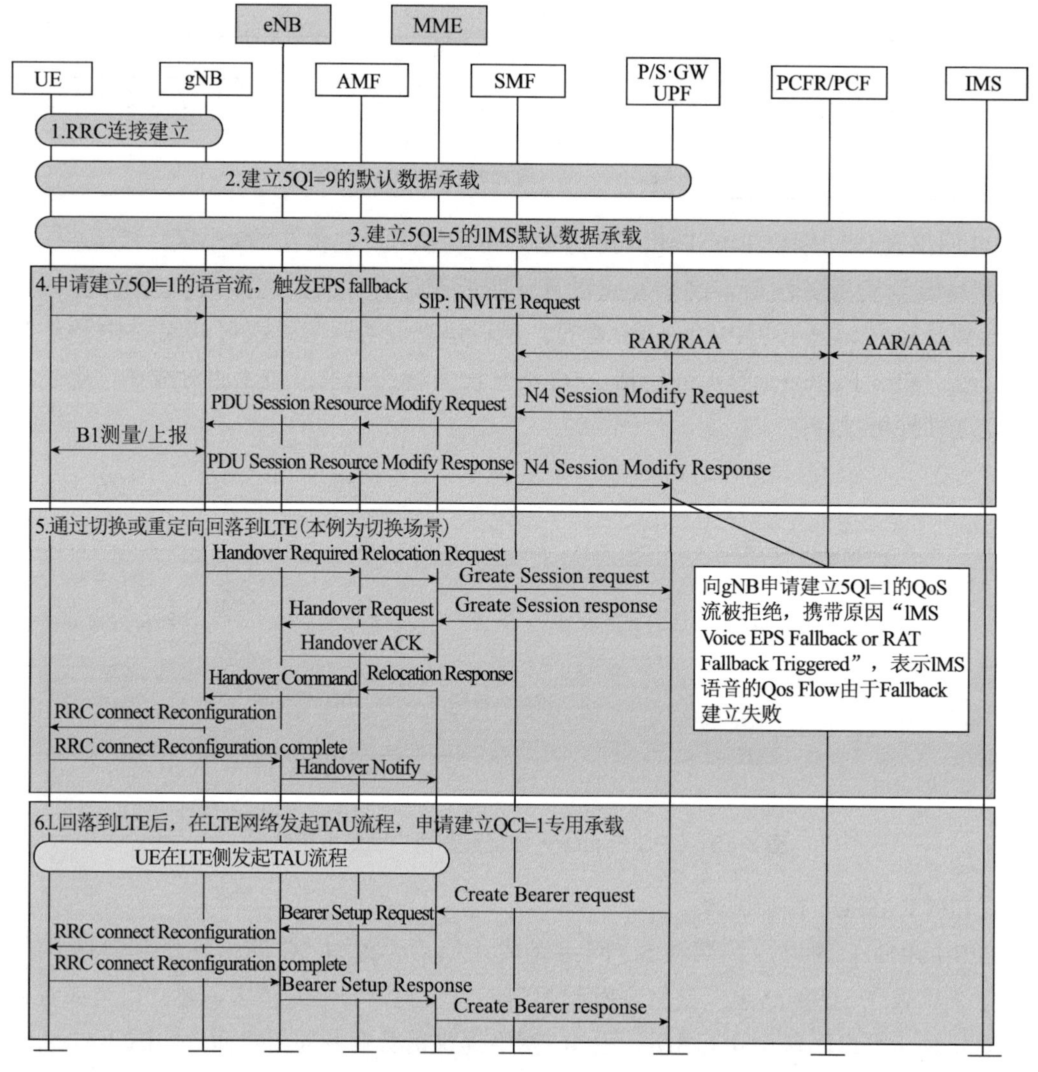

图 3-41　EPS Fallback for IMS Voice 流程示意图（TS23.502 图 4.13.6.1-1）

语音回落的流程如下：

1）UE 在 5G 网络发起 RRC 连接建立过程

2）UE 在 5G 网络建立 5QI=9 的 DN 域的数据默认承载

3）UE 在 5G 网络建立用于承载 IMS 信令的 5QI=5 的 IMS 域默认承载

4a）UE 在 5G 网络向 IMS 发送 INVITE 消息，请求建立语音会话。

4b）SMF 向 NG-RAN 发送 PDU 会话资源调整请求，指示 gNodeB 建立 5QI=1 的语

音专用承载。

4c）NG-RAN 根据 UE 能力、N26 部署情况、是否开通 / 支持 VoNR 进行决策。

如果决策 EPS Fallback，则带特殊原因拒绝该 PDU 会话资源修改请求（特殊原因为 IMS voice EPS fallback or RAT fallback triggered），5GC 开始等待 UE 回落到 4G。

5）NG-RAN 根据 UE 能力和 NG-RAN 回落策略选择切换或重定向的方式回落到 EPS。NG-RAN 向 UE 下发异系统 B1 测量事件（可选）。

场景 1：基于切换回落到 EPS（需配置 N26 接口）

gNB 触发切换流程，向 AMF 发送 Handover Required，AMF 通过 N26 接口向 MME 发送 Relocation Request，MME 收到后向 eNodeB 发起切换请求，eNodeB 向 MME 回复切换请求响应消息。MME 收到后向 AMF 转发 eNodeB 的切换请求成功响应消息。AMF 收到后向 UE 发送切换命令，UE 切换到目标 LTE 小区。

AMF 通过 N26 接口向 MME 传递上下文信息，包括移动上下文（MM Context）和会话上下文（SM Context）。MM 上下文包含映射 EPS 安全上下文，如根密钥 $K_{ASME'}$ 和 NAS COUNT。SM 上下文包含需要在 EPS 恢复的会话信息，如 IMS 的 SMF + PGW-C 的 FQDN 和 F-TEID。由于 5GS 没有 SGW，SM 上下文中的 SGW 地址为 0.0.0.0，表示 MME 自行根据 Target TAI 选择 SGW。

场景 2：基于重定向回落到 EPS

如果 MME 和 AMF 间不存在 N26 接口，终端通过重定向从 5GS 进入 EPS，MME 通过融合的 HSS / UDM 获得 5GS 保存的会话信息（各个 DNN / APN 的 PGW-C + SMF 的 FQDN）。前提是 UE 支持类型为“handover”的 attach 请求，“handover”的含义是指 UE 发送 attach 请求，但请求建立的 PDN Connection 是 5GS 已经存在的 PDU Session，会话就像从 5GS“切换”到 EPS 一样。反之，MME 将会话信息保存在 UDM / HSS，如果 UE 从 EPS 进入 5GS，UE 在 Registration Request 携带“Existing PDU Session”，以维持会话的连续性。

6）若基于切换 EPS Fallback，MME 收到 Relocation Request 消息后，根据 Target TAI 构成的 FQDN 查询 DNS，获得 SGW 的 S11 接口地址，向 SGW 发送 Create Session Request。对于 APN = IMS，Create Session Request 携带的 S5/S8 PGW GTP-C F-TEID，来自 Relocation Request 携带的 SM 上下文。SGW 向 eNodeB 发送 Create Bearer Request，发起 QCI=1 的语音专用承载建立过程。

若基于重定向 EPS Fallback，gNodeB 通过空口向 UE 发送 RRC Release 消息，携带 4G 小区频点信息，UE 收到后重新在 LTE 网络发起建立原因为 mo-VoiceCall 的接入过程。

部分信令消息如下文所示。

【1】↑ UplinkNASTransport，UL NAS transport，PDU session establishment Request

【2】↓ PDUsessionResourceSetupRequest，DL NAS transport，PDU session establishment accept

【3】↑ PDUsessionResourceSetupResponse

【4】↓ PDUsessionResourceModifyRequest，DL NAS transport，PDU session modification command

【5】↑ PDUsessionResourceModifyResponse

>PDUsessionResourceFailedToModifyItem

>>PDUsessionID

>>PDUsessionResourceModifyUnsuccessfulTransfer

>>>cause radioNetwork：ims-voice-eps-fallback-or-rat-fallback-triggered

【6】↓ UEContextReleaseRequest

【7】↓ UEContextReleaseCommand

【8】↑ UEContextReleaseComplete

消息【1~3】申请建立语音初始 QoS flow。消息【4~5】PDU 资源会话修改过程，请求 NG-RAN 建立语音专用 QoS flow。消息【6~8】NG-RAN 向 UE 发送 RRCRelease，携带 4G 小区频点信息，通过重定向回落到 EPS（4G）网络。

如果步骤 4c）中 NG-RAN 决策可以通过 5G 系统提供 VoNR 语音业务，则会接受 PDU 会话资源调整请求，通过 RRC 重配建立相应的 QoS flow/ 承载，进行后续 IMS 会话过程。

2. 相关消息说明

1）语音能力信息查询

EPS Fallback 终端在向 5GC 注册时，需要将 UE’s usage setting 设置为“voice centric”。同时，Registration accept 中携带 5GS network feature support，该信元的 IMS-VoPS-3GPP 指示为 IMS voice over PS session supported over 3GPP access，即向终端指示网络支持 IMS-VoPS-3GPP。

2）P-CSCF 地址发现

与 4G 类似，5G 网络建立 PDU 会话的流程中，EPS Fallback 终端需在发往 AMF 的 PDU Session Establishment Request 中携带 Extended protocol configuration options 信元，该信元包含要求获取 P-CSCF IP 地址信息的指示。EPS Fallback 终端收到网络下发的 PDU Session Establishment Accept，在携带的信元 Extended protocol configuration options

中获取 P-CSCF 地址信息并存储在终端中。

3.9 切换流程

整个切换流程可分为 3 个阶段、6 个步骤。3 个阶段分别是测量阶段、判决阶段和执行阶段。

1）测量阶段。UE 根据 gNB 下发的测量配置消息进行相关测量，并将测量结果上报给 gNB。

2）判决阶段。gNB 根据 UE 上报的测量结果进行评估，决定是否触发切换。

3）执行阶段。gNB 根据决策结果，控制 UE 切换到目标小区，由 UE 完成切换。

NR 切换的 6 个步骤分别为测量控制下发、测量报告上报、切换判决、资源准备、切换执行、源小区资源释放。切换过程如图 3-42 所示。

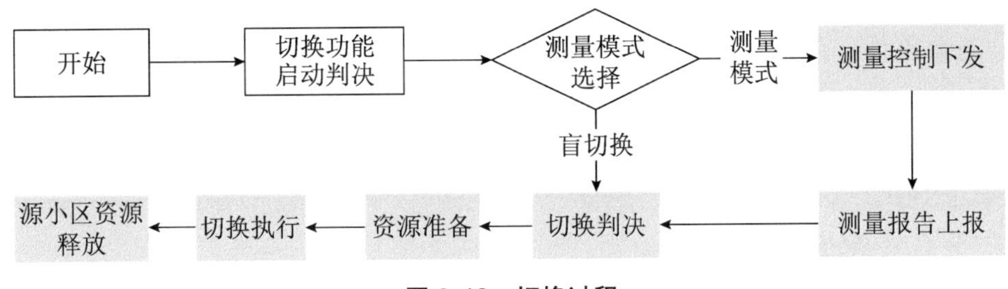

图 3-42 切换过程

1. 测量模式

根据切换前是否对邻区进行测量，切换的测量模式可以分为测量模式、盲切换模式。

1）测量模式：对候选目标小区信号质量进行测量，生成测量报告的过程。

2）盲切换模式：不对候选目标小区信号质量进行测量，直接根据相关的优先级参数的配置选择切换目标小区的过程。采用这种模式时，UE 在邻区接入失败的风险高，因此一般情况下不采用这种模式，仅在必须尽快发起切换时才采用这种模式。

2. 测量控制

在 UE 建立无线承载后，gNB 会根据切换功能的配置情况，通过 RRC Connection Reconfiguration 给 UE 下发测量配置信息。

在UE处于连接态或完成切换后，若测量配置信息有更新，则gNB也会通过RRC Connection Reconfiguration消息下发更新的测量配置信息。

测量配置信息主要包括以下内容。

（1）测量对象

测量对象主要由测量系统、测量频点或测量小区等属性组成，指示UE对哪些小区或频点进行信号质量的测量。

（2）报告配置

报告配置主要包括测量事件信息、事件上报的触发量和上报量、测量报告的其他信息等，指示UE在满足什么条件下上报测量报告，以及按照什么标准上报测量报告。

（3）其他配置

其他配置包括测量GAP、测量滤波等。

3. 报告配置

测量上报分为周期性上报和事件型上报两类。基于测量事件的测量报告，其报告配置包括以下内容。

1）测量事件：包括A1、A2、A3、A4、A5、A6和B1、B2。不同的测量事件对应不同切换功能，如A3用于同频切换，B1和B2用于异系统切换。

2）触发量：触发事件上报的策略（如RSRP、RSRQ或SINR），目前一般是基于SSB的ss-RSRP。

4. 测量GAP配置

测量GAP就是让UE离开当前频点到其他频点测量的时间段。测量GAP和SMTC间关系如图3-43所示。

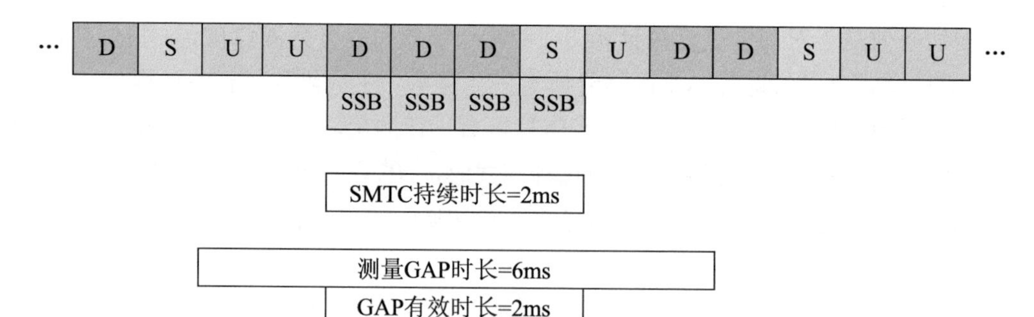

图3-43 测量GAP时长与SMTC持续时长的配置示意图

gNB 下发测量控制信息时，若发现测量 GAP 已被激活且包含其他测量 GAP，则不重新配置测量 GAP；若不存在测量 GAP，则激活测量 GAP。协议定义了 24 种 GAP 类型，每个测量 GAP 类型对应不同的测量时间长度和测量周期。系统 GAP 类型取值为 0 时，对应的测量时长为 6ms，测量周期为 40ms（参阅 3GPP TS 38.133 9.1.2 节）

3.9.1 测量事件的类型

测量事件有 A1 ～ A6、B1 ～ B2 共 8 种，其中 B1、B2 用于异系统间切换（参阅 3GPP TS 38.331 5.5.4 节）。

事件 A1、A2 用于切换功能启动判决阶段，衡量服务小区信号质量，判断是否启动或停止测量功能。其他事件（A3、A4、A5、A6 和 B1、B2）用于目标小区或目标频点切换判决阶段，衡量邻区的信号质量是否满足切换条件。各测量事件的进入和退出标准如表 3-27 所示。

表 3-27 事件触发条件

事件	描 述	规 则	使 用 方 法
A1	服务小区质量高于某个阈值	A1-1（触发）：Ms−Hys>Thresh A1-2（取消）：Ms+Hys<Thresh	A1 用于停止异频 / 异系统测量。在基于频率优先级的切换中，A1 用于启动异频测量
A2	服务小区质量低于某个阈值	A2-1（触发）：Ms+Hys<Thresh A2-2（取消）：Ms−Hys>Thresh	A2 用于启动异频 / 异系统测量。在基于频率优先级的切换中，A2 用于停止异频测量
A3	同频 / 异频邻区质量与服务小区质量的差值高于某个阈值 Off	A3-1（触发）： Mn+Ofn+Ocn−Hys>Ms+Ofs+Ocs+Off A3-2（取消）： Mn+Ofn+Ocn+Hys<Ms+Ofs+Ocs+Off	A3 用于启动同频 / 异频切换请求和 ICIC 决策
A4	异频邻区质量高于某个阈值	A4-1（触发）： Mn+Ofn+Ocn−Hys>Thresh A4-2（取消）： Mn+Ofn+Ocn+Hys<Thresh	A4 用于启动异频切换请求

续表

事件	描　述	规　则	使用方法
A5	邻区质量高于某个阈值，而服务小区质量低于某个阈值（对应A2+A4）	A5-1（同时满足触发）： Ms + Hys < Thresh1 Mn + Ofn + Ocn − Hys > Thresh2 A5-2（满足一个取消）： Ms − Hys > Thresh1 Mn + Ofn + Ocn + Hys < Thresh2	A5 用于同频 / 异频基于覆盖的切换
A6	邻区信号质量与辅小区（SCell）信号质量差值高于门限值	A6-1（触发）： Mn + Ocn − Hys > Ms + Ocs + Off A6-2（取消）： Mn + Ocn + Hys < Ms + Ocs + Off	用于载波聚合场景辅小区（辅载波）切换
B1	异系统邻区质量高于某个阈值	B1-1（触发）：Mn+Ofn−Hys>Thresh B1-2（取消）：Mn+Ofn+Hys<Thresh	B1 用于启动异系统切换请求
B2	异系统邻区质量高于某个阈值，而服务小区质量低于某个阈值（对应 A2+B1）	B2-1（同时满足触发）： Ms + Hys < Thresh1 Mn + Ofn + Ocn − Hys > Thresh2 B2-2（满足一个取消）： Ms − Hys > Thresh1 Mn + Ofn + Ocn + Hys < Thresh2	B2 用于启动异系统切换请求

条件公式中相关变量的具体含义如下：

- Ms、Mn分别表示服务小区、邻区的测量结果；
- Hys表示测量结果的幅度迟滞；
- Thresh、Thresh1、Thresh2表示门限值；
- Ofs、Ofn分别表示服务小区、邻区的频率偏置；
- Ocs、Ocn分别表示服务小区、邻区的小区特定偏置CIO；
- Off表示设置的偏置。

3.9.2　切换信令流程

1. 5G 系统内切换

切换基础流程如图 3-44 所示。

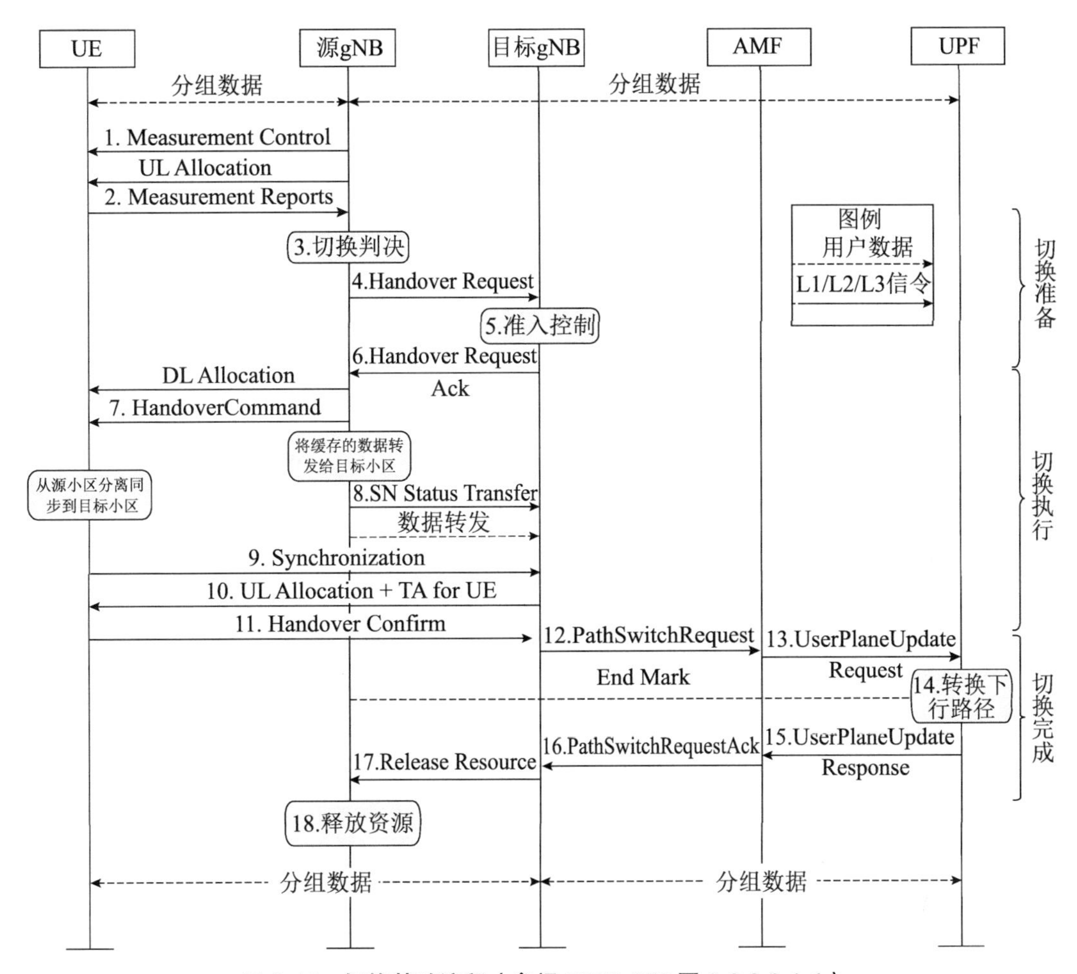

图 3-44　切换基础流程（参阅 TS38.300 图 9.2.3.2.1-1）

源 gNB 中的 UE 上下文包含有关漫游和访问限制的信息。这些信息是在连接建立时或在最后一次 TA 更新时从 AMF 获取的。

消息 1 ～ 2：源 gNB 根据测量配置信息配置 UE 测量过程，UE 测量并上报测量报告。

消息 3：源 gNB 根据测量报告进行切换判决，选择切换目标小区。

消息 4：源 gNB 向目标 gNB 发出切换请求消息，携带目标小区准备切换所需的信息。

消息包含目标小区 ID、K_{gNB}*、UE 的 C-RNTI、天线信息、下行载波频率的接入层配置、当前 UE QoS flow 到 DRB 映射规则、源 gNB 的 SIB1 信息、UE 能力信息、PDU 会话相关信息。发出切换请求后，源 gNB 不应重新配置 UE，包括对 DRB 映射执行反射 QoS flow。

消息 5 ～ 6：目标 gNB 进行准入控制，并回复切换请求响应消息给源 gNB，其中包括一个透明的容器。该容器将作为 RRC 消息由源 gNB 发送给 UE 来执行切换。

消息 7：源 gNB 向 UE 发送 RRC 重配置消息 RRCReconfiguration（HandoverCommand），触发 Uu 口切换。

消息包含接入目标小区所需的信息：目标小区 PCI、新分配的 C-RNTI、目标 gNB 安全算法标识 ID，以及一组专用的 RACH 资源、RACH 资源与 SSB 之间的关联、RACH 资源与 UE 专用的 CSI-RS 配置之间的关联、公共 RACH 资源及目标小区的系统消息等。

消息 8：源 gNB 向目标 gNB 发送 SN 状态转移消息 SN Status Transfer，随后开始数据转发。

消息 9 ～ 11：UE 同步到目标小区，并发送消息 RRCReconfigurationComplete（Handover Confirm）给目标 gNB，完成 RRC 切换过程。

消息 12 ～ 13：目标 gNB 向 5GC 发送用户面切换请求消息 PathSwitchRequest。触发 UPF 将下行数据路由到目标 gNB，并向目标 gNB 建立 NG-C 接口实例。

消息 14：UPF 将下行数据路由到目标 gNB。UPF 通过旧的路由向源 gNB 发送一个或多个“结束标记”数据包，然后将任何到源 gNB 的 U-plane/TNL 资源释放。

消息 15 ～ 16：5GC 发送用户面切换响应消息 PathSwitchRequestAcknowledge 给目标 gNB。

消息 17 ～ 18：目标 gNB 收到 AMF 发来的用户面切换请求响应消息 PathSwitchRequest Acknowledge 后，向源 gNB 发送 UE 上下文释放消息 UEContextRelease，通知源 gNB 切换成功，然后源 gNB 释放与 UE 上下文相关的无线资源和控制面相关资源。

2. 5G 与 LTE 异系统切换流程

5G 到 4G 切换流程如图 3-45 所示。

消息 1 ～ 4（测量阶段）：UE 在 NR 小区中建立连接，并且 gNB 将 RAT 间的 A2 传递给 UE。在 UE 测量满足 A2 事件之后，UE 报告 A2 测量报告。在收到 A2 测量报告后，gNB 向 UE 提供 RAT 间的 B1。在 UE 测量满足 B1 事件之后，UE 报告 B1 测量报告。

消息 5 ～ 9（判决阶段）：gNB 过滤测量报告中报告的相邻小区，并根据信号强度形成目标切换列表。从目标切换列表中选择最佳小区以启动切换请求 Handover Required。在与核心网络交互之后，NGC 将切换命令消息发送到 gNB。

消息 10 ～ 13（执行阶段）：UE 执行切换并驻留在 eNB 上以建立承载。gNB 删除 UE 上下文，切换完成。

基于 N26 接口 5GS 到 EPS 切换流程如图 3-46 所示。

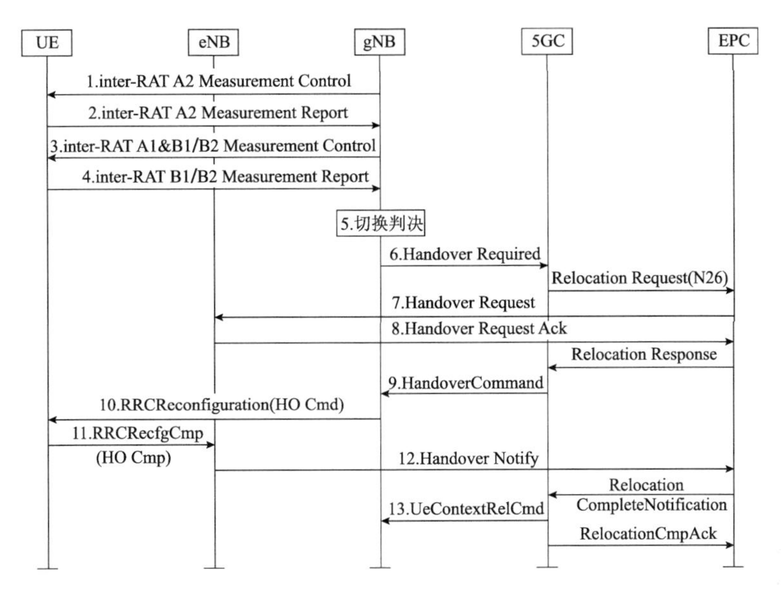

图 3-45　5G 到 4G 切换流程

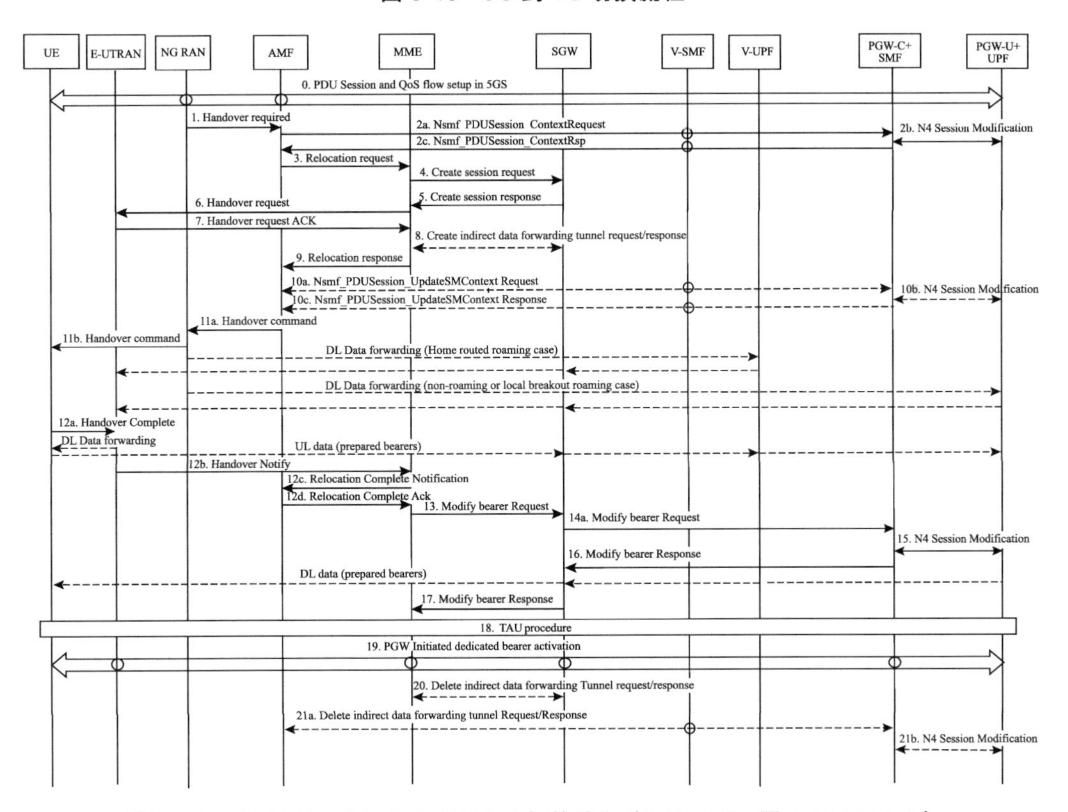

图 3-46　基于 N26 接口 5GS 到 EPS 切换流程（TS23.502 图 4.11.1.2.1-1）

基于 N26 接口 EPS 到 5GS 切换详细信令流程分切换准备阶段和切换执行阶段两个部分，分别如图 3-47 和图 3-48 所示。

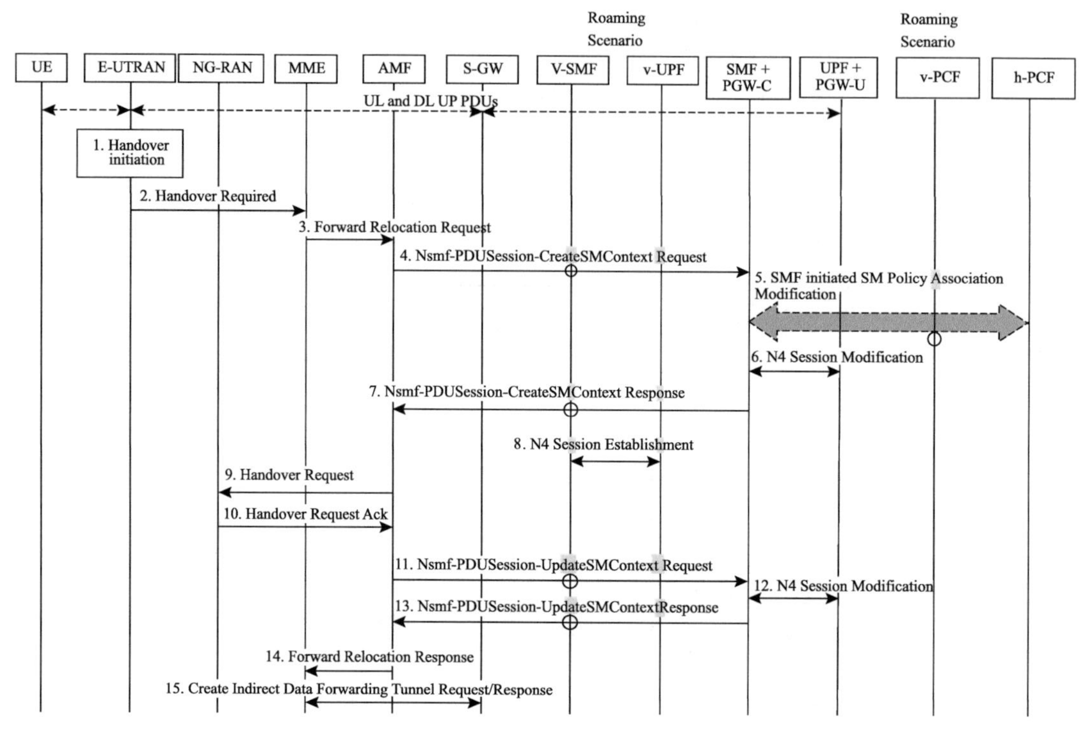

图 3-47 基于 N26 接口 EPS 到 5GS 切换准备阶段流程（TS23.502 图 4.11.1.2.2.2-1）

UE 占用 4G 网络进行业务，进入 5G 覆盖区后，可通过重定向方式将业务切换到 5G 网络，如图 3-49 所示。

消息 1 ～ 4（测量阶段）：UE 在 LTE 小区中建立连接，eNB 将 RAT 间的 A2 传递给 UE。在 UE 测量满足 A2 事件之后，UE 报告 A2 测量报告。在收到 A2 测量报告后，eNB 提供 RAT 间的 A1 和 B1/B2。在 UE 测量满足 B1/B2 事件之后，UE 报告 B1/B2 测量报告。

消息 5 ～ 6（判决阶段）：eNB 过滤测量报告中报告的相邻小区，向 UE 发送 RRC 释放消息，携带 NR 小区频点信息。

消息 7 ～ 9（执行阶段）：UE 向目标 NR 发起随机接入，然后驻留在目标小区上进行业务。

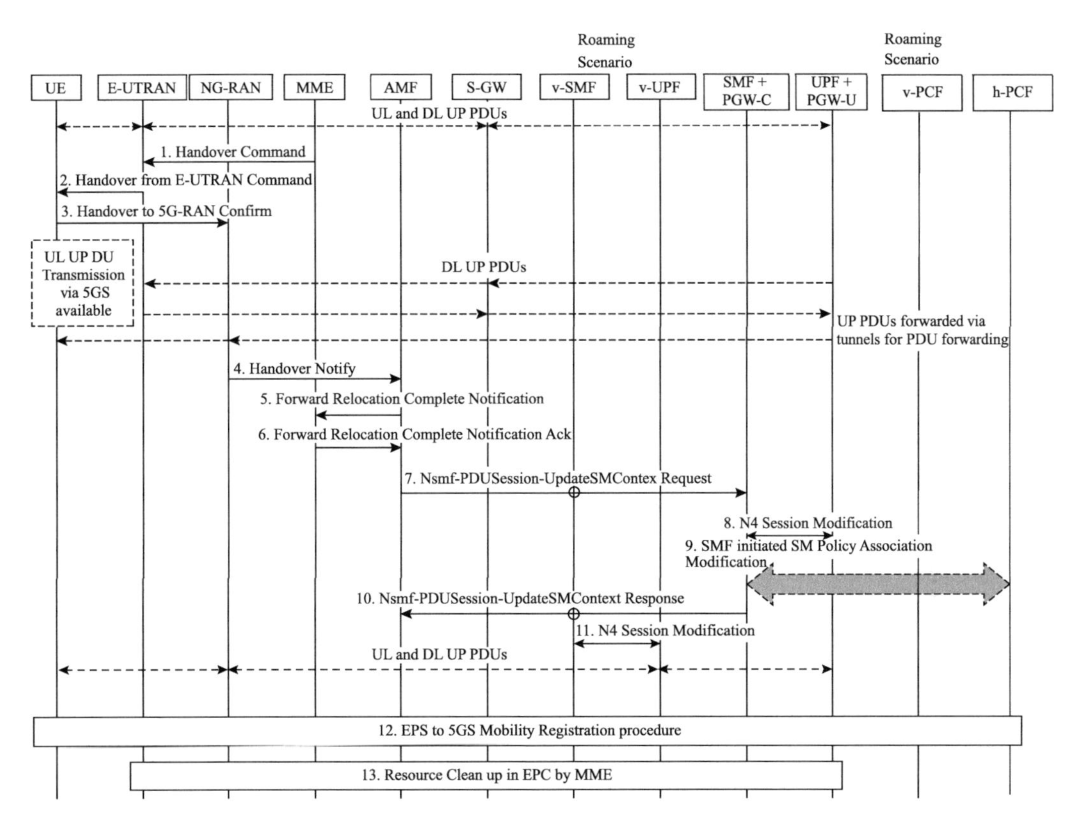

图 3-48 基于 N26 接口 EPS 到 5GS 切换执行阶段流程（TS23.502 图 4.11.1.2.2.3-1）

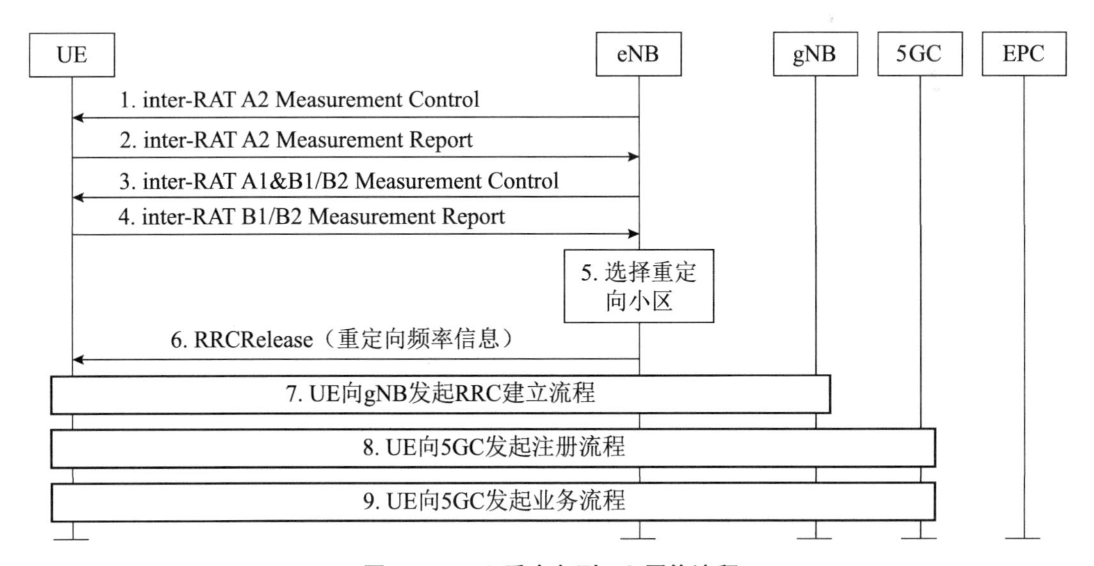

图 3-49 4G 重定向到 5G 网络流程

3.10 NSA业务流程

基于LTE的NSA组网是指终端同时与LTE基站和NR基站连接，利用两个基站的无线资源进行传输的组网方式。基于LTE的NSA组网示意图如图3-50和图3-51所示。

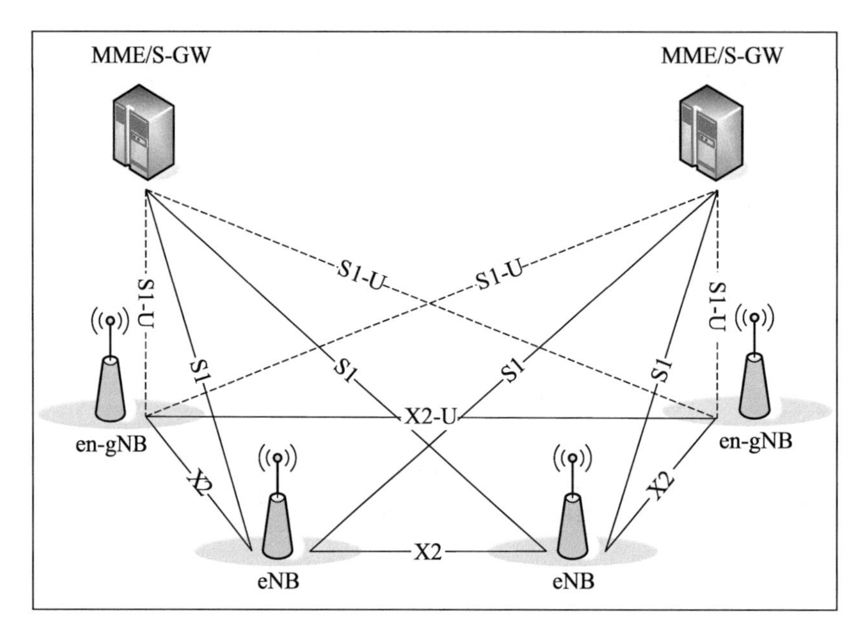

图3-50　基于LTE的NSA组网示意图1（3GPP TS37.340 图4.1.2-1）

NSA组网支持载波聚合功能，如图3-51所示。

（1）双连接（DC）网元定义

MeNB：Master eNB，主基站，是NSA DC终端驻留小区所属的LTE基站。

SgNB：Secondary gNB，辅基站，是MeNB通过RRC连接信令配置给NSA DC终端的NR基站。

MCG：Master Cell Group，主小区组，是NSA DC终端在LTE侧配置的LTE小区组。

SCG：Secondary Cell Group，辅小区组，是NSA DC终端在NR侧配置的NR小区组。

PSCell：Primary Secondary Cell，SgNB的主小区，是MeNB通过RRC连接信令配置给NSA DC终端在SgNB上的一个主小区，PSCell一旦配置成功即保持激活态。

PCell：Primary Cell，MeNB的主小区，是NSA DC终端驻留的小区。

CC：Component Carrier，分量载波，是参与载波聚合的不同小区所对应的载波。

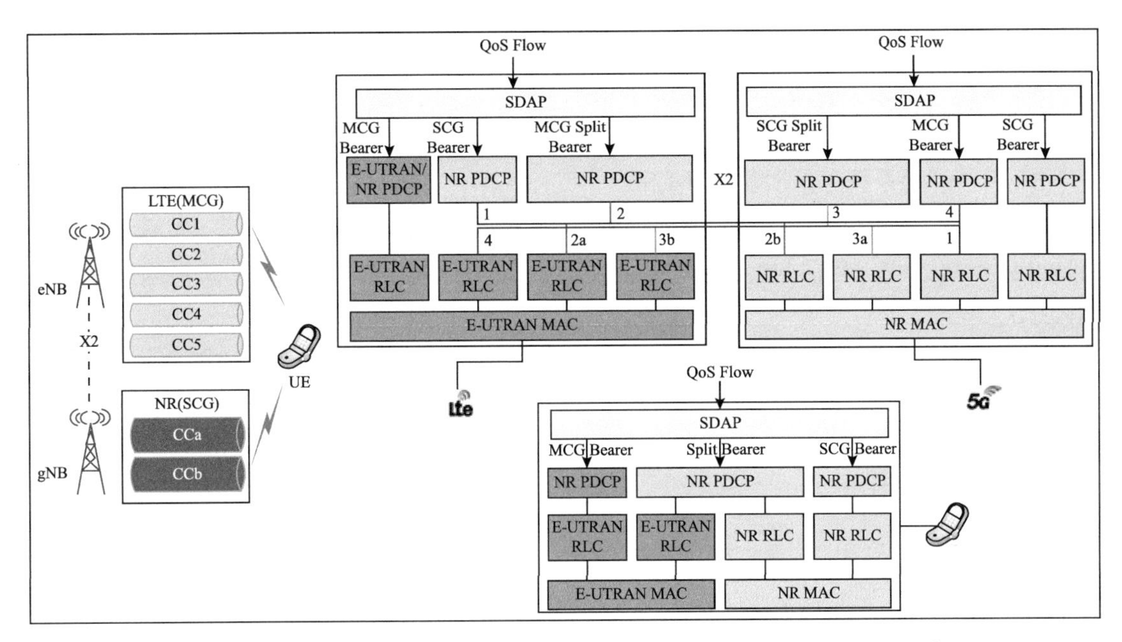

图 3-51　基于 LTE 的 NSA 组网示意图 2（3GPP TS37.340 图 4.2.2-3）

PCC：Primary CC，MeNB 的主载波，是 PCell 所对应的 CC。

PSCC：Primary Secondary CC，SgNB 的主载波，是 PSCell 所对应的 CC。

SCC：Secondary CC，MeNB 和 SgNB 的辅载波。

SCell：辅小区，是 MeNB 通过 RRC 信令配置给双连接终端的辅小区，工作在 SCC 上，可以为双连接终端提供更多的无线资源。SCell 没有 PUCCH 信道，PCell 和 PSCell 都有 PUCCH 信道。

MCG 承载：协议栈都位于主节点（Master Node，MN）且仅使用 MN 资源的承载。

SCG 承载：协议栈都位于辅节点（Secondary Node，SN）且仅使用 SN 资源的承载。

MCG 分离承载：MCG Split Bearer，用户面仅 MN 与 SGW 相连，数据由 MN 分流至 SN。

SCG 分离承载：SCG Split Bearer，用户面仅 SN 与 SGW 相连，数据由 SN 分流至 MN。

MN Terminated Bearer：PDCP 位于 MN 中的无线承载，即用户面由 MN 连接到 CN，对应 Option 3。

SN Terminated Bearer：PDCP 位于 SN 中的无线承载，即用户面由 SN 连接到 CN，对应 Option 3x。

（2）NSA 双连接（DC）相关测量事件

A2 事件：服务小区的信号质量低于门限。

A3 事件：邻区的信号质量比服务小区高于设定门限。

B1 事件：异系统邻区质量高于门限。

根据 eNB、gNB 和 LTE 核心网的连接方式不同，NSA 组网分为 3 系、4 系和 7 系，共计 8 种组网方式。目前 NSA 组网主要采用 3 系 Option 3 和 Option 3x 两种网络架构，如图 3-52 所示。

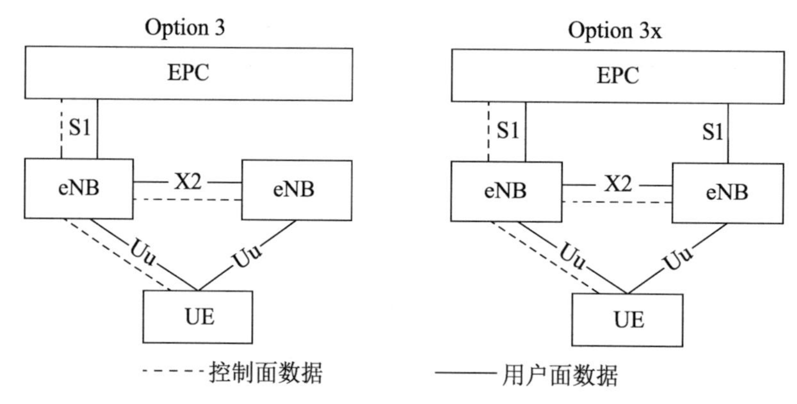

图 3-52　Option 3 和 Option 3x 架构图

NSA Option 3 组网以 eNB 为主站 MeNB，以 gNB 为辅站 SgNB，用户面数据支持 Option 3 和 Option 3x 两种架构。

在 Option 3 架构中，数据分流锚点在 eNB，在 MeNB 的 PDCP 层进行分流，数据分别分流到 MeNB 的 RLC 层和 SgNB 的 RLC 层，在 UE 侧的 PDCP 层进行聚合。若用户面数据全部在 eNB 上承载，则该承载称为 MCG Bearer; 若用户面数据全部在 gNB 上承载，则该承载称为 SCG Bearer；若用户面数据通过 eNB 分流部分到 gNB 上承载，其余继续在 eNB 上承载，则该承载称为 MCG Split Bearer。

在 Option 3x 架构中，数据分流锚点在 gNB，在 SgNB 的 PDCP 层进行分流，分别分流到 MeNB 的 RLC 层和 SgNB 的 RLC 层，在 UE 侧的 PDCP 层进行聚合。SCG Split Bearer、MCG Bearer 和 SCG Bearer 定义同 Option 3。

MCG Split Bearer 与 SCG Split Bearer 对比如图 3-53 所示。

NSA DC 移动性管理全景及对应的流程如图 3-54 所示。UE 必须通过主站 MeNB 完成初始连接建立，并在主站建立信令承载 SRB 1 和 SRB 2，UE 和辅站间的 RRC 信令消息通过 LTE 进行转发。若 UE 可以和 SgNB 建立 SRB 3，则 UE 和辅站 SgNB 间可以直接进行 RRC PDU 传输。需要注意的是，辅站的移动性管理由辅站负责。

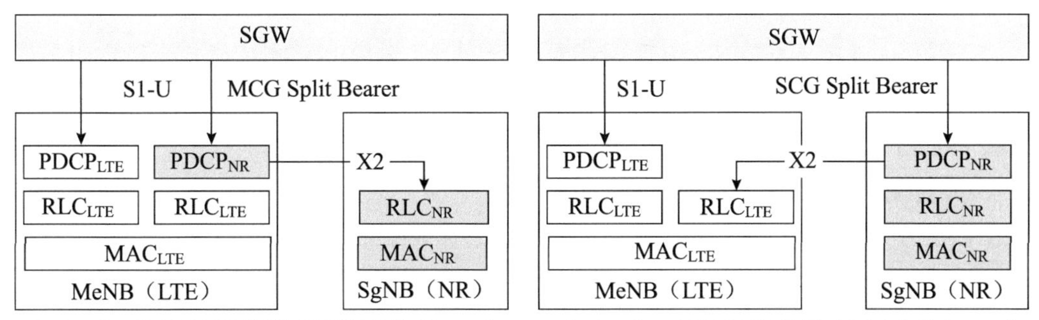

图 3-53　MCG Split Bearer 与 SCG Split Bearer 对比

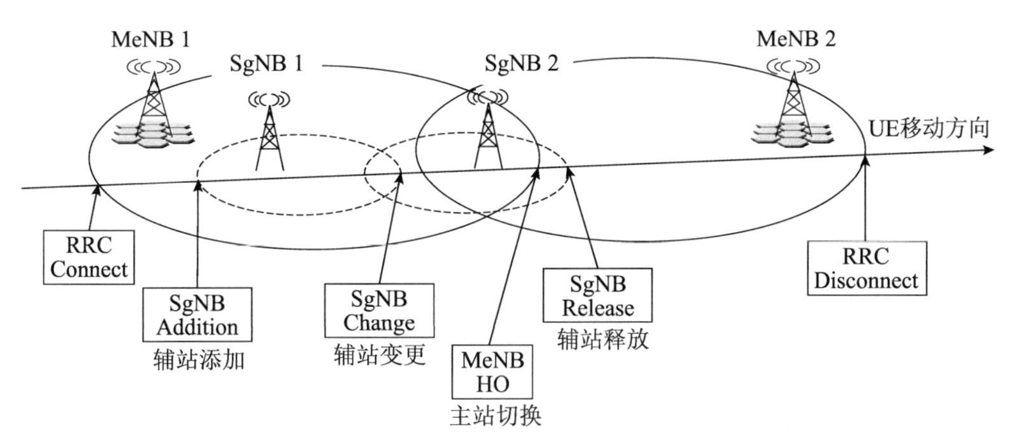

图 3-54　NSA DC 移动性管理全景及对应的流程

NSA 双连接（DC）移动性场景对应流程描述如表 3-28 所示。

表 3-28　NSA 双连接（DC）移动性场景对应流程描述

移动性场景	对 应 流 程
SgNB Addition	MeNB 触发的 SgNB Addition
SgNB Change/ Modification	MeNB 触发的 SgNB Modification，用于在同一 SN 内启动 SCG 的配置更改，或在同一 MN 中执行切换同时保留 SN，或查询当前 SCG 配置； SgNB 触发的 SgNB Modification，用于在同一 SN 内执行 SCG 的配置更改； SgNB 触发的 SgNB Change，用于辅小区站间切换
MeNB HO	MeNB 触发的 Intra-MeNB Handover without SgNB Change MeNB 触发的 Inter-MeNB Handover without SgNB Change
SgNB Release	MeNB/SgNB 触发的 SgNB Release

辅载波 SgNB 添加方式分为两种：基于测量配置 PSCell 和盲配置 PSCell。

（1）基于测量配置 PSCell

UE 根据 MeNB 下发的 SgNB 测量控制进行测量。若 RSRP 测量值大于设定门限，则 MeNB 上报 B1 事件测量报告。MeNB 收到 SgNB 的 B1 事件测量报告后，触发基于 X2 接口的 PSCell 添加流程。

（2）盲配置 PSCell

若 eNB 配置的高优先级 NR 频点上配有盲配置 NR 邻区，则选择该小区对应的 gNB 发起 SgNB 添加请求。若频点下存在多个盲配置小区，则选择排序第一的小区发起 SgNB 添加请求。

若基于盲配置添加 PSCell 失败，则选择没有盲配置 NR 邻区的频点触发测量添加 PSCell。若没有满足条件的频点下发测量，则在下一次基于业务量触发添加 PSCell 时，不判断是否配置有盲 NR 邻区，直接进入测量流程。

3.10.1 辅站 SgNB 添加过程

MeNB 触发 SgNB Addition 流程如图 3-55 所示（参阅 TS37.340 10.2.1 节，X2 接口消息可参阅协议 TS36.423 9.1.3 节）。

UE 在 LTE 网络完成初始接入后，通过主站 MeNB 开始启动辅站 SgNB 添加流程，首先向 UE 发送基于 B1 的 NR 测量控制消息。UE 根据测量指示进行测量并上报测量结果。

消息 1：MeNB 收到 B1 测量报告后，触发 SgNB 添加流程。MeNB 向 SgNB 发送 SgNB Addition Request 消息（见表 3-29，可参阅附录 C）。

MeNB 请求 SgNB 为特定 E-RAB 分配资源，指示 E-RAB 特征，携带 E-RAB 参数和与承载类型对应的 TNL 地址信息。此外，对于需要 SCG 无线资源的承载，MeNB 在辅站添加请求消息中指示请求的 SCG 配置信息，包括 UE 能力信息和 UE 能力协调结果。在这种情况下，MeNB 为 SgNB 提供最新的测量结果，以便选择和配置 SCG 小区。

在 MeNB 与 SgNB 之间需要 X2-U 资源的承载选项根据用户面锚点不同分为两种情况：

- SCG分离承载模式（也称为SN Terminated）时MeNB为SgNB提供相应的E-RAB、X2-U下行传输层地址，并向SgNB提供可以支持的最大QoS级别。
- MCG分离承载模式（也称为MN Terminated）时MeNB为SgNB提供相应的X2-U上行传输层地址。

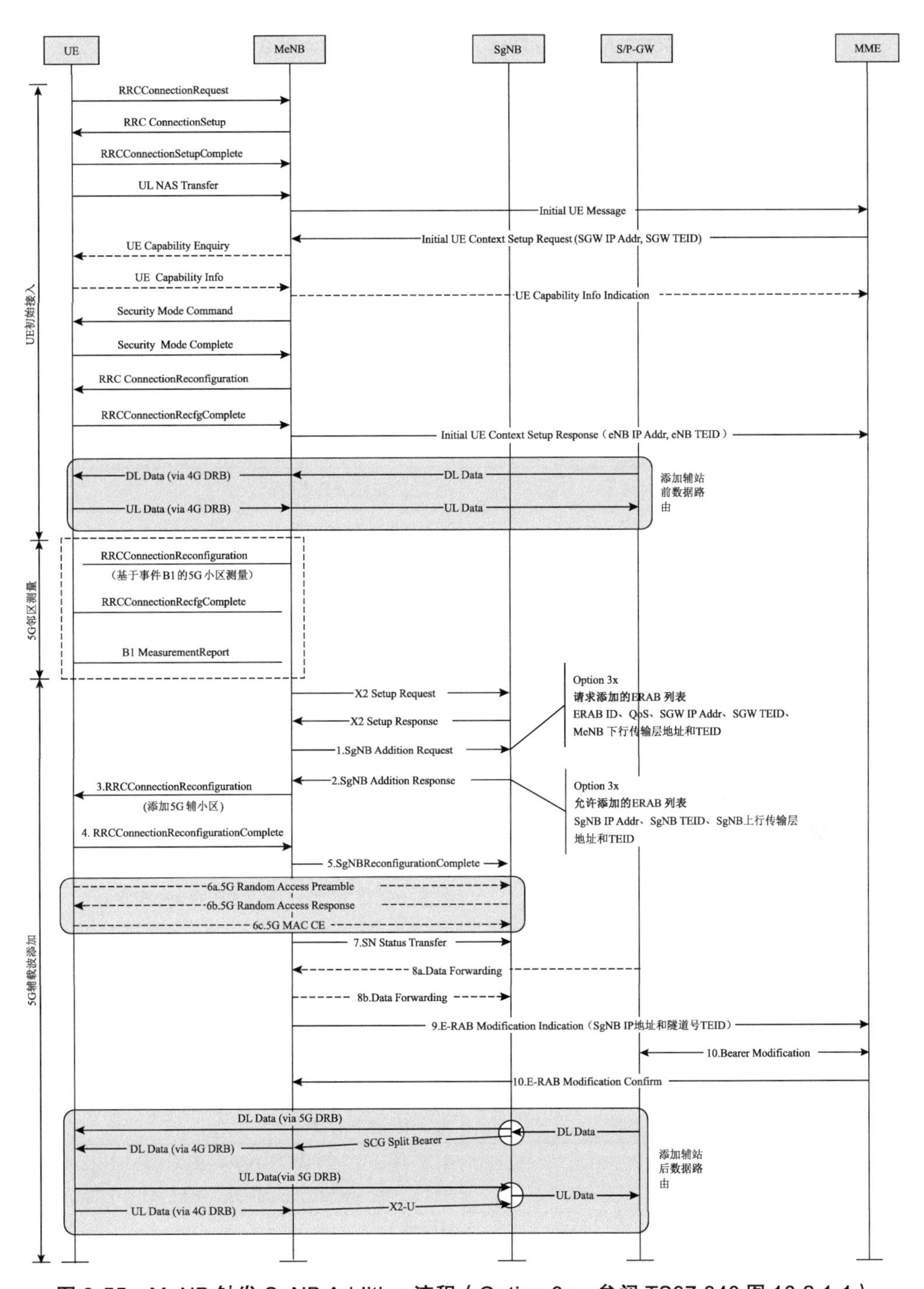

图 3-55 MeNB 触发 SgNB Addition 流程（Option 3x，参阅 TS37.340 图 10.2.1-1）

表 3-29　SgNB Addition Request（参阅 TS36.423 9.1.4.1 节）

信息单元 / 组名称	必要性	描　　述
Message Type	M	指示消息类型
MeNB UE X2AP ID	M	主站为 UE 分配的 X2AP ID
NR UE Security Capabilities	M	UE 的 5G 安全能力，支持的 NR 加密算法和完保算法
SgNB Security Key	M	安全秘钥 S-K_{gNB}
SgNB UE Aggregate Maximum Bit Rate	M	辅站 UE 聚合最大速率
Selected PLMN	O	选择的网络 ID
Handover Restriction List	O	切换限制列表，包括禁止的 TAC、禁止的 LAC、EPS 中 NR 限制作为辅助 RAT、核心网类型限制等
E-RABs To Be Added List		添加的 E-RAB 列表
>E-RABs To Be Added Item		添加的 E-RAB 项
>>E-RAB ID	M	ERAB ID
>>DRB ID	M	DRB ID
>>EN-DC Resource Configuration	M	EN-DC 资源配置，用于指示 PDCP（位于 SgNB）、MCG 和 SCG 是否配置
>>CHOICE Resource Configuration	M	
>>>PDCP present in SN		辅站有 PDCP 场景（Option 3x）
>>>>Full E-RAB Level QoS Parameters	M	E-RAB 级 QoS 参数，如 QCI、ARP、GBR、MBR、MPLR
>>>>Maximum MCG admittable E-RAB Level QoS Parameters	C	最大 MCG 可允许 E-RAB 级 QoS 参数
>>>>DL Forwarding	O	如 DL forwarding proposed 等
>>>>MeNB DL GTP Tunnel Endpoint at MCG	C	主站下行 GTP 隧道传输层地址和隧道标识，位于 Xn-U 接口，用于接收来自 SgNB 转发的下行数据
>>>>S1 UL GTP Tunnel Endpoint	M	S1 上行 GTP 隧道传输层地址和隧道标识，位于 S1-U 接口，用于辅站和 SGW 建立上行用户面路由、传输上行数据
>>>>RLC Mode	O	RLC 模式，如 RLC-AM、RLC-UM-Bidirectional、RLC-UM-Unidirectional-UL、RLC-UM-Unidirectionall-DL 等
>>>>Bearer Type	O	如 non IP，…

续表

信息单元 / 组名称	必要性	描　　述
>>>PDCP not present in SN		辅站无 PDCP 场景（Option 3）
>>>>Requested SCG E-RAB Level QoS Parameters	M	请求的辅小区 E-RAB 级 QoS 参数
>>>>MeNB UL GTP Tunnel Endpoint at PDCP	M	主站上行 GTP 隧道传输层地址和隧道标识，位于 Xn-U 接口，用于和辅站建立上行用户面路由、接收辅站发来的上行数据
>>>>Secondary MeNB UL GTP Tunnel Endpoint at PDCP	O	
>>>>RLC Mode	M	RLC 模式
>>>>UL Configuration	C	指示 UE 如何在辅助节点使用上行链路，如 no-data、shared、only 等
>>>>UL PDCP SN Length	O	上行 PDCP SN 长度
>>>>DL PDCP SN Length	O	下行 PDCP SN 长度
>>>>Duplication activation	O	指示是否激活上行 PDCP 复制
MeNB to SgNB Container	M	包含信元 CG-ConfigInfo（含有 UE 能力信息、测量结果、MCG 和 SCG 无线承载配置、SCG 失败信息等），MeNB 使用此消息请求 SgNB 执行某些操作，如建立、修改或释放 SCG
SgNB UE X2AP ID	O	en-gNB 分配给 UE 的 X2AP ID
Expected UE Behaviour	O	期望的 UE 行为，如 eNB 间切换时间间隔、激活时间保留时长、空闲时间保留时长
MeNB UE X2AP ID Extension	O	
Requested split SRBs	O	请求分离的 SRB 类型（srb1、srb2、srb1&2、…）
MeNB Resource Coordination Information	O	MeNB 资源协调信息，用于协调 MeNB 与 en-gNB 之间的资源利用率
SGNB Addition Trigger Indication	O	此 IE 指示 SGNB 添加过程的触发类型，如 SN change、inter-eNB HO、intra-eNB HO 等
Subscriber Profile ID for RAT/Frequency priority	O	用于在空闲模式下定义驻留优先级，在激活模式下控制 RAT/ 频率间切换
MeNB Cell ID	M	主站的 ECGI
Desired Activity Notification Level	O	此 IE 包含有关应执行哪些级别活动通知的信息，如 None、E-RAB、UE-level 等
Trace Activation	O	跟踪激活，包括跟踪 ID、跟踪的接口类型等

续表

信息单元 / 组名称	必要性	描　述
Location Information at SgNB reporting	O	指示要提供用户的位置信息，如 pscell 等
Masked IMEISV	O	隐藏的 IMEISV
Additional RRM Policy Index	O	附加 RRM 策略索引
Requested Fast MCG recovery via SRB3	O	是否允许通过 SRB3 来请求快速恢复 MCG 的资源

消息 2：SgNB 完成准入判断并分配资源后，向 MeNB 返回 SgNB 辅助小区添加请求响应消息（见表 3-30）。

如果 SgNB 中的 RRM 实体能够接受资源请求，它将分配相应的无线资源，并且根据承载选项分配各自的传输网络资源。对于需要 SCG 无线资源的承载，SN 触发随机接入过程，以便可以同步 SgNB 无线资源配置。SgNB 决定 PSCell 和其他 SCG SCell，并在 SgNB 添加请求确认消息中向 MeNB 提供新的 SCG 无线资源配置（NR RRC 配置消息）。

在 MeNB 和 SgNB 之间需要 X2-U 资源的承载选项根据承载方式不同分为以下两种情况。

- SCG分离承载（Option 3x）模式时SgNB 会向MeNB提供相应的 E-RAB、X2-U上行传输层地址，以及E-RAB的 S1-U接口SgNB侧下行传输层地址，后者用于建立SGW到SgNB的用户面传输通道。
- MCG分离承载（Option 3）模式时SgNB 会向MeNB提供相应的X2-U 下行传输层地址。如果请求了 SCG 无线资源，则提供相应SCG 无线资源配置。

表 3-30　SgNB Addition Request Acknowledge（参阅 TS36.423 9.1.4.2 节）

信息单元 / 组名称	必要性	描　述
Message Type	M	消息类型
MeNB UE X2AP ID	M	主站分配，用于主站和辅站信令连接
SgNB UE X2AP ID	M	辅站分配，用于主站和辅站信令连接
E-RABs Admitted To Be Added List		被允许添加的 E-RAB 列表
>E-RABs Admitted To Be Added Item		被允许添加的 E-RAB 项
>>E-RAB ID	M	E-RAB ID
>>EN-DC Resource Configuration	M	EN-DC 资源配置，用于指示 PDCP（位于 SgNB）、MCG 和 SCG 是否配置
>>CHOICE Resource Configuration	M	

续表

信息单元 / 组名称	必要性	描　述
>>>PDCP present in SN		辅站有 PDCP 场景（Option 3x）
>>>>S1DL GTP Tunnel Endpoint at the SgNB	M	E-RAB S1 口下行 GTP 隧道传输层地址和隧道号，位于 S1-U 接口，用于交付下行 PDU，即接收来自 SGW 的数据
>>>>SgNB UL GTP Tunnel Endpoint at PDCP	C	辅站上行 GTP 隧道传输层地址和隧道号，位于 Xn-U 接口，用于交付上行 PDCP PDU，即接收主站发来的上行数据
>>>>RLC Mode	C	RLC 模式
>>>>DL Forwarding GTP Tunnel Endpoint	O	转发下行数据用的 GTP 隧道地址和隧道号
>>>>UL Forwarding GTP Tunnel Endpoint	O	转发上行数据用的 GTP 隧道地址和隧道号
>>>>Requested MCG E-RAB Level QoS Parameters	C	包括 MCG 请求提供的 E-RAB 级 QoS 参数
>>>>UL Configuration	C	指示 UE 如何在辅助节点使用上行链路，如 no-data、shared、only 等
>>>>UL PDCP SN Length	O	上行 PDCP SN 长度
>>>>DL PDCP SN Length	O	下行 PDCP SN 长度
>>>PDCP not present in SN		辅站无 PDCP 场景（Option 3）
>>>>SgNB DL GTP Tunnel Endpoint at SCG	M	辅站下行 GTP 隧道传输层地址和隧道号（SCG），位于 Xn-U 接口，用于主站交付下行 PDCP PDU 给辅站，即接收主站发来的下行数据
>>>>Secondary SgNB DL GTP Tunnel Endpoint at SCG	O	
>>>>LCID	O	对应于 TS 38.331 中定义的逻辑通道标识
E-RABs Not Admitted List	O	未允许的 E-RAB 列表
SgNB to MeNB Container	M	包含 SgNB 提供给 MeNB 的 CG-ConfigInfo 消息
Criticality Diagnostics	O	
MeNB UE X2AP ID Extension	O	
Admitted split SRBs	O	允许分离的 SRB 类型（srb1、srb2、srb1&2、…）
SgNB Resource Coordination Information	O	SgNB 资源协调信息，用于协调 MeNB 和 en-gNB 之间的资源利用率
RRC config indication	O	RRC 配置指示，如 full config、delta config 等

续表

信息单元 / 组名称	必要性	描　　述
Location Information at SgNB	O	PSCell of the UE，如 NR CGI。使 SgNB 能够向 MeNB 提供支持 UE 本地化的信息
Admitted fast MCG recovery via SRB3	O	是否允许通过 SRB3 来请求快速恢复 MCG 的资源

消息 3：MeNB 向 UE 发送 RRC Connection Reconfiguration 消息，携带 NR RRC 配置消息，包括 NR 辅小区配置信息，如 SSB 中心频点、NR PCI、NR 测量控制信息、上下行初始 BWP 配置以及 RLC/MAC/PHY 层配置等。

消息 4：UE 根据收到的 RRC 重配置消息完成相应配置，并向 MeNB 反馈 RRCConnectionReconfigurationComplete 消息，携带 NR RRC 响应消息。

消息 5：MeNB 转发 SgNB Reconfiguration Complete 消息给 SgNB，向 SgNB 确认 UE 已完成重配流程，消息中携带 NR RRC 响应消息。

消息 6：若为 UE 配置的承载需要 SCG 无线资源，UE 执行到 SgNB PSCell 的同步，并向 SgNB 发起随机接入流程。

消息 7 ～ 8：对于承载类型变更场景，为减少当前服务中断时间，需要进行 MeNB 和 SgNB 间的数据转发。

消息 9 ～ 12：对于 SCG Split Bearer 分流模式，执行 SgNB 与 EPC 之间的用户面路径更新，即通过 E-RABModificationIndication 消息（见图 3-56）指示核心网将 E-RAB 的 S1-U 接口连接到 SgNB。

```
E-RABModificationIndication :
 |_protocolIEs :
    |_SEQUENCE :
    |   |_id :  ---- 0x0(0) ---- 0000000000000000
    |   |_criticality :  ---- reject(0) ---- 00******
    |   |_value :
    |       |_mME-UE-S1AP-ID :  ---- 0x988b0ef(159953135)
    |_SEQUENCE :
    |   |_id :  ---- 0x8(8) ---- 0000000000001000
    |   |_criticality :  ---- reject(0) ---- 00******
    |   |_value :
    |       |_eNB-UE-S1AP-ID :  ---- 0xb8e86(757382) ---- 10000000000010111000111010000110
    |_SEQUENCE :
        |_id :  ---- 0xc7(199) ---- 0000000011000111
        |_criticality :  ---- reject(0) ---- 00******
        |_value :
            |_e-RABToBeModifiedListBearerModInd :
                |_SEQUENCE :
                    |_id :  ---- 0xc8(200) ---- 0000000011001000
                    |_criticality :  ---- reject(0) ---- 00******
                    |_value :                                    gNodeB的IP地址和TEID
                        |_e-RABToBeModifiedItemBearerModInd :
                            |_e-RAB-ID :  ---- 0x5(5) ---- **00101*
                            |_transportLayerAddress :  ---- '00000111100100010010001110010110'B
                            |_dL-GTP-TEID :  ---- 0x98D927FA ---- 10011000110110010010011111111010
```

图 3-56　E-RABModification Indication

辅载波添加流程（Option 3）如图 3-57 所示。

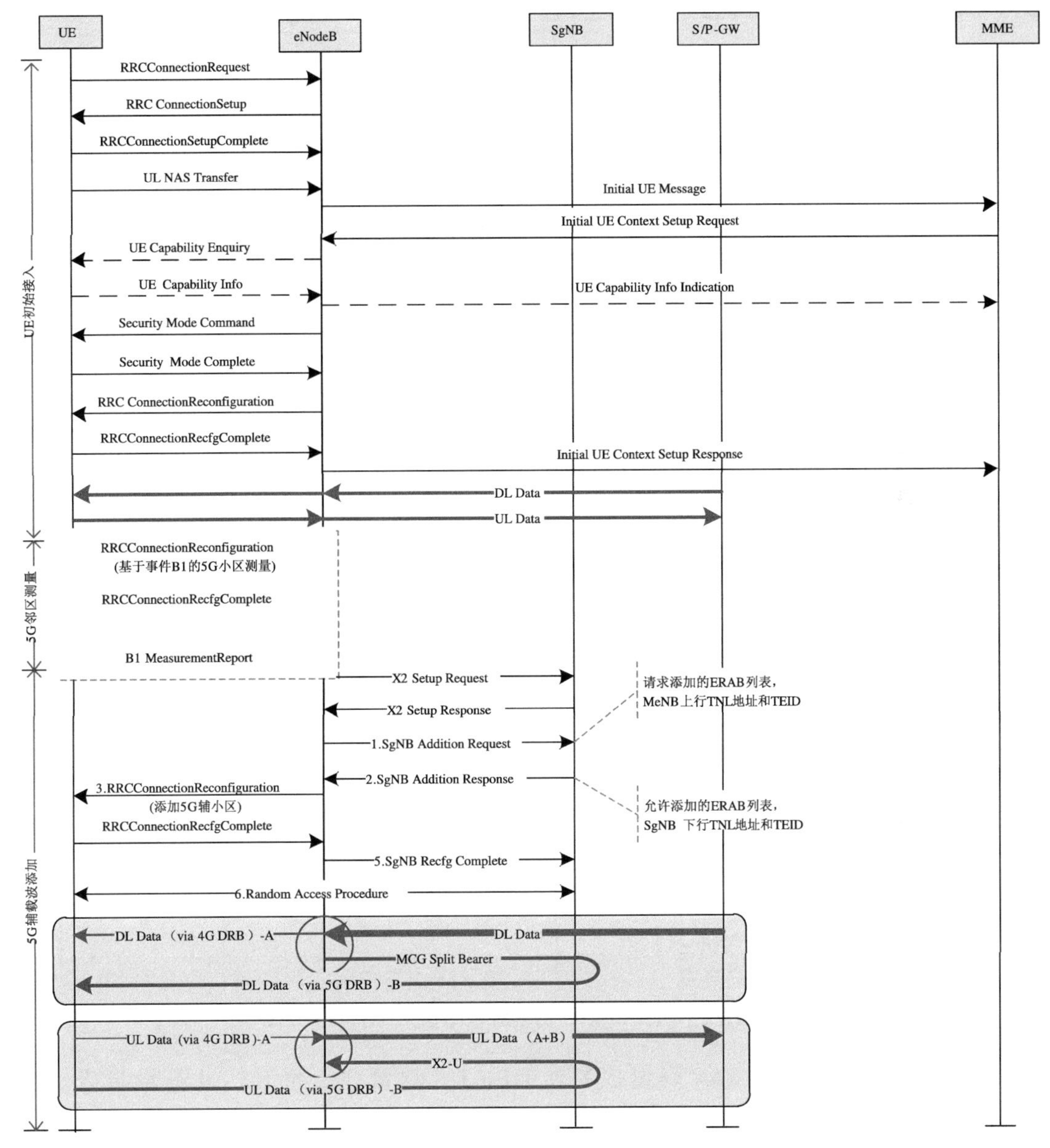

图 3-57 辅载波添加流程（Option 3）

3.10.2 主站 MeNB 变更过程

MeNB 发生变更时，源 MeNB 会将上下文数据传输到目标 MeNB，同时源 SgNB 的上下文会被保留（SgNB 维持不变），或移动到另一个 SgNB（SgNB 同时变更）。在主站发生变更期间，目标 MeNB 决定保留还是更改 SgNB，或释放 SgNB。

MeNB 触发的 Inter-MeNB 切换流程如图 3-58 所示。

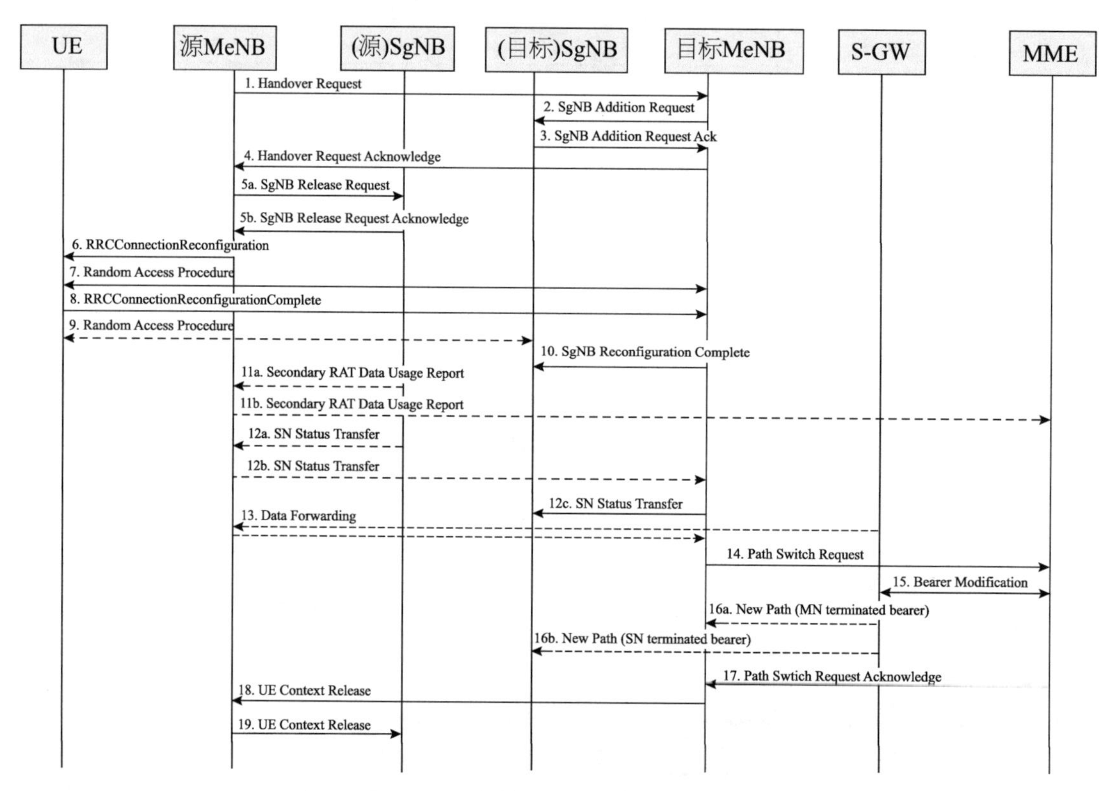

图 3-58　MeNB 触发的 Inter-MeNB 切换流程（参阅 TS37.340 图 10.7.1-1）

源 MeNB 下发 LTE A3/A4 测量控制给 UE，UE 测量并上报 A3/A4 测量报告，源 MeNB 收到测量报告后判决要触发 MeNB 切换。

消息 1：源 MeNB 向目标 MeNB 发送切换请求消息，携带目标小区号 ECGI、切换原因、GUMMEI、UE 上下文等信息。

消息 2：如果目标 MeNB 决定保留 SgNB，则目标 MeNB 会向源 SgNB 发送 SgNB 添加请求。如果目标 MeNB 决定更改 SgNB，则目标 MeNB 会向目标 SgNB 发送 SgNB 添加请求，携带源 MeNB 建立的源 SgNB 中的 UE 上下文信息。

消息 3：目标 SgNB 回复辅站添加确认消息，包括完整或增量 RRC 配置的指示。

消息 4：目标 MeNB 向源 MeNB 回复切换请求确认消息。消息中包括一个透明容器。该容器将作为 RRC 消息发送到 UE 以执行切换，还可以向源 MeNB 提供转发地址，以及是否保留源 SgNB 中的 UE 上下文信息指示。

消息 5：源 MeNB 向源 SgNB 发送 SgNB 释放请求，包括指示 MCG 移动性的原因。源 SgNB 回复释放请求确认信息。如果释放请求确认消息包含保留 SgNB 中的 UE 上下文的指示，则 SgNB 将保留 UE 上下文。

消息 6 ～ 10：源 MeNB 向 UE 发送 RRC 重配置消息（含 LTE 站间切换命令），UE 收到后执行 RRC 重配置。UE 切换成功后向目标 MeNB 小区发送 RRC 重配置完成消息。之后 UE 向目标 SgNB 发起随机接入过程，目标 MeNB 向新添加的 SgNB 回复重配置完成。

消息 11a ～ 11b：SgNB 向源 MeNB 发送辅助 RAT 数据使用情况报告消息，包括通过 NR 空口传送和接收到的数据量。源 MeNB 向 MME 发送辅助 RAT 报告消息，以提供有关已使用的 NR 资源信息。

消息 12 ～ 13：执行数据转发过程，源 MeNB 将从 SGW 收到的用户数据转发给目标 MeNB。

消息 14 ～ 19：目标 MeNB 向核心网发起 Path Switch，并向源 MeNB 发送上下文释放请求，源 MeNB 向 SgNB 发送上下文释放请求。

3.10.3 辅站 SgNB 变更过程

辅站 SgNB 变更过程可以由 MeNB 或 SgNB 启动，用于将 UE 上下文从源 SgNB 传输到目标 SgNB，并将 UE 中的 SCG 配置从一个 SgNB 更改为另一个 SgNB。辅站触发的辅站变更流程如图 3-59 所示。

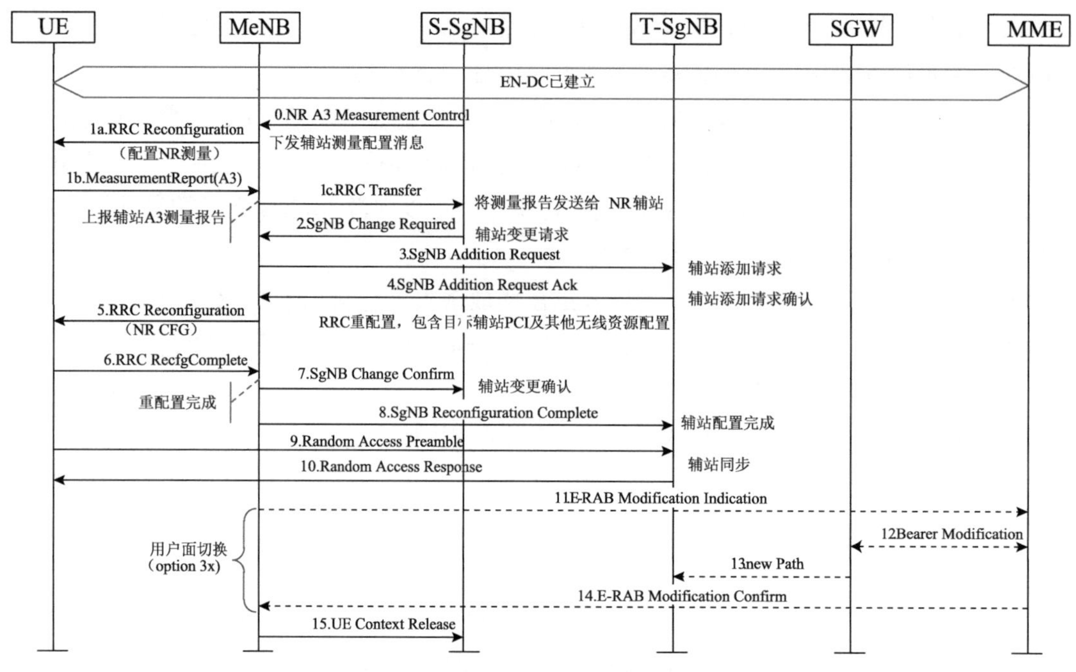

图 3-59　辅站触发的辅站变更流程（TS37.340 图 10.5.1-2）

UE 在 EN-DC 场景下发起业务请求时，当 gNB 收到 SgNB Addition Request 消息，gNB 的测量控制模块产生测量控制信息，通过 X2 口传递给 eNB，由 eNB 在辅站添加时同时下发测量控制信息给 UE。在 UE 处于连接态或完成切换后，若测量配置信息更新，gNB 也会通过 RRCConnectionReconfiguration 消息下发更新后的测量配置信息，消息包含测量对象、测量任务的报告配置（包括 A3 事件相关参数、事件上报的触发量和上报量、测量报告的其他信息等）、RSRP 滤波系数。

当 UE 收到测量控制消息后，UE 会启动服务小区和邻区的信号质量测量，并根据 RSRP 滤波系数对测量值进行滤波，然后进行 A3 事件判决。当信号质量在时间迟滞的时间范围内持续满足触发 A3 事件条件时，UE 执行相应的动作。触发 A3 事件后，如果未满足取消 A3 事件的条件，则该邻区的 A3 事件会每隔 240ms 持续上报。

消息 1a：NR 测量配置消息在辅站 S-SgNB 添加或变更时直接通过主站的 RRC 重配置消息发送给 UE。测量配置由测量对象①、报告配置②③、测量标识④和数量配置④组成，如图 3-60 所示（注：需要和首次辅站添加时的 B1 测量区分开来）。

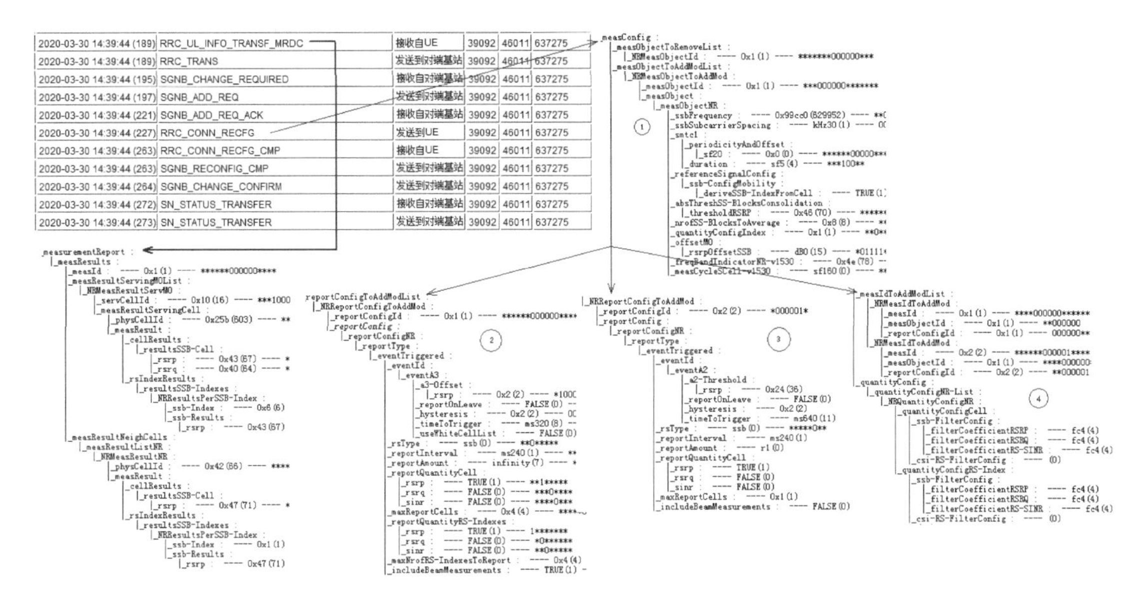

图 3-60 NR 测量报告和测量配置消息示例

消息 1b ～ 1c：UE 根据指示对目标 NR 小区进行测量，并通过 SRB3 向 S-SgNB 上报测量结果（A3 事件触发）。若无 SRB3，则 UE 首先将测量结果上报给 MeNB，MeNB 通过 X2 接口 RRCTransfer 消息将测量结果转发给 SgNB，SgNB 负责辅小区的切换判决，如图 3-60 所示。

消息 2：源 SgNB 向 MeNB 发送 SgNB Change Required 消息，携带目标 SgNB ID、SCG 配置（支持增量配置）及与目标 SgNB 相关的测量结果。

消息 3：主站收到后触发辅站添加流程。主站向目标 T-SgNB 发送辅站添加请求，携带从 S-SgNB 收到的与目标 T-SgNB 相关的测量结果请求目标 T-SgNB 为 UE 分配资源。

消息 4：T-SgNB 回复主站 SgNB 添加请求响应消息，包括 T-SgNB 完整或增量 RRC 配置的指示。如果需要转发数据，则 T-SgNB 还需向主站提供转发地址。

消息 5：主站收到消息后向 UE 发送 RRC 重配置消息，携带 T-SgNB 生成的 NR RRC 配置消息。

消息 6：UE 应用新配置并发送 RRC 重配置完成消息，包括提供给 T-SgNB 的编码后的 NR RRC 响应消息（如果需要）。如果 UE 无法完成 RRC 重配置消息中包含的配置（部分），则它将执行重新配置失败过程。

消息 7：如果目标辅站 T-SgNB 资源分配成功，则主站向源辅站 S-SgNB 发送辅站变更确认消息，S-SgNB 收到消息后停止向 UE 发送用户数据。

消息 8：如果 RRC 重新配置过程成功，则 MeNB 向 T-SgNB 转发从 UE 收到的 NR RRC 响应消息。

消息 9 ～ 10：UE 向 T-SgNB 发起随机接入过程，同步到目标 T-SgNB。

消息 11 ～ 14：（SN 终止场景）当有承载在 S-SgNB 上终止时，主站将触发路径更新，目的是将用户数据路由到 T-gNB。

消息 15：主站向 S-SgNB 发送 UE 上下文释放消息。S-SgNB 收到后，释放与 UE 上下文关联的无线资源和与控制面相关资源。

3.10.4 辅站 SgNB 调整过程

辅站 SgNB 调整过程由 MeNB 或 SgNB 启动，主要用于修改、建立或释放现有 SgNB 承载上下文。主站触发的辅小区调整流程通常由 resource-optimisation（33）触发，而辅站触发则可能由辅小区 action-desirable-for-radio-reasons（31）引起。SgNB 触发的 SgNB Modification 流程如图 3-61 所示。

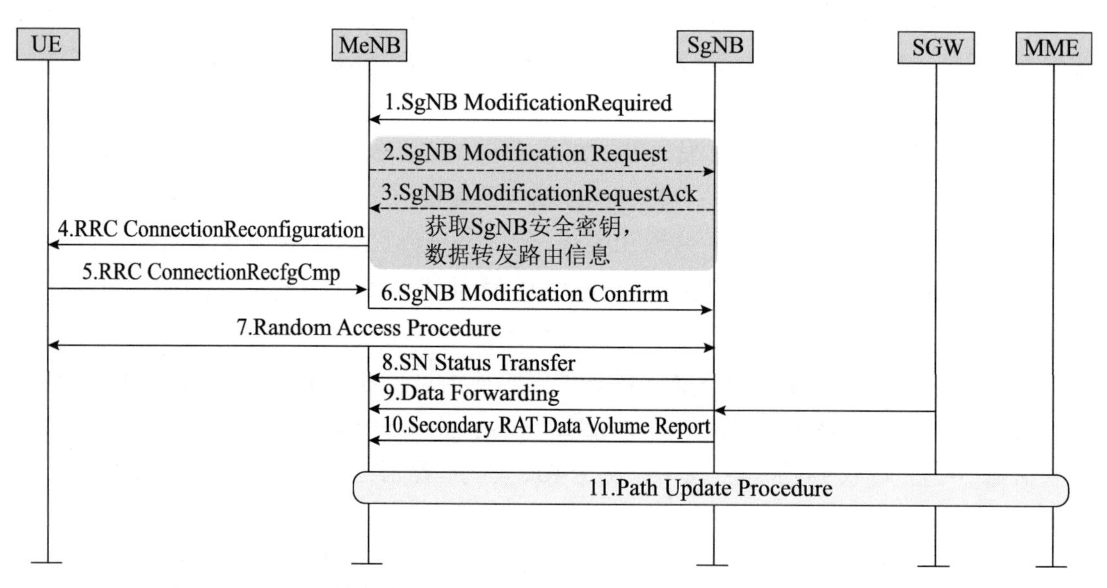

图 3-61　SgNB 触发的 SgNB Modification 流程（TS37.340 图 10.3.1-2）

消息 1：SgNB 向 MeNB 发送 SgNB ModificationRequired 消息，包括 NR RRC 配置消息和承载释放、变更信息（若主站触发直接进入消息 2 ～ 3，则无消息 1）。

消息 2 ～ 3：辅站触发时，消息 2 ～ 3 可选，仅有数据需要转发或者 SgNB 密钥需要变更时涉及。SgNB ModificationRequired 消息可能会触发 MeNB 执行 SgNB 调整过程。例如，提供数据转发地址、新的 SgNB 安全密钥、测量 GAP 等信息。

消息 4：主站向 UE 发送 RRC 连接重配置消息，包括 NR RRC 配置消息、新的 SCG 无线资源配置。

消息 5：UE 应用新配置并发送 RRC 重配置完成消息，包括提供给辅小区的 NR RRC 响应消息（如果需要）。如果 UE 无法完成 RRC 重配置消息包含的配置（部分），则 UE 将执行重配置失败过程。

消息 6：UE 成功完成重配后，MeNB 向 SgNB 发送 SgNB Modification Confirm 确认消息，包括 NR RRC 响应消息。

消息 7：若为 UE 配置的承载需要 SCG 无线资源，则 UE 执行到 SgNB PSCell 的同步过程并向 SgNB 发起随机接入流程，后续流程同 SgNB Change 流程；否则应用新配置后 UE 发起上行传输。

3.11 空口主要消息

根据 3GPP TS 38.300 协议，系统消息按内容可以分为 MSI（Minimum System Information）和 OSI（Other System Information）两大类。

MSI 包括 MIB 和 SIB1。MIB 调度周期为 80ms，每隔 20ms 重复发送，为 UE 提供初始接入信息和用于捕获 SIB1 的信息。SIB1 调度周期为 160ms，每隔 20ms 重复发送，广播 UE 初始接入网络时需要的基本信息，包括初始 BWP 信息、下行信道配置等。

OSI 包括 SIB2 ～ SIB*n*，提供移动性管理、地震海啸预警系统（ETWS）、商业移动警报系统（CMAS）等相关信息广播。OSI 可以由 gNB 周期广播发送，也可以由 UE 发起订阅请求后，gNB 再发送。

系统消息块内容如表 3-31 所示（参阅 TS38.331 6.2.2 节和 6.3.1 节）。

表 3-31　系统消息块信息

类别	消息	消 息 内 容
MSI	MIB	系统帧号 SFN、公共信道子载波间隔、SIB1 PDCCH 配置信息等
	SIB1	小区接入与小区选择的相关参数，SI（System Information）的调度信息。 • 小区选择参数 • 小区接入信息（PLMN、TAC、CellID） • SI 调度信息（SI 周期、窗口长度、SIB 映射等） 小区配置（频段、频点、带宽、初始 BWP、PRACH 等信道配置）
OSI	SIB2	小区重选公共参数及同频小区重选参数
	SIB3	同频邻区列表及每个邻区的重选参数、同频黑名单小区列表
	SIB4	异频邻区列表及与重选相关的异频信息、异频邻区参数信息
	SIB5	异系统小区重选相关信息，包括 E-UTRAN 频率、E-UTRAN 邻小区相关信息、每个异系统频点上所有小区公共的小区重选参数
	SIB6	地震和海啸预警系统（ETWS）主通知消息
	SIB7	地震和海啸预警系统（ETWS）辅通知消息
	SIB8	商业移动警报服务（CMAS）通知消息
	SIB9	包含 GPS 时间和 UTC 时间的相关信息。UE 可以使用这些参数来获取 UTC、GPS 和本地时间

系统消息通过逻辑信道 BCCH 发送，传输路径如图 3-62 所示。

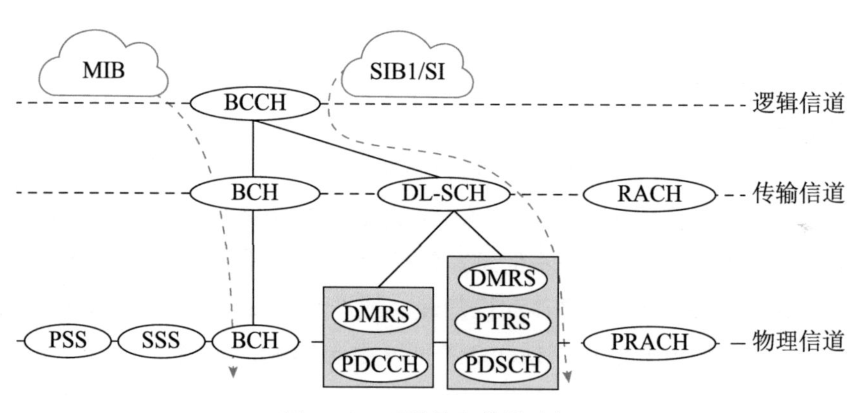

图 3-62　系统消息传输路径

MIB 在传输信道 BCH 上发送，调度周期为 80ms，每 80ms 更新一次 MIB，且 80ms 内可以按照重发周期重复发送。由于 BCH 的传输格式是预定义的，因此 UE 无须从网络侧获取其他信息就可以直接接收 MIB 消息。

SIB1 在传输信道 DL-SCH 上发送，调度周期为 160ms，每 160ms 更新一次 SIB1，且 160ms 内可以按照重发周期重复发送。UE 接收 MIB 消息后，按照 MIB 消息配置的方式接收 SIB1。

其他 SIB 封装成 SI 消息，在 DL-SCH 上发送。UE 接收 SIB1 消息后，按照 SIB1 消息配置的方式接收其他 SIB。

系统消息的调度周期如表 3-32 所示。

表 3-32 系统消息的调度周期

类 型	子 项	承载信道	下发方式	调度周期	重发周期
MSI	MIB	PBCH	周期广播	80ms	默认 20ms
	SIB1	PDSCH	周期广播	160ms	默认 20ms
OSI	SIB2	PDSCH	周期广播	320ms	不重发
	SIB3	PDSCH	周期广播	320ms	不重发
	SIB5	PDSCH	周期广播	640ms	不重发

UE 在开机选择小区驻留、重选小区、切换完成、从其他 RAT 系统进入 NR-RAN、从非覆盖区返回覆盖区时，都会主动读取系统消息。

当 UE 在上述场景中正确获取了系统消息后，UE 不再反复读取系统消息，只会在满足以下任一条件时重新读取并更新系统消息：

（1）收到 gNB 寻呼消息指示系统消息变化；

（2）收到 gNB 寻呼消息指示有 ETWS 或 CMAS 消息广播；

（3）距离上次正确接收系统消息 3 小时后。

系统消息更新过程限定在特定的时间窗内进行，这个时间窗被定义为 BCCH 修改周期。BCCH 修改周期的边界由 SFN mod m=0（m 是 BCCH 修改周期的无线帧数）的 SFN 值定义，即某时刻满足 SFN mod m=0 时，则在此时刻（SFN 满足上述公式的时刻）启动 BCCH 修改周期。

UE 通过寻呼 DCI 接收系统消息更新指示，在下一个 BCCH 修改周期接收更新后的系统消息。系统消息更新过程如图 3-63 所示。图中不同颜色的小方块代表不同内容的系统消息，UE 在第 n 个修改周期接收系统消息更新指示，在第 n+1 个修改周期接收更新后的系统消息。

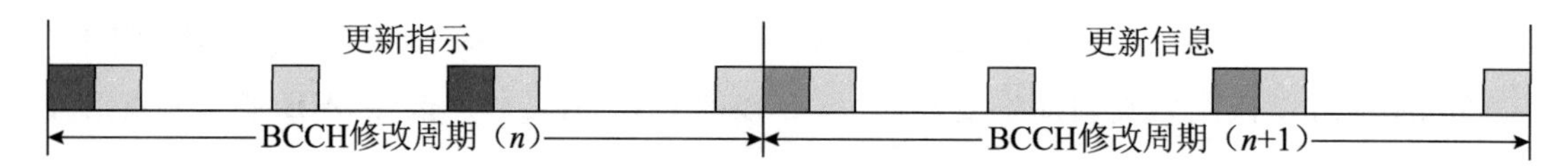

图 3-63　系统消息更新过程示意图

BCCH 修改周期（*m* 个无线帧）=modificationPeriodCoeff×defaultPagingCycle

其中，modificationPeriodCoeff 为修改周期系数，指示 UE 在 BCCH 修改周期内监听寻呼消息的最小次数，取值为 2，不可配置；defaultPagingCycle 为默认寻呼周期，单位为无线帧，可配置。两个参数均由 SIB1 下发给 UE。

对于除 SIB6、SIB7、SIB8 之外的系统消息更新，gNB 将在 SIB1 中修改 valueTag 值。UE 读取 valueTag 值，并和上次的值进行比较，如果变化则认为系统消息内容改变，UE 重新读取并更新系统消息，否则 UE 认为系统消息没有改变，不读取系统消息。UE 在距离上次正确读取系统消息 3 小时后会重新读取系统消息，这时无论 valueTag 是否变化，UE 都会读取全部的系统消息。

3.11.1　SIB1 消息内容解析

SIB1 消息内容如表 3-33 所示。

表 3-33　SIB1 消息内容（TS38.331 6.2.2 节）

字段名称	字段描述
cellSelectionInfo（小区选择信息）	
q-RxLevMin	小区要求的最小接收电平，实际值为 IE 值 ×2
q-RxLevMinOffset	实际值 = 上报值（dB）
q-RxLevMinSUL	小区选择参数
q-QualMin	小区选择参数
q-QualMinOffset	小区选择参数
cellAccessRelatedInfo（小区接入信息）	
plmn-IdentityList	网络标识列表，同一个小区可以配置（或接入）多个 PLMN。UE 接入时在 RRC 建立完成消息中将选择的 PLMN 上报给基站，告知网络 UE 接入的 PLMN
trackingAreaCode	跟踪区代码
RAN-AreaCode	RAN 区域代码
cellIdentity	小区标识

续表

字段名称	字段描述
connEstFailureControl（连接建立失败控制）	
connEstFailCount	在应用 connEstFailOffset 之前，UE 检测到同一小区上 T300 失效的次数
connEstFailOffsetValidity	指示 UE 应用 connEstFailOffset 的时长
connEstFailOffset	连接建立失败偏移量，即 Qoffsettemp
si-SchedulingInfo（SI 调度信息）	
si-WindowLength	SI 窗口长度 {s5, s10, s20, s40, s80, s160, s320, s640, s1280}
si-BroadcastStatus	SI 广播状态 {broadcasting, notBroadcasting}
si-Periodicity	SI 周期 {rf8, rf16, rf32, rf64, rf128, rf256, rf512}
sib-MappingInfo	SIB 映射信息
SIB-TypeInfoType	SIB 类型，如 sibType 2、sibType 3、sibType 4、sibType 5……
SI-RequestConfig	SI 请求配置
>rach-OccasionsSI	用于 SI 专用 RACH Occassions 配置。如果字段不存在，则 UE 将使用初始上行 BWP 的 rach-Configcommon 中配置的参数
>>rach-ConfigSI	用于 SI 的 RACH 配置
>>>prach-ConfigurationIndex	PRACH 配置索引，给出了 PRACH Occasion 所在的系统帧号、子帧、时隙、起始符号、个数等信息
>>>msg1-FDM	指示同一时刻，频域上的 PRACH Occasion 个数
>>>msg1-FrequencyStart	指示 PRACH 在频域上的起始位置
>>>zeroCorrelationZoneConfig	N-CS 配置信息
>>>preambleReceivedTargetPower	前导初始接收目标功率，实际值为 IE 值 ×2
>>>preambleTransMax	前导最大传输次数
>>>powerRampingStep	前导功率攀升步长
>>>ra-ResponseWindow	Msg2（RAR）窗口长度（以 slot 数表示）。网络配置的值小于或等于 10ms
>>ssb-perRACH-Occasion	指示了一个 SSB 对应 RACHOccasion 的个数 {1/8, 1/4, 1/2, 1, 2, 4, 8, 16}
>si-RequestPeriod	在 ra-AssociationPeriodIndex 中 SI-Request 配置的周期，取值范围为 {1, 2, 4, 6, 8, 10, 12, 16}
si-RequestResources	
> ra-PreambleStartIndex	指示 SI request 情况下要用的 preamble index。如果 N 个 SSB 和一个 RACH Occasion 关联，则： • $N \geqslant 1$ 时，第 i 个 SSB 波束对应的 preambleindex=ra-PreambleStartIndex $+i$ • $N<1$ 时，第 i 个 SSB 波束对应的 preambleindex=ra-PreambleStartIndex

续表

字段名称	字段描述
>ra-AssociationPeriodIndex	在 si-RequestPeriod 时间内的关联周期索引，UE 可以使用定义的前导发送与 SI 请求资源对应的 SI 请求消息
>ra-ssb-OccasionMaskIndex	用于确定基于非竞争随机接入过程的 PRACH 资源位置（频域）
servingCellConfigCommonSIB（服务小区公共配置）	
downlinkConfigCommonSIB	**下行公共配置信息**
>frequencyInfoDL-SIB	下行载波的基本参数及其传输
>>frequencyBandList	下行 NR 频段指示和 nr-NS-PmaxList
>>offsetToPointA	SSB 起始频率和 PointA 的频率偏移，单位 RBs
>>scs-SpecificCarrierList	载波配置
>>>offsetToCarrier	小区下行起始 PRB 和 PointA 的频率偏移
>>>subcarrierSpacing	小区下行子载波间隔
>>>carrierBandwidth	小区下行传输带宽，单位 RB
>initialDownlinkBWP	初始下行 BWP 配置信息
>>genericParameters	BWP 基本配置参数
>>>locationAndBandwidth	初始下行 BWP 的频域位置和带宽
>>>subcarrierSpacing	初始下行 BWP 的子载波带宽 SCS
>>>cyclicPrefix	初始下行 BWP 的循环前缀 CP
>>pdcch-ConfigCommon	PDCCH 配置信息
>>pdsch-ConfigCommon	PDSCH 配置信息
>BCCH-Config	广播信道配置
>>modificationPeriodCoeff	n2、n4、n8、n16
>PCCH-Config	寻呼信道配置
>>defaultPagingCycle	寻呼周期，例如，rf32 表示寻呼周期为 32 个无线帧
>>nAndPagingFrameOffset	定义寻呼周期中的总寻呼帧数 *N* 和寻呼帧偏移量 PF_offset。例如，oneT 表示 DRX 周期为 *T* 内可以作为寻呼帧的数目为 *T*。假定一个 DRX 周期为 32 个帧，oneT 表示这 32 个帧都可以作为寻呼帧，而 halfT 表示只有 16 个帧可以作为寻呼帧，后面的数值表示 PF_offset
>>>oneT	Null
>>>halfT	PF_offset 取值 0 ～ 1
>>>quarterT	PF_offset 取值 0 ～ 3
>>>oneEighthT	PF_offset 取值 0 ～ 7
>>>oneSixteenthT	PF_offset 取值 0 ～ 15
>ns	表示 Ns，指示 PF 包含的 PO 个数，取值 1、2、4
>firstPDCCH-MonitoringOccasionOfPO	用来确定 PO 的起始位置

续表

字段名称	字段描述
>>sCS15kHzoneT	sCS15kHZoneT 中的 sCS15kHz 指示 SCS 是 15kHz，oneT 表示一个寻呼周期包含多少个 PF，SIZE（1..4）指示的是 Ns（一个 PF 包含多少个 PO），SIZE 的个数应等于 i_s+1
>>sCS30kHZoneT-SCS15kHzhalfT	sCS30kHzoneT-SCS15kHzhalfT 表示 30kHz 配 oneT 的 symbol，与 15kHz 配 HalfT 的 symbol 一致
>>……	
uplinkConfigCommonSIB	**上行公共配置信息**
>frequencyInfoUL-SIB	上行载波的基本参数及其传输
>>frequencyBandList	小区上行频率所在的频段号
>>absoluteFrequencyPointA	PointA 频率（即 CRB0 对应的起始频率 ARFCN-ValueNR）
>>scs-SpecificCarrierList	载波配置
>>>offsetToCarrier	该小区起始 PRB 和 Point A 的频率偏移
>>>subcarrierSpacing	小区上行子载波间隔
>>>carrierBandwidth	小区上行传输带宽，单位 RB
>>additionalSpectrumEmission	UE 上行链路上应用附加频谱发射要求
>>p-Max	服务小区 UE 允许的最大发射功率
>>frequencyShift7p5kHz	NR 上行发射频率偏移 7.5kHz，若未提供该字段，则表示未设置频率偏移
>initialUplinkBWP	初始上行 BWP 配置信息
>>genericParameters	BWP 基本配置参数
>>>locationAndBandwidth	初始上行 BWP 的频域位置和带宽
>>>subcarrierSpacing	初始上行 BWP 的子载波带宽 SCS
>>>cyclicPrefix	初始上行 BWP 的循环前缀 CP
>>rach-ConfigCommon	RACH 配置信息
>>pusch-ConfigCommon	PUSCH 配置信息
>>pucch-ConfigCommon	PUCCH 配置信息
supplementaryUplinkConfig	仅当配置 SUL 小区时，网络才会配置该字段
n-TimingAdvanceOffset	TA 偏移量 N_TA-Offset，应用于小区随机接入过程
ssb-PositionsInBurst	指示传输的 SSB 块在一个 SS-burst 中的时域位置，即 SSB 位图传输模式
>shortBitmap	半帧内 SSB 块数为 4 时的位图
>mediumBitmap	半帧内 SSB 块数为 8 时的位图。例如，10101010 表示 NR 小区的 SSB 模式是 3GHz 和 6GHz 之间的情况 A 或情况 B，定义 8 个 SSB 并且 SSB 0、SSB 2、SSB 4、SSB 6 传输

续表

字段名称	字段描述
>longBitmap	半帧内 SSB 块数为 64 时的位图
ssb-periodicityServingCell	用于速率匹配目的的 SSB 周期（以 ms 表示）。如果字段不存在，则 UE 将应用值 5ms
dmrs-TypeA-Position	下行链路和上行链路（第一个）DM-RS 的时域位置
lte-CRS-ToMatchAround	以确定 UE 应与之匹配的 LTE CRS 模式的参数
rateMatchPatternToAddModList	指示 UE 小区级或 BWP 级的 PDSCH 资源配置，配置最多 4 个 RateMatchPattern。资源模式有两种类型：bitmap 类型和 controlResourceSet 类型。后者通过 ControlResourceSetId 指定一个 CORESET，频域资源由该 CORESET 确定，时域资源由与这个 CORESET 关联的搜索空间确定
rateMatchPatternToReleaseList	
subcarrierSpacing	SSB 的子载波间隔，FR1 时可配置 15kHz 或 30kHz，FR2 时只能配置为 120kHz 或 240kHz
tdd-UL-DL-ConfigurationCommon	小区 TDD UL/DL 配置，详见 TS38.331 6.3.2 节 TDD-UL-DL-Config
>referenceSubcarrierSpacing	SubcarrierSpacing
>pattern1	TDD-UL-DL-Pattern
>>dl-UL-TransmissionPeriodicity	{ms0p5, ms0p625, ms1, ms1p25, ms2, ms2p5, ms5, ms10}
>>nrofDownlinkSlots	（0..maxNrofSlots）
>>nrofDownlinkSymbols	（0..maxNrofSymbols-1）
>>nrofUplinkSlots	（0..maxNrofSlots）
>>nrofUplinkSymbols	（0..maxNrofSymbols-1）
>pattern2	TDD-UL-DL-Pattern
>>dl-UL-TransmissionPeriodicity	{ms0p5, ms0p625, ms1, ms1p25, ms2, ms2p5, ms5, ms10}
>>nrofDownlinkSlots	（0..maxNrofSlots）
>>nrofDownlinkSymbols	（0..maxNrofSymbols-1）
>>nrofUplinkSlots	（0..maxNrofSlots）
>>nrofUplinkSymbols	（0..maxNrofSymbols-1）
ss-PBCH-BlockPower	传输 SSS 同步信号的 RE 的平均发射功率 EPRE，以 dBm 表示。UE 使用它来估计 RA 前导发射功率
uac-BarringInfo（统一接入控制参数）	
uac-BarringForCommon	适用于所有接入类别的公共接入控制参数
>accessCategory	接入类型，NR 将不同应用 APP、业务、语音、不同优先级的用户等映射到 category，如 MO-signalling、MMTEL video、SMS、mo-data 等，RAN 侧基于 category 控制 UE 接入

续表

字段名称	字段描述
>uac-barringInfoSetIndex	
uac-BarringPerPLMN	针对不同接入类别不同 PLMN 的参数设置
>plmn-IdentityIndex	PLMN 标识索引
>uac-ACBarringListType	每个接入类别的接入控制参数，仅对特定的 PLMN 有效
>>uac-ImplicitACBarringList	
>>uac-ExplicitACBarringList	
uac-BarringInfoSetList	接入控制参数集合
>uac-BarringFactor	接入禁止时段内允许接入尝试的概率
>uac-BarringTime	接入尝试被禁止后重新发起同类型接入尝试的最小间隔时间
>uac-BarringForAccessIdentity	指示每个接入标识是否允许进行接入尝试
uac-AccessCategory1-SelectionAssistanceInfo	被用于确定接入类别 1 是否适用于 UE 的相关信息
其他参数	
ims-EmergencySupport	指示小区是否支持服务受限模式下的 UE 的 IMS 紧急呼叫。如果字段不存在，则表示网络不支持服务受限 UE 在该小区发起 IMS 紧急呼叫业务
eCallOverIMS-Support	是否支持 eCallOverIMS
ue-TimersAndConstants	UE 计时器和常量设置，计时器包括 t300、t301、t310、n310、t311…
useFullResumeID	RRC_INACTIVE 态指示使用哪个恢复标识符和恢复请求消息。如果字段存在，UE 使用完整的 I-RNTI 和 RRCResumeRequest1；如果字段不存在，则使用短 I-RNTI 和 RRCResumeRequest

3.11.2 SIB2 消息内容解析

SIB 消息内容如表 3-34 所示。

表 3-34 SIB2 消息内容（TS38.331 6.3.1 节）

字段名称	字段描述
cellReselectionInfoCommon（小区重选公共参数）	
>nrofSS-BlocksToAverage	用于平均的 SSB 个数，该参数表示 UE 基于波束级 RSRP 计算得到小区级 RSRP 时，允许使用的最大 SSB 波束个数

续表

字段名称	字段描述
>absThreshSS-BlocksConsolidation	SSB合并门限，当小区内存在1个或多个SSB波束的RSRP大于设置的参数值时，小区级RSRP不小于设置的参数值的RSRP线性平均值
>rangeToBestCell	固定为3dB
>q-Hyst	小区重选迟滞
>speedStateReselectionPars	小区重选速度因子
>>mobilityStateParameters	
>>q-HystSF	q-Hyst速度因子，用于中速或高速移动场景
>>>sf-Medium	中速场景，小区重选迟滞时间为q_Hyst+sf_Medium
>>>sf-High	高速场景，小区重选迟滞时间为q_Hyst+sf_High
cellReselectionServingFreqInfo（异频/异系统小区重选）	
>s-NonIntraSearchP	异系统测量启动门限RSRP
>s-NonIntraSearchQ	异系统测量启动门限RSRQ
>threshServingLowP	服务频点低优先级RSRP重选门限，表示服务频点向低优先级异系统重选时的门限，应用于UE向低优先级异系统重选判决场景
>threshServingLowQ	服务频点低优先级RSRQ重选门限
>cellReselectionPriority	小区重选优先级，取值范围为0～7。该参数表示服务频点的小区重选优先级，0表示最低优先级
>cellReselectionSubPriority	
>...	
intraFreqCellReselectionInfo（同频小区重选）	
>q-RxLevMin	同频邻小区的最小接收电平
>q-RxLevMinSUL	如果这个小区上UE支持SUL，则该参数指示SUL小区的最小接收电平
>q-QualMin	同频邻小区的最低质量要求
>s-IntraSearchP	同频测量启动门限RSRP
>s-IntraSearchQ	同频测量启动门限RSRQ
>t-ReselectionNR	Treselection$_{NR}$，同频邻区重选迟滞时间
>frequencyBandList	频率所属频段
>frequencyBandListSUL	如果这个小区上UE支持SUL，则该参数指示SUL小区频率的所属频段
>p-Max	同频邻小区允许的UE最大发射功率

续表

字段名称	字段描述
>smtc	SSB块测量定时配置，包括SSB周期、偏移和测量窗口长度。如果该字段不存在，则UE假定SSB周期为5 ms
>ss-RSSI-Measurement	SS-RSSI测量配置
>> measurementSlots	指示UE可以执行RSSI测量的时隙
>> endSymbol	在为RSSI测量配置的时隙中，UE测量RSSI从符号0到符号*N*。此字段标识实际的结束符号*N*
>ssb-ToMeasure	在SMTC测量持续时间内测量的SSB集合。当字段不存在时，UE对所有SSB块进行测量
>deriveSSB-IndexFromCell	字段指示UE是否可以利用服务小区定时信息来得到邻区传输的SSB index
>t-ReselectionNR-SF	Speed dependent ScalingFactor for Treselection_{NR}，小区重选迟滞速度因子

3.11.3 SIB3消息内容解析

SIB3消息内容如表3-35所示。

表3-35 SIB3消息内容（TS38.331 6.3.1节）

字段名称	字段描述
intraFreqNeighCellList	
>physCellId	同频邻区的物理小区号
>q-OffsetCell	参数“Qoffsets,n”，邻区级小区偏移量
>q-RxLevMinOffsetCell	参数“Qrxlevminoffsetcell”，实际值 = 上报值 ×2（dB）
>q-RxLevMinOffsetCellSUL	参数“QrxlevminoffsetcellSUL”，实际值 = 上报值 × 2（dB）
>q-QualMinOffsetCell	参数“Qqualminoffsetcell”，实际值 = 上报值（dB）
>...	
intraFreqBlackCellList	重选黑名单小区清单
lateNonCriticalExtension	

3.11.4 SIB4消息内容解析

SIB4消息如表3-36所示。

表 3-36　SIB4 消息（TS38.331 6.3.1 节）

字段名称	字段描述
dl-CarrierFreq	下行频率 ARFCN-ValueNR，邻小区 SSB 的中心频点
frequencyBandList	所属频段
frequencyBandListSUL	SUL 频段
nrofSS-BlocksToAverage	用于平均的 SSB 个数，该参数表示 UE 基于波束级 RSRP 计算得到小区级 RSRP 时，允许使用的最大 SSB 波束个数
absThreshSS-BlocksConsolidation	SSB 合并门限，当小区内存在 1 个或多个 SSB 波束的 RSRP 大于设置的参数值时，小区级 RSRP 大于等于设置的参数值的 RSRP 线性平均值
Smtc	SSB 块测量定时配置，如 SSB 测量窗口长度、SSB 周期等。如果该字段不存在，则 UE 假设同频小区 SSB 的周期为 5 ms
ssbSubcarrierSpacing	SSB 子载波间隔
ssb-ToMeasure	在 SMTC 测量持续时间内测量的 SSB 集合。当字段不存在时，UE 对所有 SSB 块进行测量
deriveSSB-IndexFromCell	字段指示 UE 是否可以利用服务小区定时信息来得到邻区传输的 SSB index
ss-RSSI-Measurement	SS-RSSI 测量配置
q-RxLevMin	小区最小接收电平
q-RxLevMinSUL	如果这个小区上 UE 支持 SUL，则该参数指示 SUL 小区的最小接收电平
q-QualMin	小区最小接收质量
p-Max	小区允许的 UE 最大发射功率
t-ReselectionNR	小区重选迟滞
t-ReselectionNR-SF	小区重选迟滞速度因子
threshX-HighP	高优先级邻区重选电平门限
threshX-LowP	低优先级邻区重选电平门限
threshX-Q	
>threshX-HighQ	高优先级邻区重选质量门限
>threshX-LowQ	高优先级邻区重选质量门限
cellReselectionPriority	小区重选优先级
cellReselectionSubPriority	
q-OffsetFreq	频率偏移值
interFreqNeighCellList	异频邻区列表

续表

字段名称	字段描述
>physCellId	物理小区号
>q-OffsetCell	参数 “Qoffsets,n”，邻区级小区偏移量
>>q-RxLevMinOffsetCell	参数 “Qrxlevminoffsetcell”，实际值 = 上报值 ×2（dB）
>>q-RxLevMinOffsetCellSUL	参数 “QrxlevminoffsetcellSUL”，实际值 = 上报值 × 2（dB）
>q-QualMinOffsetCell	参数 “Qqualminoffsetcell”，实际值 = 上报值（dB）
>...	
InterFreqBlackCellList	异频重选黑名单小区列表

3.11.5 SIB5 消息内容解析

SIB5 消息内容如表 3-37 所示。

表 3-37　SIB5 消息内容（TS38.331 6.3.1 节）

字段名称	字段描述
CarrierFreqEUTRA	
>carrierFreq	EUTRA 频点
>eutra-multiBandInfoList	所属频段
>eutra-FreqNeighCellList	EUTRA 邻区列表
>>physCellId	物理小区号
>>q-OffsetCell	小区重选偏移值（邻小区）
>>q-RxLevMinOffsetCell	仅在周期性搜寻高优先级 PLMN 的情况下，作为 Qrxlevmin 的补偿值使用
>>q-QualMinOffsetCell	仅在周期性搜寻高优先级 PLMN 的情况下，作为 Qqualmin 的补偿值使用
>eutra-BlackCellList	EUTRA 重选黑名单小区列表
>allowedMeasBandwidth	允许的测量带宽
>presenceAntennaPort1	用于指示相邻小区是否使用天线端口 1。当设置为 TRUE 时，UE 可以假定在所有相邻小区至少使用两个天线端口
>cellReselectionPriority	小区重选优先级（基于频率定义）
>cellReselectionSubPriority	
>threshX-High	高优先级邻区重选电平门限（邻小区）
>threshX-Low	低优先级邻区重选电平门限（邻小区）

续表

字段名称	字段描述
>q-RxLevMin	小区最小接收电平值
>q-QualMin	小区最小接收质量
>p-MaxEUTRA	EUTRA 允许 UE 的最大发射功率
>threshX-Q	
>>threshX-HighQ	高优先级邻区重选质量门限（邻小区）
>>threshX-LowQ	低优先级邻区重选质量门限（邻小区）
t-ReselectionEUTRA	重选到 EUTRA 的小区迟滞
t-ReselectionEUTRA-SF	重选到 EUTRA 的小区迟滞速度因子
lateNonCriticalExtension	

第 4 章　参数定义

4.1 NCGI

NCGI为NR全局小区识别码，用于全局范围内标识一个小区，由3部分组成：MCC、MNC、NCI，如图4-1所示。其中，NR小区识别码NCI由基站标识gNB ID和扇区标识Cell ID两部分组成，共36bit，采用9位16进制编码，即$x_1x_2x_3x_4x_5x_6x_7x_8x_9$。基站标识gNB ID对应小区识别码NCI的MSB为22～32bit，扇区标识Cell ID对应小区识别码NCI的LSB 4～14bit（参阅TS38.413 9.3.1.6节）。

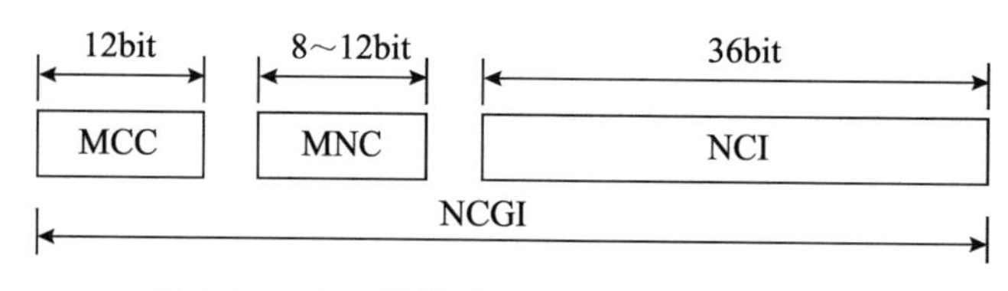

图4-1 NCGI结构（TS23.003图19.6A-1）

目前，通常将NCI前6位$x_1x_2x_3x_4x_5x_6$定义为gNB ID，剩余后3位x_7x_8x定义为Cell ID，最多可设置4096个小区。

NCI=gNB ID（24Bit）+ Cell ID（12Bit）=gNB ID×4096+小区标识

4.2 PCI

PCI是5G物理小区编号，用于无线侧区分不同的小区。PCI分为336组，每组包括3个PCI，共1008个PCI，如图4-2所示。

$$N_{\mathrm{ID}}^{\mathrm{CELL}}=3N_{\mathrm{ID}}^{(1)}+N_{\mathrm{ID}}^{(2)}$$

其中，$N_{\mathrm{ID}}^{(1)}=\{0,1,\cdots,335\}$，$N_{\mathrm{ID}}^{(2)}=\{0,1,2\}$，物理小区标识组号$N_{\mathrm{ID}}^{(1)}$从SSS中获取，组内编号$N_{\mathrm{ID}}^{(2)}$从PSS中获取。

NR的PSS和SSS都是长度为127bit的M序列。PSS序列有3种取值，分别与物理小区标识组内编号$N_{\mathrm{ID}}^{(2)}$一一对应。SSS序列有336种取值，分别与物理小区标识组号$N_{\mathrm{ID}}^{(1)}$一一对应。PSS/SSS映射到SSB中间的12个PRB占用中间连续127个子载波，PSS占用 SSB 第 1 个符号，两侧作为保护带，以零功率发射；SSS 和 PBCH 共同占有第 3 个符号，在 SSS 两边分别预留 8/9 个子载波作为保护带，以零功率发射。

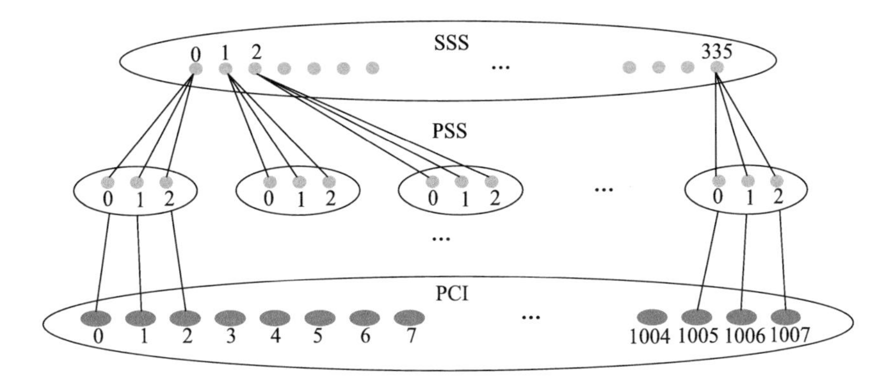

图 4-2 PCI 的组成

PCI 规划的目的是为 NR 组网中的每个小区分配一个物理小区标识 PCI，尽可能多地复用有限数量的 PCI，同时避免 PCI 复用距离过小而产生干扰。

1）不冲突原则：相邻小区（同频）不能使用相同的 PCI。

2）不混淆原则：同一个小区的同频邻区不能使用相同的 PCI，否则切换时 gNB 无法区分目标小区，容易造成切换失败。

3）复用原则：保证相同 PCI 小区具有足够大的复用距离。

4）最优原则：相邻小区的 PCI 避免模 30 相同（参阅 TS38.211 6.4.1.1 节）。

PUSCH/PUCCH 的 DMRS 和 SRS 基于 ZC 序列。ZC 序列共有 30 组，根与 PCI 关联。为避免小区间上行参考信号干扰，PCI 规划时要求相邻小区的 PCI 避免模 30 相同。

5）可扩展原则：在初始规划时，运营商就需要为网络扩容做好准备，避免后续规划过程中频繁调整前期规划结果。

4.3 SUPI

5G 终端的真实身份称为 SUPI（SUbscription Permanent Identifier），类似 IMSI。通过公钥加密后的密文称为 SUCI（SUbscription Concealed Identifier）。在 5G 网络中，终端收到 Identity Request 后不再发送明文 SUPI，而是发送经过加密的 SUCI，基站收到后直接将其上传至核心网。手机侧用来加密 SUPI 的公钥，放置在 USIM 中；网络侧 SUCI

的解密算法只能被执行一次，放置在核心网的 UDM 中。

SUPI 加密过程示意图如图 4-3 所示。

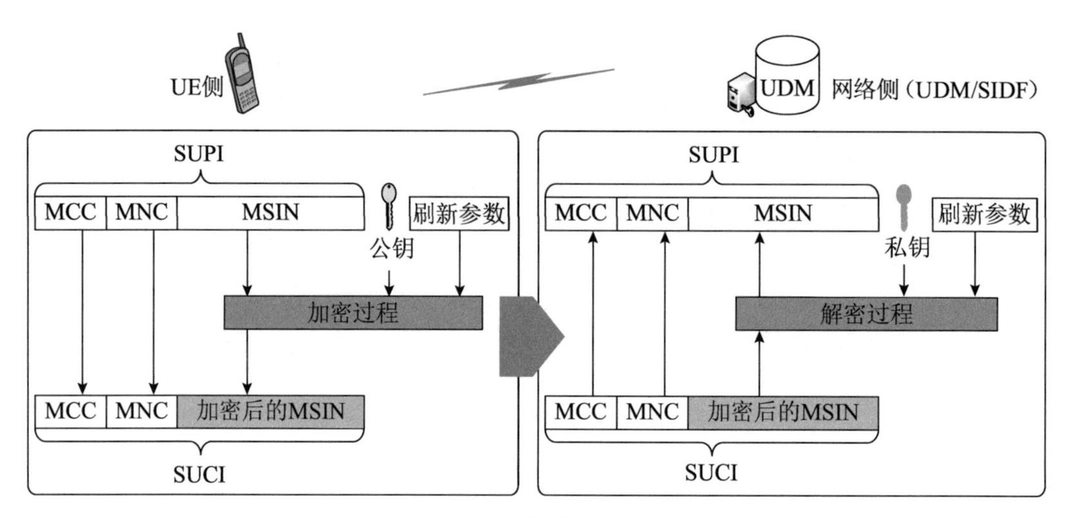

图 4-3　SUPI 加密过程示意图

SUCI 的构成如图 4-4 所示。RoutingIndicator 为 1 ～ 4 位数字，HomeNetworkPublicKeyID 取值为 0 ～ 255，ProtectionSchemeID 有 null-scheme、ProfileA 和 ProfileB 三种设置，其中 null-scheme 表示 SUPI 不加密。若配置为 null-scheme 则 HomeNetworkPublicKeyID 需设置为 0。SUCI 构成示例如图 4-5 所示。

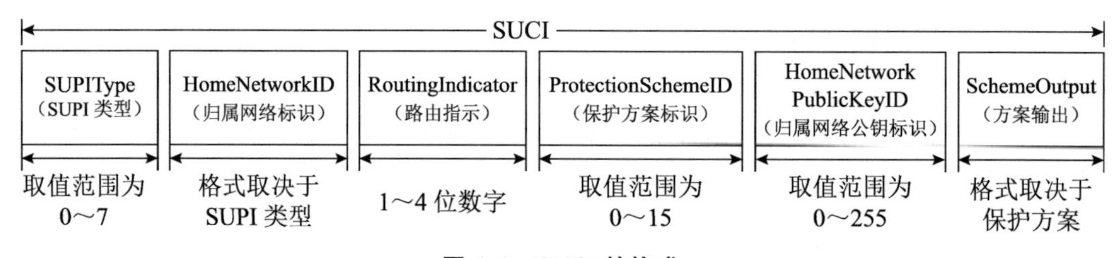

图 4-4　SUCI 的构成

另外，5G 还引入了 GPSI（Generic Public Subscription Identifier），类似 4G 的 MSISDN。SUPI 和 GPSI 并不是一一对应关系，如果用户访问不同的数据网络，则 GPSI 标识可以有多个，网络需要将外部网络 GPSI 与 3GPP 的 SUPI 建立对应关系。

注册时，UE 将身份标识 SUCI 或 GUTI 传送给基站，用于身份鉴权，如图 4-6 所示。

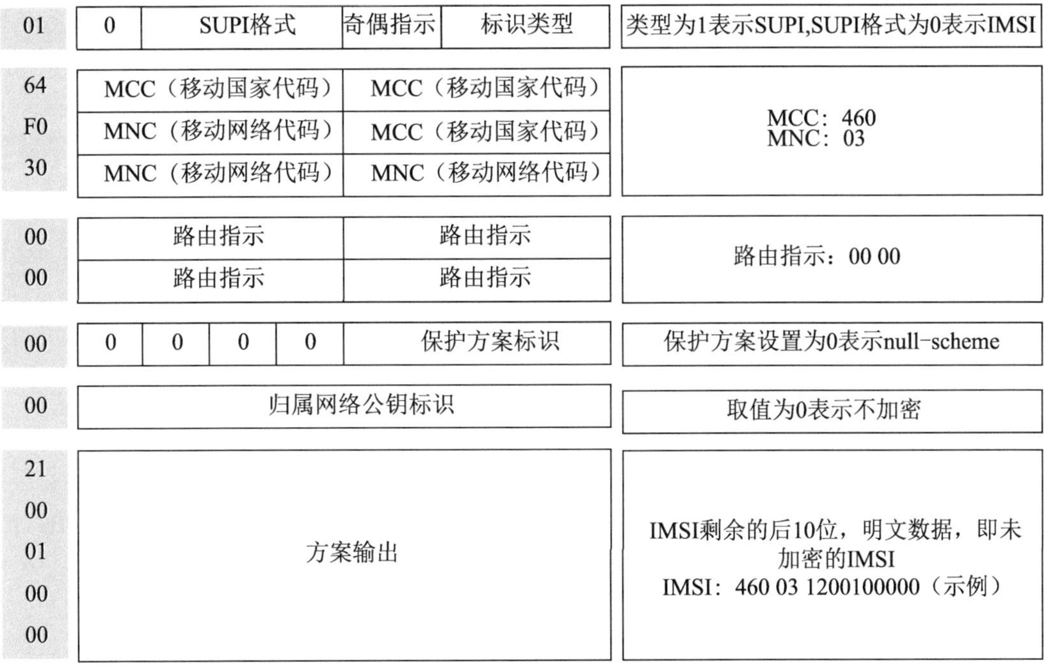

01
0
SUPI格式
奇偶指示
标识类型
类型为1表示SUPI,SUPI格式为0表示IMSI
64
F0
30
MCC（移动国家代码）
MCC（移动国家代码）
MNC（移动网络代码）
MCC（移动国家代码）
MNC（移动网络代码）
MNC（移动网络代码）
MCC：460
MNC：03
00
00
路由指示
路由指示
路由指示
路由指示
路由指示：00 00
00
0
0
0
0
保护方案标识
保护方案设置为0表示null-scheme
00
归属网络公钥标识
取值为0表示不加密
21
00
01
00
00
方案输出
IMSI剩余的后10位，明文数据，即未加密的IMSI
IMSI：460 03 1200100000（示例）

图 4-5　SUCI 构成示例

UE
gNB
SEAF
AUSF
UDM/SIDF
Registration Request
携带SUCI或GUTI
Registration Request
携带SUCI或GUTI
Authentication Request携带SUCI或GUTI和SN-Name
Authentication Get Request
携带SUCI或GUTI和SN-Name
1. SUCI解密得到SUPI
2. 选择鉴权算法
鉴权过程

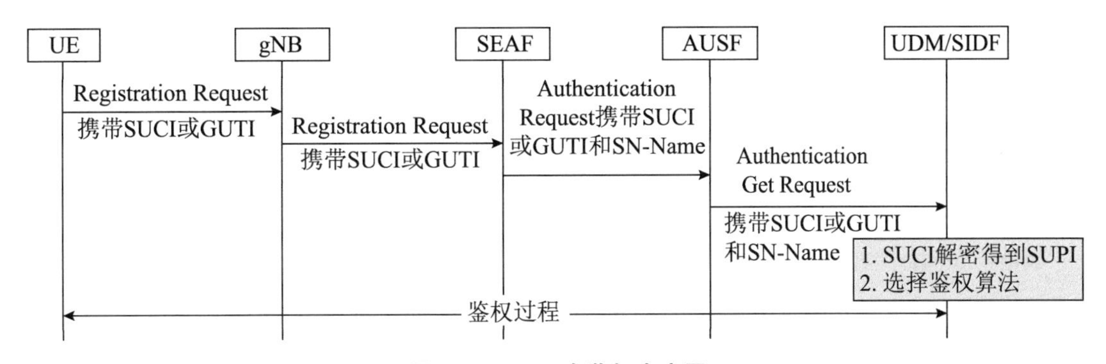

图 4-6　SUCI 在鉴权中应用

1）UE 向基站 gNB 发起注册请求，携带 SUCI（即加密的 SUPI）或 GUTI。

2）基站 gNB 收到信息后，转发至核心网的 SEAF（SEcurity Anchor Function）。

3）SEAF 收到注册请求消息后，识别携带的用户身份标识类型（GUTI 或 SUCI）。若用户身份为 GUTI 就匹配到对应的 SUPI；若用户身份为 SUCI 则不解密，SEAF 继续向 AUSF 发起鉴权申请 Nausf_UEAuthentication_Authenticate Request，并携带对应的网络服务信息 SN-Name。

4）AUSF 通过分析 SEAF 携带的网络信息 SN-Name，确定手机是否在网络服务范围内，并保存手机需要的网络服务信息，接下来继续将 SUCI 或 SUPI 和服务网络信息 SN-Name 转发给 UDM。

5）UDM 调用 SIDF（Subscription Identifier De-concealing Function）将 SUCI 解密得到 SUPI，然后通过 SUPI 来配置手机对应所需的鉴权算法。

6）根据 UE 的鉴权方式提取对应的鉴权秘钥与鉴权结果，直至最后将结果反馈给手机，UE 端 USIM 会校验网络侧所发送鉴权结果的真伪。

4.4 5G-GUTI

5G 全局唯一的临时 UE 标识（5G Globally Unique Temporary UE Identity，5G-GUTI）由 AMF 分配。5G 系统下使用 5G-GUTI 的目的是在通信过程中减少使用 UE 的永久性标识，提升安全性。

5G-GUTI 由两部分组成：第一部分标识 AMF 的 GUAMI，第二部分表示 UE 在 AMF 内唯一的 ID，结构如下。

```
<5G-GUTI> = <GUAMI><5G-TMSI> 其中：
<GUAMI> = <MCC><MNC><AMF Identifier>
<AMF Identifier> = <AMF Region ID><AMF Set ID><AMF Pointer>
```

5G-TMSI：32bit，在 AMF 内唯一。

AMF Region ID：8bit。

AMF Set ID：10bit。

AMF Pointer：6bit。

当 UE 从 5G 移动到 4G（E-UTRAN）时，需要执行 5G-GUTI 到 4G-GUTI 的映射，其映射关系如图 4-7 所示。

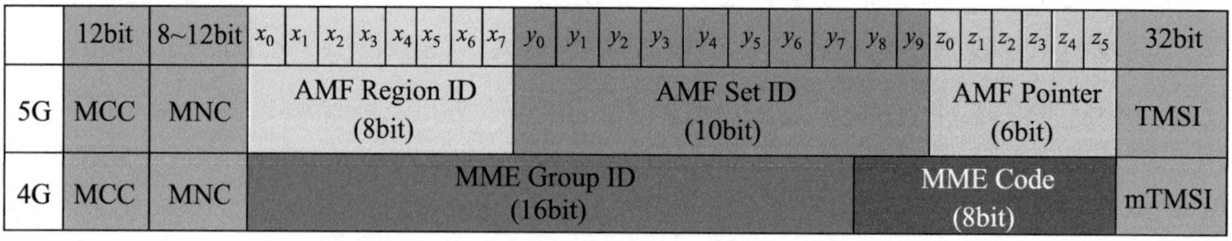

<table>
<tr><td></td><td>12bit</td><td>8~12bit</td><td>x_0</td><td>x_1</td><td>x_2</td><td>x_3</td><td>x_4</td><td>x_5</td><td>x_6</td><td>x_7</td><td>y_0</td><td>y_1</td><td>y_2</td><td>y_3</td><td>y_4</td><td>y_5</td><td>y_6</td><td>y_7</td><td>y_8</td><td>y_9</td><td>z_0</td><td>z_1</td><td>z_2</td><td>z_3</td><td>z_4</td><td>z_5</td><td>32bit</td></tr>
<tr><td>5G</td><td>MCC</td><td>MNC</td><td colspan="8">AMF Region ID
(8bit)</td><td colspan="10">AMF Set ID
(10bit)</td><td colspan="6">AMF Pointer
(6bit)</td><td>TMSI</td></tr>
<tr><td>4G</td><td>MCC</td><td>MNC</td><td colspan="16">MME Group ID
(16bit)</td><td colspan="8">MME Code
(8bit)</td><td>mTMSI</td></tr>
</table>

图 4-7　5G-GUTI 到 4G-GUTI 的映射

其中：

①5G <MCC> 映射到 E-UTRAN <MCC>。

②5G <MNC> 映射到 E-UTRAN <MNC>。

③5G<AMF Region ID> 和 <AMF Set ID> 的高 8 位映射到 E-UTRAN<MME Group ID>。

④5G<AMF Set ID> 低 2 位和 <AMF pointer> 映射到 E-UTRAN<MME Code>。

⑤5G<5G-TMSI> 映射到 E-UTRAN<M-TMSI>。

4.5 5G-S-TMSI

5G-S-TMSI 是 5G-GUTI 的缩短形式。引入 5G-S-TMSI 是为了使空口信令消息更小，提升空口效率。例如，寻呼时，只需要用 5G-S-TMSI 寻呼移动台即可。

```
<5G-S-TMSI> = <AMF Set ID><AMF Pointer><5G-TMSI>
```

4.6 RNTI

RNTI 用于接入层区分 UE，解扰不同的 DCI。MAC 层通过 PDCCH 物理信道指示无线资源的使用时，会根据逻辑信道的类型把相应的 RNTI 映射到 PDCCH，这样用户通过匹配不同的 RNTI 可以获取相应的逻辑信道数据。NR 中 RNTI 的定义如表 4-1 所示。

表 4-1 NR 中 RNTI 的定义（3GPP TS38.300 8.1 节）

标识类型	应 用 场 景	有效范围
SI-RNTI	用于加扰 Format 1_0，系统广播消息调度	全网相同
P-RNTI	用于加扰 Format 1_0，寻呼或系统消息变化通知	全网相同
RA-RNTI	用于加扰 Format 1_0，随机接入中用于指示接收随机接入响应消息	小区内
TC-RNTI	用于加扰 Format 0_0 和 Format 1_0，随机接入中没有进行竞争裁决前的 C-RNTI	小区内
C-RNTI	用于加扰 Format 0_0、Format 0_1、Format 1_0 和 Format 1_1，标识 RRC 连接状态的 UE	小区内

续表

标识类型	应用场景	有效范围
SP-CSI-NTI	Semi-PersistentCSI RNTI，用于加扰 Format 0_1，指示 Semi-PersistentCSI 在 PUSCH 的上报，由高层信令 PhysicalCellGroupConfig 带给 UE，终端通过解扰 DCI 的结果判断是否上报	小区内
CS-RNTI	Configured Scheduling RNTI，半静态调度标识，用于加扰 Format 0_0、Format 0_1、Format 1_0 和 Format 1_1。用于 SPS 调度，通过 RRC 信令携带给 UE。通过解扰 PDCCH 的结果决定 SPS 的启动和释放	小区内
MCS-C-NTI	用于加扰 Format 0_0、Format 0_1、Format 1_0 和 Format 1_1，指示 PUSCH/PDSCH 使用的 MCS 表格（QAM64LowSE 或 QAM256），由 PhysicalCellGroupConfig 配置。使用 MCS-C-RNTI 解扰 PDCCH，根据 CRC 结果决定使用的 MCS 表格，详见 TS38.214 5.1.3.1 节	小区内
SFI-RNTI	用于加扰 Format 2_0（携带了帧结构信息）。通过高层信令 slotFormatCombToAddModList 携带给 UE，用于时隙格式指示	小区内
INT-RNTI	InterruptedTransmissionIndication RNTI，用于加扰 Format 2_1（携带了 PRB 和符号中断的相关信息），指示下行 Pre-emption 资源占用信息，通过高层信令配置给 UE，识别下行链路中的抢占信息	小区内
TPC-RNTI	用于加扰 Format 2_2（携带了 PUCCH/PUSCH 的功控信息）。通过高层信令 PhysicalCellGroupConfig 带给 UE	小区内
	用于加扰 Format 2_3（携带了 SRS 的功控信息）。通过高层信令 PhysicalCellGroupConfig 带给 UE	
I-RNTI	用于 RRC-INACTIVE 态下识别 UE 上下文，由 Paging 消息携带	NG-RAN

RNTI 取值范围如表 4-2 所示。

表 4-2　RNTI 取值范围（TS38.321 表 7.1-1）

Value（十六进制）	RNTI
0000	-
0001 ～ FFEF	RA-RNTI、TC-RNTI、C-RNTI、MCS-C-RNTI、CS-RNTI、TPC-PUCCH-RNTI、TPC-PUSCH-RNTI、TPC-SRS-RNTI、INT-RNTI、SFI-RNTI、and SP-CSI-RNTI
FFF0 ～ FFFD	保留
FFFE	P-RNTI
FFFF	SI-RNTI

RNTI 和信道映射关系如图 4-8 所示。

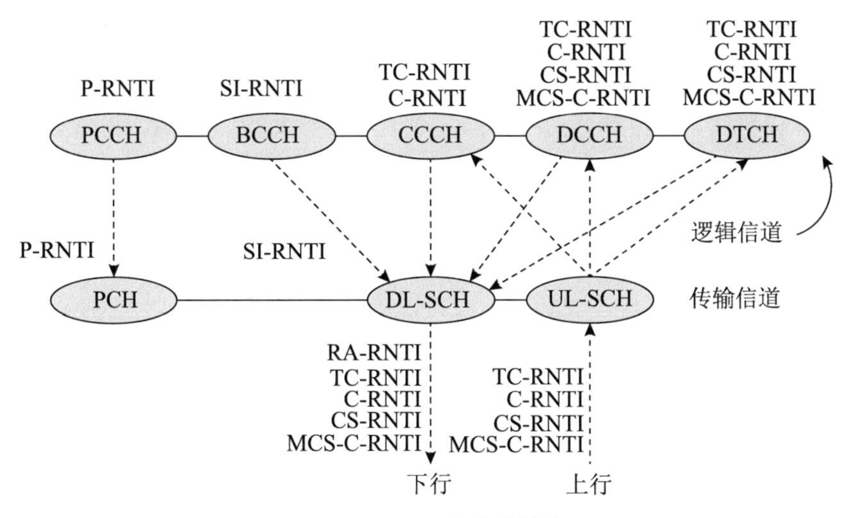

图 4-8 RNTI 和信道映射关系

4.7 5GS TAI

每个 5GS 跟踪区域（TA）有一个跟踪区标识（Tracking Area Identity，TAI），其由 3 部分组成，即 MCC、MNC、TAC，如图 4-9 所示。

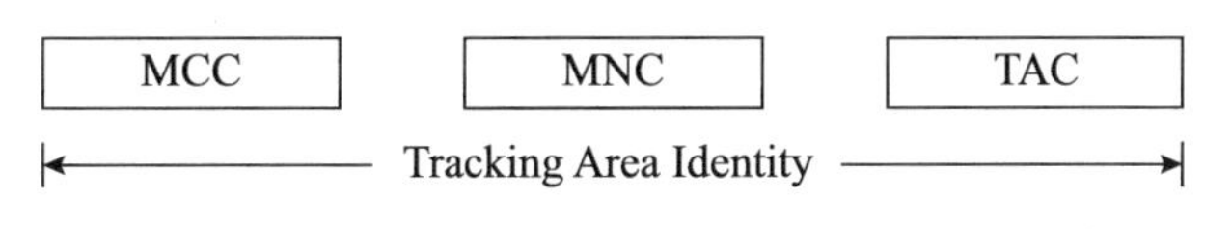

图 4-9 5GS TAI 的组成（TS23.003 图 28.6.1）

移动国家代码（MCC）标识 PLMN 所在的国家 / 地区，值与 SUPI 包含的 3 位 MCC 值相同。移动网络代码（MNC）的值与 SUPI 包含的 2 位或 3 位 MNC 相同。5GS 跟踪区号（TAC）是固定长度代码（共 3 字节），用于标识 PLMN 内的跟踪区域。

跟踪区（TA）规划，应遵循以下原则：

（1）连片原则：同一个跟踪区内使用相同 TAC/TAL 的基站群体，应在地理上为一片连续的区域，避免不同跟踪区的基站插花。

（2）不宜过大原则：应根据核心网接入管理网元（AMF 或 MME）的容量、基站 gNB 的处理能力及寻呼信道的容量要求，合理规划跟踪区大小，并做适当预留；跟踪区不宜跨越多个 AMF/MME 区域。

（3）不宜过小原则：应充分利用移动用户的地理分布和行为进行区域划分，减少跟踪区边缘位置更新（TAU）。

（4）边界设置原则：跟踪区边界不应设置在业务量较高的区域，不宜以主干道为界，不宜与主干道平行或垂直；与 4G 同站址部署情况下，宜参考 4G 跟踪区边界，并结合新增覆盖需求进行调整。

（5）可通过 TAL 功能，降低跟踪区更新的负荷。

4.8 S-NSSAI

S-NSSAI（Single Network Slice Selection Assistance Information，单个网络切片标识）用于标识一个网络切片。S-NSSAI 由 SST 和 SD 两部分组成，如图 4-10 所示。

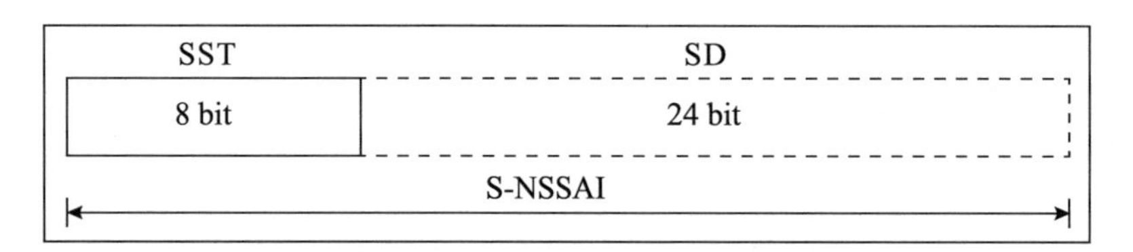

图 4-10　S-NSSAI 组成（TS 23.003 图 28.4.2-1）

SST（Slice/Service Type，切片类型）为 1 表示 eMBB，为 2 表示 URLLC，为 3 表示 mIoT。SD（Slice Differentiator，切片差分器）用于区分相同切片类型的多个网络切片。

单个网络切片标识（S-NSSAI）可以是标准值，也可以是非标准值。S-NSSAI 为标准值时，仅 SST 存在且取值范围为 1 ～ 3。S-NSSAI 为非标准值时，SST 和 SD 同时存在，或者仅有 SST 但取值为非标准值。

网络切片标识 NSSAI 是 S-NSSAI 集合，其包含多个 S-NSSAI，或者可被认为是一个 S-NSSAI 列表，其在 NAS 协议的格式定义如图 4-10 所示。

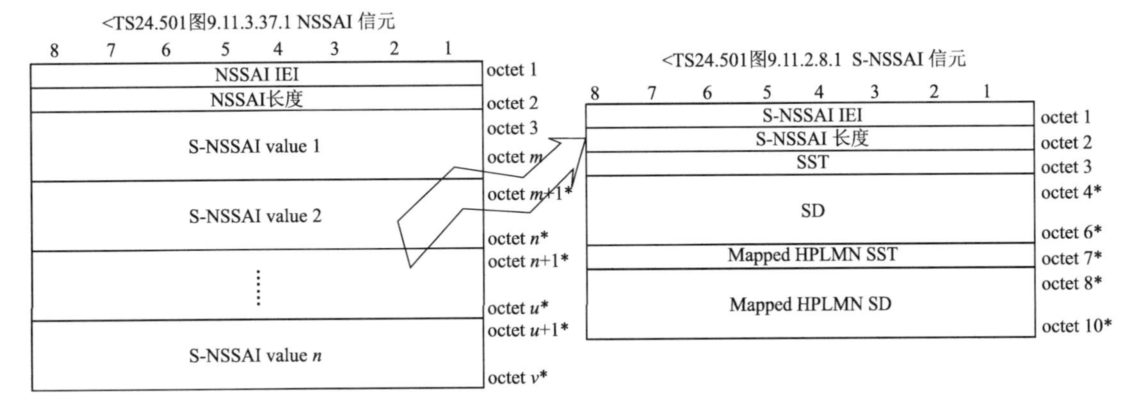

图 4-11 NSSAI 字段描述

5G 用户在开户时候会在 UDM 上签约一个或者多个 S-NSSAI，即签约一个或者多个切片。5G 终端接入网络时候携带这些 S-NSSAI，网络根据情况将终端接入相应切片。

4.9 PRACH

随机接入前导序列通过 ZC（Zadoff-Chu）根序列进行循环移位生成。对于长格式前导，ZC 根序列逻辑索引取值为 0 ～ 837；对于短格式前导，ZC 根序列逻辑索引取值为 0 ～ 137。每个小区固定配置 64 个前导。如果 ZC 根序列循环移位产生的序列数小于 64，则对逻辑顺序的下一个 ZC 根序列进行循环移位继续生成前导，直到前导个数达到 64。

表 4-3 前导格式 0~3 ZC 序列（TS38.211 表 6.3.3.1-3）

CM 组号	逻辑根序列 i	物理根序列 μ
0	0–19	129, 710, 140, 699, 120, 719, 210, 629, 168, 671, 84, 755, 105, 734, 93, 746, 70, 769, 60, 779
1	20–39	2, 837, 1, 838, 56, 783, 112, 727, 148, 691, 80, 759, 42, 797, 40, 799, 35, 804, 73, 766
2	40–59	146, 693, 31, 808, 28, 811, 30, 809, 27, 812, 29, 810, 24, 815, 48, 791, 68, 771, 74, 765
3	60–79	178, 661, 136, 703, 86, 753, 78, 761, 43, 796, 39, 800, 20, 819, 21, 818, 95, 744, 202, 637

续表

CM 组号	逻辑根序列 i	物理根序列 μ
4	80–99	190, 649, 181, 658, 137, 702, 125, 714, 151, 688, 217, 622, 128, 711, 142, 697, 122, 717, 203, 636
5	100–119	118, 721, 110, 729, 89, 750, 103, 736, 61, 778, 55, 784, 15, 824, 14, 825, 12, 827, 23, 816
6	120–139	34, 805, 37, 802, 46, 793, 207, 632, 179, 660, 145, 694, 130, 709, 223, 616, 228, 611, 227, 612
7	140–159	132, 707, 133, 706, 143, 696, 135, 704, 161, 678, 201, 638, 173, 666, 106, 733, 83, 756, 91, 748
8	160–179	66, 773, 53, 786, 10, 829, 9, 830, 7, 832, 8, 831, 16, 823, 47, 792, 64, 775, 57, 782
9	180–199	104, 735, 101, 738, 108, 731, 208, 631, 184, 655, 197, 642, 191, 648, 121, 718, 141, 698, 149, 690
10	200–219	216, 623, 218, 621, 152, 687, 144, 695, 134, 705, 138, 701, 199, 640, 162, 677, 176, 663, 119, 720
11	220–239	158, 681, 164, 675, 174, 665, 171, 668, 170, 669, 87, 752, 169, 670, 88, 751, 107, 732, 81, 758
12	240–259	82, 757, 100, 739, 98, 741, 71, 768, 59, 780, 65, 774, 50, 789, 49, 790, 26, 813, 17, 822
13	260–279	13, 826, 6, 833, 5, 834, 33, 806, 51, 788, 75, 764, 99, 740, 96, 743, 97, 742, 166, 673
14	280–299	172, 667, 175, 664, 187, 652, 163, 676, 185, 654, 200, 639, 114, 725, 189, 650, 115, 724, 194, 645
15	300–319	195, 644, 192, 647, 182, 657, 157, 682, 156, 683, 211, 628, 154, 685, 123, 716, 139, 700, 212, 627
16	320–339	153, 686, 213, 626, 215, 624, 150, 689, 225, 614, 224, 615, 221, 618, 220, 619, 127, 712, 147, 692
17	340–359	124, 715, 193, 646, 205, 634, 206, 633, 116, 723, 160, 679, 186, 653, 167, 672, 79, 760, 85, 754
18	360–379	77, 762, 92, 747, 58, 781, 62, 777, 69, 770, 54, 785, 36, 803, 32, 807, 25, 814, 18, 821
19	380–399	11, 828, 4, 835, 3, 836, 19, 820, 22, 817, 41, 798, 38, 801, 44, 795, 52, 787, 45, 794
20	400–419	63, 776, 67, 772, 72, 767, 76, 763, 94, 745, 102, 737, 90, 749, 109, 730, 165, 674, 111, 728

续表

CM 组号	逻辑根序列 i	物理根序列 μ
21	420–439	209, 630, 204, 635, 117, 722, 188, 651, 159, 680, 198, 641, 113, 726, 183, 656, 180, 659, 177, 662
22	440–459	196, 643, 155, 684, 214, 625, 126, 713, 131, 708, 219, 620, 222, 617, 226, 613, 230, 609, 232, 607
23	460–479	262, 577, 252, 587, 418, 421, 416, 423, 413, 426, 411, 428, 376, 463, 395, 444, 283, 556, 285, 554
24	480–499	379, 460, 390, 449, 363, 476, 384, 455, 388, 451, 386, 453, 361, 478, 387, 452, 360, 479, 310, 529
25	500–519	354, 485, 328, 511, 315, 524, 337, 502, 349, 490, 335, 504, 324, 515, 323, 516, 320, 519, 334, 505
26	520–539	359, 480, 295, 544, 385, 454, 292, 547, 291, 548, 381, 458, 399, 440, 380, 459, 397, 442, 369, 470
27	540–559	377, 462, 410, 429, 407, 432, 281, 558, 414, 425, 247, 592, 277, 562, 271, 568, 272, 567, 264, 575
28	560–579	259, 580, 237, 602, 239, 600, 244, 595, 243, 596, 275, 564, 278, 561, 250, 589, 246, 593, 417, 422
29	580–599	248, 591, 394, 445, 393, 446, 370, 469, 365, 474, 300, 539, 299, 540, 364, 475, 362, 477, 298, 541
30	600–619	312, 527, 313, 526, 314, 525, 353, 486, 352, 487, 343, 496, 327, 512, 350, 489, 326, 513, 319, 520
31	620–639	332, 507, 333, 506, 348, 491, 347, 492, 322, 517, 330, 509, 338, 501, 341, 498, 340, 499, 342, 497
32	640–659	301, 538, 366, 473, 401, 438, 371, 468, 408, 431, 375, 464, 249, 590, 269, 570, 238, 601, 234, 605
33	660–679	257, 582, 273, 566, 255, 584, 254, 585, 245, 594, 251, 588, 412, 427, 372, 467, 282, 557, 403, 436
34	680–699	396, 443, 392, 447, 391, 448, 382, 457, 389, 450, 294, 545, 297, 542, 311, 528, 344, 495, 345, 494
35	700–719	318, 521, 331, 508, 325, 514, 321, 518, 346, 493, 339, 500, 351, 488, 306, 533, 289, 550, 400, 439
36	720–739	378, 461, 374, 465, 415, 424, 270, 569, 241, 598, 231, 608, 260, 579, 268, 571, 276, 563, 409, 430
37	740–759	398, 441, 290, 549, 304, 535, 308, 531, 358, 481, 316, 523, 293, 546, 288, 551, 284, 555, 368, 471

续表

CM 组号	逻辑根序列 i	物理根序列 μ
38	760–779	253, 586, 256, 583, 263, 576, 242, 597, 274, 565, 402, 437, 383, 456, 357, 482, 329, 510, 317, 522
39	780–799	307, 532, 286, 553, 287, 552, 266, 573, 261, 578, 236, 603, 303, 536, 356, 483, 355, 484, 405, 434
40	800–819	404, 435, 406, 433, 235, 604, 267, 572, 302, 537, 309, 530, 265, 574, 233, 606, 367, 472, 296, 543
41	820–837	336, 503, 305, 534, 373, 466, 280, 559, 279, 560, 419, 420, 240, 599, 258, 581, 229, 610

逻辑根序列索引 i 与物理根序列 μ 存在一一映射关系，每组中的根序列按照 CM 值（CM: Cubic Metric 是上行功率放大器非线性影响的衡量标准，比 PAPR 更准确，CM 越低，对射频硬件要求比较低）排序，位置连续的根序列 CM 值始终接近，可以实现一致的小区覆盖，且低逻辑根索引组的 CM 值低于高逻辑根索引组的 CM 值，故建议从低逻辑根索引组开始规划。

对于 Format 0-3， rootSequenceIndex 逻辑根序列共 838 个，采用码域规划方式，假定小区的覆盖半径为 4 公里，对应 Ncs 为 38，可有 838/3/3=93 组（标准 3 扇区站）供分配。CM 值低的逻辑根建议优先分配给室外宏基站，有利于覆盖，而室分由于天然隔离信号质量较好，因此可以使用 CM 值高的逻辑根。

ZC 序列逻辑索引和循环移位包含在 RACH-ConfigCommon 信元中传输。对于 SA 组网场景，RACH-ConfigCommon 信元由 SIB1 消息携带；对于 NSA 组网场景，RACH-ConfigCommon 信元由 RRCConnectionReconfiguration 消息携带。

为避免相邻小区间不同用户发生随机接入冲突，需对 PRACH 根序列进行合理规划，并遵循如下原则。

（1）每个 NR 小区应分配一定数量的 PRACH ZC 根序列，宜确保产生 64 个可用于获取随机接入的前导码（Preamble）。

（2）不冲突原则：应尽量保证相邻的同频小区使用不同的 PRACH ZC 根序列。

（3）可复用原则：PRACH ZC 根序列的复用应至少满足两个小区的隔离度。

（4）对于高负荷小区，可通过调整 PRACH 频域起始位置或时分复用方式最大化根序列复用，进一步避免邻近小区前导码冲突。

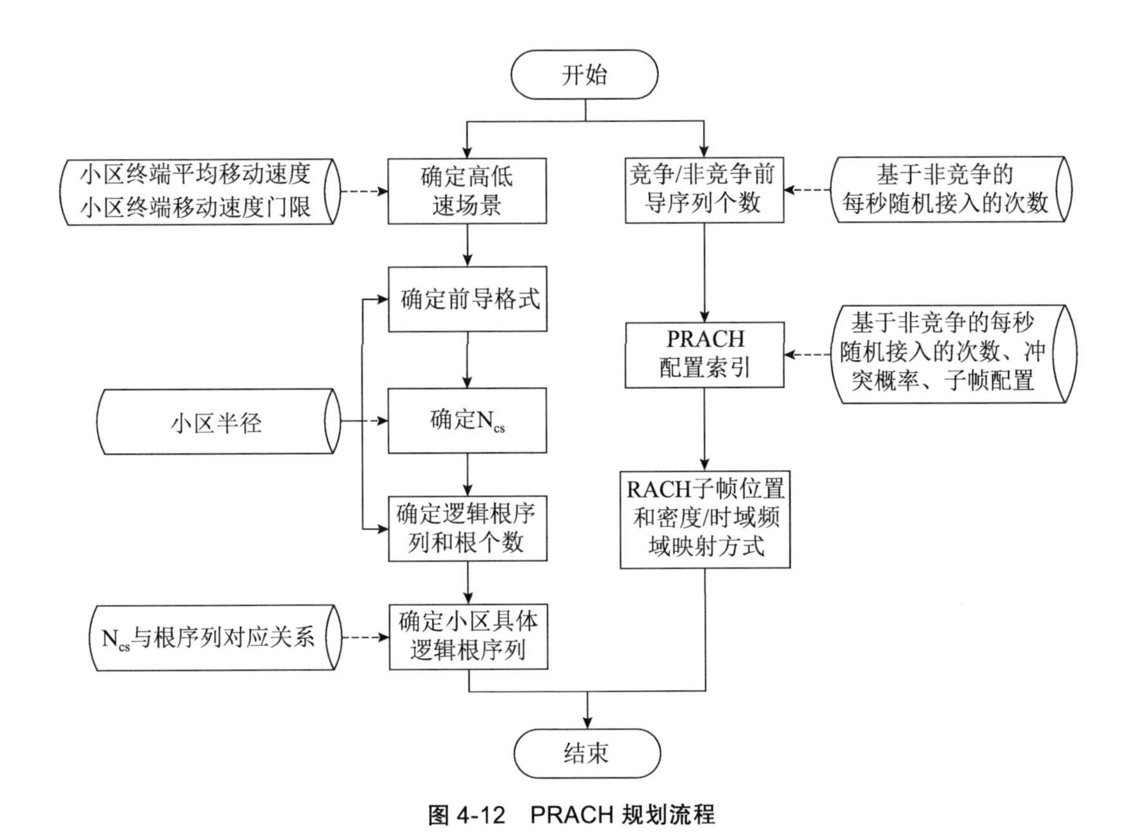

图 4-12　PRACH 规划流程

①根据覆盖场景选择前导格式；②根据小区半径确定 N_{cs} 取值；③计算前导序列数 $839/N_{cs}$，用向下取整值计算根序列索引数，如 839/76 结果向下取整结果为 11，这意味着每个索引可产生 11 个前导序列，64 个前导序列需要 6 个根序列索引；④确定可用根序列索引，如 6 个根序列索引意味着 0，6，12，…，828 共 139 个可用根序列索引；⑤根据可用的根序列索引，在所有小区之间进行分配。

N_{cs} 的选择和小区半径的大小、时延扩展有关，N_{cs} 参数设计需满足如下条件。

$$N_{cs} \times T_S > T_{RTD} + T_{MD} + T_{Adsch}$$

式中：T_S 为 ZC 序列的抽样长度，长格式 T_S 为（$1/\Delta f^{RA}$）/839，短格式 T_S 为（$1/\Delta f^{RA}$）/139，格式 0 的 T_S 取值为 800/839μs，格式 C2 的 T_S 取值为 67/139μs；T_{RTD} 为小区信号往返时延，和小区半径的关系为 $T_{RTD}=2r/c=6.67\times r$ μs，r 取值单位为 km；T_{MD} 为多径扩展时延，用于小区边缘 UE 的多径干扰保护，格式 C2 时根据 $4.69/(\Delta f^{PUSCH}\times 15)$ 计算得到，单位 μs；T_{Adsch} 表示下行同步误差，格式 0 时取值 2 μs，格式 C2 时取值 0 μs。

N_{cs} 配置要求 N_{cs} 对应的小区半径应大于或等于规划的小区半径。在满足上述条件下，

N_{cs}尽量取小以减少接收机处理时间。如果配置过大会导致使用的根序列过多，增加基站的检测复杂度。

长序列前导循环移位偏移量N_{cs}定义了3种场景：非限制集、限制集A和限制集B。限制集用于在高速场景下保证RACH的接收性能，防止频偏造成序列相关峰的能量泄漏对RACH接收性能产生影响，其中限制集A用于高速场景，限制集B用于超高速场景。

表4-4　PRACH子载波带宽Δf^{RA}=1.25 kHz时N_{CS}取值（TS38.211表6.3.3.1-5）

zeroCorrelationZoneConfig	循环移位偏移量N_{CS}			格式0最大覆盖半径（公里）		
	非限制集	限制集A	限制集B	非限制集	限制集A	限制集B
0	0	15	15	120	2.15	2.15
1	13	18	18	1.86	2.57	2.57
2	15	22	22	2.15	3.15	3.15
3	18	26	26	2.57	3.72	3.72
4	22	32	32	3.15	4.58	4.58
5	26	38	38	3.72	5.44	5.44
6	32	46	46	4.58	6.58	6.58
7	38	55	55	5.44	7.87	7.87
8	46	68	68	6.58	9.73	9.73
9	59	82	82	8.44	11.73	11.73
10	76	100	100	10.87	14.30	14.30
11	93	128	118	13.30	18.31	16.88
12	119	158	137	17.02	22.60	19.59
13	167	202	-	23.89	28.89	-
14	279	237	-	39.90	33.90	-
15	419	-	-	59.93	-	-

表4-5　PRACH子载波带宽Δf^{RA}=5 kHz时N_{CS}取值（TS38.211表6.3.3.1-6）

zeroCorrelationZoneConfig	循环移位偏移量N_{CS}		
	非限制集	限制集A	限制集B
0	0	36	36
1	13	57	57
2	26	72	60
3	33	81	63
4	38	89	65

续表

zeroCorrelationZoneConfig	循环移位偏移量 N_{CS}		
	非限制集	限制集 A	限制集 B
5	41	94	68
6	49	103	71
7	55	112	77
8	64	121	81
9	76	132	85
10	93	137	97
11	119	152	109
12	139	173	122
13	209	195	137
14	279	216	-
15	419	237	-

表 4-6　PRACH 子载波带宽 $\Delta f^{RA}=15\cdot 2^{\mu}$ kHz，$\mu\in\{0,1,2,3\}$ 时 N_{CS} 取值（TS38.211 表 6.3.3.1-7）

zeroCorrelationZoneConfig	循环移位偏移量 N_{cs}（非限制集）
0	0
1	2
2	4
3	6
4	8
5	10
6	12
7	13
8	15
9	17
10	19
11	23
12	27
13	34
14	46
15	69

表 4-7　N_{cs} 和小区半径之间的对应关系（格式 0，T_{MD}=6.25μs）

ZC 配置	中低速场景 NCS	小区半径 (km)	每个根能产生的前导个数	所需根序列数	根序列组
0	0	14.53	1	64	13
1	13	0.63	64	1	838
2	15	0.92	55	2	419
3	18	1.34	46	2	419
4	22	1.92	38	2	419
5	26	2.49	32	2	419
6	32	3.35	26	3	279
7	38	4.21	22	3	279
8	46	5.35	18	4	209
9	59	7.21	14	5	167
10	76	9.64	11	6	139
11	93	12.07	9	8	104
12	119	14.53	7	10	83
13	167	14.53	5	13	64
14	279	14.53	3	22	38
15	419	14.53	2	32	26

表 4-8　N_{cs} 和小区半径之间的对应关系（短格式△ f_{RA}=15*2^{μ} kHz, 当 μ={0,1,2,3}）

ZC 配置	非限制集 N_{cs}	小区半径 km（T_{MD}=3.13μs)	小区半径 km（T_{MD} =4.69μs)
0	0		
1	2	-	-
2	4	-	-
3	6	-	-
4	8	-	-
5	10	0.11	-
6	12	0.25	0.02
7	13	0.32	0.09
8	15	0.47	0.23
9	17	0.61	0.38
10	19	0.75	0.52
11	23	1.04	0.81
12	27	1.33	1.1
13	34	1.83	1.6

续表

ZC 配置	非限制集 N_{cs}	小区半径 km（T_{MD}=3.13μs）	小区半径 km（T_{MD}=4.69μs）
14	46	2.7	2.46
15	69	4.65	4.32

PRACH 主要参数配置示例如表 4-9 所示。

表 4-9　PRACH 配置（示例）

参数	配置	规划说明
PRACH Format	B4	前导格式为短序列 B4
Zero Correlation Zone(N_{cs})	15	循环移位偏移量 Ncs 取值 69，每小区需配置 32 个根序列
Root Sequence Index	0,32,64,96	可分配根序列
PRACH Congfiguration Index	160/157	定义 PRACH 时域位置（TS38.211 表 6.3.3.2-3）
PRACH Frequency Offset	0	定义 PRACH 在 BWP（i）内的起始频域位置

4.10　RSRP 和 RSRQ

在 NR 中，RSRP 和 RSRQ 的定义与 LTE 类似；不同的是 LTE 的 RSRP 和 RSRQ 是基于 CRS 进行测量的，但是在 NR 中，由于没有 CRS，RSRP 和 RSRQ 的定义是基于 SSS、SRS 和 CSI-RS 物理信号进行测量得到的。NR 主要测量指标定义如表 4-10 所示。

表 4-10　NR 主要测量指标定义（TS38.215 第 5.1 节，TS38.331 第 6.3.2 节，TS38.133 第 10.1 节）

类型	方向	指标名称	指 标 定 义
RSRP	下行	SS-RSRP	SSB 中携带 SSS 同步信号 RE 的平均功率，用于空闲态和连接态测量。 实际值（L3）= 上报值 -156（dBm）
	下行	CSI-RSRP	在天线端口 3000 上，指定的 CSI-RS 测量频带内，携带 CSI-RS 信号 RE 的平均功率，仅用于连接态测量。 如果使用 CSI-RSRP 定义 L1-RSRP，则使用天线端口 3000、3001 上的 CSI 参考信号进行测量
	上行	SRS-RSRP	携带 SRS 的 RE 平均功率
RSRQ	下行	SS-RSRQ	N×SS-RSRP 与 NR 载波 RSSI 的比值，其中 N 为 NR 载波 RSSI 测量带宽中的 RB 数。分子和分母的度量应该在同一组资源块上进行。 实际值 =（上报值 -87）/2（dB）
	下行	CSI-RSRQ	N×CSI-RSRP 与 CSI-RSSI 的比值，其中 N 为 CSI-RSSI 测量带宽中的 RB 数。分子和分母的度量应该在同一组资源块上进行

续表

类型	方向	指标名称	指 标 定 义
SINR	下行	SS-SINR	SS-RSRP 与相同带宽内噪声和干扰功率比值。 实际值 = 上报值 /2−23（dB）
	下行	CSI-SINR	CSI-RSRP 与相同带宽内噪声和干扰功率比值

NR 小区基于小区质量和波束质量两个维度进行移动性管理。RRC_connected 态时，UE 测量一个小区中的多个波束（至少一个），并将大于门限的多个波束电平取平均后得到小区质量。UE 根据小区质量和满足门限的波束数选择合适小区，再从选择的小区内的多个波束中选择最优波束。

UE 测量模型如图 4-13 所示。其中，*A* 为 UE 物理层内部单个波束的测量结果；*B* 为经过 L1 滤波和波束合并选择后的物理层测量结果；*C* 为 *B* 处测量结果经过 L3 过滤后的测量结果，用于测量事件的评估；*D* 为 UE 在 Uu 接口上报的测量结果；E 为 L3 滤波后的测量结果；*F* 为 UE 在 Uu 接口上报的满足门限的最多 *X* 个波束质量（*X* 由参数定义）。

实际应用中，下行质量以 SSB 测量为主，上行电平以 SRS 测量为主。目前室外道路测试通常要求 SS-RSRP ≥ −105dBm，SS-SINR ≥ −3dB。

NR 现场测试信息（双连接）如表 4-11 所示。

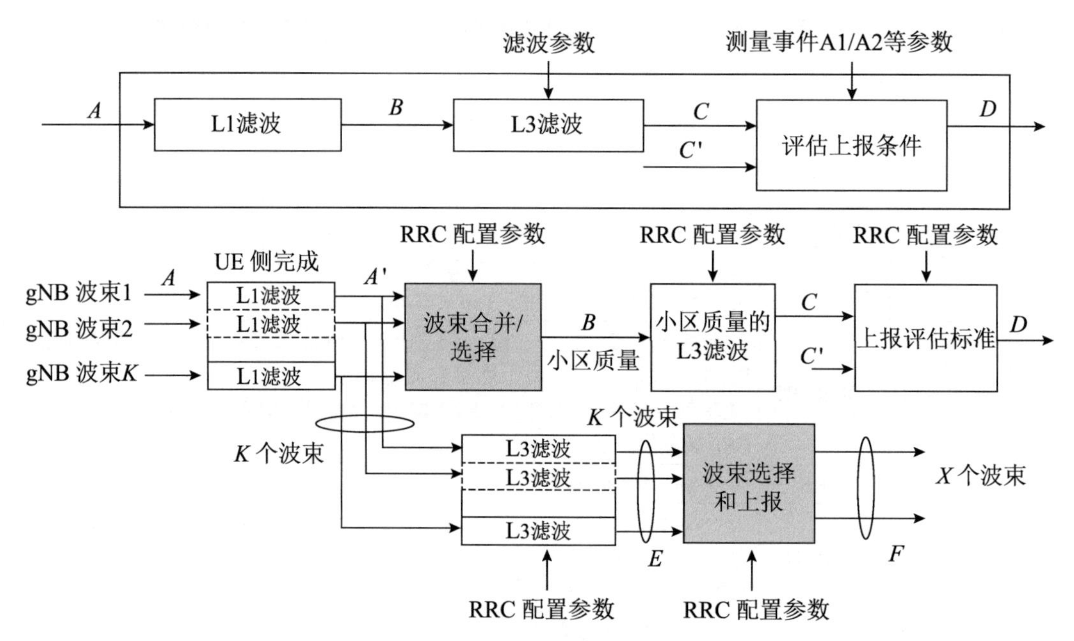

图 4-13　UE 测量模型（3GPP TS38.300 图 9.2.4-1）

表 4-11　NR 现场测试信息（双连接场景）

参　　数		数　值	参　　数		数　值
NR 基本信息	网络类型	ENDC	NR 无线信息	SS-RSRP/dBm	-79.38
	频段	78		SS-SINR/dB	17.28
	PointA 频率	633404		CSI-RSRP/dBm	
	SSB 中心频率	633984		CSI-SINR/dB	
	PCI	134		CQI 均值	12.64
	SSB GSCN 频率	7853		PRACH 发射功率 /dBm	
	带宽 /MHz	100		PUCCH 发射功率 /dBm	
	带宽 /RB	273		PUSCH 发射功率 /dBm	19
	子载波带宽 /kHz	30		功率余量（PHR）	33
	服务的 SSB 波束索引	1		下行常用的调制方式	256QAM
	SSB 波束数	1		上行常用的调制方式	64QAM
	SSB 周期 /ms	20		下行每时隙平均占用的 PRB 数	1.06
	时隙配置（DL ： UL)	5 ： 3		上行每时隙平均占用的 PRB 数	102
	下行秩指示	4		下行 MCS 均值	
	上行秩指示	1		上行 MCS 均值	28
	下行调度次数 /s	16		PDSCH 误块率（%）	0
	上行调度次数 /s	600		PUSCH 误块率（%）	0

根据下行接收电平大小，室外 5G 网络覆盖等级分为极好点、好点、中点和差点四类，各覆盖等级对应覆盖电平如下（参考值）。

1）极好点：SS-RSRP ≥ -75dBm 且 SS-SINR ≥ 25dB。

2）好点：-85dBm ≤ SS-RSRP < -75dBm 且 15dB ≤ SS-SINR < 20dB。

3）中点：-95dBm ≤ SS-RSRP < -85dBm 且 0dB ≤ SS-SINR < 10dB。

4）差点：-105dBm ≤ SS-RSRP < -95dBm 且 -3dB ≤ SS-SINR < 0dB。

4.11 APN 和 DNN

APN 由两部分组成：

■ 网络标识，定义PGW连接到哪个外部网络，MS请求的业务类型（必选）；

■ 运营商标识，表示哪一个PLMN的PGW（可选）。

网络标识至少包含有一个标签，其长度最长为63字节；其不能以字符串“rac”“lac”，“sgsn”或“rnc”等网元名称开头，不能以“.gprs”结尾，此外还不能包含星号“*”。例如，定义移动用户通过该网络标识接入某公司的企业网，则APN的网络标识可以规划为“www.XXX123.com”。

运营商标识由三个标签组成，最后一个标签必须为“.gprs”，第一和第二个标签要唯一地标识出一个PLMN；每个运营商都有一个默认的DNN/APN运营商标识，默认的运营商标识由IMSI推导得到，如下：

“mnc. <MNC> .mcc<MCC> .gprs”

4G系统中，3GPP给每个PGW取个名字，表示PGW对接的PDN，这个名字就是APN。EPS网络根据DNS解析APN得到PGW的IP地址选择相应PGW。

5G系统中，DNN等效于EPS系统中的APN。DNN指向一个数据网络，5G通过DNN选择SMF或UPF，确定应用于此PDU会话的策略。

详细内容参阅3GPP TS 23.003第9节。

第5章　关键技术

5G网络引入的关键技术主要有高阶调制（256 QAM）、mMIMO（Massive MIMO，大规模分布式天线技术）、网络切片、移动边缘计算（MEC）等。下面从无线接入、无线传输、组网方式等维度介绍5G网络关键技术。

5.1 mMIMO

mMIMO有时也称为3D-MIMO。在基站端布置多根天线（由128根或192根天线振子构成），对几十个目标接收机调制各自的波束，通过空间信号隔离，在同一频率资源上同时传输多路信号给相同终端或不同终端。

典型mMIMO应用有16T16R、32T32R和64T64R。收发信机数量与天线数有关，天线越多，所需收发信机数量越多。32T32R mMIMO的AAU硬件结构如图5-1所示。

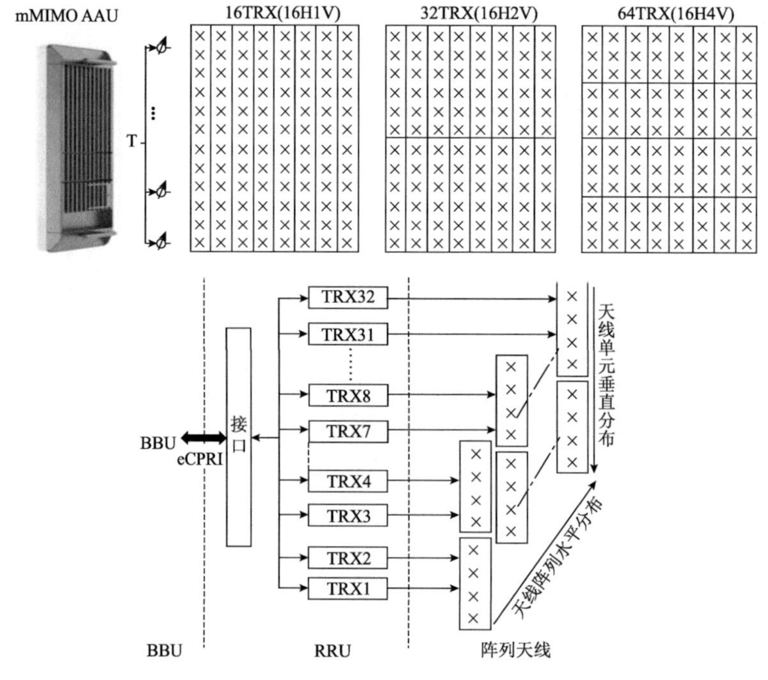

图5-1　32T32R mMIMO的AAU硬件结构

波束成形应用了干涉原理，如图 5-2 所示。弧线表示发信机的波峰。在波峰与波峰相遇位置，信号增强；在波峰与波谷相遇位置，信号减弱。未使用 BF 时，波束形状、能量强弱位置固定。使用 BF 后，通过对不同天线输入信号加权，调整各天线振子的发射功率和相位，形成定向窄波束，使主瓣对准用户，可以扩大覆盖范围，降低干扰。

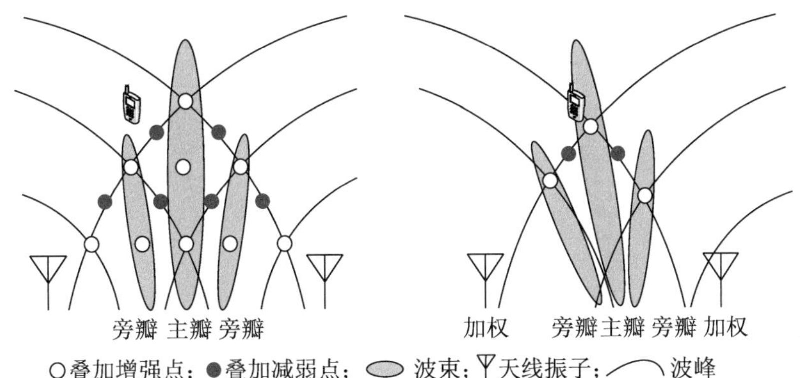

图 5-2 波束赋形

基站根据不同天线接收到的上行探测信号（SRS）的相位差，评估 UE 与不同天线间的距离 X_i（i=1,2,⋯,n）。根据 TDD 上下行互易性原理，基站对传输信号 S 的不同天线进行加权 ω_i，使主波束指向用户，如图 5-3 所示。

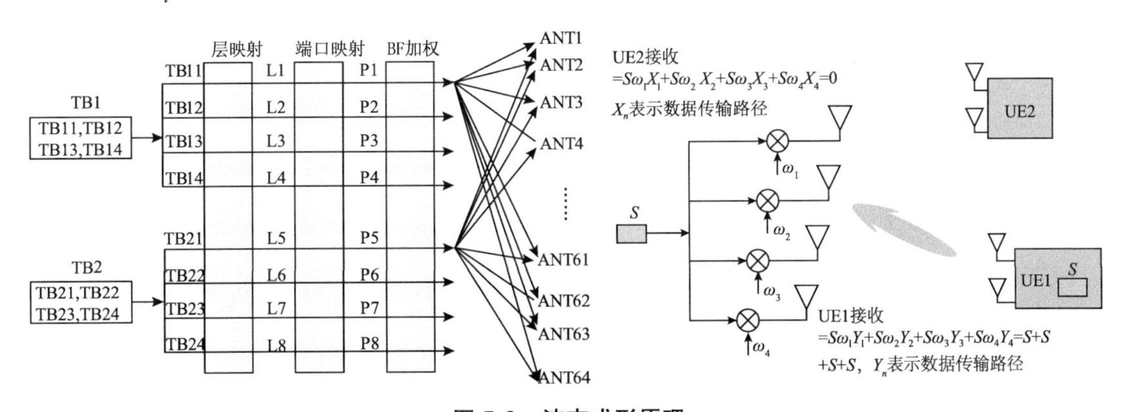

图 5-3 波束成形原理

每个端口上有各自独立的 DMRS 参考信号，供 UE 解调出各个端口上的信号。各个端口上的数据通过波束加权后映射到 64 根天线（64TR）上进行加权发送。

相比 2D-MIMO 而言，mMIMO 天线由于采用 16H4V 排列，使得信号可以同时在水平和垂直方向进行动态调整，有利于改善高层覆盖。

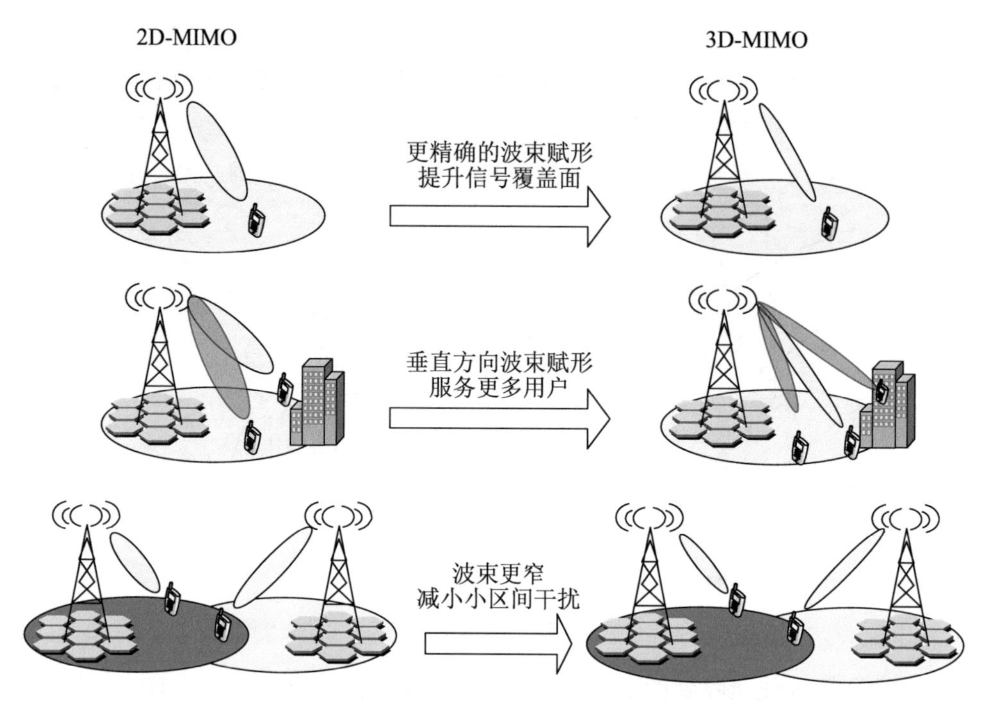

图 5-4　2D-MIMO 和 3D-MIMO 的波束赋形

大规模天线可提供分集、复用和赋形增益，极大提高系统频谱利用率、功率效率及可靠性。mMIMO 技术优势可以归纳为以下三点。

- 大规模天线技术使得空间分辨率被极大提升，可以在没有基站分裂的条件下实现空间资源的深度挖掘。
- 波束赋形技术能够让波束集中在一小块区域，有利于减少小区间干扰。另外，将信号集中于特定方向和特定用户群，能量更加集中，有利于扩大覆盖范围。
- 能够通过不同维度（空域、时域、频域等）提升频谱利用率，增加网络容量。

当前 NR 下行 MIMO 基于 DMRS 的闭环传输，提供最多 32 个 CSI-RS 端口：

- MU-MIMO时下行支持最多16个正交的数据流；
- SU-MIMO模式时下行支持最多8个正交的数据流。

NR 上行 MIMO 提供基于码本、非码本两种传输模式：

- MU-MIMO模式时上行支持最多16个正交的数据流；
- SU-MIMO模式时上行支持最多4个正交的数据流。

mMIMO 应用场景包括：①流量大的业务热点，提高系统容量；② CBD 商业区，解决高层覆盖问题；③体育场馆、演唱会馆，人流比较集中，通过波束赋形，降低用户间干扰。

5.2 高阶调制（256QAM）

QAM 正交振幅调制将幅移键控和相移键控结合在一起，其原理是将输入比特先映射（常用格雷码）到一个复平面（常用星座图来描述 QAM 信号的空间分布状态），形成复数调制符号（*I*，*Q*），然后将符号的 *I*、*Q* 分量（对应复平面的实部和虚部）采用幅度调制，分别调制在相互正交的两个载波 cosωt 和 sinωt。

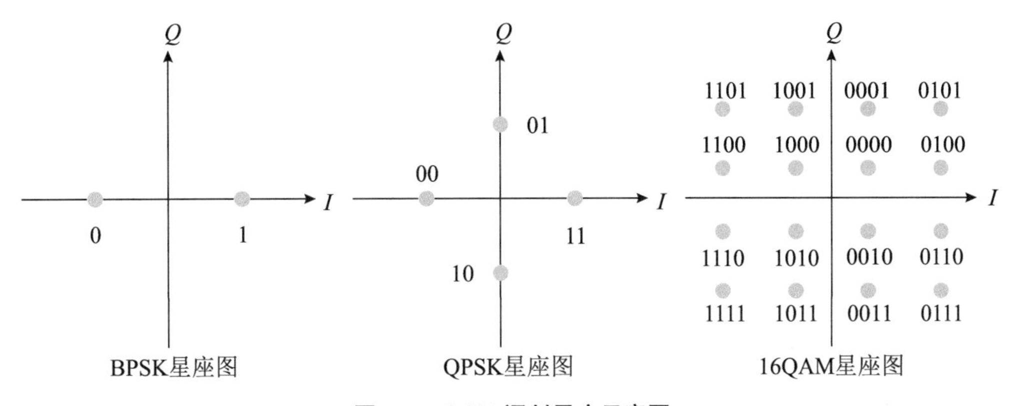

图 5-5　QAM 调制星座示意图

简单来说，QAM 把两个频率相同的模拟信号叠加在一起，一个对应正弦函数，一个对应余弦函数，其调制符号可表示为

$$S(t) = C\sin\omega t + D\cos\omega t$$

若为 256 阶调制，则其参数 *C*、*D* 各用 4bit 信息表示，即每个调制符号 *S* 携带 8bit 信息。

NR 上行和下行均支持 256QAM 调制方式，每个调制符号最大可携带 8bit 信息，与 4G 64QAM 相比，频谱效率可以提升 33%。

由于 5G 终端上行和下行都支持多天线传输和 256QAM 高阶调制，速率将会有明显提升。NR 空口物理层峰值速率计算过程如下（参阅 3GPP TS38.306 4.1.2 节）：

$$\text{NR空口物理层峰值速率 (Mbit/s)} = 10^{-6}\sum_{j=1}^{J}\left(v_{\text{Layers}}^{(j)} Q_m^{(j)} f^{(j)} R_{\max}\frac{N_{\text{PRB}}^{\text{BW}(j),\mu}\times 12}{T_s^{\mu}}\times\left(1-\text{OH}^{(j)}\right)\right)$$

式中，J 为 CA 载波数；$v_{\text{Layers}}^{(j)}$ 为载波分量 j 支持的最大层数；$Q_m^{(j)}$ 为载波分量 j 支持的最大调制阶数；$f^{(j)}$ 为比例因子，由参数 scalingFactor 配置，取值 {1, 0.8,0.75,0.4}；$R_{\max}$ = 948/1024；$N_{\text{PRB}}^{\text{BW}(j),\mu}$ 为 numerology=μ 时带宽 $\text{BW}^{(j)}$ 支持的最大 RB 数；T_s^{μ} 为 numerology=μ 时 OFDM 符号时长，如 $T_s^{\mu}=10^{-3}/\left(14\times 2^{\mu}\right)$；$\text{OH}^{(j)}$ 为开销比例（下行 FR1 取 0.14，FR2 取 0.18；上行 FR1 取 0.08，FR2 取 0.1）。

假定 100MHz 带宽，子载波带宽 30kHz，时隙配置为 2.5ms 双周期（DDDSUDDSUU），特殊时隙配置为 10 ∶ 2 ∶ 2，终端支持 4 流，256QAM 调制，控制信道开销占比 20%（11/14）情况下，单用户空口下行峰值速率计算过程如下：

$$\underset{①}{\underline{(273\times12\times14)}}\times\underset{②}{\underline{(5+2\times10/14)/10}}\times\underset{③}{\underline{(1-20\%)}}\times\underset{④}{\underline{8}}\times\underset{⑤}{\underline{4}}/\underset{⑥}{\underline{(0.5/1000)}}/\underset{⑦}{\underline{10^9}}\approx 1.5(\text{Gbit/s})$$

式中，①表示总 RE 数 / 时隙；②表示下行传输的时隙占比；③表示业务 RE 占比；④表示每个 RE 可携带 8bit 信息；⑤表示终端采用 4 天线进行接收；⑥表示时隙长度，即传输时间；⑦表示将单位转换为 Gbit/s。

现场好点实测结果，5G 单用户下行 RLC 峰值速率约为 1.526Gbit/s，上行 RLC 峰值速率约为 176Mbit/s，如图 5-6 和图 5-7 所示。

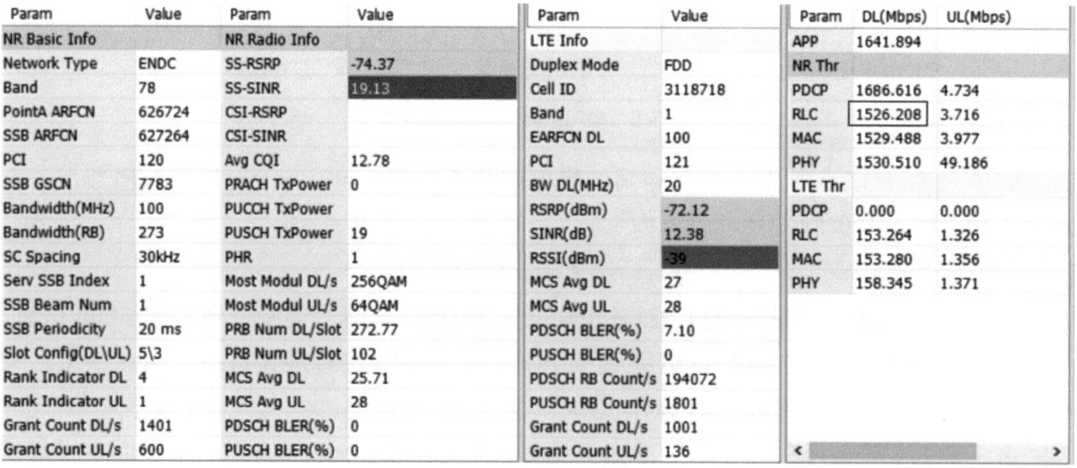

Param	Value	Param	Value
NR Basic Info		NR Radio Info	
Network Type	ENDC	SS-RSRP	-74.37
Band	78	SS-SINR	19.13
PointA ARFCN	626724	CSI-RSRP	
SSB ARFCN	627264	CSI-SINR	
PCI	120	Avg CQI	12.78
SSB GSCN	7783	PRACH TxPower	0
Bandwidth(MHz)	100	PUCCH TxPower	
Bandwidth(RB)	273	PUSCH TxPower	19
SC Spacing	30kHz	PHR	1
Serv SSB Index	1	Most Modul DL/s	256QAM
SSB Beam Num	1	Most Modul UL/s	64QAM
SSB Periodicity	20 ms	PRB Num DL/Slot	272.77
Slot Config(DL\UL)	5\3	PRB Num UL/Slot	102
Rank Indicator DL	4	MCS Avg DL	25.71
Rank Indicator UL	1	MCS Avg UL	28
Grant Count DL/s	1401	PDSCH BLER(%)	0
Grant Count UL/s	600	PUSCH BLER(%)	0

Param	Value
LTE Info	
Duplex Mode	FDD
Cell ID	3118718
Band	1
EARFCN DL	100
PCI	121
BW DL(MHz)	20
RSRP(dBm)	-72.12
SINR(dB)	12.38
RSSI(dBm)	-39
MCS Avg DL	27
MCS Avg UL	28
PDSCH BLER(%)	7.10
PUSCH BLER(%)	0
PDSCH RB Count/s	194072
PUSCH RB Count/s	1801
Grant Count DL/s	1001
Grant Count UL/s	136

Param	DL(Mbps)	UL(Mbps)
APP	1641.894	
NR Thr		
PDCP	1686.616	4.734
RLC	1526.208	3.716
MAC	1529.488	3.977
PHY	1530.510	49.186
LTE Thr		
PDCP	0.000	0.000
RLC	153.264	1.326
MAC	153.280	1.356
PHY	158.345	1.371

图 5-6　下行峰值速率

Param	Value	Param	Value
NR Basic Info		NR Radio Info	
Network Type	ENDC	SS-RSRP	-56.50
Band	78	SS-SINR	23.06
PointA ARFCN	626724	CSI-RSRP	
SSB ARFCN	627264	CSI-SINR	
PCI	185	Avg CQI	15
SSB GSCN	7783	PRACH TxPower	0
Bandwidth(MHz)	100	PUCCH TxPower	
Bandwidth(RB)	273	PUSCH TxPower	9
SC Spacing	30kHz	PHR	11
Serv SSB Index	1	Most Modul DL/s	256QAM
SSB Beam Num	1	Most Modul UL/s	256QAM
SSB Periodicity	20 ms	PRB Num DL/Slot	1.01
Slot Config(DL\UL)	5\3	PRB Num UL/Slot	273
Rank Indicator DL	4	MCS Avg DL	27
Rank Indicator UL	1	MCS Avg UL	27
Grant Count DL/s	131	PDSCH BLER(%)	0
Grant Count UL/s	600	PUSCH BLER(%)	0

Param	Value
LTE Info	
Duplex Mode	FDD
Cell ID	3125429
Band	1
EARFCN DL	100
PCI	185
BW DL(MHz)	20
RSRP(dBm)	-57
SINR(dB)	7.13
RSSI(dBm)	-30.12
MCS Avg DL	28
MCS Avg UL	28
PDSCH BLER(%)	0
PUSCH BLER(%)	0.60
PDSCH RB Count/s	320
PUSCH RB Count/s	88892
Grant Count DL/s	41
Grant Count UL/s	1000

Param	DL(Mbps)	UL(Mbps)
APP		
NR Thr		
PDCP	0.005	241.064
RLC	0.006	176.232
MAC	0.435	177.104
PHY	0.422	177.106
LTE Thr		
PDCP	0.000	0.000
RLC	0.001	63.024
MAC	0.238	63.040
PHY	0.238	63.771

图 5-7 上行峰值速率

5.3 自适应调制编码

自适应调制编码（AMC）技术是指根据信道状态确定最佳的调制方式和信道编码组合。实现方式是通过接收端对导频或参考信号等进行测量，判断信道质量，并将信道质量映射为特定的信道质量指示 CQI，上报发射端。发射端根据接收端反馈的 CQI 决定相应的调制方式、编码方式、传输块大小等进行数据传输，如图 5-8 所示。

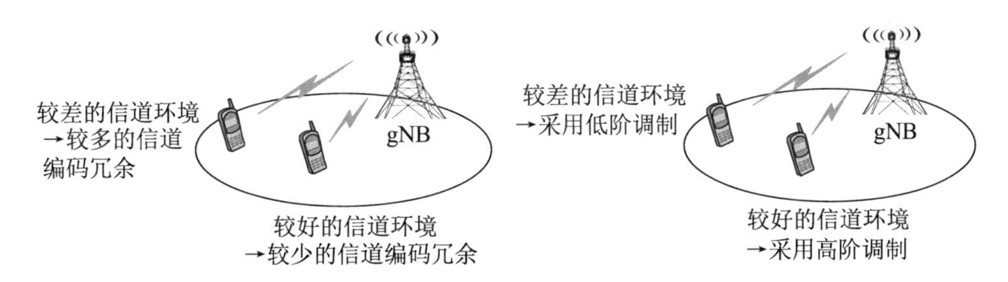

图 5-8 自适应调制编码

在小区边缘信道环境较差情况下，使用较多的信道编码冗余，空口采用低阶调制，提高空口抗干扰能力和接收端的纠错能力；反之，在小区边缘信道环境较好下，采用较少的编码冗余，空口采用高阶调制，提高传输效率。CQI 索引表如表 5-1 所示，PDSCH 和 PUSCH MCS 索引表如表 5-2 所示。

表 5-1　CQI 索引表（TS38.214 表 5.2.2.1-3）

CQI 索引	调制方式	编码速率（×1024）	频谱效率
0	未使用		
1	QPSK	78	0.1523
2	QPSK	193	0.3770
3	QPSK	449	0.8770
4	16QAM	378	1.4766
5	16QAM	490	1.9141
6	16QAM	616	2.4063
7	64QAM	466	2.7305
8	64QAM	567	3.3223
9	64QAM	666	3.9023
10	64QAM	772	4.5234
11	64QAM	873	5.1152
12	256QAM	711	5.5547
13	256QAM	797	6.2266
14	256QAM	885	6.9141
15	256QAM	948	7.4063

表 5-2　PDSCH 和 PUSCH MCS 索引表（TS38.214 表 5.1.3.1-2）

MCS 索引（I_{MCS}）	调制阶数（Q_m）	目标编码速率（$R\times1024$）	频谱效率
0	2	120	0.2344
1	2	193	0.3770
2	2	308	0.6016
3	2	449	0.8770
4	2	602	1.1758
5	4	378	1.4766
6	4	434	1.6953
7	4	490	1.9141
8	4	553	2.1602
9	4	616	2.4063
10	4	658	2.5703
11	6	466	2.7305

续表

MCS 索引（I_{MCS}）	调制阶数（Q_m）	目标编码速率（$R\times1024$）	频谱效率
12	6	517	3.0293
13	6	567	3.3223
14	6	616	3.6094
15	6	666	3.9023
16	6	719	4.2129
17	6	772	4.5234
18	6	822	4.8164
19	6	873	5.1152
20	8	682.5	5.3320
21	8	711	5.5547
22	8	754	5.8906
23	8	797	6.2266
24	8	841	6.5703
25	8	885	6.9141
26	8	916.5	7.1602
27	8	948	7.4063
28	2	预留	
29	4	预留	
30	6	预留	
31	8	预留	

5.4 新型多载波技术

新型多载波技术（F-OFDM）是一项基础波形技术，通过优化滤波器、数字预失真、射频等通道处理，使基站在保证相邻频道泄露比 ACLR、阻塞等射频协议指标的同时，进一步提高系统带宽的频谱利用率。

与 CP-OFDM 相比，F-OFDM 可减少保护频带（图 5-9），将 5G 频率利用率提升到 95% 以上，同时子载波带宽可以根据需求进行调整，以适应不同业务需求，如图 5-10 所示。

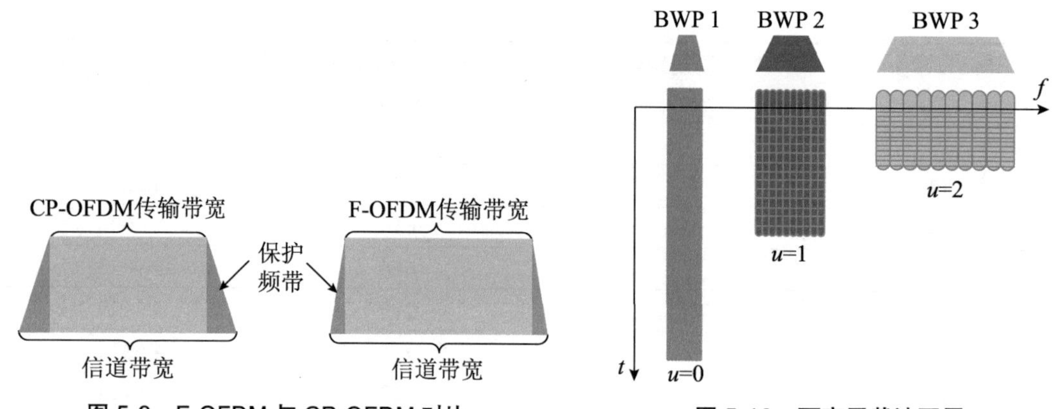

图 5-9　F-OFDM 与 CP-OFDM 对比

图 5-10　可变子载波配置

5G 网络空口灵活支持多种子载波配置，同一载波可以支持不同子载波间隔，并且上下行可以采用不同的子载波间隔以适配不同的业务。NR 子载波带宽和信道如表 5-3 所示。

表 5-3　NR 子载波带宽和信道

μ	子载波带宽 / kHz	数据信道	同步信道	时隙长度 /ms	支持频段
0	15	支持	支持	1	FR1
1	30	支持	支持	0.5	FR1
2	60	支持	不支持	0.25	FR1, FR2
3	120	支持	支持	0.125	FR2
4	240	不支持	支持	0.0625	

子载波带宽越大，每个 OFDM 符号时长越小，空口时延越小。子载波带宽与 OFDM 符号长度的关系如图 5-11 所示。

NR 上行支持 CP-OFDM 和 DFT-S-OFDM 两种模式（图 5-12），在信号好的区域使用 CP-OFDM，在小区边缘或覆盖差的区域使用 DFT-S-OFDM，进一步提升频率资源利用率。

CP-OFDM 的优点是可以使用不连续的频域资源，资源分配灵活，频率分集增益大，频谱利用率高；缺点是峰均比比较高。DFT-S-OFDM 的优点是峰均比低，波形类似单载波；缺点是对频域资源有约束，只能使用连续的频域资源。

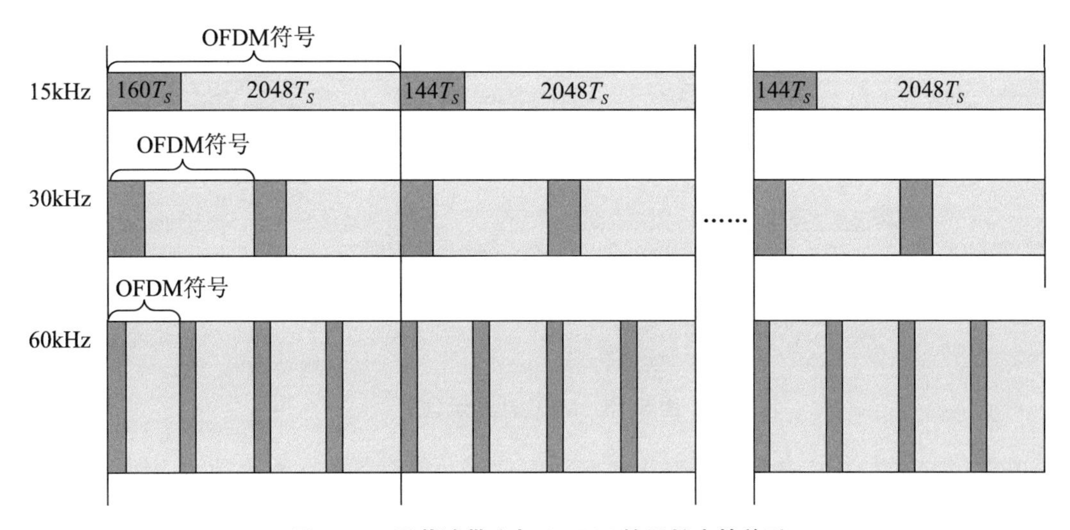

图 5-11 子载波带宽与 OFDM 符号长度的关系

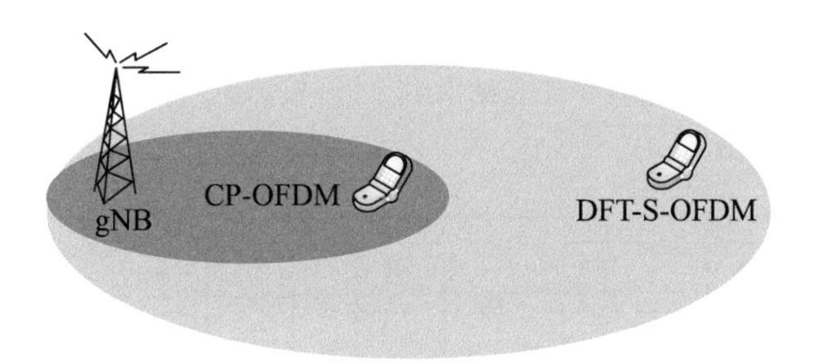

图 5-12 NR 上行多载波技术

5.5 移动边缘计算

物联网技术的快速发展和云服务的推动使得云计算模型已经不能满足移动网络业务发展的需要，于是边缘计算应运而生。移动边缘计算（MEC）改变 4G 系统中网络与业务分离的状态，将业务平台下沉到网络边缘，为移动用户就近提供业务计算和数据缓存能力，实现网络从接入管道向信息化服务使能平台的关键跨越，是 5G 的代表性能力。MEC 功能示意图如图 5-13 所示。

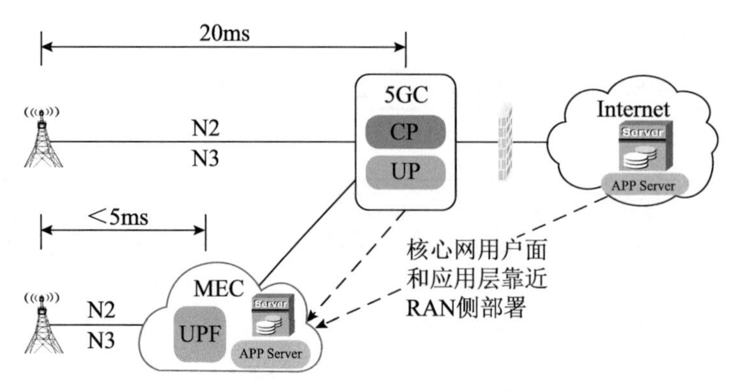

图 5-13　MEC 功能示意图

ETSI 定义的 MEC 是指通过在无线接入侧部署通用服务器，为移动网边缘提供 IT 和云计算的能力。其原理就是在无线网络侧增加计算、存储、处理、路由等功能，使得传统无线接入网具备业务本地化和近距离部署的条件，从而提供了高带宽、低时延的传输能力，同时业务面下沉形成本地化部署，可以有效降低对网络回传带宽的要求。

MEC 可以部署在基站机房（与基站共址）、接入汇聚机房或骨干汇聚机房。MEC 部署方案示意图如图 5-14 所示。

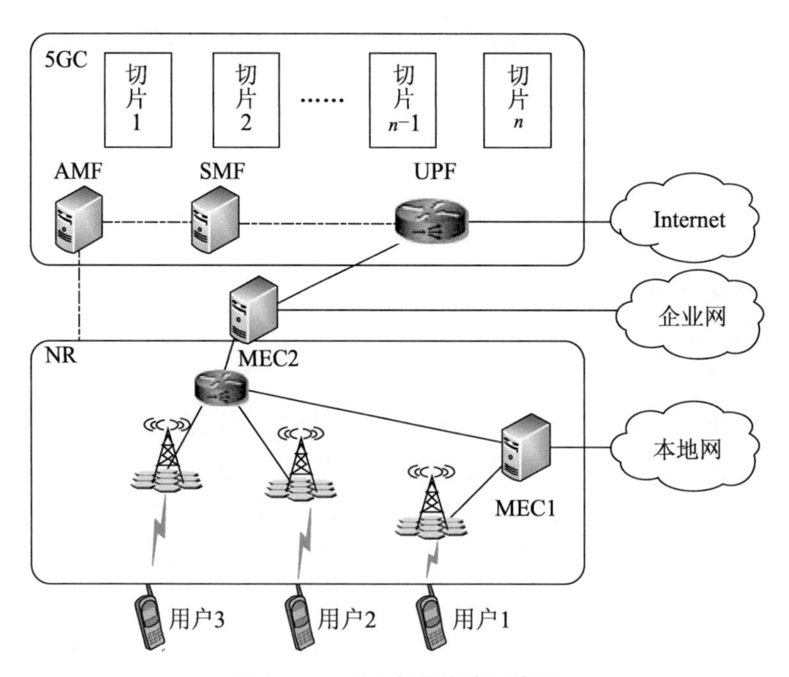

图 5-14　MEC 部署方案示意图

以图 5-14 为例，用户 1 可以经过基站和 MEC1 直接访问本地网，用户 2 和用户 3 可以经过基站和 MEC2 访问图 5-14 所示企业网。MEC 侧实现数据本地缓存、数据本地安全防护、本地路由等能力，减少了核心网 UPF 中间传输环节。

实际应用中，MEC 可部署于实时性要求高、大数据量等场景，如企业网、AR/VR、CDN、视频监控等，通过在基站侧引入智能计算能力，业务体验更有保障，同时无线资源的管理更加智能化。典型应用包括本地内容缓存、基于无线感知的业务优化处理、本地内容转发、网络能力开放等。MEC 应用案例特征如表 5-4 所示。

表 5-4　MEC 应用案例特征

MEC 应用案例	技术指标特征			商业模式特征		
	高带宽	低时延	本地计算	差异化	个性化	本地化
视频缓存与优化	√	√		√	√	
本地内容转发	√	√				√
监控数据分析	√	√	√			√
AR/VR	√	√	√	√	√	√
智慧商场	√			√	√	√

5.6 网络切片

网络切片是一个临时的逻辑网络，是将运营商的物理网络根据不同的服务需求（如时延、带宽、安全性和可靠性等）划分为多个虚拟网络，以灵活应对不同的网络应用场景，提供差异化服务，满足不同业务需求。其特征主要表现为基于客户化需求，可以被设计、部署和维护的逻辑网络，旨在满足特定客户、业务、商业场景的业务特点和商业模式。

为便于理解，我们把移动网络比喻为交通，车辆是用户，道路是网络，如图 5-15 所示。随着车辆的增多，城市道路变得拥堵不堪。为了缓解交通拥堵，交通部门根据不同的车辆、运营方式进行分流管理，如设置 BRT 快速公交通道、机动车道、非机动车专用通道等，以满足不同出行要求，提高通行效率。

5G 网络实现从人 - 人连接到万物互联，连接数量成倍上升，业务类型越来越复杂，需要像交通管理一样，利用网络切片技术对网络实行分流管理，目的是提高资源使用效率，满足不同业务的 QoS 需求。网络切片选择如图 5-16 所示。

图 5-15　网络切片（道路交通）示意图

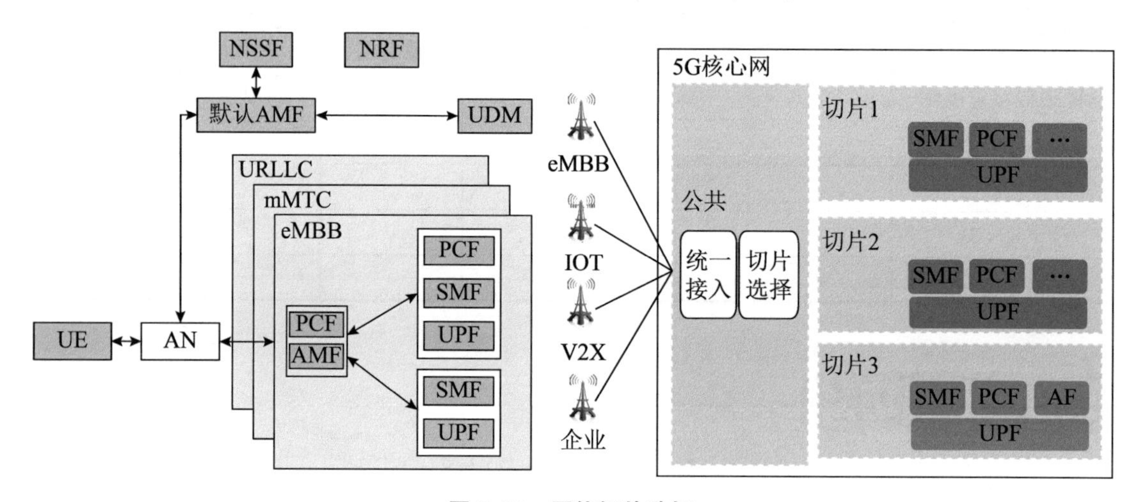

图 5-16　网络切片选择

网络切片是端到端网络，包括无线接入网（RAN）、传输网（TN）和核心网（CN），需要跨域的切片管理系统。不同切片可以共享基础设施资源，但相互隔离、互不影响，并且网络切片可以独立运营。在网络维度上，切片代表用户群级，一个切片会包含很多用户；在用户维度，切片意味着UE的APP级，一个终端的不同APP可以附着在不同切片，允许同一个UE同时接入8个不同的切片；从租户维度看，切片也代表着行业的子业务级，一个行业往往有很多子业务，不同子业务对应的SLA不同。

从运营商角度来看，网络切片的实现过程就是编排部署，对应的功能实体有通信服务管理功能（CSMF）、切片管理功能（NSMF）、子切片管理功能（NSSMF）、管理和编排功能（MANO）。5G网络切片编排部署流程如图5-17所示。

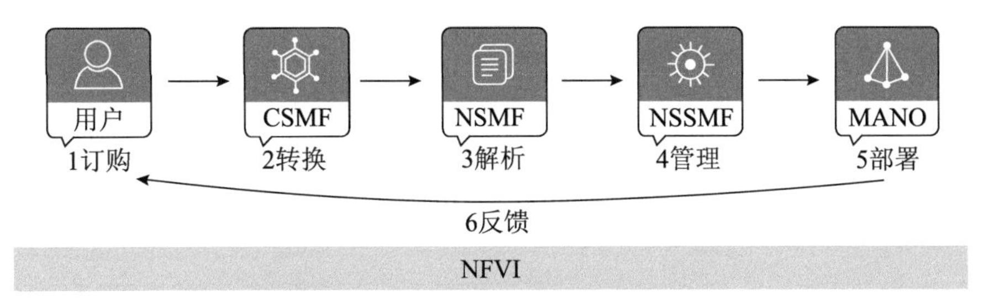

图 5-17 5G 网络切片编排部署流程

1）行业客户向运营商购买切片，并提供业务具体需求，如切片类型（eMBB、uRLLC 或 mMTC 等）、切片性能要求（时延、带宽、可靠性等）、切片规格、地理位置等。

2）通信服务管理功能（CSMF）负责将通信业务需求翻译为网络切片相关要求，完成用户需求到服务等级协议（SLA）的转换，SLA 包括用户数、QoS、带宽等参数。CSMF 将翻译后的用户需求发给 NSMF，要求 NSMF 依据网络切片需求分配一个网络切片实例（NSI）。用户需求到服务等级协议（SLA）的转换如图 5-18 所示。

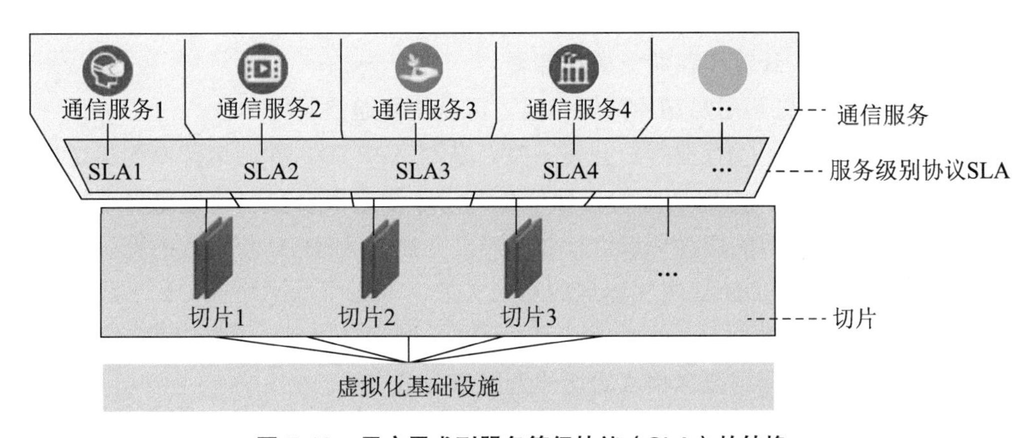

图 5-18 用户需求到服务等级协议（SLA）的转换

3）切片管理功能（NSMF）评估请求的可行性。如果业务不可行，则拒绝这一请求。若能提供该业务，则分析请求的网络切片实体（NSI）是否可与其他通信业务共享。若可以共享并且现存的 NSI 可用，则 NSMF 使用现存的 NSI；否则，NSMF 根据 SLA 创建新的 NSI。同时，NSMF 从网络切片相关需求中提取出网络切片子网相关需求，并发送给 NSSMF。

4）子切片管理功能（NSSMF）分为无线接入网 RAN、传输网 TN 和核心网 CN 三个部分，根据 NSMF 发来的需求分别完成无线网、传输网和核心网切片子网实例（NSSI）

的管理和编排，以及相对应的资源申请，并对子切片进行全生命周期管理。

5）NSMF 将 NSSI 与对应的 NSI 关联。通信业务切片实例如图 5-19 所示。

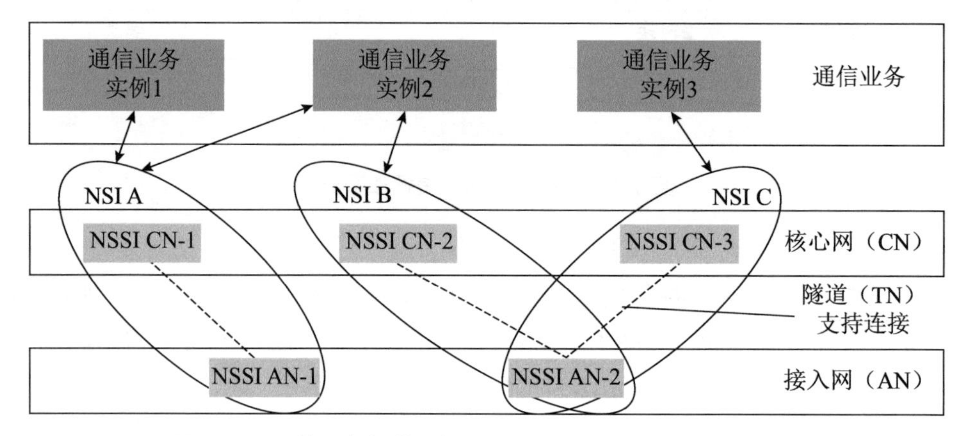

图 5-19　通信业务切片实例（3GPP TS28.530 图 4.1.3.1）

6）管理和编排功能（MANO）在网络功能虚拟化基础设施（NFVI）上完成各子切片以及所依赖的网络、计算和存储资源的部署。

7）管理系统通知订购用户切片部署完成，可以使用通信服务。

切片商业应用举例：①行业客户开发 APP，获得 APP ID，并向运营商购买切片用于 APP 业务，通过开放接口获取切片的管理信息；②运营商根据客户业务需求进行切片实体编排和管理，分配相应的切片标识给行业客户，并建立 APP ID 与切片的标识的对应关系，以及用户号码 MSISDN 与切片标识的对应关系；③运营商网络向 UE 下发切片标识集合，以及 APP ID 和切片标识的对应关系；④ UE 激活 APP 时，绑定对应切换标识进行通信，网络依据切片标识选择相应的切片为用户提供服务。

网络切片过程如图 5-20 所示。

端到端网络切片选择示例如图 5-21 所示。

① UE 向 AMF 发起注册请求消息时携带网络切片选择辅助信息 Requested NSSAI。

②基站收到注册请求后，根据注册请求消息里面的 Requested NSSAI 去选择合适的 AMF。如果基站无法做出选择，则选择默认的 AMF；之后基站将初始 NAS 消息转发给选择的 AMF。

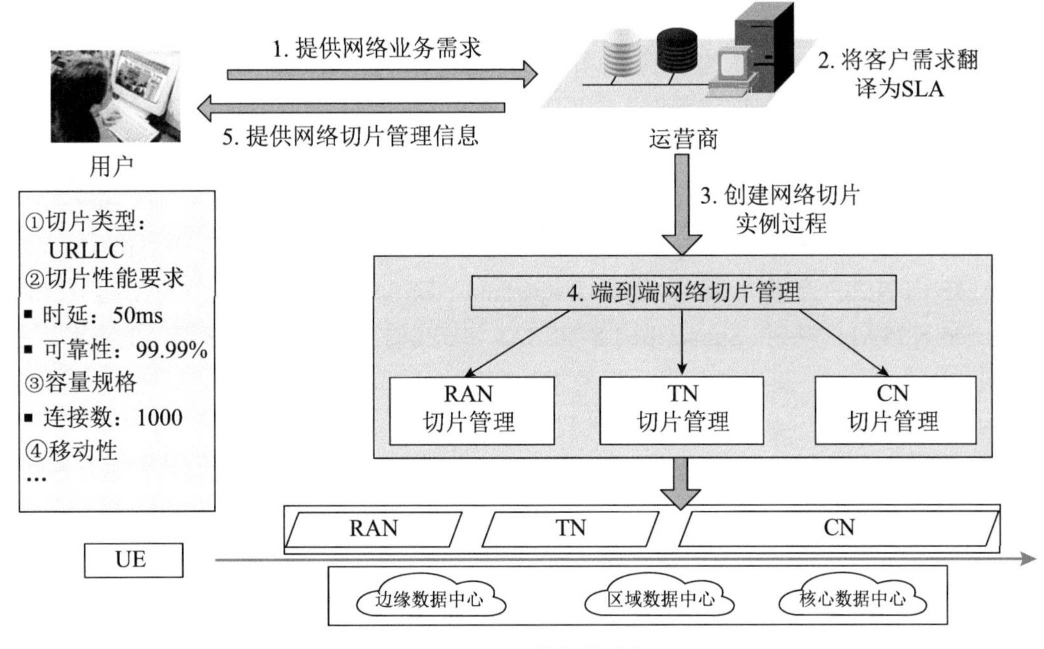

图 5-20　网络切片过程

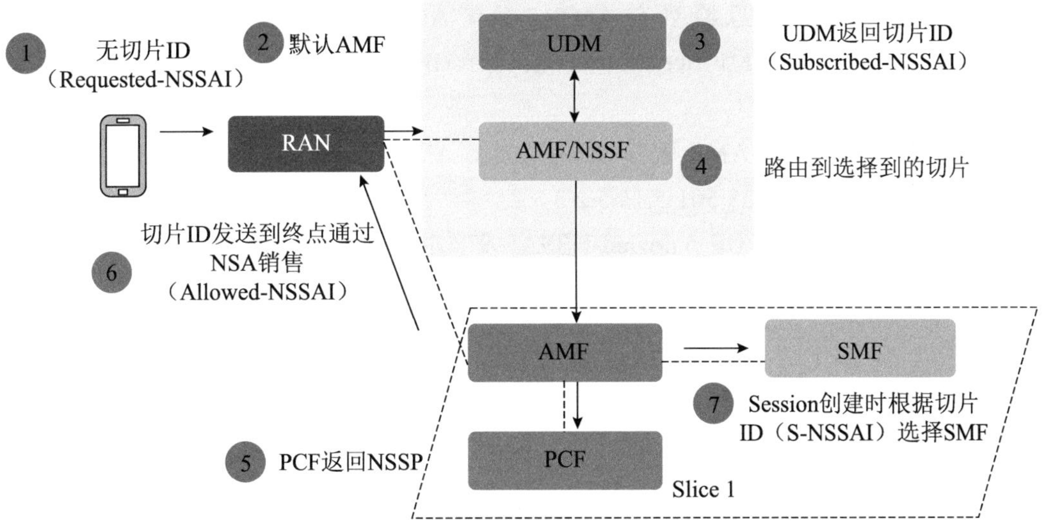

图 5-21　端到端网络切片选择示例（详见 3GPP TS23.501 第 5.15 节）

③当 AMF 收到基站发来的 UE 注册请求消息后，执行如下操作。

>AMF 向 UDM 发起查询来获取 UE 的订阅信息， 订阅信息包含 Subscribed-S-NSSAI；

>AMF 根据 Subscribed-S-NSSAI 验证 Requested-NSSAI 里的 S-NSSAI，确定哪些请求的 S-NSSAI 是允许的，哪些是被拒绝的。

④当 AMF 中的 UE 上下文尚未包括相应访问类型的 Allowed-NSSAI 时，根据 AMF 的配置，AMF 查询 NSSF（NSSF 的地址在 AMF 中本地配置），并执行如下操作。

>AMF 向 NSSF 查询，提供信息 Requested-NSSAI、Requested-NSSAI 到 HPLMN Configured-NSSAI 的映射、Subscribed-S-NSSAI、SUPI 的 PLMN ID、UE 当前的跟踪区等。

>NSSF 基于 AMF 提供的信息，以及本地配置信息和其他的本地信息（包括当前 TA 下 RAN 的能力信息、网络实例的当前负载级别），**执行如下操作。**

>> 基于 Requested-NSSAI 和 Subscribed-NSSAI 的 S-NSSAI 比较，NSSF 要判断哪些请求的 S-NSSAI 可以被允许。如果没有 Requested-NSSAI，查看用户订阅的默认 S-NSSAI 是否可被允许。

>> 选择为 UE 服务的网络切片实例（Network Slice Instance）。

>> 选择为 UE 服务的 AMF。

>> 决定 UE 的 Allowed-NSSAI。

>NSSF 发送响应消息给当前 AMF， 携带 Allowed-NSSAI 和其与 Subscribed-S-NSSAI 的映射、目标 AMF Set 或一个候选 AMF 列表、NRF、NSI ID、Rejected-S-NSSAI、Configured-NSSAI。

> 如果需要选择其他 AMF 服务 UE，则当前 AMF 会将 Registration Request 消息路由给目标 AMF（3GPP TS23.501 5.15.5.2.3）。

> 由服务 AMF **返回 UE Allowed-NSSAI 及 Allowed-NSSAI 到 Subscribed-S-NSSAI 的映射，以及被拒绝的 S-NSSAI。**

5.7 上下行解耦

由于 C-Band 频段高，传播损耗大，以及终端上行发射功率等限制，5G 小区的上行覆盖受限严重，5G 小区覆盖范围偏小。上下行解耦就是针对这一问题提出的创新频谱使用技术，在 3GPP 中的正式名称是 LTE-NR *UL* coexistence。其原理是下行用 5G 基站进行数据和信令传输，上行 5G 信号通过低频段的 4G 基站进行传输，然后通过 4G 基带板与 5G 基带板间的 HEI 接口将收到的 5G 信号发给 5G 基站进行处理（主控板 BBU 间的互连线用于时钟互锁），实现 5G 与 LTE 的并存，弥补 C-Band 高频上行覆盖的不足。

以 FDD-LTE 1.8 GHz 为例，图 5-22（a）为上下行解耦前 5G 小区覆盖情况，上行覆盖比下行覆盖差 15.4dB。图 5-22（a）为上下行解耦后，上行用 1.8GHz 进行补充覆盖，可以提高上行覆盖 7.7dB（2R）、10.7dB（4R）。外场试验结果表明，采用上下行解耦后，3.5GHz 小区的覆盖半径提升了 73%，在用户体验提升 10 倍的前提下达到了与 1.8GHz 小区的同覆盖。

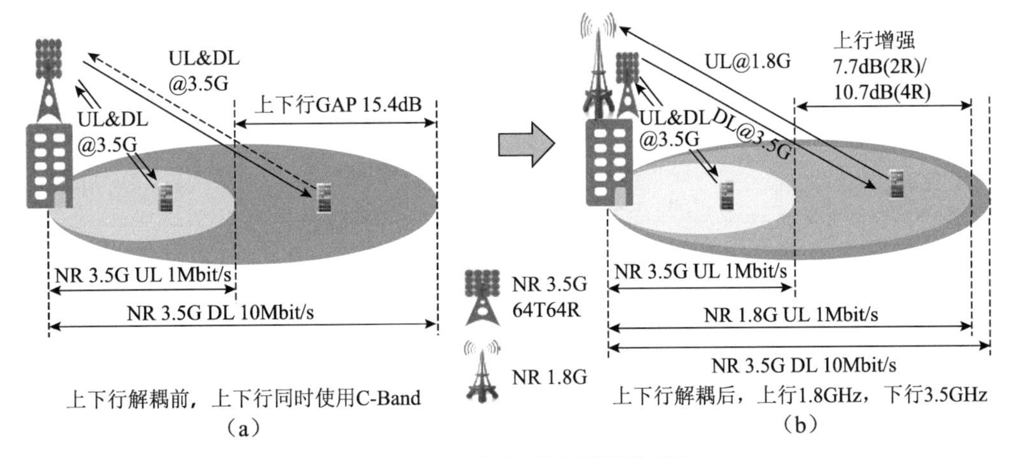

图 5-22　上下行解耦前后覆盖对比

3.5GHz 上下行覆盖对比如表 5-5 所示，1.8GHz 与 3.5GHz 上行覆盖对比如表 5-6 所示。

表 5-5　3.5GHz 上下行覆盖对比

关键参数	3.5GHz 上行（1Mbit/s）	3.5GHz 下行（10Mbit/s）	差　值
发射功率	26dBm（400mW）	53dBm（200W）	-27dBm
PRB 数量	40	272	+8.4dB
终端 OTA 损耗	4dB	4dB	0dB
人体损耗	3dB	3dB	0dB
穿透损耗	20dB	20dB	0dB
天线挂高	25m	25m	0dB
天线增益	10dBi	10dBi	0dB
解调门限	MCS3	MCS0	-5.3dB

续表

关键参数	3.5GHz 上行 （1Mbit/s）	3.5GHz 下行 （10Mbit/s）	差值
噪声系数	3.5dB	7dB	+3.5dB
干扰余量	3dB	8dB	+5dB
阴影衰落余量	9dB	9dB	0dB
合计			**−15.4dB**

表 5-6　1.8GHz 与 3.5GHz 上行覆盖对比

关键参数	1.8G 上行 （1Mbit/s）	3.5G 上行 （1Mbit/s）	差值
频段	1.8GHz	3.5GHz	+5.7dB
UE 发射功率	23dBm （200mW）	26dBm （400mW）	−3dB
穿透损耗	14dB	20dB	+6dB
人体损耗	3dB	3dB	0dB
终端 OTA 损耗	4dB	4dB	0dB
上下行时隙配比	全上行	4 ∶ 1（DL ∶ UL）	+7dB
基站天线配置	① 2R ② 4R	64R	① −15.5dB ② −12.5dB
天线增益	17dBi	10dBi	+7dB
馈线损耗	0.5dB	0	−0.5dB
噪声系数	1.5dB	3.5dB	+2dB
干扰余量	5dB	3dB	−2dB
阴影衰落余量	8dB	9dB	+1dB
合计			**① 2R：7.7dB** **② 4R：10.7dB**

图 5-23 为上下行解耦 NR 和 LTE 基站物理连接示意图。在 5G 上行弱覆盖区域，5G 下行信号继续由 NR 发送给 UE，而 5G UE 上行信号通过低频段 1.8GHz 的 4G RRU 接收，通过基带板 HEI 接口透传给 5G 基带板处理。

需要注意的是，DL、UL 和 SUL 同属于一个小区，这个是 SUL 与 CA 最大的区别。UE 可以在 UL 和 SUL 之间动态选择发送链路，但是在同一个时刻，UE 只能选择其中的一条链路，不能同时在两条链路发送上行数据。

LTE/NR宏站
1.8G RRU
3.5G AAU
上下行解耦
UL@Low Band
DL@High Band
基带HEI互联
FAN
UPEU
UPEU
UMPTe
FAN
UPEU
UPEU
UMPTe
BBU39×0
BBU5900
BBU互联

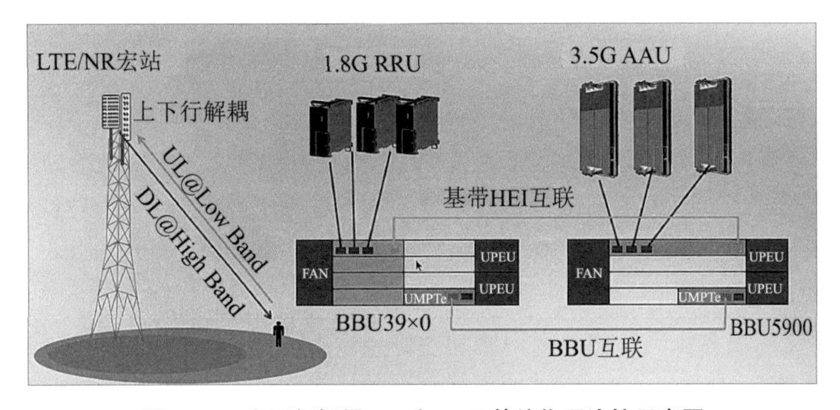

图 5-23 上下行解耦 NR 和 LTE 基站物理连接示意图

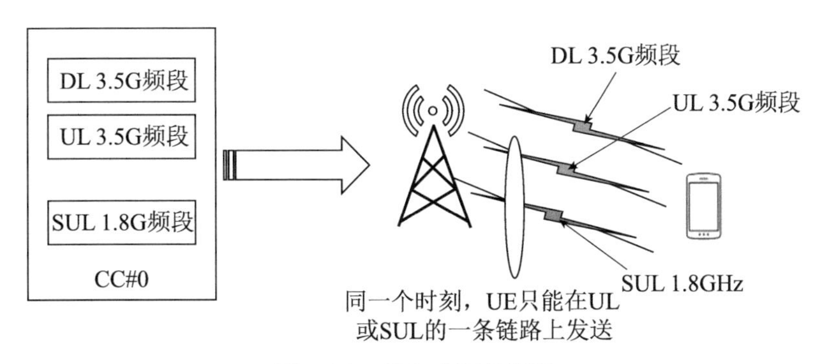

DL 3.5G频段
UL 3.5G频段
SUL 1.8G频段
CC#0
DL 3.5G频段
UL 3.5G频段
SUL 1.8GHz
同一个时刻，UE只能在UL
或SUL的一条链路上发送

图 5-24 SUL 小区示意图

3.5G单频
2T
3.5G D D D S U D D S U U 23dBm
3.5G D D D S U D D S U U 23dBm
超级上行
2T
3.5G D D D S U D D S U U 23dBm
3.5G D D D S U D D S U U 23dBm
+
1T
2.1G U U U U 23dBm
上行载波聚合
（CA）
1T
3.5G D D D S U D D S U U 20dBm
+
1T
2.1G U D U U U 20dBm
上下行解耦
（SUL）
1T
3.5G D D D S D D S
1T
2.1G U D U U U 23dBm

图 5-25 超级上行、上行载波聚合和上下行解耦

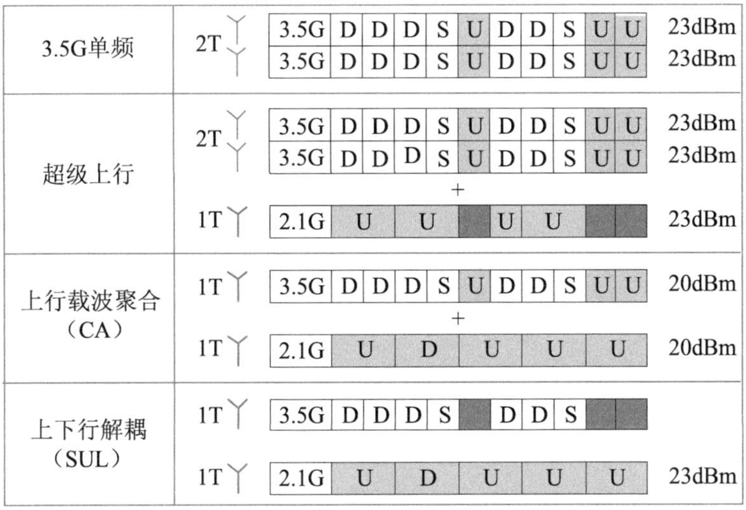

5.8 服务化架构

为了满足5G万物互联的需求，传统基于点对点的核心网设计模式显然已经不足以面向未来，因此5G核心网（5GC）有了更方便、更灵活引入垂直行业的架构，即基于服务化的架构，简称SBA。

3GPP定义的服务化结构将一个网络功能进一步拆分成若干个自包含、自管理、可重用的网络功能服务（NF Service），这些网络功能服务相互之间解耦，具备独立升级、独立扩容的能力，具备标准接口与其他网络功能服务互通，并且可通过编排工具根据不同的需求进行编排和实例化部署，使能灵活的网络切片。

传统2G、3G、4G网络架构采用的是“点对点”架构，网元和网元之间的接口需预先定义和配置，且定义的接口只能用于特定的两类网元间使用，灵活性不强。在服务化架构中，网络功能间的交互由服务调用实现。每个网络功能对外呈现通用的服务化接口，可被授权的网络功能或服务调用。5G网格架构演进如图5-26所示。

5G核心网架构核心特征表现为NFV和SDN，使能网络切片。与传统核心网架构相比，5GC的显著区别有以下几点。

1）控制面网络功能摒弃传统的点对点通信方式，采用统一的基于服务化架构和接口，如Nnssf、Nsmf等。

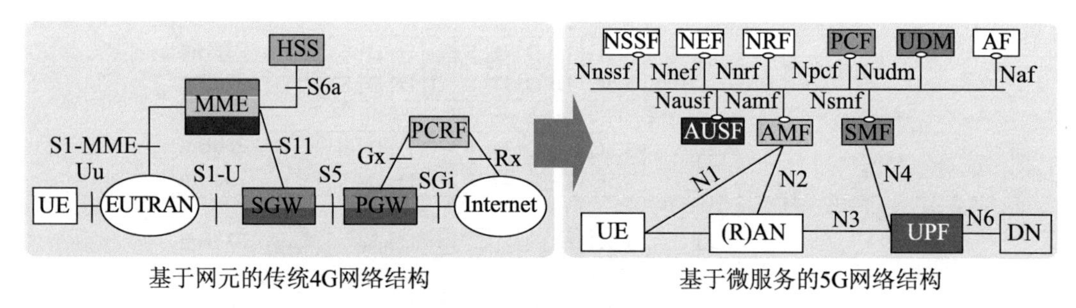

图5-26 5G网络架构演进

2）控制面与用户面分离，将S/P-GW的控制功能分离到SMF，将用户面分离到UPF。采用集中控制、分布式用户面的组网方式。

3）开放接口，实现分配策略的灵活定义。

4）移动性管理与会话管理解耦，解耦后的功能单元分别称为AMF和SMF。

5）核心网对接入方式不感知，各种接入方式都通过统一的机制接入网络。例如，非3GPP方式也通过统一的N2/N3接口接入5G核心网，3GPP与非3GPP统一认证等。

5G采用服务化架构后对运营商的价值主要表现为以下四个方面。

敏捷：服务松耦合，网络部署、维护、升级更快速、便利。

易扩展：轻量级的接口使得新功能的引入不需要引入新的接口设计。

灵活：通过模块化、可重用方式实现网络功能的组合，满足网络切片等灵活组网需求。

开放：新型REST API接口极大地便于运营商或第三方调用服务。

5.9 信道编码（Polar码和LDPC）

接收机的灵敏度跟多个因素相关，其中最主要的是信道编码方式。所谓信道编码，就是在发送端对原数据添加冗余信息，并且这些冗余信息与原数据相关，在接收端根据这种相关性来检测和纠正传输过程产生的差错。3GPP确定增强移动宽带（eMBB）场景下5G网络控制信道编码采用华为公司主导的Polar码（极化码），数据信道编码采用高通公司提出的LDPC码（LowDensity Parity Check Code，低密度奇偶校验码）。

Polar码于2010年由土耳其科学家Arikan发明，主要基于信道极化现象和串行译码方式提升信息比特的可靠性。LDPC码由R.Gallager于1962年提出，是分组码的一种。一般通用的分组码译码算法是伴随式译码，非常复杂，而LDPC码是通过比特翻转的译码算法来简化分组码的译码的，并且可以进行并行化译码，非常适合高速率数据处理的场景。

5.10 CU-DU分离

为了满足5G网络需求，3GPP提出面向5G的无线接入网重构方案，引入CU-DU架构。在此架构下，5G的BBU拆分为CU和DU两个逻辑单元，而射频单元及部分基带物理层底层功能与天线构成AAU。

根据3GPP协议定义，将PDCP层及以上的无线侧逻辑功能节点作为CU。CU-DU可以映射到不同的物理设备，也可以映射为同一物理实体。4G基站和5G基站功能映射如图5-27所示。

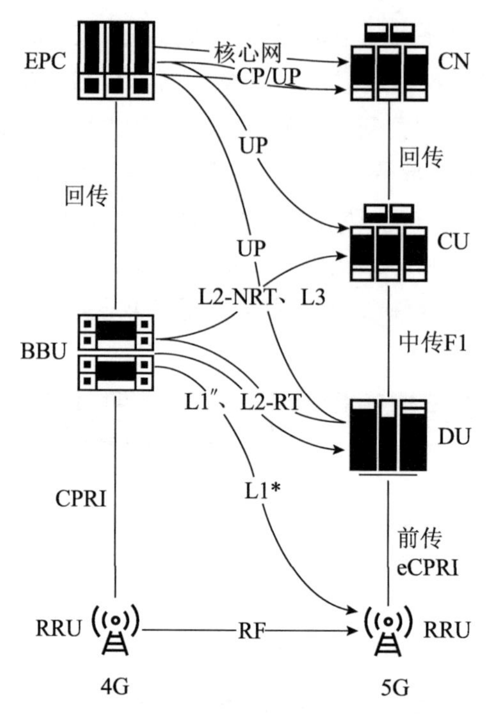

图 5-27　4G 基站和 5G 基站功能映射

通过引入中央控制单元（CU），一方面，在业务层面可以实现无线资源的统一管理、移动性的集中控制，进一步提高网络性能；另一方面，在架构层面，CU 既可以灵活集成到运营商云平台，也可以在专有硬件环境上用云化思想设计，实现资源池化、部署自动化，在降低运营成本（OPEX）和资本性支出（CAPEX）的同时提升客户体验。

5.11　CU 云化部署

NR 组网方式可分为 D-RAN、C-RAN 和 CU 云化部署。其中，CU 云化部署是基于集中化处理（Centralized Processing）、协作式无线电（Collaborative Radio）和实时云计算构架（Real-time Cloud Infrastructure）的绿色无线接入网构架。其本质是将基带处理资源进行集中部署，形成一个基带资源池，并对其所覆盖区域进行统一管理与调度，如图 5-28 所示。

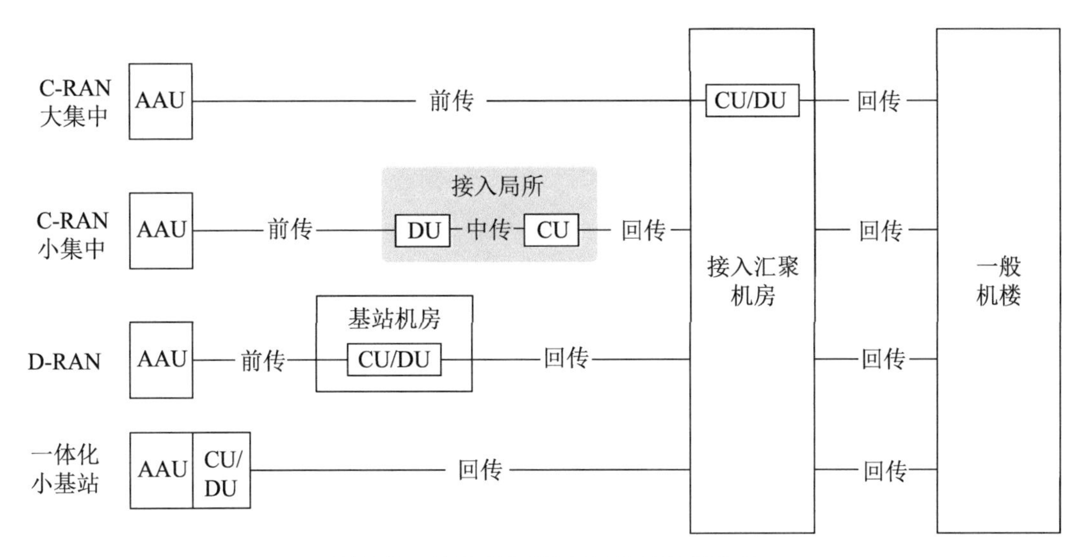

图 5-28 面向不同场景的 RAN 部署方案

CU 云化部署属于新型无线接入网构架，可以减少基站机房数量，降低能耗，同时可以采用协作化、虚拟化技术，实现资源共享和动态调度，提高频谱效率，以达到低成本、高带宽，以及提高运营的灵活度。

5.12 D2D

D2D（Device-To-Device Communication）通信是一种基于蜂窝系统的近距离数据直传技术。D2D 会话的数据直接在终端之间进行传输，不需要通过基站转发，而相关的控制信令，如会话的建立、维持、无线资源分配及计费、鉴权、识别、移动性管理等仍由蜂窝网络负责。蜂窝系统下 D2D 通信模型如图 5-29 所示。

蜂窝网络引入 D2D 通信，可以减轻基站负担，降低端到端的传输时延，提升频谱效率，降低终端发射功率。当无线通信基础设施损坏，或者在无线网络的覆盖盲区，终端可借助 D2D 实现端到端通信。在 5G 网络中，既可以在授权频段部署 D2D 通信，也可在非授权频段部署。

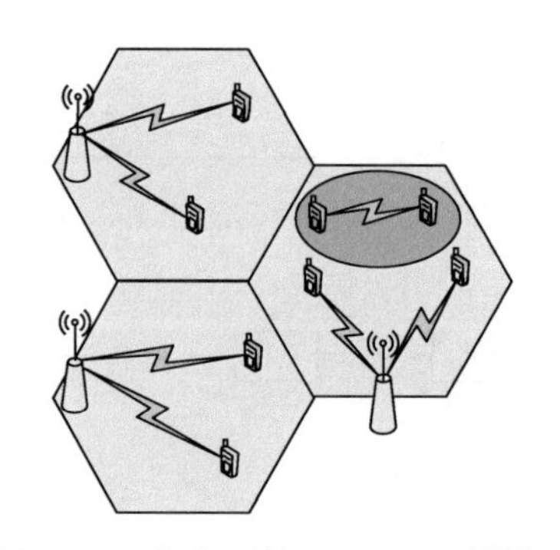

图 5-29　蜂窝系统下 D2D 通信模型

5.13 NOMA

NOMA 即非正交多址接入技术，采用非正交的功率域来区分用户。非正交就是用户之间的数据可以在同一个时隙、同一个频点上传输，而仅仅依靠功率的不同来区分用户，如图 5-30 所示。

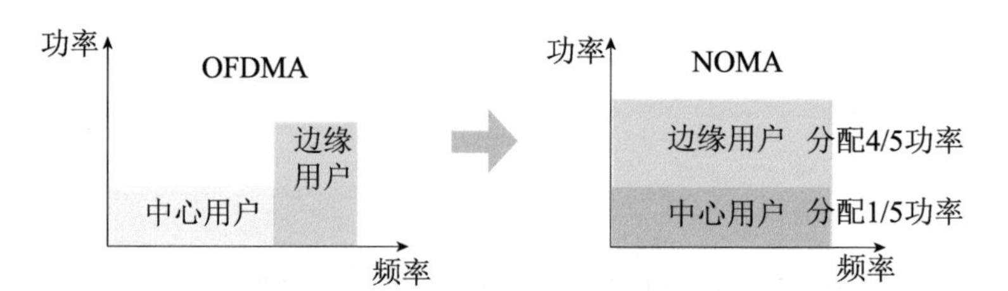

图 5-30　OFDMA 与 NOMA 多址技术对比示意图

NOMA 的信号波形仍然是 OFDM，NOMA 基于 3G 时代的非正交多用户复用原理，并将之融合于现在的 4G OFDM 技术之中。NOMA 在 OFDM 的基础上增加了功率域维度，实现多用户在功率域的复用，在接收端加装一个 SIC（串行干扰消除），通过这个干扰消除器，加上信道编码（LDPC 码），在接收端区分不同用户的信号。

基于符号级扩频的 NOMA 发射方案如图 5-31 所示。SIC 干扰消除机制如图 5-32 所示。

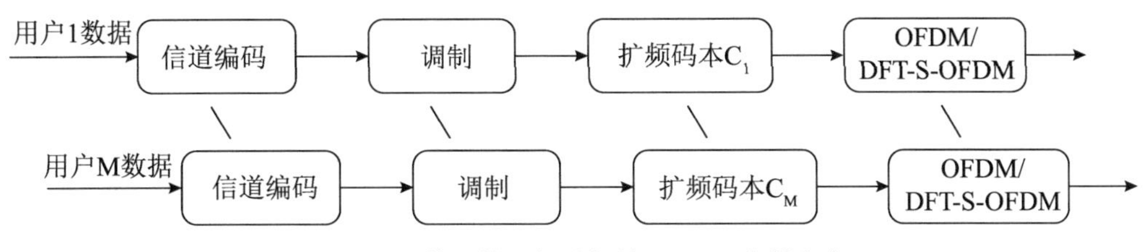

图 5-31 基于符号级扩频的 NOMA 发射方案

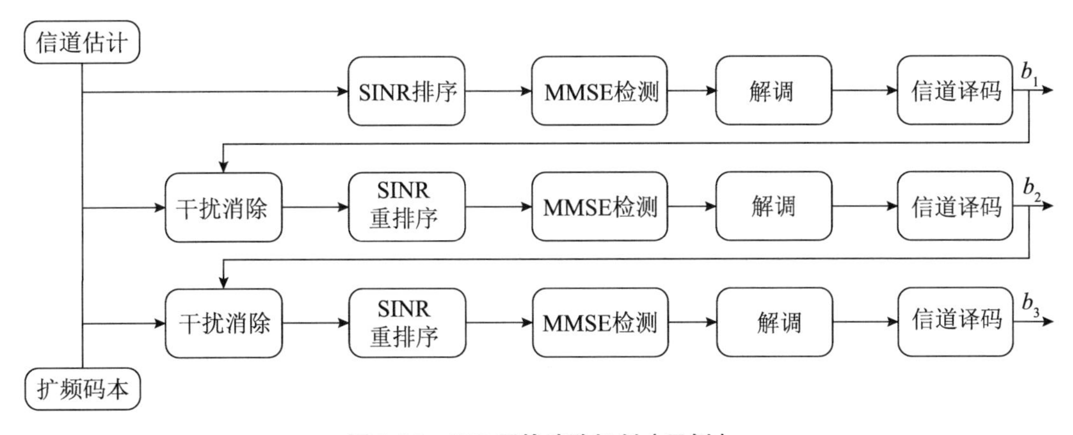

图 5-32 SIC 干扰消除机制（示例）

NOMA 主要用于物联网（mMTC）场景。对于物联网来说，连接数多，每次传输的数据量非常小，按照传统的信令流程和资源分配方式，信令开销非常大，资源利用率低，而且增加终端耗电量。在这种背景下引入免调度 Grant Free 或者 Contention Based 概念，即 UE 不请求资源，直接在上行信道发送数据。这样带来的问题是碰撞的概率就会增加，降低接入成功率。为了能够提高接通率，引入了 NOMA 技术。因为 NOMA 可以提供非常多（远大于 OFDM）的地址空间，这样即使随机选择地址也可以大大降低碰撞的概率。

在某些场景中，如远近效应场景和广覆盖多节点接入的场景，特别是上行密集场景，实践证明采用功率复用的非正交接入多址方式较传统的正交接入有明显的性能优势。

第 6 章　无线网络优化

6.1 优化概述

网络优化是指通过硬件排障、覆盖优化、干扰排查、参数调整等技术手段改善网络覆盖和质量，提高资源使用效率。优化的工作思路首先是确保硬件性能正常，其次是开展覆盖优化、干扰排查、参数核查和优化，在此基础上再针对短板KPI指标进行专项提升。

1. 最佳系统覆盖

覆盖是优化环节中极其重要的一环。在系统的覆盖区域内，通过调整天线工参、功率等手段使更多地方的信号满足业务所需的最低电平要求，尽可能利用有限的功率实现最优覆盖，可减少由于系统弱覆盖或交叉覆盖带来的用户无法接入、掉线、切换失败、干扰等。

2. 系统干扰最小化

干扰分为系统内干扰和系统外干扰。系统内干扰由系统自身产生，如覆盖不合理、AAU故障、互调干扰引发的小区间或小区内干扰；系统外干扰主要是指干扰器、大功率发射台、异系统干扰等。这两类干扰均会影响网络质量。

通过覆盖优化，调整功率参数、算法参数、天馈整治等措施，尽可能将系统内干扰最小化。通过外部干扰排查、清频，消除系统外干扰。

3. 容量均衡

优先通过调整基站的覆盖范围、接入/切换参数优化，合理控制基站的负荷，使各个网元负荷尽量均匀。其次通过扩容、小区分裂、新建站等措施提高业务热点区域的系统容量。对于超密集业务区域，可以通过调度策略合理调整，以满足更多的用户接入。

无线网络优化实施流程如图6-1所示。

无线网络优化实施流程各阶段主要工作如下。

1）优化准备阶段主要是了解网络规划的相关信息及相关数据收集，包括基站信息、参数配置和原则、指标定义公式和考核办法、话务统计、DT测试、事件告警、用户投诉等，为后续的网络优化做准备。

2）话务统计是网络优化中的重要环节，用于分析评估网络健康状态，定位网络问题。其常用的分析方法有渐进法、进程法和2/8原则（TOP*N*）。话务统计分析方法和关系如图 6-2 所示。

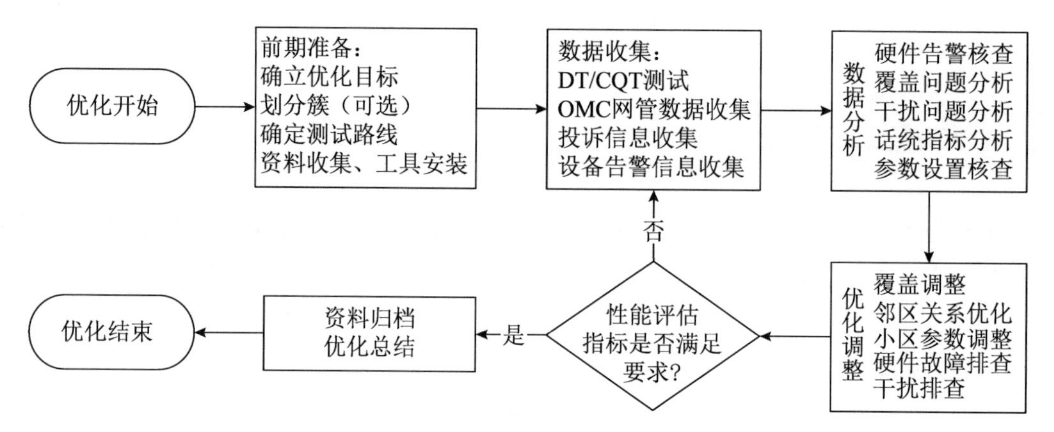

图 6-1　无线网络优化实施流程

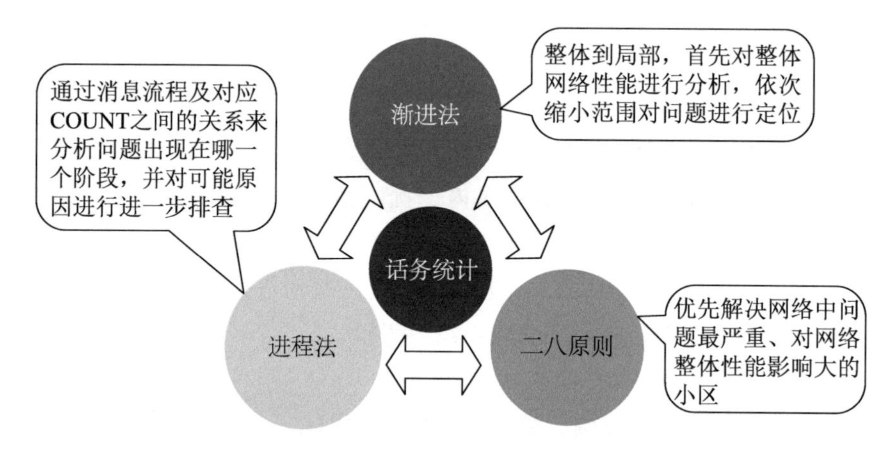

图 6-2　话务统计分析方法和关系

3）优化结束，提交优化总结报告。包括优化目标达成情况、优化前后主要指标对比、优化工作内容描述、典型案例分析、后续维护规划建议等。

6.2　指标和定义

SA 和 NSA 常用指标定义如表 6-1 所示（建议值与小区实际配置有关，图 6-1 所示仅供参考）。

表 6-1　NSA 和 SA 常用指标定义

<table>
<tr><th>类别</th><th>测试项</th><th>指标名称</th><th>指 标 定 义</th><th>NSA 建议值</th><th>SA 建议值</th></tr>
<tr><td>覆盖</td><td>覆盖</td><td>无线覆盖率</td><td>车内测试，SS-RSRP ≥ -105dBm & SS-SINR ≥ -3dB 采样点占比</td><td colspan="2">≥ 95%</td></tr>
<tr><td>接入</td><td>接入</td><td>连接建立成功率</td><td>连接建立成功率 = 成功完成连接建立次数 / 终端发起分组数据连接建立请求总次数。成功完成连接建立次数定义为终端发出 RRC ConnectionReconfigurationComplete，并开始上下行数据传送，视作成功完成连接建立。发起连接建立后 25s 内 FTP 无速率均视作失败</td><td colspan="2">≥ 95%</td></tr>
<tr><td>保持</td><td>保持</td><td>掉线率</td><td>掉线率 = 掉线次数 / 成功完成连接建立次数。掉线是指空口 RRC 连接异常释放和 / 或 10s 以上应用层速率为 0 均视作掉线。成功完成连接建立是指 RRC IDLE 状态的终端通过“随机接入—RRC 连接建立—DRB 建立”空口过程完成与无线网的连接并开始上下行数据传送，视作成功完成连接建立</td><td colspan="2">≤ 4%</td></tr>
<tr><td rowspan="3">切换</td><td rowspan="3">切换</td><td>切换成功率</td><td>切换成功率 = 切换成功次数 / 切换尝试次数。切换尝试是指 UE 向源小区发送测量报告信令后，UE 收到切换指令 RRCConnectionReconfiguration；切换成功是指 UE 收到切换指令后向目标小区发送 RRCConnectionReconfigurationComplete。注意：切换信令交互完成后立即掉线只视作掉线，不视作切换失败</td><td colspan="2">≥ 95%</td></tr>
<tr><td>切换控制面时延</td><td>从 UE 收到 RRCConnectionReconfiguration 切换信令开始到 UE 向目标小区发送 RRCConnectionReconfigurationComplete 完成</td><td colspan="2"><90ms</td></tr>
<tr><td>切换用户面时延</td><td>下行从 UE 接收到原服务小区最后一个数据包到 UE 接收到目标小区第一个数据包的时间；上行从原小区接收到最后一个数据包到从目标小区接收到的第一个数据包时间。最后一个数据包指 L3 最后一个序号的数据包</td><td><100ms</td><td><50ms</td></tr>
</table>

续表

类别	测试项	指标名称	指 标 定 义	NSA 建议值	SA 建议值
速率	吞吐量	PDCP 层平均吞吐量	测试过程中，两台终端同时建立连接，一台终端开启下行 TCP 业务（如 FTP 下载一个大文件），另一台终端开启上行 TCP 业务（如 FTP 上传一个大文件）； 测试车应视实际道路交通条件以中等速度（30km/h 左右）匀速行驶，路测终端长时间保持业务	下行 >500Mbit/s 上行 >50Mbit/s	下行 >500Mbit/s 上行 >80Mbit/s
语音	VoNR	VoNR 接入时延	主叫 UE 发 SIP Invite 后收到网络侧下发的 SIP 180 Ring 消息之间的时间差（只统计接通业务）	NA	待定
		VoNR 接通率	VoNR 呼叫建立成功次数 /VoNR 呼叫建立尝试次数 ×100%，即主叫收到 Invite 200 OK 的次数 / 主叫发起 SIP_Invite 的次数 ×100%	NA	≥ 98%
	EPS Fallback	EPS Fallback 端到端成功率	EPS Fallback VoLTE 呼叫建立成功次数 /EPS Fallback VoLTE 呼叫建立尝试次数 ×100%，即主叫收到 SIP 180 Ringing 的次数 / 主叫发起 RRCSetupRequest 的次数 ×100%	NA	>96%
		EPS Fallback 呼叫时延	空闲态 UE 对空闲态 UE 发起语音呼叫，记录消息 RRCSetupRequest 到 SIP 180 Ringing 的平均时延	NA	<4s

抽测类指标主要用于验证小区上、下行的极限性能。NSA 和 SA 极限性能指标定义如表 6-2 所示。

表 6-2　NSA 和 SA 极限性能指标定义

测试项目	指标名称	指 标 定 义	NSA 建议值	SA 建议值
单用户峰值吞吐量	PDCP 层峰值吞吐量	测试终端位于好点，进行满 buffer 下行 TCP 业务，稳定后保持 30s 以上；记录 PDCP 和 RLC 层吞吐量	下行 >800Mbit/s 上行 >70Mbit/s	下行 >800Mbit/s 上行 >120Mbit/s
单用户 Ping 包时延	Ping 包时延	测试终端接入系统，分别发起 32B（小包）、2000B（大包）Ping 包，重复 Ping 100 次。 统计从发出 Ping Request 到收到 Ping Reply 之间的时延平均值。	小包：时延≤ 15ms，抖动≤ 3ms 大包：时延≤ 17ms，抖动≤ 3ms （仅统计 RAN 侧时延，需扣除传输链路和核心网侧时延）	
	Ping 包成功率	从发出 Ping Request 到收到 Ping Reply 的成功率	>99%	

续表

测试项目	指标名称	指 标 定 义	NSA 建议值	SA 建议值
单用户控制面时延	接入时延	SA 组网：从终端在 5G 发出 Preamble（MSG1），到发出重配完成为止（竞争） NSA 组网：从终端在 LTE 发出 Preamble（MSG1），到终端在 5G 发出 Preamble（MSG1）、收到 MSG2 为止（非竞争）	<460ms	<90ms

6.3 覆盖优化

网络覆盖问题可以分为四类：①覆盖空洞，UE 无法注册网络，不能为用户提供网络服务，需通过规划新站解决；②弱覆盖，接收电平低于覆盖门限且影响业务质量，优先考虑进行优化解决；③越区覆盖，一般是指小区的覆盖区域超过规划范围，在其他基站覆盖区域内形成不连续的主导区域，可通过优化解决；④重叠覆盖，同频网络中，与服务小区信号强度差在 6dB 以内且 RSRP 大于 -110dBm 的重叠小区数超过三个（含服务小区）的区域定义为重叠覆盖区域，重叠覆盖容易导致信道质量差、接通率低、切换频繁、下载速率低。

由于 5G 网络采用同频组网，因此良好的覆盖和干扰控制是保障网络质量的前提。与覆盖相关的指标主要有 SS-RSRP、SS-SINR，用于 NR 小区重选、切换、波束选择判决。

SS-RSRP：SSB 中携带 SSS 同步信号 RE 的平均功率，用于空闲态和连接态测量。典型值为 -105 ～ -75dBm。

$$实际值（L3）= 上报值 -156（dBm）$$

SS-SINR：SS-RSRP 与相同带宽内噪声和干扰功率比值。小区中心区域一般要求 SS-SINR>15dB，小区边缘 SS-SINR>-3dB。

$$实际值 = 上报值 /2-23（dB）$$

1. 覆盖问题起因

影响无线网络覆盖的因素主要有以下几个方面。

1）网络规划不合理：包括站址规划不合理、站高规划不合理、方位角规划不合理、下倾角规划不合理、主方向有障碍物、无线环境发生变化、新增覆盖需求等。

2）工程质量问题：包括线缆接口施工质量不合格（接口松动）、天线物理参数未按规划方案设置、站点位置未按规划方案设置、天馈接反等。

3）设备异常：主要由设备故障引起，可结合设备告警进行辅助分析。

4）参数配置问题：包括天馈物理参数（挂高、方位角、倾角等）、功率参数、邻区配置、切换参数设置不合理等。

2. 覆盖优化原则

覆盖优化总体上可以分为改善弱覆盖、消除重叠覆盖两类。优化时宜遵循以下三个原则。

1）先优化 SS-RSRP，后优化 SS-SINR。

2）优先解决弱覆盖、越区覆盖，再优化导频污染。

3）优先调整天线权值和功率，其次考虑对天线的物理方位角和倾角进行优化（权值→功率→天馈），最后考虑调整天线挂高、基站搬迁或规划新站。

3. 覆盖优化措施

SS-RSRP 和 SS-SINR 根据小区 SSB 里面的辅同步信号 SSS 计算得到，与 UE 是否进行业务传输无关，因此优化时，测试可以在空闲态下进行，根据测试情况优化小区的覆盖范围，评估是否存在干扰。常见覆盖问题优化方法如下。

1）缺少基站引起的弱覆盖：对于站间距比较远的弱覆盖，应通过在合适位置新增基站以提升覆盖；对于短期不能加站的弱覆盖，可通过调整附近小区的天线权值和功率、天线工参、更换天线等方式提升该区域的 RSRP 值。

2）参数设置不合理引起的弱覆盖：包括天线工参、RS 功率、漏做邻区、切换、重选参数等。优化可结合问题区域邻区信号强度定位是否存在切换过慢或重选不及时等进行。

3）越区覆盖：一般通过调整小区天线的权值、物理方位角 / 下倾角，降低小区发射功率或者降低 AAU 高度解决。

4）背向覆盖问题：大部分由建筑物反射导致，此时通过合理调整天线覆盖方位，则可以有效避开建筑物的强反射。部分也可能是由天线前后比指标差引起的，这时需要通过更换天线解决。

5）导频污染问题：宜明确主导小区，通过调整下倾角、方位角、功率，加强主服务小区信号强度，同时降低其他小区在该区域的覆盖场强。

6）波束管理优化：广播波束管理优化主要涉及宽波束和多波束轮询配置以及波束级的权值配置优化。

①宽波束与多波束轮询配置优化。功率配置一定情况下，多波束轮询相比宽波束配

置整体有 3 ～ 5dB 覆盖增益，可根据场景需求配置使用。采用多波束扫描可以改善覆盖和降低干扰。

强覆盖：通过不同权值生成不同赋形波束，满足更精准的覆盖要求。

降干扰：时分扫描降低广播信道干扰，可以改善 SS-SINR。

工程优化阶段，建议采用宽波束配置方式开展覆盖优化，方便覆盖测试和优化调整。

②数字电调波束权值配置优化。5G NR 采用 Massive MIMO 技术，可通过波束权值配置优化实现波束级的覆盖控制。波束配置参数包括波束时域位置、波束方位角偏移、波束倾角、水平波束宽度、垂直波束宽度、波束功率因子等，通过后台网管远程实施基站的覆盖调整和优化。

③其他覆盖增强方案。SSB 及参考信号开启 PowerBoosting 功能提升覆盖解调能力，PDSCH 信道通过波束优化提升覆盖和抗干扰能力。

6.4 接入性能优化

无线接通率由 RRC 连接建立成功率和 E-RAB 建立成功率相乘得到。接入过程中的随机接入因为存在多次重发，指标存在失真，因此现有接入成功率一般从 RRCSetupRequest 开始统计。NAS 过程失败主要与核心网相关，很多场景 gNB 不感知，也没有统计进无线侧的接入成功率。因此，分析接入问题，除了分析话务系统中的接入成功率外，还需要关注随机接入、NAS 过程，三个阶段综合起来才能完整反映用户可接入性体验。

1. 指标定义

RRC 连接建立成功率：统计周期内，UE 发起的 RRC 连接建立成功总次数与 UE 发起连接建立请求总次数的比值。

测量点：如图 6-3 所示，在 A 点，当 gNB 接收到 UE 发送的 RRC 连接请求消息时，根据不同的建立原因值分别统计不同原因值的 RRC 连接建立请求次数，而在 C 点统计不同原因值的 RRC 连接建立成功次数。

初始 E-RAB 建立成功率：统计周期内，业务初始建立时 E-RAB 建立成功次数与 E-RAB 建立请求次数的比值。该指标反映 gNB 或小区接纳业务的能力。

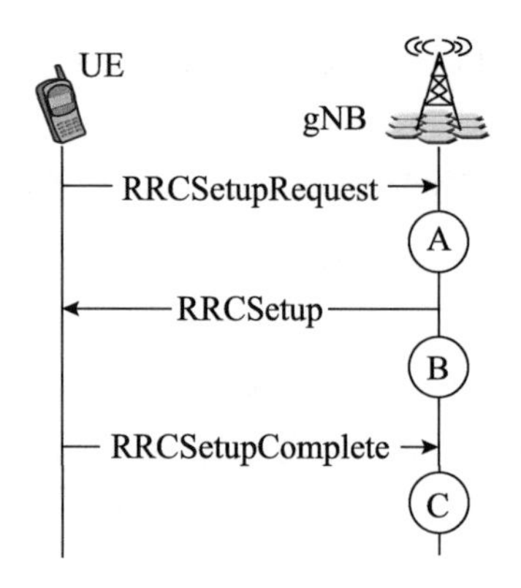

图 6-3 RRC 连接建立流程统计点

测量点：如图 6-4 中 A 点所示，当 gNB 收到来自 AMF 的初始上下文建立请求消息时，统计初始 E-RAB 建立尝试次数 A。如果初始上下文建立请求消息要求同时建立多个 E-RAB，则相应的指标统计多次。当 gNB 向 AMF 发送初始上下文建立响应消息时，统计初始 E-RAB 建立成功次数 B。如果初始上下文建立响应消息携带多个 E-RAB 的建立成功结果，则相应的指标统计多次。

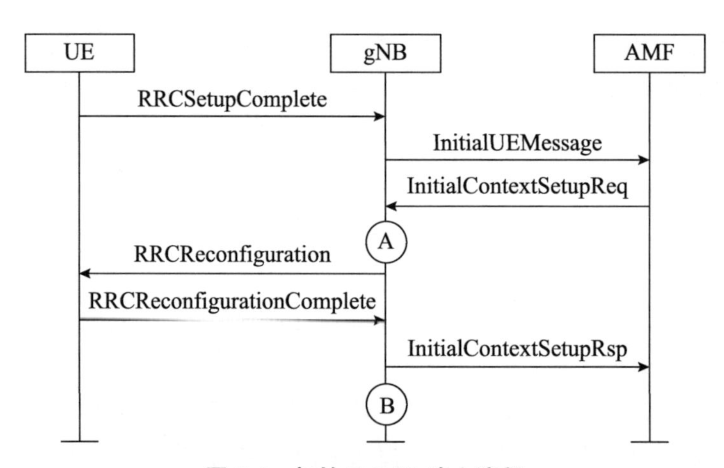

图 6-4 初始 E-RAB 建立流程

2. 分析思路

（1）RRC 连接问题优化

从 OMC 统计维度进行分析，RRC 连接建立失败原因可分为以下 6 种情况。

1）资源分配失败而导致 RRC 连接建立失败，重点检查小区资源是否足够，是否存在异常接入终端，可结合忙时最大连接用户数、最大激活用户数、PRB 利用率等指标进行辅助定位。

2）UE无应答而导致RRC连接建立失败，可结合MR和PRB干扰电平统计检查是否存在质差、干扰和弱覆盖等；有时也可能是异常终端引起，可结合信令跟踪进行辅助分析。

3）小区发送RRCReject引起的失败，可重点检查网络是否存在拥塞。

4）SRS资源分配失败而导致RRC连接建立失败，建议采用对比法检查问题小区SRS带宽、配置指示、配置方式等设置是否合理。

5）PUCCH资源分配失败而导致RRC连接建立失败，建议采用对比法检查PUCCH信道相关参数设置是否合理。

6）流控导致的RRCReject、RRCSetupRequest消息丢弃，建议重点检查网络是否存在拥塞，业务流控相关参数是否设置正确。

从信令流程维度分析，RRC连接建立失败可分为以下4种情况。

1）UE发出RRC连接请求消息，gNB没有收到。

①如果此时下行RSRP较低，则优先解决覆盖问题。

②如果此时下行RSRP正常（大于 -105dBm），通常有以下可能的原因：

- 上行干扰；
- gNB设备问题或接收通路异常；
- 小区半径参数设置不合理，如NCs规划过小。

2）gNB收到UE发的RRC建立请求消息后，下发了RRC连接建立消息而UE没有收到。

- RSRP低，即弱覆盖问题。维护人员可通过增强覆盖的方法解决，如增加站点补盲、天馈优化调整等；在无法增强覆盖情况下，可适当提高RS功率、调整功率分配参数等。
- 小区重选。通过调整小区重选参数优化、RF调整，优化小区重选边界。
- 计时器设置不合理，如设置过短。

3）gNB收到UE发的RRC建立请求消息后，下发了RRC连接拒绝消息。

当出现RRC连接拒绝消息时，维护人员需要检查网络负载情况，分析拥塞原因，对于常发性拥塞宜安排业务均衡或扩容。

4）UE收到RRC连接建立消息而没有发出连接建立完成消息，或者UE发出RRC建立完成消息，但基站没有收到。这可能是手机终端问题，或用户位于小区边界、上行干扰、上行路损大等。

（2）加密鉴权问题优化

当出现鉴权失败时，维护人员需要根据UE回复给网络的鉴权失败消息中给出的原因值进行分析。常见的原因值包括“MAC 失败”和“同步失败”两种。

1）MAC 失败。手机终端在对网络鉴权时，检查由网络侧下发的鉴权请求消息中的 AUTN 参数。如果其中的 MAC 信息错误，则终端会上报鉴权失败消息。造成该问题的主要原因包括非法用户，或 USIM 卡和 HLR 中给该用户设置不同的 KI 或 OPC 导致鉴权失败。

2）同步失败。手机终端检测到 AUTN 消息中的 SQN 的序列号错误，引起鉴权失败，原因值为“同步失败”。造成该问题的主要原因包括非法用户或设备问题。

（3）E-RAB 建立失败优化

E-RAB 建立失败的常见原因可分为 RF 问题、容量问题、传输问题、核心网问题四类。维护人员可结合话务统计或信令跟踪确定 E-RAB 建立失败的原因，对无法直接定位的可分析潜在影响因素，结合相关指标通过排除法进行故障原因定位，再提出优化措施。

1）未收到 UE 响应而导致 E-RAB 建立失败，建议排查硬件告警、覆盖、干扰、质差等方面的问题，以及 gNB 参数设置是否合理，是否存在终端及用户行为异常等。

2）核心网问题导致 E-RAB 建立失败，建议跟踪信令，排查核心网问题，包括 EPC 参数设置、TAC 设置的一致性、用户开卡限制。

3）传输问题导致 E-RAB 建立失败，建议查询传输是否有故障告警（如高误码、闪断），传输侧参数设置是否合理。

4）无线问题导致 E-RAB 建立失败，建议排查硬件告警、覆盖、干扰、质差等方面的问题，以及参数设置是否合理，终端及用户行为是否存在异常等。

5）无线资源不足导致 E-RAB 建立失败，建议排查问题小区忙时激活用户数、PRB 利用率，分析小区资源是否足够，是否由其他故障引起。若存在资源不足问题，维护人员可考虑参数调整、流量均衡和扩容。

6）来自 UE 侧的拒绝，包括 NAS 层安全模式拒绝等。针对 UE 设备异常导致的 UE 拒绝，建议结合信令消息进行分析，确定原因。

7）来自核心网侧的拒绝，原因值包括网络失败、业务不允许等，维护人员可联合核心网工程师进行定位。针对单个用户存在的情况，可能是用户签约数据有问题，维护人员可通过更换投诉用户 SIM 卡并拨打测试进行确定。

3. 优化流程

结合 OMC 统计分析接入失败的原因，典型的原因有拥塞和无响应。维护人员应优先解决资源不足问题，对无响应导致的失败，一方面需要检查是否存在硬件故障、干扰、弱覆盖等 RF 问题；另一方面应检查对应的计时器时间是否设置过短，规划参数设置是否正确，可通过与性能正常小区参数对比确认。根据优化经验分析，引起接入失败的原因通常可以分为以下 6 种情况。

1）空口信号质量；

2）网络拥塞；

3）设备故障；

4）参数配置；

5）核心网问题；

6）终端问题。

因此，遇到 UE 无法接入的情况，维护人员初步的排查可以从最常见的原因入手，如图 6-5 所示。

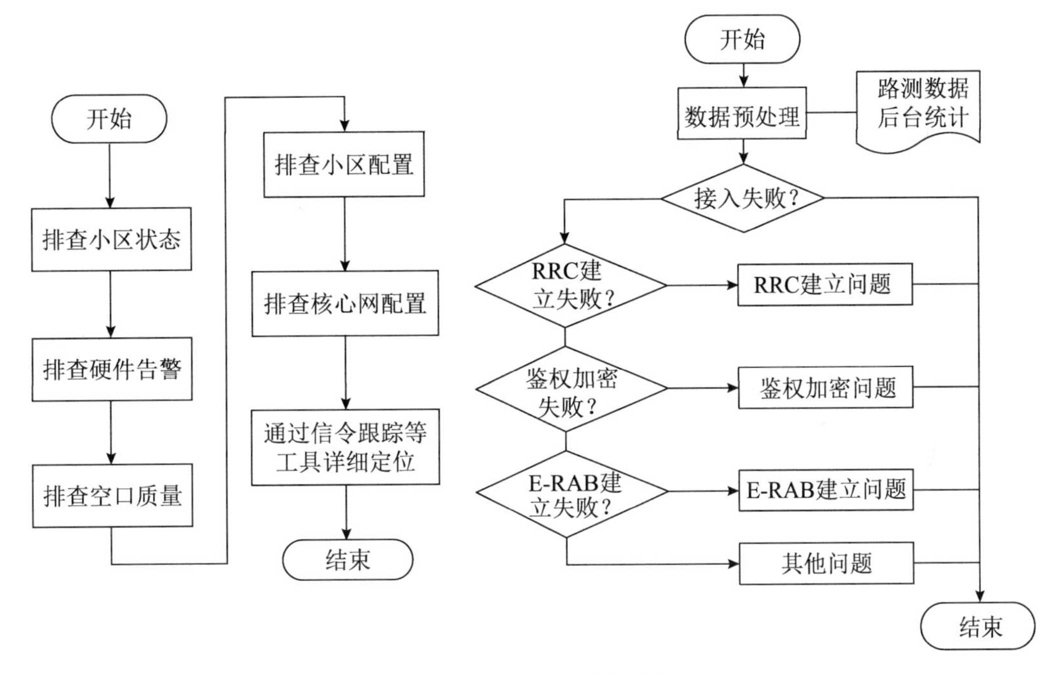

图 6-5　接入问题分析流程

（1）排查小区状态

首先检查一下问题区域小区的工作状态是否正常，是否存在基站退服和去激活，PRB 资源利用率是否正常，小区连接 / 激活用户数是否过多等。

（2）排查硬件告警

查看是否有硬件故障告警，如硬件异常、单板不可用、链路异常等；是否有射频类故障告警，如驻波告警；是否有小区类故障告警，如小区不可用等。

如有相关故障告警，维护人员可以通过重启、更换单板解决。

（3）排查空口质量

维护人员可结合弱覆盖MR占比、PRB干扰电平统计值、BLER等指标，或现场测试数据排查空口质量问题，检查UE所处位置的无线信道环境是否符合要求。通常要求：下行RSRP>-105dBm，下行信噪比SINR>-3dB。同时检查服务小区上行空载时每RB的RSSI，通常要求低于-110dBm。

（4）排查小区配置

主要针对小区接入参数、计时器、功率配置、规划参数等进行核查，可采用与正常小区对比法定位故障小区的参数设置问题，如PRACH参数规划不合理造成用户无法接入等。

1）核查小区是否禁止接入，PRACH参数规划是否合理，如NCS是否过小。

2）TAC配置是否正确。TAC配置错误会导致UE接入失败。

3）功率设置是否合理。不合理的功率设置会导致UE无法接入网络或者接入后无法开展业务。例如，功率参数设置不合理会导致功率溢出。

4）传输配置是否正确。维护人员除了要关注控制面的传输路由、带宽等正确设置外，也要关注用户面的相关参数的合理配置，避免出现控制面通而用户面不通的状况。例如，传输路由设置有误导致协商失败，收到AMF的InitialContextSetupRequest消息后，查看消息携带的地址与gNB配置的是否一致。如果不一致，则gNB回复失败消息。

5）加密算法和完整性保护算法配置是否正确，维护人员可以在Attach Request中查看UE的安全能力。

对存在距离过远导致用户接入失败的小区，维护人员可通过控制覆盖，适当提高小区最低接入电平减小覆盖范围。

（5）排查核心网配置

检查开户5QI设置，如开户AMBR设置是否合理，是否存在非法用户等；NAS加密开关与核心网是否一致。

（6）信令分析

结合信令跟踪和UE的信令流程，逐段排查，确定在哪一处出现失败，然后按照后续的各子流程分析和解决问题，主要包括RRC建立问题、鉴权加密问题、E-RAB建立问题。

（7）其他常见定位方法

1）替换法。假设用户无法接入，方式1是尝试更换手机，以确认是否能接入。如果更换手机后能接入，则初步判定问题应该在UE侧。方式2是更换服务小区，以确认是否网络问题。例如，在A小区无法接入，可以尝试到其他小区B覆盖区域进行拨测，如果在 B 小区能接入，则基本判定是 A 小区的问题。类似地，维护人员也可以通过更换用户 SIM 卡进行确认用户签约数据是否有问题。

2）排除法。根据问题现象，列出问题的可能原因。通过提取关联指标数据，如设备告警、PRB 干扰电平、覆盖电平等指标进一步分析，缩小问题范围，对剩余的可能原因再逐个分析、排除。

6.5 掉线率优化

DT/CQT 测试定义的掉线率分为无线掉线率和业务掉线率两类。无线掉线率主要反映终端在业务过程中无线连接的掉线情况。在业务过程中触发 RRC 重建立，记为一次掉线；若重建失败导致多次连续重建，则只记为一次掉线；在业务过程中，没有触发 RRC 重建立，终端返回空闲态或脱网状态，则记为一次掉线。业务掉线率是指业务测试中，掉线业务次数占总业务次数的比例，其中业务掉线是指空口 RRC 连接释放和 / 或 10s 以上应用层速率为 0。

路测掉线或话务统计掉线 TOP 小区处理：针对路测掉线，维护人员可以检查掉线时的 RSRP 和 SINR。如果 RSRP 低，则分析 RSRP 低的原因，如天线方位角、倾角设置不合理，阻挡或功率参数设置不当造成服务小区覆盖异常、漏配邻区或邻区配置错误无法切换、切换门限设置不合理造成切换过晚、站间距离过远等。如果 RSRP 正常，SINR 低，则需检查系统内有无干扰、有无外部干扰或硬件故障告警，无法定位时可结合后台小区掉线类型统计，分析掉线可能原因，也可以通过提取关联指标进行辅助分析，逐步缩小问题范围。

分析全局掉线率指标时，宜从时间和空间两个维度进行，逐步缩小问题范围，定位掉线原因。首先从时间维度分析，统计一段时间以来掉线率和关联指标的变化趋势，分析有无掉线率变化拐点。若在某个时间节点开始出现掉话率指标异常上升，维护人员可检查该时间点有无重大网络调整。其次进行空间维度分析，对范围比较大的网络，维护人员可根据地理位置将其划分为多个区域，如县市公司、覆盖场景等，分析是否特定区域指标恶化，在此基础上根据掉线率和掉线次数进行 TOP 小区分析。

掉线事件影响因素较多，宏观上一般采用渐进法和排除法进行掉线问题定位。下面对常见掉话原因及优化方法进行描述。

1. 无线问题优化

原因值为无线原因的掉线，通常是由于弱覆盖，上行 / 下行干扰、邻区漏配、设备故障、终端异常等原因导致失步、信令流程交互失败等因素引起的。

针对这类掉线优化，①检查设备告警，确认是否存在硬件故障；②结合上行 PRB 平均干扰电平、BLER 统计进行干扰分析，确认是否存在干扰；③检查参数和邻小区配置，是否存在漏配邻区、邻区定义错误或参数设置问题；④结合 MR 统计和测试数据进行覆盖排查，确认是否存在弱覆盖。如果上述检查均正常，且话务统计数据无法得到有效的结果，则可以通过信令跟踪进行深度问题定位，观察是否存在 TOP 用户，以及掉线前服务小区和周边邻区覆盖情况。

2. 传输问题优化

原因值为 TNL 的掉线，通常是由 gNB 与 AMF 之间传输异常引起的，如 N2 接口传输闪断。

优化这类问题时，宜首先检查相关接口是否存在传输问题，是否存在传输链路告警。若存在传输告警，优先按照告警手册的处理建议进行告警恢复。其次检查接口配置是否正确，带宽是否满足容量要求。

3. 拥塞问题优化

原因值为拥塞的掉线，通常是由 gNB 侧无线资源不足导致的异常释放引起的，如达到最大用户数。

分析小区资源负荷情况，对临时突发拥塞可考虑打开负载均衡算法 / 互操作进行业务分流以减轻本小区的负载。若长期拥塞，则需要通过扩容、规划新站等方法解决。

4. 切换掉线

原因值为切换失败引起的掉线，主要是由用户在移动过程中由本小区切出时失败导致的异常释放引起的。

首先检查切换参数设置是否合理，如切换算法开关、切换门限、迟滞、T304 等。其次检查邻区关系合理性。最后分析邻区级切换性能，检查相邻小区性能和状态。

一旦某小区出现较多的由切换出失败导致的掉线，维护人员可以通过特定两小区间的切出统计次数获知当前站点所在小区与某个特定目标小区的切换失败次数，针对失败次数较高的目标小区，进行邻小区关系合理性核查、切换参数优化，同时检查目标小区性能是否正常。在完成邻小区关系的核查及优化之后，再分析是源小区切换命令 UE 没有收到，还是目标小区随机接入不成功导致的切换掉线。

5. 核心网类故障

原因值为 AMF 引起的异常释放通常是由核心网在用户业务保持过程中主动发起的释放所致。

由于该问题由非 E-RAB 侧引起，因此维护人员需通过核心网侧相关信息进行联合定位，获取这类掉线小区接口的跟踪消息，分析核心网主动发起释放的原因值分布，将统计结果及相关信令与核心网工程师进行联合分析，确认原因。

6.6 切换性能优化

当出现切换成功率低的问题时，维护人员可首先对切换问题进行分类，了解切换问题的范围，然后从硬件、干扰、覆盖、参数配置等方面入手逐一排查、解决。优化时，维护人员一般按如下步骤进行分段分析，确认原因，从而采取相应的优化方法。

1. 切换失败原因定位

（1）UE 发多条测量报告仍没有收到切换命令

确认 gNB 侧配置是否有问题，是否邻区漏配，或基于覆盖的同频 / 异频切换算法开关有没有打开。

（2）切换过程随机接入失败

查看相关的参数配置是否合理。随机接入性能与小区半径配置相关，如果 UE 在目标小区最大接入半径范围之外的地方发起随机接入，则很可能出现 preamble 与 RAR 不匹配的问题，导致随机接入失败。

（3）测量报告丢失

判断测量报告丢失是否为上行信道质量差或上行接收通路故障所致。

（4）参数配置错误导致切换失败

如切换算法没有打开、邻区参数配置错误、切换门限设置不合理等。

（5）异频 / 异系统切换失败

对于异频切换和异系统切换，由于在切换前需要通过启动 GAP 来进行异频或者异系统频点的测量，因此相关人员需要对 A2 参数进行合理配置，保证及时地启动 GAP 测量，从而避免启动 GAP 过晚导致终端来不及测试目标侧小区的信号而掉线，并合理地配置目标小区的门限。

（6）切换失败原因分类

优化中经常会遇到切换过晚的现象，这时可以结合现场情况通过调整切换参数加快切换，避免切换过晚导致失败。对于特定两个小区间切换问题，建议修改 CIO 配置参数，避免影响其他小区。

常见切换失败问题分类如图 6-6 所示。

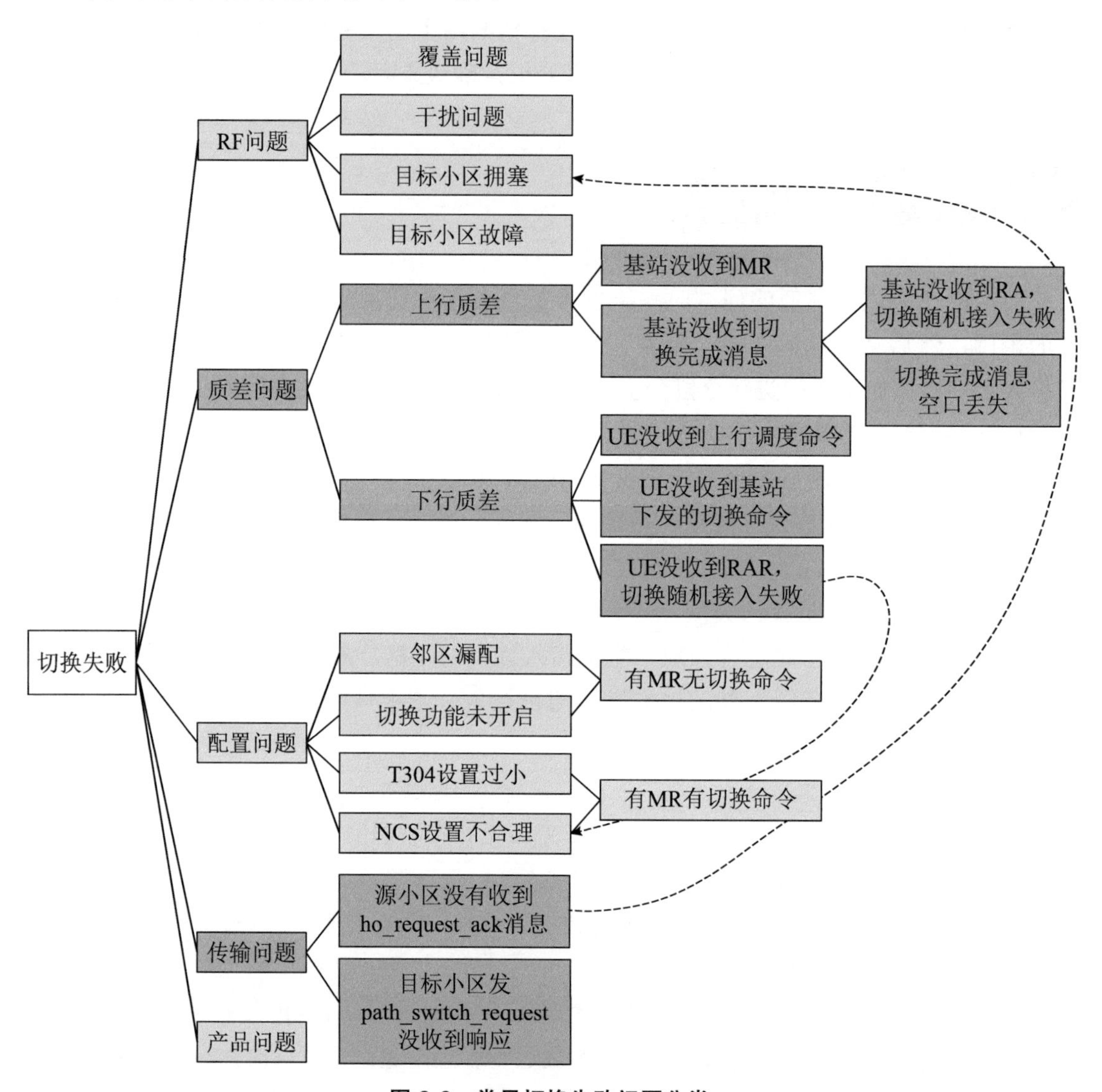

图 6-6　常见切换失败问题分类

2. 切换问题优化思路和方法

1）通过话务系统分析确定切换失败的范围。如果所有小区切换成功率低，则维护人员要从切换特性参数、网络调整日志、系统时钟等方面来检查问题。

2）过滤出切换成功率低且切换失败次数高的 TOP 小区，进行重点分析。

3）查询切换性能测量中的出小区切换性能。分析问题小区邻区级切换统计数据，找出往哪些小区切换时失败。定位到切入失败率高的小区后，检查目标小区性能是否正常，如是否存在设备告警、干扰或拥塞等。

4）查询切换参数配置是否正常，维护人员可以将异常小区的参数配置与正常小区的参数配置进行对比分析。以某次路测为例，占用小区 A 后，测量报告显示多个邻区信号很好，但一直没有收到切换命令，结合测量配置信息检查已做了邻区关系，后检查发现小区 A 因基于覆盖的切换算法开关没有打开而导致无法切换。

实际优化中，如果多个小区切换性能异常，建议对切换失败率高的小区进行 GIS 呈现，分析这些小区分布有无规律，如 TAC 边界、AMF 交界处，或集中某个区域等。从切入失败角度分析。例如，某个小区故障，会造成周边多个小区切出性能恶化，这样从切入角度更容易定位切换失败根源小区。

测试中遇到的切换问题，维护人员可结合后台小区切换性能统计、后台信令联合分析。切换问题分析流程如图 6-7 所示。

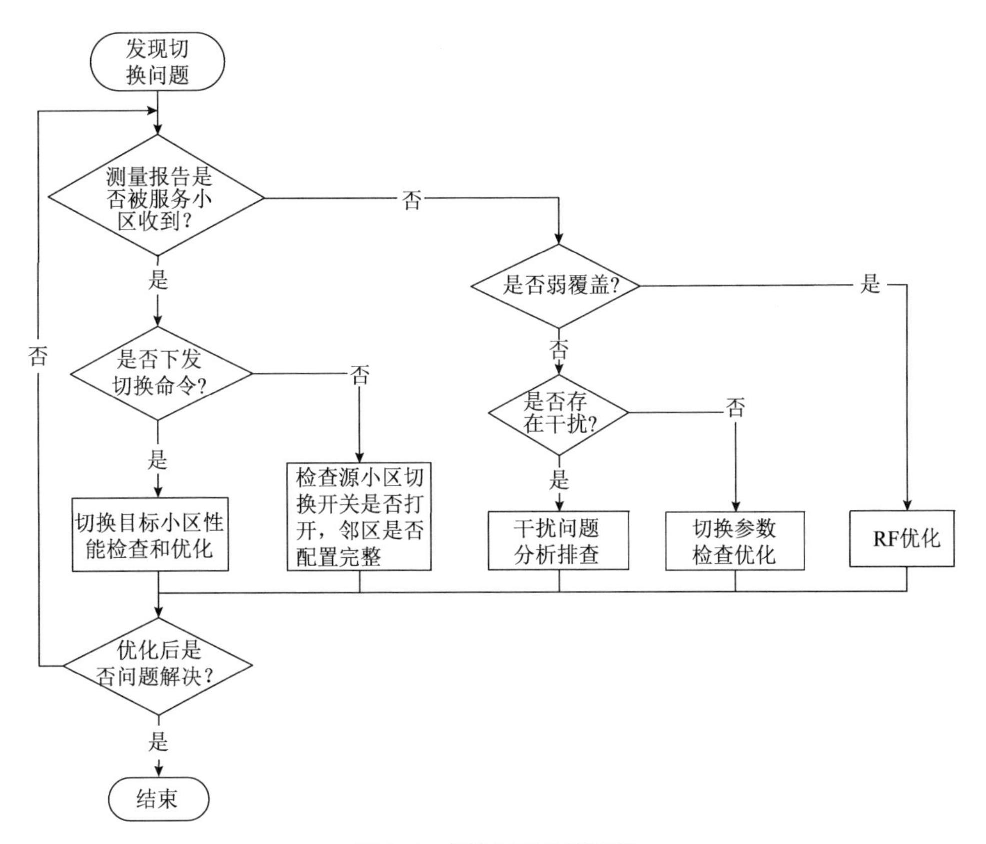

图 6-7　切换问题分析流程

6.7 吞吐率优化

1. 指标定义

吞吐率的定义：单位时间内下载或上传的数据量。

吞吐率计算公式：吞吐率 = ∑下载或上传数据量 / 统计时长。

吞吐率主要通过如下指标衡量。不同指标的观测方法一致，测试场景选择和限制条件有所不同。

（1）单用户峰值吞吐率

单用户峰值吞吐率以近点静止测试时，信道条件满足达到 MCS 最高阶及 IBLER 为 0，采用 UDP/TCP 灌包，使用 RLC 层或 PDCP 层平均吞吐率进行评价。

（2）单用户平均吞吐率

单用户平均吞吐率以移动测试（DT）时，采用 UDP/TCP 灌包，使用 RLC 层平均吞吐率进行评价。移动区域包含近点、中点、远点区域，移动速率建议控制在 30km/h 以内。

（3）单用户边缘吞吐率

单用户边缘吞吐率是指移动测试，进行 UDP/TCP 灌包，对 RLC 吞吐率进行地理平均。以下面两种定义分别记录边缘吞吐率。

定义 1：以 CDF 曲线（与 SINR 相比）5% 的点为边缘吞吐率，一般用于在连续覆盖下路测的场景。

定义 2：以 PL 为 120 定义小区边缘，此时的吞吐率为边缘吞吐率。此处只定义 RSRP 边缘覆盖的场景，假定此时的干扰接近白噪声，此种场景类似于单小区测试。

（4）小区峰值吞吐率

测试小区峰值吞吐率时，用户均在近点，信道质量达到最高阶 MCS，IBLER 为 0，采用 UDP/TCP 灌包，通过小区级 RLC 平均吞吐率观测。

（5）小区平均吞吐率

测试小区平均吞吐率时，用户一般以 1 ∶ 2 ∶ 1 分布，其中近点、中点、远点的 RSRP 定义分别为 -85dBm、-95dBm、-105dBm。采用 UDP/TCP 灌包，通过 OMC 跟踪小区 RLC 吞吐率观测得到。

2. 分析思路

吞吐率端到端分析如图 6-8 所示，包含数据传输路由涉及的网元，以及影响速率的潜在因素。

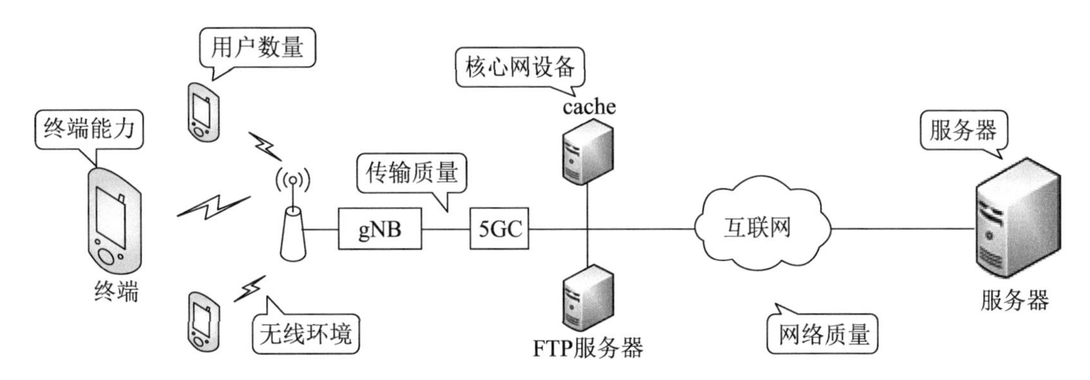

图 6-8　吞吐率端到端分析

影响空口用户吞吐率的直接因素主要有调度次数、传输块大小和传输模式。调度次数与时隙、子帧配比、数据流量是否充足相关。传输块大小由可用 PRB 数、调制编码方式、UE 能力和开户速率共同决定。可用 PRB 数（小区带宽）决定最大可以使用的频谱资源，调制编码方式决定频谱效率，UE 能力和开户速率决定系统侧给终端分配的资源。传输（mMIMO）模式主要考虑是分集发射还是空间复用，以及空间复用层数是多少等。

日常优化中，维护人员宜首先分析 RF 侧是否存在弱覆盖或干扰，确保 RF 性能正常。可先判断 RSRP 值是否正常，如果存在弱覆盖，则优先解决覆盖问题；如果 RSRP 值良好，SINR 值低，则可判断为干扰，进行干扰分析排查。在此基础上再判断是否存在资源受限问题。

在排除 RF 侧问题后，维护人员再判断该数据传输业务是 UDP 业务还是 TCP 业务。如果当前问题是 TCP 流量不足，则先用单线程 UDP 上下行灌包探路，看 UDP 上下行流量能否达到峰值。这样做是为了确认数据传输路由是否存在网卡限速、空口参数配置错误等因素影响。一般来说，UDP 无法达到峰值，TCP 流量也很难达到。定位 UDP 流量问题，可采用追根溯源法，即从服务器到 UE 逐段排查。如果 UDP 流量能够达到峰值而 TCP 流量不足，则将问题原因锁定到 TCP 本身传输机制上。

端到端排查，一般可以按照数据传输路由进行逐段排查：服务器→核心网→传输链路→ gNB → UE，如图 6-9 所示。

UE 下行速率受限常见的原因有以下五种情况。

1）终端设备问题，如终端能力、PC 性能、TCP 窗口设置、FTP 软件设置等问题。

2）空口无线环境问题。

3）小区用户数多，资源不足问题。

4）核心网 AMBR（聚合最大比特速率）开户速率太小。

5）服务器性能、基站参数配置、传输问题等。

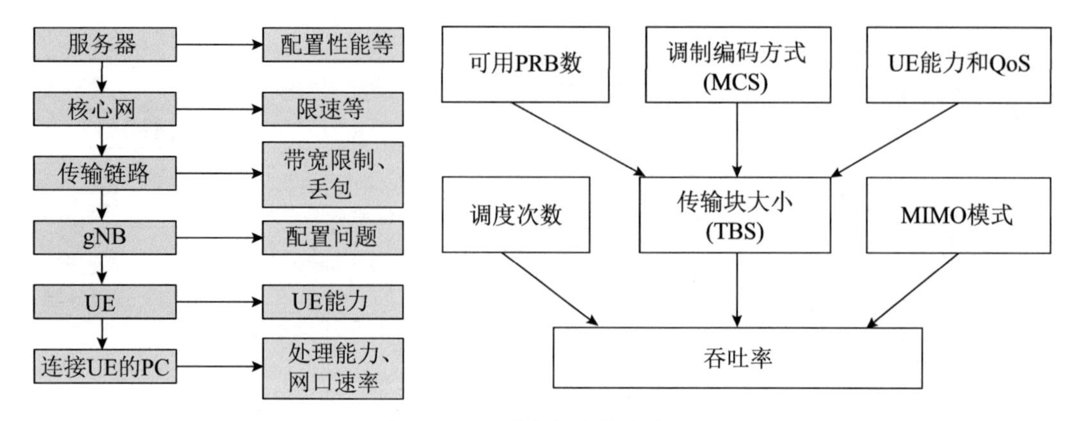

图 6-9　吞吐率问题排查流程

在外部局点测试时，核心网与 gNB 之间的传输网络可能十分复杂，经常存在丢包及传输带宽受限的情况，因此维护人员在进行测试前有必要了解清楚传输网络的拓扑结构、带宽配置、有无丢包等。另外，开户限制、信道质量差、调度问题、终端问题也是吞吐率测试中经常遇到的问题。针对吞吐率问题，可按照下面的步骤定位。

1）通过基站侧信令跟踪检查开户信息，核心网是否有其他特殊配置（如建立专有承载、限速等），或咨询核心网人员。

2）检测信道质量是否满足要求（峰值测试时需要 SINR>25dB，误块率为 0）。

3）检查连接 UE 的业务 PC 性能是否满足要求及 UE 侧配置是否正确。

4）在数据源充足及信道条件较好的前提下查看调度是否充足。

5）检查服务器性能，是否能平稳地灌出足够的包。

6）检查传输链路是否有带宽受限的网元。

当发现传输带宽受限时，维护人员首先需要检查传输链路的设备功能及接口配置参数是否存在瓶颈，若正常则需要在传输链路上进行分段抓包，逐段排查找出带宽受限的节点。表 6-3 所示为影响传输速率的常见因素。

表 6-3　影响传输速率的常见因素

网　元	影响传输速率的因素	问 题 根 源
UE	（1）终端能力 （2）PC 性能 （3）TCP 设置 （4）软件配置（FTP 配置、防火墙）	（1）硬件性能 （2）参数设置 （3）软件限制

续表

网　　元	影响传输速率的因素	问 题 根 源
空中接口 Uu	（1）空口编码（MCS/MIMO/BLER） （2）空口资源（Grant/RB） （3）空口时延 （4）QoS 配置（UE-AMBR） （5）RSRP/SINR	（1）参数配置错误 （2）业务容量受限 （3）弱覆盖 （4）干扰 （5）切换异常
gNB	（1）基站速率限制 （2）基站处理能力 （3）算法特性限制	（1）参数配置 （2）工程问题 （3）基站故障 （4）软件版本问题
传输（gNB-UPF）	（1）带宽限制 （2）大时延、抖动 （3）丢包、乱序	（1）参数配置 （2）容量或能力限制 （3）传输质量问题
SMF/UPF	（1）开户配置 （2）速率限制 （3）乱序	（1）参数配置 （2）设备故障 （3）版本问题
传输（UPF-DN）	（1）流量控制 （2）公网带宽限制	（1）TCP 参数配置 （2）容量限制
远端服务器	（1）服务器能力 （2）TCP 参数 （3）软件设置	（1）硬件性能 （2）参数设置

3. 优化流程

吞吐问题优化流程如图 6-10 所示。

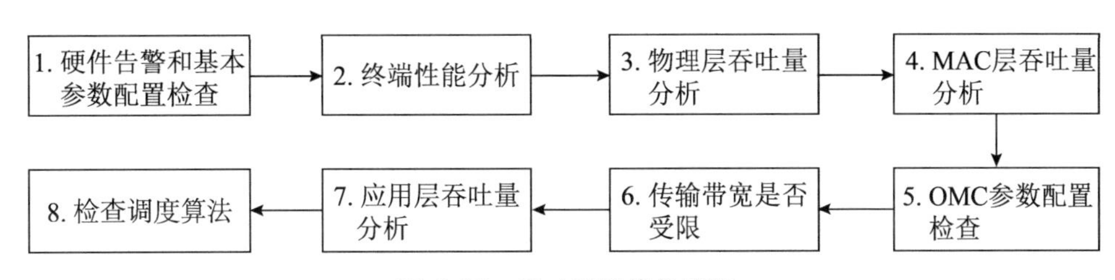

图 6-10　吞吐问题优化流程

吞吐率低问题常见原因有覆盖、干扰和容量三大类。优化时，维护人员可结合问题起因采取对应的优化措施，如图 6-11 所示。

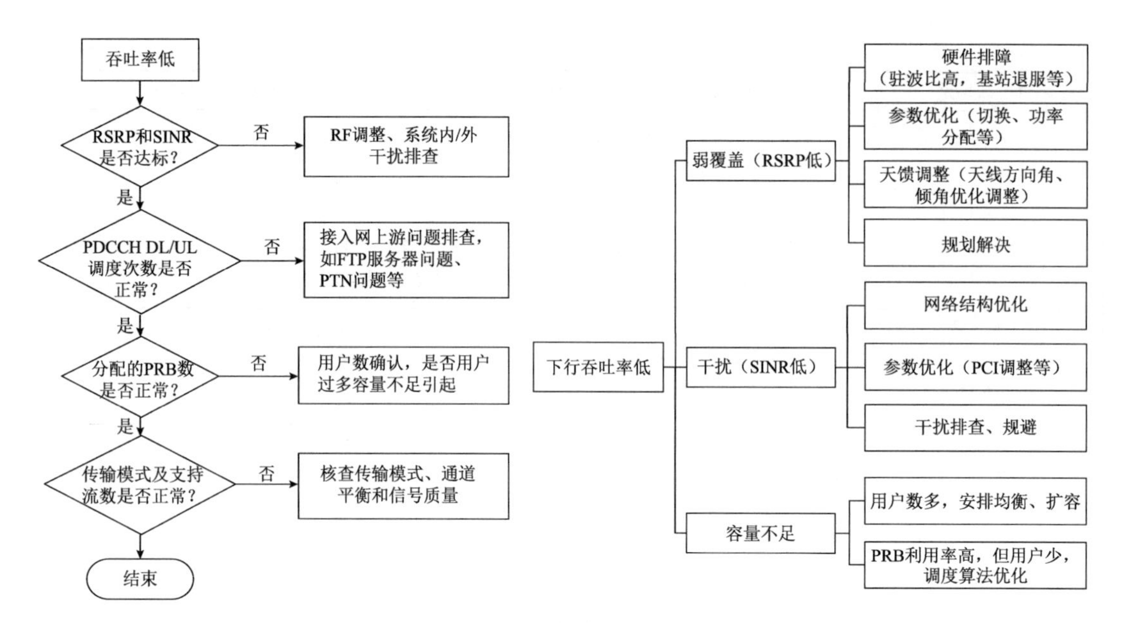

图 6-11　吞吐率优化分析思路

在排除 RF 侧问题后，维护人员可从协议、算法、参数配置等方面采用逐层分析方法，即先从物理层开始，再到 MAC，再到应用层分段分析。

1）检查站点有无告警、参数配置是否正常。

①告警检查，若存在影响性能的告警，则结合告警手册进行告警排查工作。

②检查 gNB 参数配置，避免带宽和天线数等基本配置不合理造成的吞吐量问题。

2）更换测试设备，确认是否是测试终端的问题。

3）观察物理层吞吐量是否正常。

现场测试检查无线信号质量是否满足要求。无线信号质量差，必然导致吞吐量降低，维护人员可找一个近点测试，观察结果是否正常。

①近点结果正常，继续定位远点问题，可能小区边缘干扰导致吞吐量恶化，寻找干扰源，进行 RF 优化。

②近点结果异常，则定位近点问题，检查终端能力，判断当前速率是否已接近理论峰值。

4）观察 MAC 层吞吐量是否正常。

MAC 层吞吐量结果异常，可能是大量 HARQ 重传所致，表现为 BLER 过高；也可能是 MCS 过低造成，或者是 PRB 有剩余（用户面应用层实际上有数据请求，但是空口没有达到满负荷）。

①BLER 过高，可能由 RSRP 过低或干扰等因素引起，需要进行 RF 优化。

②PRB 有剩余，进入步骤 6。

③对于个别用户，以上两种情况都不是，进入步骤 7。

5）检查参数配置。

下行吞吐量低时，检查 PDSCH 相对于 RS 的功率偏置是否过低；上行吞吐量低时，检查功控参数配置是否合理。

6）检查传输带宽是否受限。

检查传输链路的设备能力及接口配置参数是否存在瓶颈，如果正常则需要在传输链路上进行分段抓包，逐段排查以找出带宽受限的节点。从 UE 侧 ping 包经传输、UPF 到 PDN 服务器，检查 ping 包时延和丢包情况。如果出现超时和丢包，则逐段分析丢包出现的位置。如果不正常，即有大量丢包，说明传输存在问题，再逐段排查。

7）检查核心网侧是否存在配置错误。

核心网 QoS 配置有问题或者 gNB 接纳控制有问题都会导致大量拥塞。

6.8 地铁隧道优化

1. 覆盖特点

（1）覆盖范围

地铁作为城市的重要交通工具，需要覆盖的范围包括站厅、站台、出入口、公共区域、办公区域、设备区域和隧道区间等。

（2）分站设计

通常一条地铁线路由十几到几十个地铁站组成。地铁线路分区通常以地铁站为单位。利用单小区覆盖能力实现一个地铁站的站厅、站台和两侧隧道等区域的覆盖。

（3）同频组网和连续覆盖

地铁具有良好的封闭特性，室外大网和地铁覆盖系统两者之间具有良好的信号隔离性，建议地铁内外采用相同频率组网。5G 网络要形成连续覆盖，避免在列车移动过程中发生非业务需要的 5G 到 4G 的切换。

（4）覆盖容量

一般采用 2T2R 或 4T4R 方式实现覆盖。对于大型中转站或客流量特别大的站点，可以根据覆盖、容量需求建设多个小区；对于地面上的地铁沿线和站点，可使用地铁专用小区覆盖。

（5）覆盖方式

隧道覆盖常用泄漏电缆或八木天线的覆盖方案。泄漏电缆型号包括 13/8″ 泄漏电缆及 5/4″ 泄漏电缆，其理论截止频率分别为 2.8 GHz 和 3.6 GHz。因此，3.5 GHz 频段的 5G 信号需使用 5/4″ 泄漏电缆进行传输。5/4″ 泄漏电缆的传输损耗及耦合损耗参数如表 6-4 所示。

表 6-4　5/4″ 泄漏电缆的传输损耗及耦合损耗参数

频率 /MHz	传输损耗 /（dB/100m）	耦合损耗 /dB
900	3	76
1800	4.7	70
2100	5.4	68
2600	6.8	67
3500	11.2	66
3600	13	67

注：耦合损耗在距离泄漏电缆水平2m处测试结果，覆盖概率95%。

存量隧道场景：①改造或新建 2 路 5/4″ 泄漏电缆方案，NR 3.5GHz 合路承载在 5/4″ 泄漏电缆上，实现 2T2R，原 2G/3G/4G 继续承载在 13/8″ 泄漏电缆上；②新建 NR 3.5G RRU+ 八木天线方案，采用 4T4R 天线向隧道前后方向覆盖，3.5G NR 可实现 4T4R。

新建隧道场景：新建 4 路 5/4″ 泄漏电缆方案，运营商 2G/3G/4G/5G 全部采用 5/4″ 泄漏电缆方式，NR3.5G 可实现 4T4R。

（6）POI 平台多系统共用

POI 主要由宽频带的桥路合路器、多频段合路器、负载等无源器件组成，对多个运营商、多种制式的移动信号合路后引入天馈分布系统，可达到降低干扰、充分利用资源、节省投资的目的。地铁中一般采用收发分路单向传输。地铁 POI 合路平台主要由上行 POI 和下行 POI 两部分组成。上行 POI 的主要功能是将不同制式的手机发出的信号经过泄漏电缆或者天线的收集及馈线传输至上行 POI，经 POI 进行不同频段的信号滤波后送往不同的移动通信基站；下行 POI 的主要功能是将各移动通信系统不同频段的载波信号合成后送至共享的信号覆盖系统。

（7）干扰抑制

采用上行 POI 和下行 POI 进行信源收发合路，同时为增加各系统间的隔离度，地铁分布系统采用收发分缆的方式，即建设两套泄漏电缆系统，各系统的上行接收方向共同接入一套泄漏电缆系统，下行发射方向共同接入另一套泄漏电缆系统。

2. 隧道链路预算

为保证多系统共用，地铁隧道覆盖通常采用5/4英寸泄漏电缆。通常各通信系统信号从POI的对应端口接入，在站台附近馈入泄漏电缆。根据隧道的长度考虑是否需要在隧道内新增信号放大器。隧道内覆盖链路预算如表6-5所示。

表6-5 隧道内覆盖链路预算

下行链路	参数	算法	单位
发射端	基站设备输出功率	A	dBm
	POI损耗	B	dB
	机房至连接泄漏电缆处的总路由损耗	C	dB
	进入泄漏电缆的功率	$D=A-B-C$	dBm
接收端	业务最低解调要求/覆盖场强要求	E	dBm
	泄漏电缆耦合损耗	F	dB
	宽度因子	G	dB
	人体损耗	H	dB
余量	阴影衰落余量	I	dB
	车体损耗	J	dB
	干扰余量	K	dB
	切换增益	L	dB
泄漏电缆传输	单边允许的最大传播损耗	$N=D-E-F-G-H-I-J-K+L$	dB
	泄漏电缆百米传输损耗	O	dB
	单边传播距离	$P=N/O\times100$	m
	双边传播距离	$Q=2\times P$	m

以NR 3.5G RRU设备为例，对涉及的参数进行说明。

1）基站设备输出功率：本例信源发射功率假定4×60W，RS发射功率设置为12.6dBm。

2）POI损耗：通常为6dB，延伸覆盖时取3dB。本例取0dB。

3）机房至连接泄漏电缆处的总路由损耗：1dB。含基站设备到POI的跳线损耗、POI至接入泄漏电缆处的各种馈线传输损耗，通过各种无源器件（功率分配器、耦合器和馈线接头等）的损耗，以及POI到接入泄漏电缆处所用的各种跳线损耗，这个值可从提供POI的公司获取。

4）覆盖场强要求：通常以RSRP大于 -110dBm 作为地铁覆盖场强的要求。

5）泄漏电缆耦合损耗：泄漏电缆在指定距离内辐射信号的效率，工业标准采用2m距离。耦合损耗与覆盖概率相关，通常泄漏电缆厂家会提供50%和95%的耦合损耗值。本例取值66dB。

6）宽度因子：泄漏电缆到地铁列车远端的距离 D 相对于2m距离产生的空间损耗，宽度因子 =10log（D/2）。通常取 D=4m，则宽度因子为3dB。

7）人体损耗：本例取3dB。

8）阴影衰落余量：取值与标准差、覆盖概率相关。如在泄漏电缆耦合损耗取值时已考虑覆盖概率，则此处不再取阴影衰落余量。本例取值0dB。

9）车体损耗：隧道内泄漏电缆的安装位置与列车车窗在同一水平面上，泄漏电缆信号穿透列车窗户玻璃对列车内部实施覆盖。本例取值30dB。

10）干扰余量：体现网络负荷对网络覆盖的影响程度。负荷为50%时，干扰余量为3dB；负荷为75%时，干扰余量为6dB。本例取值3dB。

11）切换增益：克服慢衰落的增益，与边缘覆盖率相关。

12）泄漏电缆百米传输损耗：根据实际使用漏缆型号取值，本例取值9.8dB。

以3.5G频段，列车行驶速率80km/h，切换时延90ms，重选时间3s为例，针对不同隧道长度推荐的信源覆盖方式见表6-6。

表6-6　不同隧道长度推荐的信源覆盖方式

分类	长度	信源方式	单边覆盖能力 /m	双边覆盖能力 /m	总覆盖能力 /m
短隧道	＜340m	地铁站机房内信源的覆盖	170	340	340
长隧道	＞340m	隧道增加 N×RRU	N×170	N×340	340+N×340

3. TAC区规划考虑

作为城市立体交通的重要组成部分，地铁承载了大量出行用户。地铁线路通常跨度很大，以某城市地铁1号线为例，其横跨7个行政区，全程行驶时间超过1小时。

由于地铁跨度大，穿越了地面大网的多个TAC区，因此运营商必须做好地铁TAC区规划，减少地铁运行过程中的TAC区变更，同时减少用户在出入地铁站时和大网之间的TAC变更。表6-7结合地铁线路的话务特点，给出了3种TAC规划方案。

表 6-7 TAC 规划方案

场景	TAC 设置模式	优点	缺点
业务量小	TAC 与地面大网一致	不需要单独设置 TAC	话务量到一定程度时，边界 gNode B 的控制信道负荷较重
业务量大	TAC 单独设置	地面大网和站台间需要执行 TAU	高峰时有大量用户出入地铁站，有大量的 TAU 请求，可能会导致 CPU 利用率过高，优化时需重点关注
混合 TAC	业务量小的 TAC 与地面大网一致	业务量小的站点进出不需要执行 TAU	优化时需要关注个别站点

4. 地铁切换带设置

地铁内外小区间的重选、切换的时间和用户移动的速率决定了重叠区域的大小。切换区域主要发生在 3 类区域。

（1）隧道内不同小区之间

在 SA 系统中，完成切换所需要的时间（UE 上报 A3 事件开始，至 UE 成功占用目标小区并发送 RRC 重配完成消息为止的时间）在 100ms 左右，地铁列车的最大时速是 80km，即每秒列车运行 22.2m。

过渡区为邻区信号大于服务小区信号一定门限 Hys 时的位置相对两小区信号中点的偏移距离，本例取 50m。触发 A3 事件的持续时间 T 由小区参数设置，本例假定 320ms。切换时间本例为 100ms。切换带计算过程如下。

切换带距离 ={ 过渡带 + 列车速度 ×(T+ 切换时间)}×2={50+80×1000/3600×(320+100) /1000}×2 ≈ 120m

（2）地铁站出入口

通常，乘客乘坐自动扶梯或走楼梯进出地铁站。由于地铁出口处的阻挡、自动扶梯的运动，以及人群拥挤等原因，地铁出入口容易发生信号锐减的情况，信号重叠区域不够，易造成用户通话中断。当用户从地铁内乘坐自动扶梯或走楼梯离开地铁站时，信号呈逐渐衰减趋势，而地铁外的大网信号却呈逐渐上升趋势，我们建议重选 / 切换区设置在自动扶梯或楼梯附近。

（3）地铁线路进出地面隧道洞口

当列车从地下隧道进出地面时，先前占用的小区信号将剧烈下降，形成明显的拐角效应。通常采用的方法如下：在隧道出口处设置宽频带定向天线，将隧道内泄漏电缆信号延伸至隧道洞口外，在隧道外设置重选区 / 切换区。

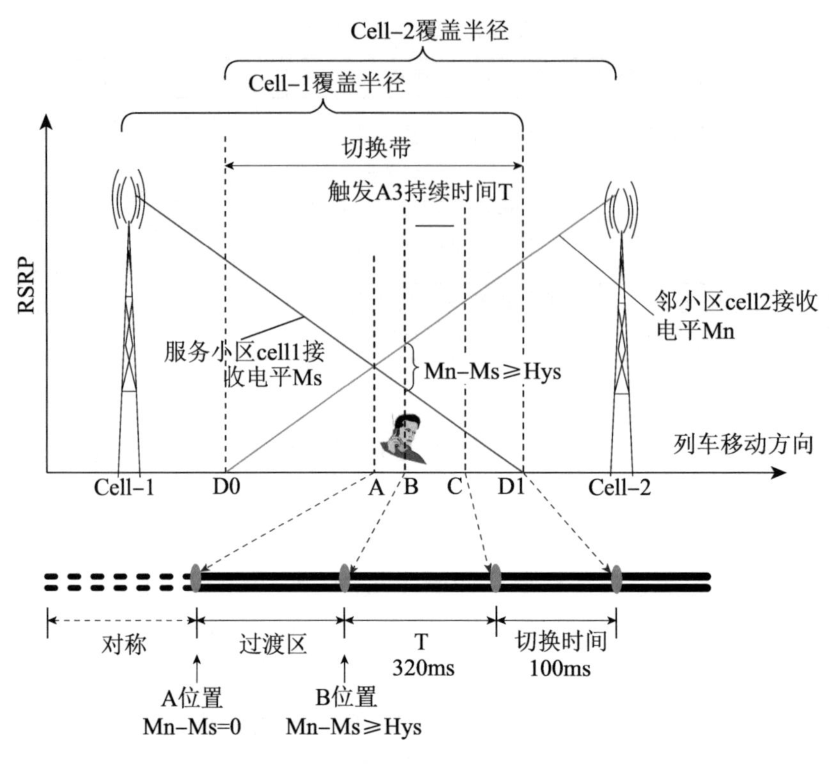
Cell–2覆盖半径
Cell–1覆盖半径
切换带
触发A3持续时间T
RSRP
邻小区cell2接收电平Mn
服务小区cell1接收电平Ms
Mn–Ms≥Hys
列车移动方向
Cell–1
D0
A
B
C
D1
Cell–2
对称
过渡区
T
320ms
切换时间
100ms
A位置
Mn–Ms=0
B位置
Mn–Ms≥Hys

图 6-12　切换带示意图

附录A 链路预算

5G系统工作频段高，传播损耗大，覆盖方面较低频段存在一定劣势。另外，天线阵子尺寸与频率成反比（与波长成正比），因此高频段能够组成更大规模的阵列天线对覆盖进行补偿，而终端侧也有机会采用更多天线提高覆盖能力。

1. 5G传播模型

由于移动环境的复杂性和多变性，要对接收信号中值进行准确计算相当困难。无线通信工程上的做法是，在大量场强测试的基础上，经过对数据的分析与统计处理，找出各种地形地物下的传播损耗（或接收信号场强）与距离、频率及天线高度的关系，建立传播预测模型，从而能用较简单的方法预测接收信号的中值。

移动通信领域已建立了许多场强预测模型，它们是根据在各种地形地物环境中实测数据总结出来的，各有特点，适用于不同的场合。目前5G主流的传播模型包括3GPP TR36.873和3GPP TR38.901。3GPP TR36.873适用频率范围为2～6GHz，3GPP TR38.901适用频率范围为0.5～100GHz。适用场景包括城区微站（Urban Microcell，UMi）、城区宏站（Urban Macrocell，UMa）和农村宏站（Rural Macrocell，RMa），每个场景又分为视距（Line-Of-Sight，LOS）和非视距（Non-Line-Of-Sight，NLOS）传播两种类型。

下面以3GPP TR36.873 UMa NLOS传播模型为例，分析5G小区覆盖能力（详细信息可参阅协议3GPP TR36.873）。UMa NLOS传播模型公式如下。

$$\begin{aligned}PL_{3D\text{-}UMa\text{-}NLOS}=&161.04-7.1\log_{10}(W)+7.5\log_{10}(h)-(24.37-3.7(h/h_{BS})^{2})\log_{10}(h_{BS})\\&+(43.42-3.1\log_{10}(h_{BS}))(\log_{10}(d_{3D})-3)+20\log_{10}(f_c)\\&-(3.2(\log_{10}(17.625))^{2}-4.97)-0.6(h_{UT}-1.5)\end{aligned}$$

$$d_{2D}=\mathrm{sqrt}(d_{3D}\times d_{3D}-(h_{BS}-h_{UT})\times(h_{BS}-h_{UT}))$$

式中，W表示道路平均宽度，m；h表示建筑物平均高度，m；h_{BS}表示基站高度，m；f_c

表示中心频率，GHz；h_{UT} 表示移动台高度，m；d_{2D} 表示基站覆盖半径，m。d_{2D} 和 d_{3D} 关系如附图 A-1 所示。

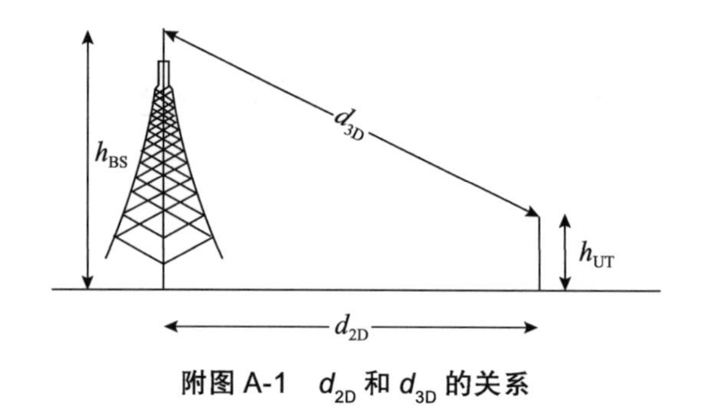

附图 A-1　d_{2D} 和 d_{3D} 的关系

2. 5G 链路预算

与 4G 相比，5G 链路预算引入了人体遮挡损耗，最大路径损耗 MAPL 计算公式如下。

最大路径损耗（dB）= 基站 / 移动台发射功率 −10log（子载波数）+ 发射端天线增益 − 发射端馈线损耗 − 穿透损耗 − 人体遮挡损耗 − 人体损耗 − 干扰余量 − 慢衰落余量 + 接收端天线增益 − 最低接收电平

其中，

最低接收电平 = 热噪声功率 + 噪声系数 + 解调门限

假定覆盖场景为密集城区，NR 站高 30m，平均建筑物高度为 30m，街道平均宽度为 10m，移动台高度为 1.5m。根据 UMa NLOS 传播模型和最大路径损耗 MAPL 可计算得到不同边缘速率（不同边缘速率对应不同的解调门限）对应的 NR 覆盖半径，如附表 A-1 所示。

附表 A-1　NR 3.5GHz 上下行业务信道链路预算

参　数	NR 链路预算（3.5GHz）					
	PDSCH（10Mbit/s）	PUSCH（1Mbit/s）	PDSCH（30Mbit/s）	PUSCH（3Mbit/s）	PDSCH（50Mbit/s）	PUSCH（5Mbit/s）
发射功率 /(dBm)	53	26	53	26	53	26
RB 数	273	32	273	96	273	160
子载波带宽 /kHz	30	30	30	30	30	30
子载波功率 /(dBm)	17.85	0.16	17.85	−4.61	17.85	−6.83
馈线损耗 /dB	0	0	0	0	0	0
基站天线增益 /dB	25	25	25	25	25	25
慢衰落余量 /dB	9	9	9	9	9	9

续表

参　数	NR 链路预算（3.5GHz）					
	PDSCH（10Mbit/s）	PUSCH（1Mbit/s）	PDSCH（30Mbit/s）	PUSCH（3Mbit/s）	PDSCH（50Mbit/s）	PUSCH（5Mbit/s）
干扰余量 /dB	8	2	8	2	8	2
OTA 损耗 /dB	4	4	4	4	4	4
人体损耗 /dB	3	3	3	3	3	3
穿透损耗 /dB	20	20	20	20	20	20
热噪声 /(dBm/Hz)	−174	−174	−174	−174	−174	−174
噪声系数 /dB	7	3.5	7	3.5	7	3.5
噪声功率 /dBm	−129.23	−129.23	−129.23	−129.23	−129.23	−129.23
MCS 编码	MCS0	MCS2	MCS2	MCS2	MCS4	MCS2
解调门限 /dB	−7.35	−6.53	−3.92	−6.52	−1.37	−6.53
接收灵敏度 /dBm	−129.58	−132.26	−126.15	−132.25	−123.6	−132.26
最大允许路损 /dB	128.43	119.42	125	114.64	122.45	112.43
UMa 覆盖半径 /m	365	213	297	159	255	139
站间距 /m	547	319	445	239	382	209

注：接收灵敏度=噪声功率+噪声系数+解调门限；子载波功率=发射功率−10log（PRB数×12）。

附 录 B　信令流程图

1. 辅小区添加流程

辅小区添加流程如附图 B-1 所示。

15:41:05.326	MS1	LTEEventA2MeasConfig	
15:41:14.442	MS1	LTEEventB1MeasConfig	
15:41:15.062	MS1	LTEEventB1	eutra-RSRP:-75;NR-PCI:465;NR...
15:41:17.609	MS1	NRSCellAddAttempt	PCI:465;NR-ARFCN:632352;t30...
15:41:17.609	MS1	NREventA3MeasConfig	
15:41:17.609	MS1	NREventA2MeasConfig	
15:41:17.640	MS1	NRSCellRAAttempt	
15:41:17.640	MS1	NRSCellRAAttempt(Add)	
15:41:17.640	MS1	NRSCellAddSuccess	PCI:465;NR-ARFCN:632352
15:41:17.679	MS1	NRRA-MSG1	
15:41:17.687	MS1	NRRA-MSG2	
15:41:17.687	MS1	NRRA-MSG3	
15:41:17.687	MS1	NRSCellRASuccess	
15:41:17.687	MS1	NRSCellRASuccess(Add)	

信令

Time	Type
18:22:57.850	L UECapabilityEnquiry
18:22:57.850	L UECapabilityInformation
18:22:57.886	L SystemInformationBlocks
18:22:57.890	L SystemInformationBlocks
18:22:57.935	L SystemInformationBlocks
18:22:57.967	NR RRCReconfiguration (RadioBearerConfig)
18:22:58.253	NR MasterInformationBlock
18:22:58.254	L MeasurementReport
18:22:58.265	L UECapabilityEnquiry
18:22:58.265	L UECapabilityInformation
18:22:58.310	L RRCConnectionReconfiguration
18:22:58.364	NR RRCReconfiguration
18:22:58.364	NR RRCReconfiguration (RadioBearerConfig)
18:22:58.367	L RRCConnectionReconfigurationComplete
18:22:58.388	L SystemInformationBlocks
18:22:58.497	NR RRCReconfigurationComplete
18:22:58.497	NR MasterInformationBlock
18:23:05.648	L MeasurementReport
18:23:05.682	L RRCConnectionReconfiguration
18:23:05.716	L RRCConnectionReconfigurationComplete

事件

Time	Type	Info
18:22:57.812	RRC Reconfig Request	
18:22:57.822	RRC Reconfig Complete	
18:22:57.822	Period Report	
18:22:57.850	UE Capability Enquiry	EUTRA
18:22:57.850	UE Capability Response	
18:22:58.254	LTE Event B1	NR Cell: 634080/4...
18:22:58.265	UE Capability Enquiry	NR/EUTRA-NR
18:22:58.265	UE Capability Response	
18:22:58.310	RRC Reconfig Request	NR SCG Config
18:22:58.310	NR5G Cell Add	634080,487
18:22:58.310	NR5G BWP Config	DL Active ID:1,UL A...
18:22:58.367	RRC Reconfig Complete	
18:22:58.497	NR5G RACH Begin	Connection Requ...
18:22:58.715	NR5G RACH Msg1	SFN: 545-9-s1, P...
18:22:58.715	NR5G RACH Msg2	SFN: 546-2-s1, TR...
18:22:58.715	NR5G RACH Msg3	CRNTI:18305
18:22:58.715	NR5G RACH Msg4	SFN: 547-1-s0
18:22:58.715	NR5G RACH Msg5	
18:22:58.715	NR5G RACH Complete	
18:22:58.715	NR5G Cell Add Success	

PDU 会话建立

18:01:32.873	MS1	NAS	MS->gNo...	PDUSessionEstablishmentRequest
18:01:32.874	MS1	NAS	MS->gNo...	ServiceRequest
18:01:32.883	MS1	UL-C...	MS->gNo...	RRCSetupRequest
18:01:32.908	MS1	DL-C...	gNodeB-...	RRCSetup
18:01:32.912	MS1	UL-D...	MS->gNo...	RRCSetupComplete
18:01:32.941	MS1	DL-D...	gNodeB-...	SecurityModeCommand
18:01:32.941	MS1	UL-D...	MS->gNo...	SecurityModeComplete
18:01:32.951	MS1	DL-D...	gNodeB-...	DLInformationTransfer
18:01:32.951	MS1	NAS	gNodeB-...	ServiceAccept
18:01:32.952	MS1	NAS	MS->gNo...	ULNASTransport
18:01:32.952	MS1	UL-D...	MS->gNo...	ULInformationTransfer
18:01:32.967	MS1	DL-D...	gNodeB-...	RRCReconfiguration
18:01:32.973	MS1	UL-D...	MS->gNo...	RRCReconfigurationComplete

UE Time	Message
10:21:22.699	NR->SIBType1
10:21:22.818	NR->Service request
10:21:22.821	NR->RRCSetupRequest
10:21:22.862	NR->SIBType1
10:21:22.872	NR->RRCSetup
10:21:22.875	NR->CellGroupConfig
10:21:22.880	NR->RRCSetupComplete
10:21:22.921	NR->SecurityModeCommand
10:21:22.922	NR->SecurityModeComplete
10:21:22.934	NR->RRCReconfiguration
10:21:22.936	NR->CellGroupConfig
10:21:22.940	NR->RRCReconfigurationComplete
10:21:22.947	NR->Service accept

MSG1-5

10:21:22.854	NR PRACH:Msg1
10:21:22.859	NR PRACH:Msg2
10:21:22.859	NR PRACH:Msg3
10:21:22.872	NR PRACH:Msg4
10:21:22.872	NR PRACH:Msg5

MSG5-安全模式完成

安全配置完成→RRC重配置

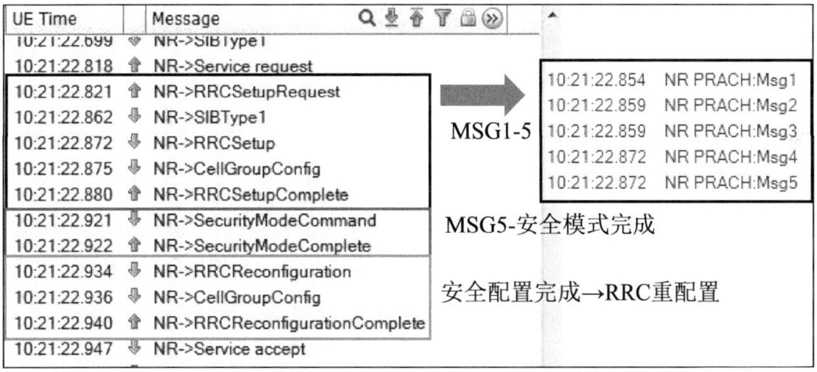

附图 B-1　辅小区添加流程

2. EPS fallback 信令流程

gNB 发起测量控制，终端启动 LTE 邻区频点的测量，如附图 B-2 所示。

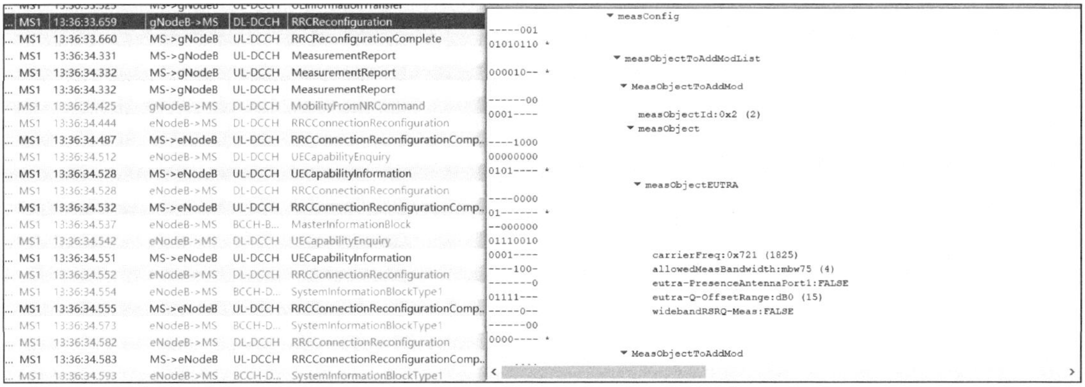

MS1	13:36:33.659	gNodeB->MS	DL-DCCH	RRCReconfiguration
MS1	13:36:33.660	MS->gNodeB	UL-DCCH	RRCReconfigurationComplete
MS1	13:36:34.331	MS->gNodeB	UL-DCCH	MeasurementReport
MS1	13:36:34.332	MS->gNodeB	UL-DCCH	MeasurementReport
MS1	13:36:34.332	MS->gNodeB	UL-DCCH	MeasurementReport
MS1	13:36:34.425	gNodeB->MS	DL-DCCH	MobilityFromNRCommand
MS1	13:36:34.444	eNodeB->MS	DL-DCCH	RRCConnectionReconfiguration
MS1	13:36:34.487	MS->eNodeB	UL-DCCH	RRCConnectionReconfigurationComp...
MS1	13:36:34.512	eNodeB->MS	DL-DCCH	UECapabilityEnquiry
MS1	13:36:34.528	MS->eNodeB	UL-DCCH	UECapabilityInformation
MS1	13:36:34.528	eNodeB->MS	DL-DCCH	RRCConnectionReconfiguration
MS1	13:36:34.532	MS->eNodeB	UL-DCCH	RRCConnectionReconfigurationComp...
MS1	13:36:34.537	eNodeB->MS	BCCH-B...	MasterInformationBlock
MS1	13:36:34.542	eNodeB->MS	DL-DCCH	UECapabilityEnquiry
MS1	13:36:34.551	MS->eNodeB	UL-DCCH	UECapabilityInformation
MS1	13:36:34.552	eNodeB->MS	DL-DCCH	RRCConnectionReconfiguration
MS1	13:36:34.554	eNodeB->MS	BCCH-D...	SystemInformationBlockType1
MS1	13:36:34.555	MS->eNodeB	UL-DCCH	RRCConnectionReconfigurationComp...
MS1	13:36:34.573	eNodeB->MS	BCCH-D...	SystemInformationBlockType1
MS1	13:36:34.582	eNodeB->MS	DL-DCCH	RRCConnectionReconfiguration
MS1	13:36:34.583	MS->eNodeB	UL-DCCH	RRCConnectionReconfigurationComp...
MS1	13:36:34.593	eNodeB->MS	BCCH-D...	SystemInformationBlockType1

```
                ▼ measConfig
-----001
01010110 *
                 ▼ measObjectToAddModList
000010-- *
                  ▼ MeasObjectToAddMod
------00
0001----             measObjectId:0x2 (2)
                   ▼ measObject
----1000
00000000
0101---- *
                    ▼ measObjectEUTRA
----0000
01------ *
--000000
01110010
0001----                carrierFreq:0x721 (1825)
----100-                allowedMeasBandwidth:mbw75 (4)
-------0                eutra-PresenceAntennaPort1:FALSE
01111---                eutra-Q-OffsetRange:dB0 (15)
-----0--                widebandRSRQ-Meas:FALSE
------00
0000---- *
                  ▼ MeasObjectToAddMod
```

附图 B-2　流程一

终端启动LTE邻区的测量，在上报测量结果后启动切换至LTE，如附图B-3所示。

1	13:36:33.660	MS->gNodeB	UL-DCCH	RRCReconfigurationComplete
1	13:36:34.331	MS->gNodeB	UL-DCCH	MeasurementReport
1	13:36:34.332	MS->gNodeB	UL-DCCH	MeasurementReport
1	13:36:34.332	MS->gNodeB	UL-DCCH	MeasurementReport
1	13:36:34.425	gNodeB->MS	DL-DCCH	MobilityFromNRCommand
1	13:36:34.444	eNodeB->MS	DL-DCCH	RRCConnectionReconfiguration
1	13:36:34.487	MS->eNodeB	UL-DCCH	RRCConnectionReconfigurationComp...
1	13:36:34.512	eNodeB->MS	DL-DCCH	UECapabilityEnquiry
1	13:36:34.528	MS->eNodeB	UL-DCCH	UECapabilityInformation
1	13:36:34.528	eNodeB->MS	DL-DCCH	RRCConnectionReconfiguration
1	13:36:34.532	MS->eNodeB	UL-DCCH	RRCConnectionReconfigurationComp...
1	13:36:34.537	eNodeB->MS	BCCH-B...	MasterInformationBlock
1	13:36:34.542	eNodeB->MS	DL-DCCH	UECapabilityEnquiry
1	13:36:34.551	MS->eNodeB	UL-DCCH	UECapabilityInformation
1	13:36:34.552	eNodeB->MS	DL-DCCH	RRCConnectionReconfiguration
1	13:36:34.554	eNodeB->MS	BCCH-D...	SystemInformationBlockType1
1	13:36:34.555	MS->eNodeB	UL-DCCH	RRCConnectionReconfigurationComp...
1	13:36:34.573	eNodeB->MS	BCCH-D...	SystemInformationBlockType1
1	13:36:34.582	eNodeB->MS	DL-DCCH	RRCConnectionReconfiguration
1	13:36:34.583	MS->eNodeB	UL-DCCH	RRCConnectionReconfigurationComp...
1	13:36:34.593	eNodeB->MS	BCCH-D	SystemInformationBlockType1

```
         ▼ msg
00000011 T
           ▼ struDL-DCCH-Message
             ▼ struDL-DCCH-Message
               ▼ message
0------- *
                 ▼ c1
-1000--- *
                   ▼ mobilityFromNRCommand
-----00-             rrc-TransactionIdentifier:0x0 (0)
                     ▼ criticalExtensions
-------0 *
                       ▼ mobilityFromNRCommand
100----- *
---000--                 targetRAT-Type:eutra (0)
------01
10001100
10001000
00101010
11110001
00100100
00011100
10000101
00110101
```

附图B-3 流程二

切换至eNB完成后，对应的EPS fallback成功，在LTE侧接续VOLTE相关流程，如附图B-3所示。

...	MS1	13:36:33.660	MS->gNodeB	UL-DCCH	RRCReconfigurationComplete
...	MS1	13:36:34.331	MS->gNodeB	UL-DCCH	MeasurementReport
...	MS1	13:36:34.332	MS->gNodeB	UL-DCCH	MeasurementReport
...	MS1	13:36:34.332	MS->gNodeB	UL-DCCH	MeasurementReport
...	MS1	13:36:34.425	gNodeB->MS	DL-DCCH	MobilityFromNRCommand
...	MS1	13:36:34.444	eNodeB->MS	DL-DCCH	RRCConnectionReconfiguration
...	MS1	13:36:34.487	MS->eNodeB	UL-DCCH	RRCConnectionReconfigurationComp...
...	MS1	13:36:34.512	eNodeB->MS	DL-DCCH	UECapabilityEnquiry
...	MS1	13:36:34.528	MS->eNodeB	UL-DCCH	UECapabilityInformation
...	MS1	13:36:34.528	eNodeB->MS	DL-DCCH	RRCConnectionReconfiguration
...	MS1	13:36:34.532	MS->eNodeB	UL-DCCH	RRCConnectionReconfigurationComp...
...	MS1	13:36:34.537	eNodeB->MS	BCCH-B...	MasterInformationBlock
...	MS1	13:36:34.542	eNodeB->MS	DL-DCCH	UECapabilityEnquiry
...	MS1	13:36:34.551	MS->eNodeB	UL-DCCH	UECapabilityInformation
...	MS1	13:36:34.552	eNodeB->MS	DL-DCCH	RRCConnectionReconfiguration
...	MS1	13:36:34.554	eNodeB->MS	BCCH-D...	SystemInformationBlockType1
...	MS1	13:36:34.555	MS->eNodeB	UL-DCCH	RRCConnectionReconfigurationComp...
...	MS1	13:36:34.573	eNodeB->MS	BCCH-D...	SystemInformationBlockType1
...	MS1	13:36:34.582	eNodeB->MS	DL-DCCH	RRCConnectionReconfiguration
...	MS1	13:36:34.583	MS->eNodeB	UL-DCCH	RRCConnectionReconfigurationComp...
...	MS1	13:36:34.593	eNodeB->MS	BCCH-D...	SystemInformationBlockType1

```
                 ▼ c1
000----- *
                   ▼ rrcConnectionReconfiguration-r8
---01010
1------- *
                     ▼ mobilityControlInfo
-01111-- *
------00
0100100-                 targetPhysCellId:0x24 (36)
                       ▼ carrierFreq
-------1 *
********                   dl-CarrierFreq:0x721 (1825)
********                   ul-CarrierFreq:0x4d71 (19825)
                       ▼ carrierBandwidth
1------- *
-0100---                   dl-Bandwidth:n75 (4)
-----010
0-------                   ul-Bandwidth:n75 (4)
-00000--                 additionalSpectrumEmission:0x1 (1)
------11
0-------                 t304:ms2000 (6)
-1000011
11001010
0-------                 newUE-Identity:1000011110010100(87 94)
```

附图B-3 流程三

附 录 C　部分NSA消息

B1 measConfig

```
rrcConnectionReconfiguration-r8 :(由 eNB 产生)
      |_measConfig :
         |_measObjectToAddModList :
         |  |_MeasObjectToAddMod :
         |  |  |_measObjectId :  ---- 0x2(2)
         |  |  |_measObject :
         |  |     |_measObjectNR-r15 :
         |  |        |_carrierFreq-r15 :  ---- 0x9ac80(633984)
         |  |        |_rs-ConfigSSB-r15 :
         |  |        |  |_measTimingConfig-r15 :
         |  |        |  |  |_periodicityAndOffset-r15 :
         |  |        |  |  |  |_sf20-r15 :  ---- 0x0(0)
         |  |        |  |  |_ssb-Duration-r15 :  ---- sf5(4)
         |  |        |  |_subcarrierSpacingSSB-r15 :  ---- kHz30(1)
         |  |        |_threshRS-Index-r15 :
         |  |        |  |_nr-RSRP-r15 :  ---- 0x12(18)
         |  |        |_offsetFreq-r15 :  ---- 0x0(0)
         |  |        |_quantityConfigSet-r15 :  ---- 0x1(1)
         |  |        |_bandNR-r15 :
         |  |           |_setup :  ---- 0x4e(78)
         |  |_MeasObjectToAddMod :
         |_reportConfigToAddModList :
         |  |_ReportConfigToAddMod :
         |  |  |_reportConfigId :  ---- 0x9(9) ---- **01000*
         |  |  |_reportConfig :
         |  |     |_reportConfigInterRAT :
```

```
|  |        |_triggerType :
|  |        |  |_event :
|  |        |     |_eventId :
|  |        |     |  |_eventB1-NR-r15 :
|  |        |     |     |_b1-ThresholdNR-r15 :
|  |        |     |     |  |_nr-RSRP-r15 :  ---- 0x34(52)
|  |        |     |     |_reportOnLeave-r15 :  ---- FALSE(0)
|  |        |     |_hysteresis :  ---- 0x2(2) ---- **00010*
|  |        |     |_timeToTrigger :  ---- ms40(1)
|  |        |_maxReportCells :  ---- 0x8(8) ---- ***111**
|  |        |_reportInterval :  ---- ms5120(6)
|  |        |_reportAmount :  ---- r1(0) ---- **000***
|  |        |_reportQuantityCellNR-r15 :
|  |        |  |_ss-rsrp :  ---- TRUE(1) ---- 1*******
|  |        |  |_ss-rsrq :  ---- FALSE(0) ---- *0******
|  |        |  |_ss-sinr :  ---- FALSE(0) ---- **0*****
|  |        |_maxReportRS-Index-r15 :  ---- 0x1(1)
|  |        |_reportQuantityRS-IndexNR-r15 :
|  |           |_ss-rsrp :  ---- TRUE(1) ---- *1******
|  |           |_ss-rsrq :  ---- FALSE(0) ---- **0*****
|  |           |_ss-sinr :  ---- FALSE(0) ---- ***0****
|  |_ReportConfigToAddMod :
|_measIdToAddModList :
|  |_MeasIdToAddMod :
|  |  |_measId :  ---- 0x9(9) ---- *01000**
|  |  |_measObjectId :  ---- 0x2(2)
|  |  |_reportConfigId :  ---- 0x9(9) ---- ***01000
|  |_MeasIdToAddMod :
|     |_measId :  ---- 0xa(10) ---- 01001***
|     |_measObjectId :  ---- 0x3(3) ---- *****00010******
|     |_reportConfigId :  ---- 0xa(10) ---- **01001*
|_quantityConfig :
|  |_quantityConfigEUTRA :
|  |  |_filterCoefficientRSRP :  ---- fc6(6)
|  |  |_filterCoefficientRSRQ :  ---- fc6(6)
|  |_quantityConfigNRList-r15 :
|     |_QuantityConfigNR-r15 :
|        |_measQuantityCellNR-r15 :  ---- (0)
|        |_measQuantityRS-IndexNR-r15 :  ---- (0)
```

```
        |_measGapConfig :
        |  |_setup :
        |     |_gapOffset :
        |        |_gp0 :  ---- 0x13(19) ---- ******010011****
        |_s-Measure :  ---- 0x0(0) ---- ****0000000*****
        |_speedStatePars :
           |_release :  ---- (0)
```

B1 measurementReport

```
measurementReport-r8 :(基于 eNB 测量配置)
    |_measResults :
       |_measId :  ---- 0x9(9)
       |_measResultPCell :
       |  |_rsrpResult :  ---- 0x42(66) ---- *1000010
       |  |_rsrqResult :  ---- 0x21(33) ---- 100001**
       |_measResultNeighCells :
          |_measResultNeighCellListNR-r15 :
             |_MeasResultCellNR-r15 :
             |  |_pci-r15 :  ---- 0x1e2(482) ---- ***0111100010***
             |  |_measResultCell-r15 :
             |  |  |_rsrpResult-r15 :  ---- 0x38(56) ---- *0111000
             |  |_measResultRS-IndexList-r15 :
             |     |_MeasResultSSB-Index-r15 :
             |        |_ssb-Index-r15 :  ---- 0x4(4)
             |_MeasResultCellNR-r15 :
                |_pci-r15 :  ---- 0x83(131)
                |_measResultCell-r15 :
                |  |_rsrpResult-r15 :  ---- 0x36(54)
                |_measResultRS-IndexList-r15 :
                   |_MeasResultSSB-Index-r15 :
                      |_ssb-Index-r15 :  ---- 0x6(6)
```

sgNBAdditionRequest

```
sgNBAdditionRequest :
     |_protocolIEs :
        |_SEQUENCE :
        |     |_uE-X2AP-ID :  ---- 0xd1(209) ---- 0000000011010001
        |_SEQUENCE :
```

```
|      |_nRUESecurityCapabilities :
|         |_nRencryptionAlgorithms :  ----'11**000'B
|         |_nRintegrityProtectionAlgorithms :'11**000000'B
|_SEQUENCE :
|      |_sgNBSecurityKey :  ---- '00000000000**000'B
|_SEQUENCE :
|      |_uEAggregateMaximumBitRate :
|         |_ueMBR DL :0xee6b2800(4000000000)
|         |_ueMBR UL : 0x3b9aca00(1000000000)
|_SEQUENCE :
|      |_pLMN-Identity :  ---- 0x64F011
|_SEQUENCE :
|      |_handoverRestrictionList :
|         |_servingPLMN :  ---- 0x64F011
|_SEQUENCE :
|    |_e-RABs-ToBeAdded-SgNBAddReqList :
|       |_e-RABs-ToBeAdded-SgNBAddReq-Item :
|          |_e-RAB-ID :  ---- 0x5(5) ---- **00101*
|          |_drb-ID :  ---- 0x1(1)
|          |_en-DC-ResourceConfiguration :
|          |  |_pDCPatSgNB :  ---- present(0)
|          |  |_mCGresources :  ---- present(0)
|          |  |_sCGresources :  ---- present(0)
|          |_resource-configuration :
|             |_sgNBPDCPpresent :
|                |_full-E-RAB-Level-QoS-Parameters :
|                |  |_qCI :  ---- 0x9(9)
|                |  |_allocationAndRetentionPriority :
|                |     |_priorityLevel :no-priority(15)
|                |     |_pre-emptionCapability : **
|                |     |_pre-emptionVulnerability :**
|                |_dL-Forwarding :Proposed(0)
|                |_meNB-DL-GTP-TEIDatMCG :
|                |  |_transportLayerAddress : '0***11'B
|                |  |_gTP-TEID : - 0x5D645E91
|                |_s1-UL-GTPtunnelEndpoint :
|                |  |_transportLayerAddress :'00*001'B
|                |  |_gTP-TEID :  ---- 0x19579F5A
|                |_iE-Extensions :
```

```
        |_SEQUENCE :
           |_id :  ---- 0x100(256) ---- 0000000100000000
           |_criticality :  ---- reject(0) ---- 00******
```

sgNBAdditionRequestAck

```
sgNBAdditionRequestAcknowledge :
      |_SEQUENCE :
      |     |_uE-X2AP-ID :  ---- 0xd1(209) ---- 0000000011010001
      |_SEQUENCE :
      |     |_sgNB-UE-X2AP-ID :  ---- 0x45f(1119)
      |_SEQUENCE :
      |    |_e-RABs-Admitted-ToBeAdded-SgNBAddReqAck-Item :
      |       |_e-RAB-ID :  ---- 0x5(5) ---- **00101*
      |       |_en-DC-ResourceConfiguration :
      |       |  |_pDCPatSgNB :  ---- present(0) ---- *00*****
      |       |  |_mCGresources :  ---- present(0) ---- ***00***
      |       |  |_sCGresources :  ---- present(0) ---- *****00*
      |       |_resource-configuration :
      |          |_sgNBPDCPpresent :
      |             |_s1-DL-GTPtunnelEndpoint :
      |             |  |_transportLayerAddress : '001**'B
      |             |  |_gTP-TEID :  ---- 0xB544C109
      |             |_sgNB-UL-GTP-TEIDatPDCP :
      |             |  |_transportLayerAddress : '001**'B
      |             |  |_gTP-TEID :  ---- 0x7DA21DE6
      |             |_rlc-Mode :  ---- rlc-am(0) ---- 000*****
      |             |_dL-Forwarding-GTPtunnelEndpoint :
      |             |  |_transportLayerAddress : '001**'B
      |             |  |_gTP-TEID :  ---- 0xA5FE2598
      |             |_uL-Forwarding-GTPtunnelEndpoint :
      |             |  |_transportLayerAddress : '00**'B
      |             |  |_gTP-TEID :  ---- 0x9B6D8237
      |             |_uL-Configuration :
      |             |  |_uL-PDCP :  ---- no-data(0) ---- **000***
      |             |_iE-Extensions :
      |_SEQUENCE :
      |     |_sgNBtoMeNBContainer :
      |          |_scg-CellGroupConfig :
```

```
        |_SEQUENCE :
        |       |_uE-X2AP-ID-Extension :  ---- 0xe72(3698)
        |_SEQUENCE :
        |       |_sgNBResourceCoordinationInformation :
        |           |_nR-CGI :
        |           |   |_pLMN-Identity :  ---- 0x64F011
        |           |   |_nRcellIdentifier :  ---- '01**1'B
        |           |_uLCoordinationInformation :  ----
        |           |_iE-Extensions :
        |               |_SEQUENCE :
        |                   |_id :  ---- 0x144(324) ---- 0000000101000100
        |                   |_criticality :  ---- reject(0) ---- 00******
        |                   |_extensionValue :
        |                       |_sgNBCoordinationAssistanceInformation :
        |_SEQUENCE :
                |_locationInformationSgNB :
                    |_pSCell-id :
                        |_pLMN-Identity :  ---- 0x64F011
                        |_nRcellIdentifier :  ---- '010010110*'B
```

NR measConfig

```
    measConfig :(由 gNB 提供，在辅小区添加或变更时由 eNB 通过 RRC 重配消息下发给 UE)
        |_measObjectToAddModList :
        |  |_NRMeasObjectToAddMod :
        |     |_measObjectId :  ---- 0x1(1)
        |       |_ssbFrequency :  ---- 0x99cc0(629952)
        |       |_ssbSubcarrierSpacing :  ---- kHz30(1)
        |       |_smtc1 :
        |       |  |_periodicityAndOffset :
        |       |  |  |_sf20 :  ---- 0x0(0) ---- *00000**
        |       |  |_duration :  ---- sf5(4)
        |       |_referenceSignalConfig :
        |       |  |_ssb-ConfigMobility :
        |       |     |_deriveSSB-IndexFromCell :  - TRUE(1)
        |       |_absThreshSS-BlocksConsolidation :
        |       |  |_thresholdRSRP :  ---- 0x46(70)
        |       |_nrofSS-BlocksToAverage :  ---- 0x8(8)
        |       |_quantityConfigIndex :  ---- 0x1(1)
```

```
|       |_offsetMO :
|       |  |_rsrpOffsetSSB :  ---- dB0(15)
|       |_freqBandIndicatorNR-v1530 :  ---- 0x4e(78)
|       |_measCycleSCell-v1530 :  ---- sf160(0)
|_reportConfigToAddModList :
|  |_NRReportConfigToAddMod :
|  |  |_reportConfigId :  ---- 0x1(1)
|  |   |_reportType :
|  |      |_eventTriggered :
|  |         |_eventId :
|  |         |  |_eventA3 :
|  |         |     |_a3-Offset :
|  |         |     |  |_rsrp :  ---- 0x2(2) ---- **100000
|  |         |     |_reportOnLeave :  ---- FALSE(0)
|  |         |     |_hysteresis :  ---- 0x2(2) ---- *00010**
|  |         |     |_timeToTrigger :  ---- ms320(8)
|  |         |     |_useWhiteCellList :  ---- FALSE(0)
|  |         |_rsType :  ---- ssb(0) ---- ***0****
|  |         |_reportInterval :  ---- ms240(1)
|  |         |_reportAmount :  ---- infinity(7)
|  |         |_reportQuantityCell :
|  |         |  |_rsrp :  ---- TRUE(1) ---- ***1****
|  |         |  |_rsrq :  ---- FALSE(0) ---- ****0***
|  |         |  |_sinr :  ---- FALSE(0) ---- *****0**
|  |         |_maxReportCells :  ---- 0x4(4)
|  |         |_reportQuantityRS-Indexes :
|  |         |  |_rsrp :  ---- TRUE(1) ---- *1******
|  |         |  |_rsrq :  ---- FALSE(0) ---- **0*****
|  |         |  |_sinr :  ---- FALSE(0) ---- ***0****
|  |         |_maxNrofRS-IndexesToReport :  ---- 0x4(4)
|  |         |_includeBeamMeasurements :  ---- TRUE(1)
|  |_NRReportConfigToAddMod :
|   |_reportConfigId :  ---- 0x2(2) ---- **000001
|     |_reportType :
|        |_eventTriggered :
|           |_eventId :
|           |  |_eventA2 :
|           |     |_a2-Threshold :
|           |     |  |_rsrp :  ---- 0x24(36)
```

```
|           |      |_reportOnLeave :  ---- FALSE(0)
|           |      |_hysteresis :  ---- 0x2(2)
|           |      |_timeToTrigger :  ---- ms640(11)
|           |_rsType :  ---- ssb(0) ---- ******0*
|           |_reportInterval :  ---- ms240(1)
|           |_reportAmount :  ---- r1(0)
|           |_reportQuantityCell :
|           |  |_rsrp :  ---- TRUE(1)
|           |  |_rsrq :  ---- FALSE(0)
|           |  |_sinr :  ---- FALSE(0) ---- 0*******
|           |_maxReportCells :  ---- 0x1(1) ---- *000****
|           |_includeBeamMeasurements : FALSE(0)
|_measIdToAddModList :
|  |_NRMeasIdToAddMod :
|  |  |_measId :  ---- 0x1(1) ---- ***000000*******
|  |  |_measObjectId :  ---- 0x1(1) ---- *000000*
|  |  |_reportConfigId :  ---- 0x1(1) ---- *******000000***
|  |_NRMeasIdToAddMod :
|     |_measId :  ---- 0x2(2) ---- *****000001*****
|     |_measObjectId :  ---- 0x1(1) ---- ***000000*******
|     |_reportConfigId :  ---- 0x2(2) ---- *000001*
|_quantityConfig :
    |_quantityConfigCell :
    |  |_ssb-FilterConfig :
    |  |  |_filterCoefficientRSRP :  fc4(4)
    |  |  |_filterCoefficientRSRQ :  fc4(4)
    |  |  |_filterCoefficientRS-SINR : fc4(4)
    |  |_csi-RS-FilterConfig :  ---- (0)
    |_quantityConfigRS-Index :
       |_ssb-FilterConfig :
       |  |_filterCoefficientRSRP :  ---- fc4(4)
       |  |_filterCoefficientRSRQ :  ---- fc4(4)
       |  |_filterCoefficientRS-SINR : - fc4(4)
       |_csi-RS-FilterConfig :  ---- (0)
```

NR measurementReport

```
measurementReport :(基于 NR 测量配置生成的测量报告)
  |_measResults :
```

```
    |_measId :  ---- 0x1(1)
    |_measResultServingMOList :
    |  |_NRMeasResultServMO :
    |     |_servCellId :  ---- 0x10(16)
    |     |_measResultServingCell :
    |        |_physCellId :  ---- 0x25b(603)
    |        |_measResult :
    |           |_cellResults :
    |           |  |_resultsSSB-Cell :
    |           |     |_rsrp :  ---- 0x43(67)
    |           |     |_rsrq :  ---- 0x40(64)
    |           |_rsIndexResults :
    |              |_resultsSSB-Indexes :
    |                 |_NRResultsPerSSB-Index :
    |                    |_ssb-Index :  ---- 0x6(6)
    |                    |_ssb-Results :
    |                       |_rsrp :  ---- 0x43(67)
    |_measResultNeighCells :
       |_measResultListNR :
          |_NRMeasResultNR :
             |_physCellId :  ---- 0x42(66)
             |_measResult :
                |_cellResults :
                |  |_resultsSSB-Cell :
                |     |_rsrp :  ---- 0x47(71)
                |_rsIndexResults :
                   |_resultsSSB-Indexes :
                      |_NRResultsPerSSB-Index :
                         |_ssb-Index :  ---- 0x1(1)
                         |_ssb-Results :
                            |_rsrp :  ---- 0x47(71)
```

rRCTransfer

```
rRCTransfer :
     |_SEQUENCE :
     |     |_uE-X2AP-ID :  ---- 0xe5(229)
     |_SEQUENCE :
     |     |_sgNB-UE-X2AP-ID :  ---- 0x20007a(2097274)
```

```
|_SEQUENCE :
|    |_measurementReport :
|       |_measResults :
|          |_measId :  ---- 0x1(1) ---- **000000
|          |_measResultServingMOList :
|          |  |_NRMeasResultServMO :
|          |     |_servCellId :  ---- 0x10(16)
|          |     |_measResultServingCell :
|          |        |_physCellId :  ---- 0x25b(603)
|          |        |_measResult :
|          |           |_cellResults :
|          |           |  |_resultsSSB-Cell :
|          |           |     |_rsrp :  ---- 0x43(67)
|          |           |     |_rsrq :  ---- 0x40(64)
|          |           |_rsIndexResults :
|          |              |_resultsSSB-Indexes :
|          |                 |_NRResultsPerSSB-Index :
|          |                    |_ssb-Index : 0x6(6)
|          |                    |_ssb-Results :
|          |                       |_rsrp :0x43(67)
|          |_measResultNeighCells :
|             |_measResultListNR :
|                |_NRMeasResultNR :
|                   |_physCellId : 0x42(66)
|                   |_measResult :
|                      |_cellResults :
|                      |  |_resultsSSB-Cell :
|                      |     |_rsrp : 0x47(71)
|                      |_rsIndexResults :
|                         |_resultsSSB-Indexes :
|                            |_NRResultsPerSSB-Index :
|                               |_ssb-Index : 0x1(1)
|                               |_ssb-Results :
|                                  |_rsrp : 0x47(71)
|_SEQUENCE :
   |_id :  ---- 0x9d(157) ---- 0000000010011101
   |_criticality :  ---- reject(0) ---- 00******
   |_value :
      |_uE-X2AP-ID-Extension :  ---- 0x341(833)
```

sgNBModificationRequest

```
X2ap-Msg :
    |_sgNBModificationRequest :
      |_uE-X2AP-ID :  ---- 0xe5(229) ---- 0000000011100101
      |_sgNB-UE-X2AP-ID :  ---- 0x20007a(2097274) ---
      |_SEQUENCE :
      |  |_cause :
      |     |_radioNetwork :  ---- mCG-Mobility(46) ----
      |_SEQUENCE :
      | |_uE-ContextInformation-SgNBModReq :
      |  |_sgNB-SecurityKey :  *******
      |  |_e-RABs-ToBeModified :
      |     |_e-RABs-ToBeModified-SgNBModReq-Item :
      |      |_e-RAB-ID :  ---- 0x5(5) ---- **00101*
      |      |_en-DC-ResourceConfiguration :
      |      |  |_pDCPatSgNB :  ---- present(0) ---- *00*****
      |      |  |_mCGresources :  ---- present(0) ---- ***00***
      |      |  |_sCGresources :  ---- present(0) ---- *****00*
      |      |_resource-configuration :
      |       |_sgNBPDCPpresent :
      |          |_full-E-RAB-Level-QoS-Parameters :
      |          |  |_qCI :  ---- 0x9(9) ---- **00000000001001
      |          |  |_allocationAndRetentionPriority :
      |          |   |_priorityLevel :  ---- no-priority(15)
      |          |   |_pre-emptionCapability :  shall-not (0)
      |          |   |_pre-emptionVulnerability :  ---- not(0)
      |          |_meNB-DL-GTP-TEIDatMCG :
      |             |_transportLayerAddress : '00000***01101010'B
      |             |_gTP-TEID :  ---- 0xA642D5E8
      |_SEQUENCE :
      |  |_meNBtoSgNBContainer :
      |   |_NRCG-ConfigInfo :
      |      |_ue-CapabilityInfo : **********
      |      |_candidateCellInfoListMN :
      |      |  |_NRMeasResult2NR :
      |      |     |_ssbFrequency :  ---- 0x99cc0(629952)
      |      |     |_measResultServingCell :
      |      |        |_physCellId :  ---- 0x25b(603)
```

```
|      |         |_measResult :
|      |            |_cellResults :
|      |               |_resultsSSB-Cell :
|      |                  |_rsrp :  ---- 0x49(73)
|      |                  |_rsrq :  ---- 0x42(66)
|      |_configRestrictInfo :
|         |_allowedBC-ListMRDC :
|         |_powerCoordination-FR1 :
|            |_p-maxNR-FR1 :  ---- 0x14(20)
|            |_p-maxEUTRA :  ---- 0x14(20)
|            |_p-maxUE-FR1 :  ---- 0x17(23)
|_SEQUENCE :
|      |_uE-X2AP-ID-Extension :  ---- 0x341(833)
|_SEQUENCE :
|  |_meNBResourceCoordinationInformation :
|   |_eUTRA-Cell-ID :
|   |  |_pLMN-Identity :  ---- 0x64F011
|   |  |_eUTRANcellIdentifier :  ---- '10011011**'B
|   |_uLCoordinationInformation :  ----
|      |_id :  ---- 0x143(323) ---- 0000000101000011
|      |_criticality :  ---- reject(0) ---- 00******
|      |_extensionValue :
|        |_meNBCoordinationAssistanceInformation :notrequired(0)
|_SEQUENCE :
      |_pCellInformation :
        |_cellID :
        |  |_pLMN-Identity :  ---- 0x64F011
        |  |_eUTRANcellIdentifier :'100110111**01110110001'B
        |_dL-PhysicalCarrierFreq :  ---- 0x2d6db(186075)
        |_cellAvailablePRB :  ---- 0x4b(75)
        |_uL-PhysicalCarrierFreq :  ---- 0x2b1bf(176575)
```

reconfigurationWithSync

```
reconfigurationWithSync :
    |_spCellConfigCommon :
    |  |_physCellId :  ---- 0x253(595)
    |  |_downlinkConfigCommon :(续)
    |  |_uplinkConfigCommon :(续)
```

```
    |  |_n-TimingAdvanceOffset :  ---- n25600(1)
    |  |_ssb-PositionsInBurst :
    |  |  |_mediumBitmap :  ---- '11111110'B
    |  |_ssb-periodicityServingCell :  ---- ms20(2)
    |  |_dmrs-TypeA-Position :  ---- pos2(0)
    |  |_subcarrierSpacing :  ---- kHz30(1)
    |  |_tdd-UL-DL-ConfigurationCommon :(续)
    |  |_ss-PBCH-BlockPower :  ---- 0x12(18)
    |_newUE-Identity :  ---- 0x6151(24913)
    |_t304 :  ---- ms2000(6)
    |_rach-ConfigDedicated :(续)
```

downlinkConfigCommon

```
  downlinkConfigCommon :
   |_frequencyInfoDL :
   |  |_absoluteFrequencySSB : 0x99cc0(629952)
   |  |_frequencyBandList :
   |  |  |_NRFreqBandIndicatorNR : 0x4e(78)
   |  |_absoluteFrequencyPointA : 0x99024(626724)
   |  |_scs-SpecificCarrierList :
   |     |_NRSCS-SpecificCarrier :
   |        |_offsetToCarrier : 0x0(0)
   |        |_subcarrierSpacing : kHz30(1)
   |        |_carrierBandwidth : 0x111(273)
   |_initialDownlinkBWP :(续)
```

uplinkConfigCommon

```
 uplinkConfigCommon :
    |_frequencyInfoUL :
    |  |_scs-SpecificCarrierList :
    |  |  |_NRSCS-SpecificCarrier :
    |  |     |_offsetToCarrier :  ---- 0x0(0)
    |  |     |_subcarrierSpacing :  ---- kHz30(1)
    |  |     |_carrierBandwidth :  ---- 0x111(273)
    |  |_p-Max :  ---- 0x1a(26)
    |_initialUplinkBWP :(续)
    |_dummy :  ---- ms10240(6)
```

tdd-UL-DL-ConfigurationCommon

```
tdd-UL-DL-ConfigurationCommon :(DDDSUDDSUU, 10 : 2 : 2)
 |_referenceSubcarrierSpacing :  ---- kHz30(1) ---- 001*****
 |_pattern1 :
 |  |_dl-UL-TransmissionPeriodicity :  ---- ms2p5(5) ---- ****101*
 |  |_nrofDownlinkSlots :  ---- 0x3(3) ---- *******000000011
 |  |_nrofDownlinkSymbols :  ---- 0xa(10) ---- 1010****
 |  |_nrofUplinkSlots :  ---- 0x1(1) ---- ****000000001***
 |  |_nrofUplinkSymbols :  ---- 0x2(2) ---- *****0010*******
 |_pattern2 :
    |_dl-UL-TransmissionPeriodicity :  ---- ms2p5(5) ---- **101***
    |_nrofDownlinkSlots :  ---- 0x2(2) ---- *****000000010**
    |_nrofDownlinkSymbols :  ---- 0xa(10) ---- ******1010******
    |_nrofUplinkSlots :  ---- 0x2(2) ---- **000000010*****
    |_nrofUplinkSymbols :  ---- 0x2(2) ---- ***0010*
```

rach-ConfigDedicated

```
rach-ConfigDedicated :
    |_uplink :
       |_cfra :
          |_resources :
             |_ssb :
                |_ssb-ResourceList :
                |  |_NRCFRA-SSB-Resource :
                |     |_ssb :  ---- 0x6(6) ---- *******000110***
                |     |_ra-PreambleIndex :  ---- 0x6(6)
                |_ra-ssb-OccasionMaskIndex :  ---- 0x0(0)
```

initialDownlinkBWP

```
initialDownlinkBWP :
 |_genericParameters :
 |  |_locationAndBandwidth : 0x32ed(13037) /* 起始 RB 编号 112, 带宽 48 个 RB*/
 |  |_subcarrierSpacing :  kHz30(1)
 |_pdcch-ConfigCommon :(续)
 |_pdsch-ConfigCommon :(续)
```

pdcch-ConfigCommon

```
pdcch-ConfigCommon :
 |_setup-NRPDCCH-ConfigCommon :
    |_controlResourceSetZero :  ---- 0xa(10)
    |_searchSpaceZero :  ---- 0x4(4) ---- **0100**
    |_commonSearchSpaceList :
    |  |_NRSearchSpace :
    |  |  |_searchSpaceId :  ---- 0x1(1) ---- ******000001****
    |  |  |_controlResourceSetId :  ---- 0x0(0) ---- ****0000
    |  |  |_monitoringSlotPeriodicityAndOffset :
    |  |  |  |_sl1 :  ---- (0)
    |  |  |_monitoringSymbolsWithinSlot :  ---- '10000000000000'B
    |  |  |_nrofCandidates :
    |  |  |  |_aggregationLevel1 :  ---- n0(0) ---- **000***
    |  |  |  |_aggregationLevel2 :  ---- n0(0) ---- *****000
    |  |  |  |_aggregationLevel4 :  ---- n4(4) ---- 100*****
    |  |  |  |_aggregationLevel8 :  ---- n2(2) ---- ***010**
    |  |  |  |_aggregationLevel16 :  ---- n1(1) ---- ******001*******
    |  |  |_searchSpaceType :
    |  |     |_common :
    |  |        |_dci-Format0-0-AndFormat1-0 :  ---- (0) ---- *******0
    |  |_NRSearchSpace :
    |     |_searchSpaceId :  ---- 0x8(8) ---- ******001000****
    |     |_controlResourceSetId :  ---- 0x0(0) ---- ****0000
    |     |_monitoringSlotPeriodicityAndOffset :
    |     |  |_sl40 :  ---- 0x15(21) ---- ****010101******
    |     |_duration :  ---- 0x2(2) ---- **000000000000**
    |     |_monitoringSymbolsWithinSlot :  ---- '10000000000000'B
    |     |_nrofCandidates :
    |     |  |_aggregationLevel1 :  ---- n0(0) ---- ****000*
    |     |  |_aggregationLevel2 :  ---- n0(0) ---- *******000******
    |     |  |_aggregationLevel4 :  ---- n4(4) ---- **100***
    |     |  |_aggregationLevel8 :  ---- n2(2) ---- *****010
    |     |  |_aggregationLevel16 :  ---- n1(1) ---- 001*****
    |     |_searchSpaceType :
    |        |_common :
    |           |_dci-Format0-0-AndFormat1-0 :  ---- (0) ---- *0******
    |_searchSpaceSIB1 :  ---- 0x0(0) ---- **000000
```

```
    |_searchSpaceOtherSystemInformation :  ---- 0x8(8) ---- 001000**
    |_pagingSearchSpace :  ---- 0x1(1) ---- ******000001****
    |_ra-SearchSpace :  ---- 0x1(1) ---- ****000001******
```

pdsch-ConfigCommon

```
pdsch-ConfigCommon :
 |_setup-NRPDSCH-ConfigCommon :
    |_pdsch-TimeDomainAllocationList :
       |_NRPDSCH-TimeDomainResourceAllocation :
       |  |_mappingType :  ---- typeA(0) ---- **0*****
       |  |_startSymbolAndLength :  ---- 0x28(40) ---- ***0101000******
       |_NRPDSCH-TimeDomainResourceAllocation :
       |  |_mappingType :  ---- typeA(0) ---- ***0****
       |  |_startSymbolAndLength :  ---- 0x36(54) ---- ****0110110*****
       |_NRPDSCH-TimeDomainResourceAllocation :
       |  |_mappingType :  ---- typeA(0) ---- ****0***
       |  |_startSymbolAndLength :  ---- 0x44(68) ---- *****1000100****
       |_NRPDSCH-TimeDomainResourceAllocation :
       |  |_mappingType :  ---- typeA(0) ---- *****0**
       |  |_startSymbolAndLength :  ---- 0x60(96) ---- ******1100000***
       |_NRPDSCH-TimeDomainResourceAllocation :
       |  |_mappingType :  ---- typeA(0) ---- ******0*
       |  |_startSymbolAndLength :  ---- 0x35(53) - *******0110101**
       |_NRPDSCH-TimeDomainResourceAllocation :
       |  |_mappingType :  ---- typeA(0) ---- *******0
       |  |_startSymbolAndLength :  ---- 0x43(67) ---- 1000011*
       |_NRPDSCH-TimeDomainResourceAllocation :
       |  |_mappingType :  ---- typeA(0) ---- 0*******
       |  |_startSymbolAndLength :  ---- 0x51(81) ---- *1010001
       |_NRPDSCH-TimeDomainResourceAllocation :
          |_mappingType :  ---- typeA(0) ---- *0******
          |_startSymbolAndLength :  ---- 0x64(100) -- **1100100******
```

initialUplinkBWP

```
initialUplinkBWP :
 |_genericParameters :
 |  |_locationAndBandwidth :  ---- 0x32ed(13037)
 |  |_subcarrierSpacing :  ---- kHz30(1) ---- 001*****
```

```
|_rach-ConfigCommon :（续）
|_pusch-ConfigCommon :（续）
```

rach-ConfigCommon

```
rach-ConfigCommon :
 |_setup-NRRACH-ConfigCommon :
    |_rach-ConfigGeneric :
    |  |_prach-ConfigurationIndex :  ---- 0x11(17)
    |  |_msg1-FDM :  ---- one(0) ---- ******00
    |  |_msg1-FrequencyStart :  ---- 0x72(114) ---- 001110010*******
    |  |_zeroCorrelationZoneConfig :  ---- 0x3(3) ---- *0011***
    |  |_preambleReceivedTargetPower :  ---- -104(-104)
    |  |_preambleTransMax :  ---- n10(6) ---- *****0110*******
    |  |_powerRampingStep :  ---- dB4(2) ---- *10*****
    |  |_ra-ResponseWindow :  ---- sl20(5) ---- ***101**
    |_ssb-perRACH-OccasionAndCB-PreamblesPerSSB :
    |  |_eight :  ---- 0x6(6) ---- *101****
    |_ra-ContentionResolutionTimer :  ---- sf64(7) ---- ****111*
    |_rsrp-ThresholdSSB :  ---- 0x0(0) ---- *******0000000**
    |_prach-RootSequenceIndex :
    |  |_l839 :  ---- 0x28(40) ---- *******0000101000*******
    |_restrictedSetConfig :  ---- unrestrictedSet(0) ---- *00*****
```

pusch-ConfigCommon

```
pusch-ConfigCommon :
    |_setup-NRPUSCH-ConfigCommon :
       |_pusch-TimeDomainAllocationList :
       |  |_NRPUSCH-TimeDomainResourceAllocation :
       |  |  |_k2 :  ---- 0x1(1) ---- *****000001*****
       |  |  |_mappingType :  ---- typeB(1) ---- ***1****
       |  |  |_startSymbolAndLength :  ---- 0x1b(27)
       |  |_NRPUSCH-TimeDomainResourceAllocation :
       |  |  |_k2 :  ---- 0x3(3) ---- ****000011******
       |  |  |_mappingType :  ---- typeB(1) ---- **1*****
       |  |  |_startSymbolAndLength :  ---- 0x1b(27)
       |  |_NRPUSCH-TimeDomainResourceAllocation :
       |  |  |_k2 :  ---- 0x4(4) ---- ***000100*******
       |  |  |_mappingType :  ---- typeB(1) ---- *1******
```

```
        |   |   |_startSymbolAndLength :  ---- 0x1b(27)
        |   |_NRPUSCH-TimeDomainResourceAllocation :
        |   |   |_k2 :  ---- 0x5(5) ---- **000101
        |   |   |_mappingType :  ---- typeB(1) ---- 1*******
        |   |   |_startSymbolAndLength :  ---- 0x1b(27) ---- *0011011
        |   |_NRPUSCH-TimeDomainResourceAllocation :
        |   |   |_k2 :  ---- 0x7(7) ---- *000111*
        |   |   |_mappingType :  ---- typeB(1) ---- *******1
        |   |   |_startSymbolAndLength :  ---- 0x1b(27) ---- 0011011*
        |   |_NRPUSCH-TimeDomainResourceAllocation :
        |   |   |_k2 :  ---- 0x2(2) ---- 000010**
        |   |   |_mappingType :  ---- typeB(1) ---- ******1*
        |   |   |_startSymbolAndLength :  ---- 0x1b(27)
        |   |_NRPUSCH-TimeDomainResourceAllocation :
        |       |_k2 :  ---- 0x6(6) ---- *******000110***
        |       |_mappingType :  ---- typeB(1) ---- *****1**
        |       |_startSymbolAndLength :  ---- 0x1b(27)
        |_msg3-DeltaPreamble :  ---- 0x4(4) ---- *****101
        |_p0-NominalWithGrant :  ---- -74(-74) ---- 10000000
```

rlf-TimersAndConstants

```
    rlf-TimersAndConstants :
     |_setup-NRRLF-TimersAndConstants :
        |_t310 :  ---- ms1000(5) ---- *0101***
        |_n310 :  ---- n10(6) ---- *****110
        |_n311 :  ---- n1(0) ---- 000*****
```

NRBWP-Downlink

```
  downlinkBWP-ToAddModList :
    |_NRBWP-Downlink :
       |_bwp-Id :   0x1(1)  /* 协议 bwp-Id 取值范围 0～4，其中 0 表示初始 BWP，1～4 表示
                    专用 BWP*/
       |_bwp-Common :
       |   |_genericParameters :
       |   |   |_locationAndBandwidth : 0x44b(1099)  /* 起始 RB 编号为 0，带宽 273 个 RB*/
       |   |   |_subcarrierSpacing :   kHz30(1)
       |   |_pdcch-ConfigCommon :
       |   |   |_setup-NRPDCCH-ConfigCommon :
```

```
|  |      |_commonSearchSpaceList :
|  |      |  |_NRSearchSpace :
|  |      |  |  |_searchSpaceId :   0x4(4)
|  |      |  |  |_controlResourceSetId :  0x0(0)
|  |      |  |  |_monitoringSlotPeriodicityAndOffset :
|  |      |  |  |  |_sl1 :   (0)
|  |      |  |  |_monitoringSymbolsWithinSlot :   '1
|  |      |  |  |_nrofCandidates :
|  |      |  |  |  |_aggregationLevel1 :   n0(0)
|  |      |  |  |  |_aggregationLevel2 :   n0(0)
|  |      |  |  |  |_aggregationLevel4 :   n4(4)
|  |      |  |  |  |_aggregationLevel8 :   n2(2)
|  |      |  |  |  |_aggregationLevel16 :  n1(1)
|  |      |  |  |_searchSpaceType :
|  |      |  |     |_common :
|  |      |  |        |_dci-Format0-0-AndFormat1-0 :  (0)
|  |      |  |_NRSearchSpace :
|  |      |     |_searchSpaceId :   0x9(9)
|  |      |     |_controlResourceSetId :  0x0(0)
|  |      |     |_monitoringSlotPeriodicityAndOffset :
|  |      |     |  |_sl40 :   0x15(21)
|  |      |     |_duration :   0x2(2)
|  |      |     |_monitoringSymbolsWithinSlot :   '1
|  |      |     |_nrofCandidates :
|  |      |     |  |_aggregationLevel1 :   n0(0)
|  |      |     |  |_aggregationLevel2 :   n0(0)
|  |      |     |  |_aggregationLevel4 :   n4(4)
|  |      |     |  |_aggregationLevel8 :   n2(2)
|  |      |     |  |_aggregationLevel16 :  n1(1)
|  |      |     |_searchSpaceType :
|  |      |        |_common :
|  |      |           |_dci-Format0-0-AndFormat1-0 : (0)
|  |      |_searchSpaceSIB1 :   0x0(0)
|  |      |_searchSpaceOtherSystemInformation :   0x9(9)
|  |      |_pagingSearchSpace :   0x4(4)
|  |      |_ra-SearchSpace :   0x4(4)
|  |_pdsch-ConfigCommon :
|     |_setup-NRPDSCH-ConfigCommon :
|        |_pdsch-TimeDomainAllocationList :
```

```
|            |_NRPDSCH-TimeDomainResourceAllocation :
|            |  |_mappingType :   typeA(0)
|            |  |_startSymbolAndLength :   0x28(40)
|            |_NRPDSCH-TimeDomainResourceAllocation :
|            |  |_mappingType :   typeA(0)
|            |  |_startSymbolAndLength :   0x36(54)
|            |_NRPDSCH-TimeDomainResourceAllocation :
|            |  |_mappingType :   typeA(0)
|            |  |_startSymbolAndLength :   0x44(68)
|            |_NRPDSCH-TimeDomainResourceAllocation :
|            |  |_mappingType :   typeA(0)
|            |  |_startSymbolAndLength :   0x60(96)
|            |_NRPDSCH-TimeDomainResourceAllocation :
|            |  |_mappingType :   typeA(0)
|            |  |_startSymbolAndLength :   0x35(53)
|            |_NRPDSCH-TimeDomainResourceAllocation :
|            |  |_mappingType :   typeA(0)
|            |  |_startSymbolAndLength :   0x43(67)
|            |_NRPDSCH-TimeDomainResourceAllocation :
|            |  |_mappingType :   typeA(0)
|            |  |_startSymbolAndLength :   0x51(81)
|            |_NRPDSCH-TimeDomainResourceAllocation :
|               |_mappingType :   typeA(0)
|               |_startSymbolAndLength :   0x64(100)
|_bwp-Dedicated :
   |_pdcch-Config :
   |  |_setup-NRPDCCH-Config :
   |     |_controlResourceSetToAddModList :
   |     |  |_NRControlResourceSet :
   |     |     |_controlResourceSetId :   0x1(1)
   |     |     |_frequencyDomainResources :   '1
   |     |     |_duration :   0x1(1)
   |     |     |_cce-REG-MappingType :
   |     |     |  |_nonInterleaved :   (0)
   |     |     |_precoderGranularity :  sameAsREG-bundle(0)
   |     |     |_tci-StatesPDCCH-ToAddList :
   |     |     |  |_NRTCI-StateId :   0x0(0)
   |     |     |_pdcch-DMRS-ScramblingID :  - 0x63a4(25508)
   |     |_searchSpacesToAddModList :
```

```
|         |_NRSearchSpace :
|            |_searchSpaceId :   0x5(5)
|            |_controlResourceSetId :   0x1(1)
|            |_monitoringSlotPeriodicityAndOffset :
|            |  |_sl1 :   (0)
|            |_monitoringSymbolsWithinSlot :   '1
|            |_nrofCandidates :
|            |  |_aggregationLevel1 :   n0(0)
|            |  |_aggregationLevel2 :   n8(7)
|            |  |_aggregationLevel4 :   n2(2)
|            |  |_aggregationLevel8 :   n2(2)
|            |  |_aggregationLevel16 :  n2(2)
|            |_searchSpaceType :
|               |_ue-Specific :
|                  |_dci-Formats : formats0-1-And-1-1(1)
|_pdsch-Config :
   |_setup-NRPDSCH-Config :
      |_dmrs-DownlinkForPDSCH-MappingTypeA :
      |  |_setup-NRDMRS-DownlinkConfig :
      |     |_dmrs-Type :  type2(0)
      |     |_dmrs-AdditionalPosition :   pos1(1)
      |     |_scramblingID0 :   0x253(595)
      |     |_scramblingID1 :   0x253(595)
      |_tci-StatesToAddModList :
      |  |_NRTCI-State :
      |     |_tci-StateId : 0x0(0)
      |     |_qcl-Type 1 :
      |        |_bwp-Id :   0x1(1)
      |        |_referenceSignal :
      |        |  |_csi-rs :  0x0(0)
      |        |_qcl-Type :   typeA(0)
      |_resourceAllocation :  dynamicSwitch(2)
      |_pdsch-TimeDomainAllocationList :
      |  |_setup-NRPDSCH-TimeDomainResourceAllocationList :
      |     |_NRPDSCH-TimeDomainResourceAllocation :
      |     |  |_mappingType :   typeA(0)
      |     |  |_startSymbolAndLength :   0x28(40)
      |     |_NRPDSCH-TimeDomainResourceAllocation :
      |     |  |_mappingType :   typeA(0)
```

```
|       |  |_startSymbolAndLength :   0x36(54)
|       |_NRPDSCH-TimeDomainResourceAllocation :
|       |  |_mappingType :   typeA(0)
|       |  |_startSymbolAndLength :   0x44(68)
|       |_NRPDSCH-TimeDomainResourceAllocation :
|       |  |_mappingType :   typeA(0)
|       |  |_startSymbolAndLength :   0x60(96)
|       |_NRPDSCH-TimeDomainResourceAllocation :
|       |  |_mappingType :   typeA(0)
|       |  |_startSymbolAndLength :   0x35(53)
|       |_NRPDSCH-TimeDomainResourceAllocation :
|       |  |_mappingType :   typeA(0)
|       |  |_startSymbolAndLength :   0x43(67)
|       |_NRPDSCH-TimeDomainResourceAllocation :
|       |  |_mappingType :   typeA(0)
|       |  |_startSymbolAndLength :   0x51(81)
|       |_NRPDSCH-TimeDomainResourceAllocation :
|          |_mappingType :   typeA(0)
|          |_startSymbolAndLength :   0x64(100)
|_rbg-Size :   config1(0)
|_mcs-Table :  qam256(0)
|_maxNrofCodeWordsScheduledByDCI :   n1(0)
|_prb-BundlingType :
|  |_staticBundling :
|     |_bundleSize :   n4(0)
|_zp-CSI-RS-ResourceToAddModList :
|  |_NRZP-CSI-RS-Resource :
|  |  |_zp-CSI-RS-ResourceId :   0x0(0)
|  |  |_resourceMapping :
|  |     |_frequencyDomainAllocation :
|  |     |  |_row4 :   '010'B
|  |     |_nrofPorts :   p4(2)
|  |     |_firstOFDMSymbolInTimeDomain :   0xc(12)
|  |     |_cdm-Type :   fd-CDM2(1)
|  |     |_density :
|  |     |  |_one :   (0)
|  |     |_freqBand :
|  |        |_startingRB :   0x0(0)
|  |        |_nrofRBs :   0x114(276)
```

```
|  |_NRZP-CSI-RS-Resource :
|  |  |_zp-CSI-RS-ResourceId :   0x1(1)
|  |  |_resourceMapping :
|  |     |_frequencyDomainAllocation :
|  |     |  |_row4 :   '001'B
|  |     |_nrofPorts :   p4(2)
|  |     |_firstOFDMSymbolInTimeDomain :   0xd(13)
|  |     |_cdm-Type :   fd-CDM2(1)
|  |     |_density :
|  |     |  |_one :   (0)
|  |     |_freqBand :
|  |        |_startingRB :   0x0(0)
|  |        |_nrofRBs :   0x114(276)
|  |_NRZP-CSI-RS-Resource :
|  |  |_zp-CSI-RS-ResourceId :  0x2(2)
|  |  |_resourceMapping :
|  |     |_frequencyDomainAllocation :
|  |     |  |_row4 :  '010'B
|  |     |_nrofPorts :   p4(2)
|  |     |_firstOFDMSymbolInTimeDomain : 0xc(12)
|  |     |_cdm-Type :   fd-CDM2(1)
|  |     |_density :
|  |     |  |_one :   (0)
|  |     |_freqBand :
|  |        |_startingRB :   0x0(0)
|  |        |_nrofRBs :   0x114(276)
|  |_NRZP-CSI-RS-Resource :
|  |  |_zp-CSI-RS-ResourceId :   0x3(3)
|  |  |_resourceMapping :
|  |     |_frequencyDomainAllocation :
|  |     |  |_row4 :   '001'B
|  |     |_nrofPorts :   p4(2)
|  |     |_firstOFDMSymbolInTimeDomain :  0xd(13)
|  |     |_cdm-Type :   fd-CDM2(1)
|  |     |_density :
|  |     |  |_one :   (0)
|  |     |_freqBand :
|  |        |_startingRB :   0x0(0)
|  |        |_nrofRBs :   0x114(276)
```

```
|   |_NRZP-CSI-RS-Resource :
|   |   |_zp-CSI-RS-ResourceId :   0x4(4)
|   |   |_resourceMapping :
|   |      |_frequencyDomainAllocation :
|   |      |  |_row4 :   '010'B
|   |      |_nrofPorts :   p4(2)
|   |      |_firstOFDMSymbolInTimeDomain : 0xd(13)
|   |      |_cdm-Type :   fd-CDM2(1)
|   |      |_density :
|   |      |  |_one :   (0)
|   |      |_freqBand :
|   |         |_startingRB :   0x0(0)
|   |         |_nrofRBs :   0x114(276)  11111100
|   |_NRZP-CSI-RS-Resource :
|   |   |_zp-CSI-RS-ResourceId :   0x5(5)
|   |   |_resourceMapping :
|   |      |_frequencyDomainAllocation :
|   |      |  |_other :   '111111'B
|   |      |_nrofPorts :   p12(4)
|   |      |_firstOFDMSymbolInTimeDomain :  0x4(4)
|   |      |_cdm-Type :   fd-CDM2(1)
|   |      |_density :
|   |      |  |_one :   (0)
|   |      |_freqBand :
|   |         |_startingRB :   0x0(0)
|   |         |_nrofRBs :  0x114(276)
|   |_NRZP-CSI-RS-Resource :
|       |_zp-CSI-RS-ResourceId : 0x6(6)
|       |_resourceMapping :
|          |_frequencyDomainAllocation :
|          |  |_other :  '111111'B
|          |_nrofPorts :  p12(4)
|          |_firstOFDMSymbolInTimeDomain : 0x8(8)
|          |_cdm-Type :  fd-CDM2(1)
|          |_density :
|          |  |_one : (0)
|          |_freqBand :
|             |_startingRB : 0x0(0)
|             |_nrofRBs :  0x114(276)
```

```
          |_aperiodic-ZP-CSI-RS-ResourceSetsToAddModList :
             |_NRZP-CSI-RS-ResourceSet :
             |  |_zp-CSI-RS-ResourceSetId :  0x1(1)
             |  |_zp-CSI-RS-ResourceIdList :
             |     |_NRZP-CSI-RS-ResourceId :  0x0(0)
             |     |_NRZP-CSI-RS-ResourceId :  0x1(1)
             |_NRZP-CSI-RS-ResourceSet :
             |  |_zp-CSI-RS-ResourceSetId :  0x2(2)
             |  |_zp-CSI-RS-ResourceIdList :
             |     |_NRZP-CSI-RS-ResourceId :  0x2(2)
             |     |_NRZP-CSI-RS-ResourceId :  0x3(3)
             |     |_NRZP-CSI-RS-ResourceId : 0x4(4)
             |_NRZP-CSI-RS-ResourceSet :
                |_zp-CSI-RS-ResourceSetId :  0x3(3)
                |_zp-CSI-RS-ResourceIdList :
                   |_NRZP-CSI-RS-ResourceId : 0x5(5)
                   |_NRZP-CSI-RS-ResourceId : 0x6(6)
```

NRBWP-Uplink

```
uplinkBWP-ToAddModList :
    |_NRBWP-Uplink :
       |_bwp-Id :  0x1(1)
       |_bwp-Common :
       |  |_genericParameters :
       |  |  |_locationAndBandwidth :   0x44b(1099)
       |  |  |_subcarrierSpacing :   kHz30(1)
       |  |_rach-ConfigCommon :
       |  |  |_setup-NRRACH-ConfigCommon :
       |  |     |_rach-ConfigGeneric :
       |  |     |  |_prach-ConfigurationIndex :   0x11(17)
       |  |     |  |_msg1-FDM :   one(0)
       |  |     |  |_msg1-FrequencyStart :   0x72(114)
       |  |     |  |_zeroCorrelationZoneConfig :   0x3(3)
       |  |     |  |_preambleReceivedTargetPower :   -104(-104)
       |  |     |  |_preambleTransMax :   n10(6)
       |  |     |  |_powerRampingStep :   dB4(2)
       |  |     |  |_ra-ResponseWindow :   sl20(5)
       |  |     |_ssb-perRACH-OccasionAndCB-PreamblesPerSSB :
```

```
|  |      |  |_eight :   0x6(6)
|  |      |_ra-ContentionResolutionTimer :   sf64(7)
|  |      |_rsrp-ThresholdSSB :   0x0(0)
|  |      |_prach-RootSequenceIndex :
|  |      |  |_l839 :   0x28(40)
|  |      |_restrictedSetConfig :   unrestrictedSet(0)
|  |_pusch-ConfigCommon :
|  |   |_setup-NRPUSCH-ConfigCommon :
|  |      |_pusch-TimeDomainAllocationList :
|  |      |  |_NRPUSCH-TimeDomainResourceAllocation :
|  |      |  |  |_k2 :   0x1(1)
|  |      |  |  |_mappingType :   typeB(1)
|  |      |  |  |_startSymbolAndLength :   0x1b(27)
|  |      |  |_NRPUSCH-TimeDomainResourceAllocation :
|  |      |  |  |_k2 :   0x3(3)
|  |      |  |  |_mappingType :   typeB(1)
|  |      |  |  |_startSymbolAndLength :   0x1b(27)
|  |      |  |_NRPUSCH-TimeDomainResourceAllocation :
|  |      |  |  |_k2 :   0x4(4)
|  |      |  |  |_mappingType :   typeB(1)
|  |      |  |  |_startSymbolAndLength :   0x1b(27)
|  |      |  |_NRPUSCH-TimeDomainResourceAllocation :
|  |      |  |  |_k2 :   0x5(5)
|  |      |  |  |_mappingType :   typeB(1)
|  |      |  |  |_startSymbolAndLength :   0x1b(27)
|  |      |  |_NRPUSCH-TimeDomainResourceAllocation :
|  |      |  |  |_k2 :   0x7(7)
|  |      |  |  |_mappingType :   typeB(1)
|  |      |  |  |_startSymbolAndLength :   0x1b(27)
|  |      |  |_NRPUSCH-TimeDomainResourceAllocation :
|  |      |  |  |_k2 :   0x2(2)   *000010*
|  |      |  |  |_mappingType :   typeB(1)
|  |      |  |  |_startSymbolAndLength :   0x1b(27)
|  |      |  |_NRPUSCH-TimeDomainResourceAllocation :
|  |      |     |_k2 :   0x6(6)   000110**
|  |      |     |_mappingType :   typeB(1)
|  |      |     |_startSymbolAndLength :   0x1b(27)
|  |      |_msg3-DeltaPreamble :   0x4(4)
|  |      |_p0-NominalWithGrant :   -74(-74)   *1
```

```
|   |_pucch-ConfigCommon :
|       |_setup-NRPUCCH-ConfigCommon :
|           |_pucch-GroupHopping :   neither(0)
|           |_hoppingId :   0x253(595)
|           |_p0-nominal :   -104(-104)
|_bwp-Dedicated :
    |_pucch-Config :
    |   |_setup-NRPUCCH-Config :
    |       |_resourceSetToAddModList :
    |       |   |_NRPUCCH-ResourceSet :
    |       |   |   |_pucch-ResourceSetId :   0x0(0)
    |       |   |   |_resourceList :
    |       |   |       |_NRPUCCH-ResourceId :   0x0(0)   **
    |       |   |       |_NRPUCCH-ResourceId :   0x1(1)   **
    |       |   |       |_NRPUCCH-ResourceId :   0x2(2)   *0
    |       |   |       |_NRPUCCH-ResourceId :   0x3(3)   00
    |       |   |       |_NRPUCCH-ResourceId :   0x4(4)   **
    |       |   |       |_NRPUCCH-ResourceId :   0x5(5)   **
    |       |   |       |_NRPUCCH-ResourceId :   0x6(6)   **
    |       |   |       |_NRPUCCH-ResourceId :   0x7(7)   **
    |       |   |_NRPUCCH-ResourceSet :
    |       |       |_pucch-ResourceSetId :   0x1(1)
    |       |       |_resourceList :
    |       |       |   |_NRPUCCH-ResourceId :   0x8(8)   **
    |       |       |   |_NRPUCCH-ResourceId :   0x9(9)   **
    |       |       |   |_NRPUCCH-ResourceId :   0xa(10)   *0
    |       |       |   |_NRPUCCH-ResourceId :   0xb(11)   00
    |       |       |   |_NRPUCCH-ResourceId :   0xc(12)   **
    |       |       |   |_NRPUCCH-ResourceId :   0xd(13)   **
    |       |       |   |_NRPUCCH-ResourceId :   0xe(14)   **
    |       |       |   |_NRPUCCH-ResourceId :   0xf(15)   **
    |       |       |_maxPayloadMinus1 :   0x100(256)   **
    |       |_resourceToAddModList :
    |       |   |_NRPUCCH-Resource :
    |       |   |   |_pucch-ResourceId :   0x0(0)   **
    |       |   |   |_startingPRB :   0x0(0) -
    |       |   |   |_intraSlotFrequencyHopping :   enabled(0)
    |       |   |   |_secondHopPRB :   0x110(272)   **
    |       |   |   |_format :
```

```
|         |  |         |_format1 :
|         |  |             |_initialCyclicShift :    0x0(0)   00
|         |  |             |_nrofSymbols :    0xe(14)   ****1010
|         |  |             |_startingSymbolIndex :    0x0(0)   00
|         |  |             |_timeDomainOCC :    0x1(1)   ****001*
|         |  |_NRPUCCH-Resource :
|         |  |   |_pucch-ResourceId :    0x1(1)   *0000001
|         |  |   |_startingPRB :    0x0(0)   000000000*******
|         |  |   |_intraSlotFrequencyHopping :    enabled(0)
|         |  |   |_secondHopPRB :    0x110(272)   *1
|         |  |   |_format :
|         |  |       |_format1 :
|         |  |             |_initialCyclicShift :    0x2(2)   **
|         |  |             |_nrofSymbols :    0xe(14)   *1010***
|         |  |             |_startingSymbolIndex :    0x0(0)   **
|         |  |             |_timeDomainOCC :    0x1(1)   *001****
|         |  |_NRPUCCH-Resource :
|         |  |   |_pucch-ResourceId :    0x2(2)   **
|         |  |   |_startingPRB :    0x0(0)   *****000000000**
|         |  |   |_intraSlotFrequencyHopping :    enabled(0)
|         |  |   |_secondHopPRB :    0x110(272)   **
|         |  |   |_format :
|         |  |       |_format1 :
|         |  |             |_initialCyclicShift :    0x4(4)   **
|         |  |             |_nrofSymbols :    0xe(14)   **
|         |  |             |_startingSymbolIndex :    0x0(0)   **
|         |  |             |_timeDomainOCC :    0x1(1)   **
|         |  |_NRPUCCH-Resource :
|         |  |   |_pucch-ResourceId :    0x3(3)   **
|         |  |   |_startingPRB :    0x0(0)
|         |  |   |_intraSlotFrequencyHopping :    enabled(0)
|         |  |   |_secondHopPRB :    0x110(272)   **
|         |  |   |_format :
|         |  |       |_format1 :
|         |  |             |_initialCyclicShift :    0x6(6)   **
|         |  |             |_nrofSymbols :    0xe(14)   ***1010*
|         |  |             |_startingSymbolIndex :    0x0(0)
|         |  |             |_timeDomainOCC :    0x1(1)
|         |  |_NRPUCCH-Resource :
```

```
|       |   |   |_pucch-ResourceId :    0x4(4)  0000100*
|       |   |   |_startingPRB :    0x70(112)   **
|       |   |   |_intraSlotFrequencyHopping :    enabled(0)
|       |   |   |_secondHopPRB :    0x9f(159)   01
|       |   |   |_format :
|       |   |      |_format1 :
|       |   |         |_initialCyclicShift :    0x0(0)
|       |   |         |_nrofSymbols :    0xe(14)
|       |   |         |_startingSymbolIndex :    0x0(0)
|       |   |         |_timeDomainOCC :    0x1(1)
|       |   |_NRPUCCH-Resource :
|       |   |   |_pucch-ResourceId :    0x5(5)   **
|       |   |   |_startingPRB :    0x70(112)   **
|       |   |   |_intraSlotFrequencyHopping :    enabled(0)
|       |   |   |_secondHopPRB :    0x9f(159)   **
|       |   |   |_format :
|       |   |      |_format1 :
|       |   |         |_initialCyclicShift :    0x2(2)
|       |   |         |_nrofSymbols :    0xe(14)   **
|       |   |         |_startingSymbolIndex :    0x0(0)
|       |   |         |_timeDomainOCC :    0x1(1)
|       |   |_NRPUCCH-Resource :
|       |   |   |_pucch-ResourceId :    0x6(6)   **
|       |   |   |_startingPRB :    0x70(112)   *0
|       |   |   |_intraSlotFrequencyHopping :    enabled(0)
|       |   |   |_secondHopPRB :    0x9f(159)   **
|       |   |   |_format :
|       |   |      |_format1 :
|       |   |         |_initialCyclicShift :    0x4(4)   **
|       |   |         |_nrofSymbols :    0xe(14)   **1010**
|       |   |         |_startingSymbolIndex :    0x0(0)   **
|       |   |         |_timeDomainOCC :    0x1(1)   **001***
|       |   |_NRPUCCH-Resource :
|       |   |   |_pucch-ResourceId :    0x7(7)   **
|       |   |   |_startingPRB :    0x70(112)   **
|       |   |   |_intraSlotFrequencyHopping :    enabled(0)
|       |   |   |_secondHopPRB :    0x9f(159)   **
|       |   |   |_format :
|       |   |      |_format1 :
```

```
|      |  |        |_initialCyclicShift :   0x6(6)   **
|      |  |        |_nrofSymbols :   0xe(14)   **
|      |  |        |_startingSymbolIndex :   0x0(0)   **
|      |  |        |_timeDomainOCC :   0x1(1)   **
|      |  |_NRPUCCH-Resource :
|      |  |  |_pucch-ResourceId :   0x8(8)   **
|      |  |  |_startingPRB :   0x10a(266)   **
|      |  |  |_intraSlotFrequencyHopping :   enabled(0)
|      |  |  |_secondHopPRB :   0x6(6)
|      |  |  |_format :
|      |  |     |_format3 :
|      |  |        |_nrofPRBs :   0x1(1)   0000****
|      |  |        |_nrofSymbols :   0xe(14)
|      |  |        |_startingSymbolIndex :   0x0(0)
|      |  |_NRPUCCH-Resource :
|      |  |  |_pucch-ResourceId :   0x9(9)   **
|      |  |  |_startingPRB :   0x10b(267)   **
|      |  |  |_intraSlotFrequencyHopping :   enabled(0)
|      |  |  |_secondHopPRB :   0x5(5)
|      |  |  |_format :
|      |  |     |_format3 :
|      |  |        |_nrofPRBs :   0x1(1)   **0000**
|      |  |        |_nrofSymbols :   0xe(14)   **
|      |  |        |_startingSymbolIndex :   0x0(0)
|      |  |_NRPUCCH-Resource :
|      |  |  |_pucch-ResourceId :   0xa(10)   0001010*
|      |  |  |_startingPRB :   0x10c(268)   **
|      |  |  |_intraSlotFrequencyHopping :   enabled(0)
|      |  |  |_secondHopPRB :   0x4(4)
|      |  |  |_format :
|      |  |     |_format3 :
|      |  |        |_nrofPRBs :   0x1(1)   ****0000
|      |  |        |_nrofSymbols :   0xe(14)
|      |  |        |_startingSymbolIndex :   0x0(0)
|      |  |_NRPUCCH-Resource :
|      |  |  |_pucch-ResourceId :   0xb(11)   **
|      |  |  |_startingPRB :   0x10d(269)   *1
|      |  |  |_intraSlotFrequencyHopping :   enabled(0)
|      |  |  |_secondHopPRB :   0x3(3)
```

```
|         |   |   |_format :
|         |   |      |_format3 :
|         |   |         |_nrofPRBs :  0x1(1)   **
|         |   |         |_nrofSymbols :   0xe(14)  **1010**
|         |   |         |_startingSymbolIndex :   0x0(0)   **
|         |   |_NRPUCCH-Resource :
|         |   |   |_pucch-ResourceId :   0xc(12)   **
|         |   |   |_startingPRB :   0x10e(270)   **
|         |   |   |_intraSlotFrequencyHopping :   enabled(0)
|         |   |   |_secondHopPRB :   0x2(2)  ****000000010***
|         |   |   |_format :
|         |   |      |_format3 :
|         |   |         |_nrofPRBs :   0x1(1)  0000****
|         |   |         |_nrofSymbols :   0xe(14)  ****1010
|         |   |         |_startingSymbolIndex :   0x0(0)  00
|         |   |_NRPUCCH-Resource :
|         |   |   |_pucch-ResourceId :   0xd(13)   **
|         |   |   |_startingPRB :   0x10f(271)   **
|         |   |   |_intraSlotFrequencyHopping :   enabled(0)
|         |   |   |_secondHopPRB :   0x1(1)
|         |   |   |_format :
|         |   |      |_format3 :
|         |   |         |_nrofPRBs :  0x1(1)   **0000**
|         |   |         |_nrofSymbols :   0xe(14)   **
|         |   |         |_startingSymbolIndex :   0x0(0)
|         |   |_NRPUCCH-Resource :
|         |   |   |_pucch-ResourceId :   0xe(14)   0001110*
|         |   |   |_startingPRB :   0x71(113)   **
|         |   |   |_intraSlotFrequencyHopping :   enabled(0)
|         |   |   |_secondHopPRB :   0x9e(158)  01
|         |   |   |_format :
|         |   |      |_format3 :
|         |   |         |_nrofPRBs :   0x1(1)   ****0000
|         |   |         |_nrofSymbols :   0xe(14)
|         |   |         |_startingSymbolIndex :   0x0(0)
|         |   |_NRPUCCH-Resource :
|         |   |   |_pucch-ResourceId :   0xf(15)   **
|         |   |   |_startingPRB :   0x9e(158)   *0
|         |   |   |_intraSlotFrequencyHopping :   enabled(0)
```

```
|      |  |  |_secondHopPRB :   0x71(113)  **
|      |  |  |_format :
|      |  |     |_format3 :
|      |  |        |_nrofPRBs :   0x1(1)  **
|      |  |        |_nrofSymbols :   0xe(14)  **1010**
|      |  |        |_startingSymbolIndex :   0x0(0)  **
|      |  |_NRPUCCH-Resource :
|      |  |  |_pucch-ResourceId :   0x10(16)  **
|      |  |  |_startingPRB :   0x110(272)  **
|      |  |  |_intraSlotFrequencyHopping :   enabled(0)
|      |  |  |_secondHopPRB :   0x0(0)
|      |  |  |_format :
|      |  |     |_format1 :
|      |  |        |_initialCyclicShift :   0x0(0)  00
|      |  |        |_nrofSymbols :   0xe(14)  ****1010
|      |  |        |_startingSymbolIndex :   0x0(0)  00
|      |  |        |_timeDomainOCC :   0x0(0)  ****000*
|      |  |_NRPUCCH-Resource :
|      |     |_pucch-ResourceId :   0x28(40)  *0101000
|      |     |_startingPRB :   0x109(265)  10
|      |     |_intraSlotFrequencyHopping :   enabled(0)
|      |     |_secondHopPRB :   0x7(7)  *000000111******
|      |     |_format :
|      |        |_format3 :
|      |           |_nrofPRBs :   0x1(1)  **
|      |           |_nrofSymbols :   0xe(14)  *1010***
|      |           |_startingSymbolIndex :   0x0(0)  **
|      |_format1 :
|      |  |_setup-NRPUCCH-FormatConfig :
|      |     |_simultaneousHARQ-ACK-CSI :   true(0)
|      |_format2 :
|      |  |_setup-NRPUCCH-FormatConfig :
|      |     |_maxCodeRate :   zeroDot35(3)  **
|      |     |_simultaneousHARQ-ACK-CSI :   true(0)
|      |_format3 :
|      |  |_setup-NRPUCCH-FormatConfig :
|      |     |_maxCodeRate :   zeroDot80(6)  *110****
|      |     |_simultaneousHARQ-ACK-CSI :   true(0)
|      |_schedulingRequestResourceToAddModList :
```

```
|       |  |_NRSchedulingRequestResourceConfig :
|       |     |_schedulingRequestResourceId :   0x1(1)
|       |     |_schedulingRequestID :   0x0(0)
|       |     |_periodicityAndOffset :
|       |     |  |_sl40 :   0x18(24)  ***011000*******
|       |     |_resource :   0x10(16)  *0010000
|       |_dl-DataToUL-ACK :
|       |  |_INTEGER :   0x4(4)   ***0100*
|       |  |_INTEGER :   0x6(6)   *******0110*****
|       |  |_INTEGER :   0x7(7)   ***0111*
|       |  |_INTEGER :   0x8(8)   *******1000*****
|       |_pucch-PowerControl :
|          |_deltaF-PUCCH-f2 :   0x1(1)
|          |_deltaF-PUCCH-f3 :   0x3(3)   *10011**
|_pusch-Config :
|  |_setup-NRPUSCH-Config :
|       |_txConfig :   codebook(0)   *0******
|       |_dmrs-UplinkForPUSCH-MappingTypeA :
|       |  |_setup-NRDMRS-UplinkConfig :
|       |     |_dmrs-AdditionalPosition :   pos1(1)   **
|       |     |_maxLength :   len2(0)
|       |     |_transformPrecodingDisabled :   (0)   **
|       |     |_transformPrecodingEnabled :
|       |        |_sequenceGroupHopping :   disabled(0)
|       |_dmrs-UplinkForPUSCH-MappingTypeB :
|       |  |_setup-NRDMRS-UplinkConfig :
|       |     |_dmrs-AdditionalPosition :   pos1(1)   **
|       |     |_maxLength :   len2(0)
|       |     |_transformPrecodingDisabled :   (0)   **
|       |     |_transformPrecodingEnabled :
|       |        |_sequenceGroupHopping :   disabled(0)
|       |_pusch-PowerControl :
|       |  |_p0-AlphaSets :
|       |     |_NRP0-PUSCH-AlphaSet :
|       |        |_p0-PUSCH-AlphaSetId :   0x0(0)   **
|       |        |_p0 :   0x0(0)   **10000*
|       |        |_alpha :   alpha08(5)   *******101******
|       |_resourceAllocation :   dynamicSwitch(2)   **
|       |_pusch-TimeDomainAllocationList :
```

```
|       |   |_setup-NRPUSCH-TimeDomainResourceAllocationList :
|       |      |_NRPUSCH-TimeDomainResourceAllocation :
|       |      |  |_k2 :  0x3(3)  **000011
|       |      |  |_mappingType :   typeB(1)  1*******
|       |      |  |_startSymbolAndLength :   0x1b(27)  *0
|       |      |_NRPUSCH-TimeDomainResourceAllocation :
|       |      |  |_k2 :  0x4(4)  *000100*
|       |      |  |_mappingType :   typeB(1)  *******1
|       |      |  |_startSymbolAndLength :   0x1b(27)
|       |      |_NRPUSCH-TimeDomainResourceAllocation :
|       |         |_k2 :  0x7(7)  000111**
|       |         |_mappingType :   typeB(1)  ******1*
|       |         |_startSymbolAndLength :   0x1b(27)  **
|       |_transformPrecoder :  disabled(1)  ******1*
|       |_codebookSubset :  nonCoherent(2)  **
|       |_maxRank :  0x1(1)  *00*****
|       |_uci-OnPUSCH :
|          |_setup-NRUCI-OnPUSCH :
|             |_betaOffsets :
|             |  |_semiStatic :
|             |     |_betaOffsetACK-Index1 :   0xa(10)
|             |     |_betaOffsetACK-Index2 :   0x6(6)  **
|             |     |_betaOffsetACK-Index3 :   0x6(6)  **
|             |     |_betaOffsetCSI-Part1-Index1 :  - 0xa(10) --
|             |     |_betaOffsetCSI-Part1-Index2 :  - 0xa(10) --
|             |     |_betaOffsetCSI-Part2-Index1 :  - 0xa(10) --
|             |     |_betaOffsetCSI-Part2-Index2 :  - 0xa(10) --
|             |_scaling :  f0p5(0)  00******
|_srs-Config :
   |_setup-NRSRS-Config :
      |_srs-ResourceSetToAddModList :
      |  |_NRSRS-ResourceSet :
      |  |  |_srs-ResourceSetId :   0x0(0)  ***0000*
      |  |  |_srs-ResourceIdList :
      |  |  |  |_NRSRS-ResourceId :   0x0(0)  **
      |  |  |_resourceType :
      |  |  |  |_periodic :   (0)  ***00***
      |  |  |_usage :  codebook(1)  *****01*
      |  |  |_alpha :  alpha08(5)  ******101******
```

```
|   |   |_p0 :   -74(-74)  **10000000******
|   |_NRSRS-ResourceSet :
|       |_srs-ResourceSetId :   0x1(1)  0001****
|       |_srs-ResourceIdList :
|       |   |_NRSRS-ResourceId :   0x0(0)  000000**
|       |   |_NRSRS-ResourceId :   0x1(1)  **
|       |   |_NRSRS-ResourceId :   0x2(2)  **
|       |   |_NRSRS-ResourceId :   0x3(3)  **000011
|       |_resourceType :
|       |   |_periodic :   (0)  **00****
|       |_usage :   antennaSwitching(3)  /*定义SRS用途,共有4种:
                  beamManagement,codebook,noncodebook,
                  antennaS witching*/
|       |_alpha :   alpha08(5)  ******101*******
|       |_p0 :   -74(-74)  *10000000*******
|_srs-ResourceToAddModList :
   |_NRSRS-Resource :
   |   |_srs-ResourceId :   0x0(0)  **000000
   |   |_nrofSRS-Ports :   port1(0)  00******
   |   |_transmissionComb :
   |   |   |_n2 :
   |   |       |_combOffset-n2 :   0x1(1)  ***1****
   |   |       |_cyclicShift-n2 :  0x0(0)  ****000*
   |   |_resourceMapping :
   |   |   |_startPosition :   0x0(0)  **
   |   |   |_nrofSymbols :   n1(0)  **00****
   |   |   |_repetitionFactor :  n1(0)  ****00**
   |   |_freqDomainPosition :   0x0(0)  **
   |   |_freqDomainShift :   0x0(0)  **
   |   |_freqHopping :
   |   |   |_c-SRS :   0x3d(61)  ******111101****
   |   |   |_b-SRS :   0x0(0)  ****00**
   |   |   |_b-hop :   0x0(0)  ******00
   |   |_groupOrSequenceHopping :   neither(0)  00
   |   |_resourceType :
   |   |   |_periodic :
   |   |       |_periodicityAndOffset-p :
   |   |          |_sl80 :   0x43(67)  **
   |   |_sequenceId :   0x253(595)  *1
```

```
|_NRSRS-Resource :
|  |_srs-ResourceId :   0x1(1)  **
|  |_nrofSRS-Ports :   port1(0)  ****00**
|  |_transmissionComb :
|  |  |_n2 :
|  |     |_combOffset-n2 :   0x1(1)
|  |     |_cyclicShift-n2 :  0x0(0)
|  |_resourceMapping :
|  |  |_startPosition :   0x1(1)
|  |  |_nrofSymbols :   n1(0)
|  |  |_repetitionFactor :   n1(0)
|  |_freqDomainPosition :   0x0(0)
|  |_freqDomainShift :   0x0(0)
|  |_freqHopping :
|  |  |_c-SRS :   0x3d(61)  **111101
|  |  |_b-SRS :   0x0(0)  00******
|  |  |_b-hop :   0x0(0)  **00****
|  |_groupOrSequenceHopping :   neither(0)
|  |_resourceType :
|  |  |_periodic :
|  |     |_periodicityAndOffset-p :
|  |        |_sl80 :   0x4d(77)
|  |_sequenceId :   0x253(595)
|_NRSRS-Resource :
|  |_srs-ResourceId :   0x2(2)
|  |_nrofSRS-Ports :   port1(0)  00******
|  |_transmissionComb :
|  |  |_n2 :
|  |     |_combOffset-n2 :   0x1(1)
|  |     |_cyclicShift-n2 :  0x0(0)
|  |_resourceMapping :
|  |  |_startPosition :   0x1(1)  **
|  |  |_nrofSymbols :   n1(0)  **00****
|  |  |_repetitionFactor :   n1(0)
|  |_freqDomainPosition :   0x0(0)  **
|  |_freqDomainShift :   0x0(0)  **
|  |_freqHopping :
|  |  |_c-SRS :   0x3d(61)  ******111101****
|  |  |_b-SRS :   0x0(0)  ****00**
```

```
|  |  |_b-hop :   0x0(0)   ******00
|  |_groupOrSequenceHopping :   neither(0)
|  |_resourceType :
|  |  |_periodic :
|  |     |_periodicityAndOffset-p :
|  |        |_sl80 :   0x25(37)   **
|  |_sequenceId :   0x253(595)   *1
|_NRSRS-Resource :
   |_srs-ResourceId :  0x3(3)   **
   |_nrofSRS-Ports :   port1(0)   ****00**
   |_transmissionComb :
   |  |_n2 :
   |     |_combOffset-n2 :   0x1(1)
   |     |_cyclicShift-n2 :  0x0(0)
   |_resourceMapping :
   |  |_startPosition :   0x1(1)   ***001**
   |  |_nrofSymbols :   n1(0)   ******00
   |  |_repetitionFactor :  n1(0)
   |_freqDomainPosition :   0x0(0)   **
   |_freqDomainShift :   0x0(0)   *0
   |_freqHopping :
   |  |_c-SRS :   0x3d(61)   **111101
   |  |_b-SRS :   0x0(0)   00******
   |  |_b-hop :   0x0(0)   **00****
   |_groupOrSequenceHopping :   neither(0)   **
   |_resourceType :
   |  |_periodic :
   |     |_periodicityAndOffset-p :
   |        |_sl80 :   0x1b(27)   **
   |_sequenceId :   0x253(595)   **
```

pusch-Config（bwp-Dedicated）

```
pusch-Config :
 |_setup-NRPUSCH-Config :
    |_txConfig :   codebook(0)   *0******
    |_dmrs-UplinkForPUSCH-MappingTypeA :
    |  |_setup-NRDMRS-UplinkConfig :
    |     |_dmrs-AdditionalPosition :   pos1(1)   **01****
```

```
|       |_maxLength :   len2(0)
|       |_transformPrecodingDisabled :    (0)   ****000*
|       |_transformPrecodingEnabled :
|          |_sequenceGroupHopping :    disabled(0)
|_dmrs-UplinkForPUSCH-MappingTypeB :
|  |_setup-NRDMRS-UplinkConfig :
|       |_dmrs-AdditionalPosition :    pos1(1)   ***01***
|       |_maxLength :   len2(0)
|       |_transformPrecodingDisabled :    (0)   *****000
|       |_transformPrecodingEnabled :
|          |_sequenceGroupHopping :    disabled(0)
|_pusch-PowerControl :
|  |_p0-AlphaSets :
|       |_NRP0-PUSCH-AlphaSet :
|          |_p0-PUSCH-AlphaSetId :    0x0(0)
|          |_p0 :    0x0(0)   **10000*
|          |_alpha :   alpha08(5)   *******101******
|_resourceAllocation :   dynamicSwitch(2)
|_pusch-TimeDomainAllocationList :
|  |_setup-NRPUSCH-TimeDomainResourceAllocationList :
|       |_NRPUSCH-TimeDomainResourceAllocation :
|       |  |_k2 :    0x3(3)   **000011
|       |  |_mappingType :    typeB(1)
|       |  |_startSymbolAndLength :    0x1b(27)
|       |_NRPUSCH-TimeDomainResourceAllocation :
|       |  |_k2 :    0x4(4)   *000100*
|       |  |_mappingType :    typeB(1)
|       |  |_startSymbolAndLength :    0x1b(27)
|       |_NRPUSCH-TimeDomainResourceAllocation :
|          |_k2 :    0x7(7)   000111**
|          |_mappingType :    typeB(1)
|          |_startSymbolAndLength :    0x1b(27)
|_transformPrecoder :   disabled(1)
|_codebookSubset :   nonCoherent(2)
|_maxRank :   0x1(1)   *00*****
|_uci-OnPUSCH :
   |_setup-NRUCI-OnPUSCH :
      |_betaOffsets :
      |  |_semiStatic :
```

```
        |       |_betaOffsetACK-Index1 :    0xa(10)
        |       |_betaOffsetACK-Index2 :    0x6(6)
        |       |_betaOffsetACK-Index3 :    0x6(6)
        |       |_betaOffsetCSI-Part1-Index1 :    0xa(10)
        |       |_betaOffsetCSI-Part1-Index2 :    0xa(10)
        |       |_betaOffsetCSI-Part2-Index1 :    0xa(10)
        |       |_betaOffsetCSI-Part2-Index2 :    0xa(10)
        |_scaling :    f0p5(0)   00******
```

pdcch-Config（bwp-Dedicated）

```
pdcch-Config :
 |_setup-NRPDCCH-Config :
    |_controlResourceSetToAddModList :
    |   |_NRControlResourceSet :
    |       |_controlResourceSetId : 0x1(1)
    |       |_frequencyDomainResources : '11111111…1'B/**45个1**/
    |       |_duration : 0x1(1)
    |       |_cce-REG-MappingType :
    |       |   |_nonInterleaved : (0)
    |       |_precoderGranularity :    sameAsREG-bundle(0)
    |       |_tci-StatesPDCCH-ToAddList :
    |       |   |_NRTCI-StateId :    0x0(0)
    |       |_pdcch-DMRS-ScramblingID :    0x63a4(25508)
    |_searchSpacesToAddModList :
        |_NRSearchSpace :
            |_searchSpaceId :    0x5(5)
            |_controlResourceSetId :    0x1(1)
            |_monitoringSlotPeriodicityAndOffset :
            |   |_sl1 :    (0)
            |_monitoringSymbolsWithinSlot : '10000000000000'B
            |_nrofCandidates :
            |   |_aggregationLevel1 :    n0(0)
            |   |_aggregationLevel2 :    n8(7)
            |   |_aggregationLevel4 :    n2(2)
            |   |_aggregationLevel8 :    n2(2)
            |   |_aggregationLevel16 :    n2(2)
            |_searchSpaceType :
                |_ue-Specific :
                    |_dci-Formats : formats0-1-And-1-1(1)
```

pdsch-Config（bwp-Dedicated）

```
pdsch-Config :
 |_setup-NRPDSCH-Config :
    |_dmrs-DownlinkForPDSCH-MappingTypeA :
    |  |_setup-NRDMRS-DownlinkConfig :
    |     |_dmrs-Type :   type2(0)
    |     |_dmrs-AdditionalPosition :   pos1(1)   ****01**
    |     |_scramblingID0 :   0x253(595) - /** 物理小区号 PCI=595**/
    |     |_scramblingID1 :   0x253(595) - /** 物理小区号 PCI=595**/
    |_tci-StatesToAddModList :
    |  |_NRTCI-State :
    |     |_tci-StateId :   0x0(0)   *******0000000**
    |     |_qcl-Type 1 :
    |        |_bwp-Id :   0x1(1)   *001****
    |        |_referenceSignal :
    |        |  |_csi-rs :   0x0(0)   *****00000000***
    |        |_qcl-Type :   typeA(0)   *****00*
    |_resourceAllocation :   dynamicSwitch(2) - *******10*******
    |_pdsch-TimeDomainAllocationList :
    |  |_setup-NRPDSCH-TimeDomainResourceAllocationList :
    |     |_NRPDSCH-TimeDomainResourceAllocation :
    |     |  |_mappingType :   typeA(0)   *******0
    |     |  |_startSymbolAndLength :   0x28(40)   0101000*
    |     |_NRPDSCH-TimeDomainResourceAllocation :
    |        |_mappingType :   typeA(0)   ******0*
    |        |_startSymbolAndLength :   0x64(100) - *******1100100**
    |_rbg-Size :   config1(0)   ******0*
    |_mcs-Table :   qam256(0)   *******0
    |_maxNrofCodeWordsScheduledByDCI :   n1(0)   0*******
    |_prb-BundlingType :
    |  |_staticBundling :
    |     |_bundleSize :   n4(0)   ***0****
    |_zp-CSI-RS-ResourceToAddModList :
    |_aperiodic-ZP-CSI-RS-ResourceSetsToAddModList :
```

附录D　NR规范描述

NR 规范分为物理层系列规范、高层系列规范、接口系列规范、射频系列规范、终端一致性系列规范和 NR 研究报告。NR 规范描述如附表 D-1 所示。

附表 D-1　NR 规范描述

协议分类	协议编号	协 议 名 称	内 容 描 述
总体架构	23.501	System Architecture for the 5G System	5G 系统网络架构描述
	38.300	NR;NR and NG-RAN Overall Description	NR 和 NG-RAN 网络概述
	38.401	NG-RAN; Architecture description	NG-RAN 总体架构，包括 NG、Xn 和 F1 接口以及它们与空中接口的交互信令流程
NG 接口协议	38.410	NG-RAN; NG General Aspects and Principles	NG 接口综述，TS38.41X 协议架构介绍
	38.411	NG-RAN; NG Layer 1	NG 接口相关的物理层技术
	38.412	NG-RAN; NG Signalling Transport	描述了如何在 NG 接口传输信令消息
	38.413	NG-RAN; NG Application Protocol (NGAP)	NG-RAN 和 AMF 之间控制面信令消息
	38.414	NG-RAN; NG Data Transport	NG 接口数据面传输规范
Xn 接口协议	38.420	NG-RAN; Xn General Aspects and Principles	Xn 接口综述，TS38.42X 协议架构介绍
	38.421	NG-RAN; Xn Layer 1	Xn 接口相关的物理层技术
	38.422	NG-RAN; Xn Signalling Transport	描述了如何在 Xn 接口传输信令消息
	38.423	NG-RAN; Xn Application Protocol (XnAP)	NG-RAN 之间控制面信令消息
	38.424	NG-RAN; Xn Data Transport	Xn 接口数据面传输规范
	38.425	NG-RAN; Xn Interface User Plane Protocol	Xn 接口用户面协议栈

续表

协议分类	协议编号	协 议 名 称	内 容 描 述
F1 接口协议	38.470	NG-RAN; F1 General Aspects and Principles	F1 接口综述，TS38.47X 协议架构介绍
	38.471	NG-RAN; F1 Layer 1	F1 接口相关的物理层技术
	38.472	NG-RAN; F1 Signalling Transport	描述了如何在 F1 接口传输信令消息
	38.473	NG-RAN; F1 Application Protocol (F1AP)	F1 接口的控制面信令消息
	38.474	NG-RAN; F1 Data Transport	F1 接口数据面传输规范
	38.475	NG-RAN; F1 Interface User Plane Protocol	F1 接口用户面协议栈
空口协议（L1）	38.201	NR; Physical Layer; General Description	物理层综述，TS38.21X 协议架构介绍
	38.202	NR; Physical Layer Services Provided by the Physical Layer	物理层的功能与服务
	38.211	NR; Physical Channels and Modulation	物理层信道定义，物理层信号的生成，调制解调
	38.212	NR; Multiplexing and Channel Coding	描述了传输信道和控制信道的数据处理，包括复用、信道编码、交织等
	38.213	NR; Physical Layer Procedures for Control	物理层控制过程：同步、上行功率控制、随机接入、UE 上报和接收控制信息过程
	38.214	NR; Physical Layer Procedures for Data	物理层数据过程：功率控制，PDSCH/PUSCH 数据处理过程
	38.215	NR; Physical Layer Measurements	物理层测量：UE 和网络侧测量控制，UE 测量能力
空口协议（L2/L3）	38.304	NR; User Equipment (UE) Procedures in Idle Mode	定义 UE 空闲态和非活动态下，在接入层（AS）部分的过程，包括 PLMN 选择、小区选择和重选的过程，以及相关门限
	38.305	NG Radio Access Network (NG-RAN); Stage 2 Functional Specification of User Equipment (UE) Positioning in NG-RAN	描述了终端定位相关的协议
	38.306	NR; User Equipment (UE) Radio Access Capabilities	定义了 UE 在接入网络侧能力的参数
	38.321	NR; Medium Access Control (MAC) Protocol specification	NR MAC 层协议，定义了 MAC 层处理过程、信道和信道映射、MAC 层数据单元的格式等

续表

协议分类	协议编号	协 议 名 称	内 容 描 述
空口协议（L2/L3）	38.322	NR; Radio Link Control (RLC) Specification	NR RLC 层协议，定义了 RLC 层处理过程，包括 TM/UM/AM 三种传输模式、ARQ 过程、RLC 层数据单元格式等
	38.323	NR; Packet Data Convergence Protocol (PDCP) Specification	NR PDCP 层协议，定义了 PDCP 层处理过程、PDCP 层数据单元格式等
	38.331	NR; Radio Resource Control (RRC); Protocol Specification	NR RRC 层协议，定义了 RRC 层过程，包括系统消息、连接态控制、测量控制等一系列的配置过程，以及 RRC 数据单元格式等
其他	23.003	Numbering, Addressing and Identification	编号、地址和标识
	23.502	Procedures for the 5G System	SA 组网业务信令流程，切换过程等
	24.501	Non-Access-Stratum (NAS) Protocol for 5G System (5GS)	5GS 非接入层（NAS）协议
	33.501	Security Architecture and Procedures for 5G System	5GS 安全架构和安全过程
	37.340	Evolved Universal Terrestrial Radio Access (E-UTRA) and NR; Multi-connectivity	EN-DC 双连接介绍，包括网络结构、协议栈和信令流程
	38.101	User Equipment (UE) Radio Transmission and Reception;	终端发射和接收
	38.804	Radio Interface Protocol Aspects	空口协议
	38.901	Study on Channel Model for Frequencies from 0.5 to 100 GHz	5G 传播模型介绍
	38.913	Next Generation Access Technologies	5G 需求

附录E　常用术语

常用术语如表 E-1 所示。

附表 E-1　常用术语

英文缩写	英文全称	中文含义
3GPP	3rd Generation Partnership Project	第三代合作伙伴计划
5GC	5G Core	5G 核心网
5GS	5G System	5G 系统
AAU	Active Antenna Unit	有源天线单元
AAR/AAA	Answer-Auth-Request/ Answer-Auth-Answer	应答授权请求 / 应答授权请求响应
ABBA	Anti-Bidding down Between Architectures	架构之间的反投标
AKA	Authentication and Key Agreement	鉴权和密钥协商
AM	Acknowledged Mode	确认模式
AMF	Access and Mobility Management Function	接入和移动性管理功能
AoA	angle(s) of arrival	到达角
AoD	angle(s) of departure	离开角
ARFCN	Absolute Radio Frequency Channel Number	绝对无线频率信道号
ARP	Allocation and Retention Priority	分配和保留优先级
ARPF	Authentication credential Repository and Processing Function	认证凭据存储库和处理功能
ARQ	Automatic Repeat reQuest	自动重传请求
AS	Access Stratum	接入层
BBU	Base Band Unit	基带处理单元
CA	Carrier Aggregation	载波聚合

续表

英文缩写	英文全称	中文含义
CAPEX/OPEX	Capital Expenditure/Operating Expense	资本性支出 / 运营成本
CB/CF	Contention Based /Contention Free	基于竞争 / 免于竞争
CCCH	Common Control Channel	公共控制信道
CCE	Control-Channel Element	控制信道单元
CMAS	Commercial Mobile Alert Service	商业移动警报服务
CMC	Connection Mobility Control	连接移动性控制
CoMP	Coordinated Multiple Point	多点协作
CORESET	Control-resource set	控制资源集合
CP	Control Plane	控制面
CP	Cylic Prefix	循环前缀
CP-OFDM	Cyclic Prefix-OFDM	带有循环前缀的 OFDM
CPRI	Common Public Radio Interface	通用公共无线电接口
CQI	Channel Quality Indicator	信道质量指示
CRB	Common Resource Block	公共资资源块
CRC	Cyclic Redundancy Check	循环冗余校验
CRI	CSI-RS Resource Indicator	CSI-RS 资源指示
C-RNTI	Cell Radio-Network Temporary Identifier	小区无线网络临时标识
CRS	Cell-specific Reference Signal	小区专用参考信号
CSI	Channel State Information	信道状态信息
CSI-IM	CSI Interference Measurment	干扰测量的 CSI
CSI-RS	Channel State Information-Reference Signal	信道状态信息参考信号
CS-RNTI	Configured Scheduling RNTI	配置调度 RNTI
CSS	Common Search Space	公共搜索空间
CU	Centralized Unit	集中式单元
CW	Code Word	码字
D2D	Device-to-Device	终端直连
DC	Dual Connectivity	双连接
DCCH	Dedicated Control Channel	专用控制信道

续表

英文缩写	英文全称	中文含义
DCI	Downlink Control Information	下行控制信息
DFT-S-OFDM	DFT Spread OFDM	DFT 扩频的 OFDM
DL-SCH	Downlink Shared Channle	下行共享信道
DM-RS	Demodulation Reference Signal	解调参考信号
DRB	Data Radio Bearer	数据无线承载
DRX	Discontinuous Reception	非连续接收
DTCH	Dedicated Traffic Channel	专用业务信道
DU	Distributed Unit	分布式单元
EAP	Extensible Authentication Protocol	可扩展认证协议
eCPRI	enhanced CPRI	增强型 CPRI
eMBB	enhanced Mobile BroadBand	增强移动宽带
eMTC	enhanced Machine-Type Communications	增强型机器类通信
eNB/gNB	eNodeB/gNodeB	4G 基站 /5G 基站
EPC	Evolved Packet Core	演进型分组核心网
EPLMN	Equivalent Public Land Mobile Network	对等公用陆地移动网
ETSI	European Telecommunication Standards Institue	欧洲电信标准组织
ETWS	Earthquake and Tsunami Warning System	地震和海啸预警系统
E-UTRAN	Evolved UMTS Terrestrial Radio Access Network	演进的 UMTS 陆地无线接入网
FFT	Fast Fourier Transformation	快速傅里叶变化
FH	FrontHaul	前向回传
FL	Forward Link	前向链路
F-OFDM	Filtered-Orthogonal Frequency Multiplexing	基于滤波的正交频分复用
FQDN	Fully Qualified Domain Name	全限定域名，同时带有主机名和域名名称
FR	Frequency Rang	频率范围
FWA	fixed wireless access	固定无线接入
GP	Guard Period	保护间隔
GSCN	Global Synchronization Channel Number	全局同步信道号
GT	Guard Time	保护时间
GTP	GPRS Tunnelling Protocol	GPRS 隧道协议

续表

英文缩写	英文全称	中文含义
GTP-U	The user-plane part of GTP	GTP 的用户面部分
HARQ	Hybrid Automatic Repeat reQuest	混合自动重传请求
ICI	Inter-Carrier Interference	子载波间干扰
IE	Information Element	信息单元
IFFT	Inverse Fast Fourier Transform	反向快速傅里叶变换
ISI	Inter Symbol Interference	符号间干扰
I-UPF	Intermediate UPF	中间的 UPF
LADN	Local Area Data Network	本地数据网
LDPC	Low Density Parity Check	低密度奇偶校验
LI	Layer Indicator	层指示
MAC	Medium Access Control	媒体接入控制
MAC-I	Message Authentication Code for integrity	用于完整性保护的消息验证码
MCG	Master Cell Group	主小区组
MCS	Modulation and Coding Scheme	调制编码方式
MEC	Mobile Edge Computing	移动边缘计算
MIB	Master Information Block	主消息块
MICO	Mobile Initiated Connection Only Mode	仅限 UE 发起的连接
MIMO	Multiple Input Multiple Output	多输入多输出
MME	Mobility Management Entity	移动性管理实体
mMTC	massive Machine Type Communications	海量机器类通信
MOCN	Multi-Operator Core Network	MOCN 共享模式
MSB/LSB	Most Significant Bit / Least Significant Bit	最高 / 最低有效位
MTC	Machine-Type Communications	机器类通信
N3IWF	Non-3GPP InterWorking Function	非 3GPP 互通功能
NAS	Non-Access Stratum	非接入层
NB-IoT	Narrow Band Internet of Things	窄带物联网
NCC	Next Hop Chaining Counter	下一跳（NH）链路计数器
NDI	New Data Indicator	新数据指示
NFV	Network Functions Virtualization	网络功能虚拟化

续表

英文缩写	英文全称	中文含义
NGAP	NG Application Protocol	NG应用层协议
NG-C	The control-plane part of NG	NG的控制面部分
ng-eNB	next generation eNodeB	下一代eNodeB
NG-RAN	Next Generation-Radio Access Network	下一代无线接入网
NG-U	The user-plane part of NG	NG的用户面部分
NR	New Radio	新空口
NR-ARFCN	NR Absolute Radio Frequency Channel Number	NR绝对无线频率信道号
NSA	Non-Stand Alone	非独立组网
Numerology	Numerology	参数集
OCC	Orthogonal Cover Code	正交序列码
OFDM	Orthogonal Frequency Division Multiplexing	正交频分复用
OFDMA	Orthogonal Frequency Division Multiple Access	正交频分多址
OTT	Over The Top	跳过运营商通过互联网向用户提供各种应用服务
PAPR	Peak-to-Average Power Ratio	峰值平均功率比
PBCH	Physical Broadcast Channel	物理广播信道
PCCH	Paging Control Channel	寻呼控制信道
PCell	Primary Cell	主小区
PCH	Paging Channle	寻呼信道
PCI	Physical Cell Identifier	物理小区标识
PDCCH	Physical Downlink Control Channel	物理下行控制信道
PDCP	Packet Data Convergence Protocol	分组数据汇聚协议
PDR	Packet Detection Rule	包检测规则
PDSCH	Physical Downlink Shared Channel	物理下行共享信道
PDU	Protocol Data Unit	协议数据单元
PEI	Permanent Equipment Identifier	永久设备识别号
PHY	Physical layer	物理层
PMI	Precoding Matrix Indicator	预编码矩阵指示

续表

英文缩写	英文全称	中文含义
PNI-NPN	Public Network Integrated NPN	公共网络集成 NPN，或公网集成模式的 5G 专网
PRACH	Physical Random Access Channel	物理随机接入信道
PRB	Physical Resource Block	物理资源块
P-RNTI	Paging RNTI	寻呼 RNTI
PS	Packet Switched	分组交换
PSA	PDU Session Anchor	PDU 会话锚点
PSS	Primary Synchronization Signal	主同步信号
PSTN	Public Switched Telephone Network	公众电话交换网络
PT-RS	Phase-Tracking Reference Signal	相位跟踪参考信号
PUCCH	Physical Uplink Control Channel	物理上行控制信道
PUSCH	Physical Uplink Shared Channel	物理上行共享信道
PWS	Public Warning System	公共预警系统
QAM	Quadrature Amplitude Modulation	正交调幅
QCL	Quasi Co-Located	准共址
QFI	QoS Flow Identity	QoS 流标识
QNC	QoS Notification Control	QoS 通知控制
QoS	Quality of Service	服务质量
QPSK	Quadrature Phase Shift Keying	四相移相键控
RAR/RAA	Re-Auth-Request/ Re-Auth-Answer	重新授权请求 / 重新授权应答
RACH	Random Access Channel	随机接入信道
RAN	Radio Access Network	无线接入网
RAR	Random Access Response	随机接入响应
RA-RNTI	Random Access RNTI	随机接入 RNTI
RAT	Radio Access Technology	无线接入技术
RB	Resource Block	资源块
RBG	Resource Block Group	资源块组
RE	Resource Element	资源单元
REG	Resource-Element Group	资源单元组

续表

英文缩写	英文全称	中文含义
RF	Radio Frequency	射频
RI	Rank Indicator	秩指示
RIV	Resource Indication Value	资源指示值
RLC	Radio Link Control	无线链路控制
RLF	Radio Link Failure	无线链路失败
RMSI	Remaining Minimum System Information	剩余最少的系统消息
RNL	Radio Network Layer	无线网络层
RNTI	Radio-Network Temporary Identifier	无线网络临时标识
RO	RACH Occasion	随机接入时机（用于发送 preamble 的时频域资源）
RoHC	Robust Header Compression	健壮性包头压缩
RQA	Reflective QoS Attribute	反射 QoS 属性
RRC	Radio Resource Control	无线资源控制
RRM	Radio Resource Management	无线资源管理
RSRP	Reference Signal Received Power	参考信号接收功率
RTT	Round-Trip Time	往返时延
RV	Redundancy Version	冗余版本
SA	Standalone	独立组网
SCell	Secondary Cell	辅小区
SC-FDMA	Single Carrier-FDMA	单载波 FDMA
SCG	Secondary Cell Group	辅小区组
SCS	Sub-Carrier Spacing	子载波间隔
SCTP	Stream Control Transmission Protocol	流控制传输协议
SDAP	Service Data Adaptation Protocol	服务数据自适应协议
SDL	Supplementary DownLink	补充下行
SDN	Software Defined Network	软件定义网络
SDU	Service Data Unit	服务数据单元
SEAF	SEcurity Anchor Function	安全锚定功能
SF	Spreading Factor	扩频因子

续表

英文缩写	英文全称	中文含义
SFI	Slot Format Indication	时隙格式指示
SFI-RNTI	Slot format indicator RNTI	时隙格式指示 RNTI
SFN	System Frame Number	系统帧号
SGSN	Serving GPRS Support Node	服务 GPRS 支撑节点
S-GW	Serving GateWay	服务网关
SI	System Information	系统消息
SIB	System Information Block	系统消息块
SINR	Signal-to-Interference and Noise Ration	信号干扰噪声比
SI-RNTI	System Information RNTI	系统消息 RNTI
SLIV	Start and Length Indicator Value	开始和长度指示值
SMF	Session Management function	会话管理功能
SN	Sequence Number	序列号
SNPN	Stand-alone Non-Public Network	独立的非公共网络，或独立部署的 5G 专网
S-NSSAI	Single Network Slice Selection Assistance Information	单个网络切片标识
SR	Scheduling Request	调度请求
SRB	Signalling Radio Bearer	信令无线承载
SRS	Sounding Reference Signal	探测参考信号
SS	Synchronization Signal	同步信号
SSB	Synchronization Signal Block	同步信号块
SSBRI	SS/PBCH Block Resource Indicator	SS/PBCH 块资源指示
SSC	Session and Service Continuity	会话和服务连续模式
SS-RSRP	SS Reference Signal Received Power	SS 参考信号接收功率
SSS	Secondary Synchronization Signal	辅同步信号
SUL	Supplementary UpLink	补充上行
SU-MIMO	Single-User MIMO	单用户 MIMO
TA	Timing Advance	定时提前
TAC	Trace Area Code	跟踪区编码
TB	Transport Block	传输块

续表

英文缩写	英文全称	中文含义
TBS	Transport Block Size	传输块尺寸
TCO	Total Cost Of Ownership	总拥有成本
TCP	Transmission Control Protocol	传输控制协议
TC-RNTI	Temporary C-RNTI	临时 C-RNTI
TM	Transparent Mode	透明模式
TNL	Transport Network Layer	传输网络层
TPC	Transmission Power Control	发射功率控制
TR	Technical Report	技术报告
TRS	Tracking Reference Signal	跟踪参考信号
TTI	Transmission Time Interval	传输时间间隔
UCI	Uplink Control Information	上行控制信息
UDN	Ultra-Denstity Network	超密集组网
UDP	User Datagram ProtocoL	用户数据报协议
UL-SCH	Uplink Shared Channel	上行共享信道
UM	Unacknowledged Mode	非确认模式
UP	User Plane	用户面
UPF	User Plane Function	用户面功能
uRLLC	ultra-Reliable and Low Latency Communications	超高可靠低时延通信
USS	UE-specific Search Space	UE 专用搜索空间
URSP	User Equipment Routing Selection Policy	用户设备路由选择策略
V2V	Vehicle-to-Vehicle	车辆对车辆
VRB	Virtual Resource Block	虚拟资源块
XnAP	Xn Application Protocol	Xn 应用层协议
ZP CSI-RS	Zero-Power CSI-RS	零功率 CSI-RS

注：可参阅3GPP TS 23.501第3章。

参 考 文 献

[1] 3GPP TS 23.501. System Architecture for the 5G System.

[2] 3GPP TS 23.502. Procedures for the 5G System.

[3] 3GPP TS 38.300. NR; NR and NG-RAN Overall Description; Stage 2.

[4] 3GPP TS 38.211. NR;Physical channels and modulation.

[5] 3GPP TS 38.213. NR;Physical layer procedures for control.

[6] 3GPP TS 38.331. NR;Radio Resource Control（RRC）protocol specification.

[7] 3GPP TS 38.104. Base Station（BS）radio transmission and reception. www.3gpp.org.

[8] 杨峰义，谢伟良，张建敏，等. 5G 无线网络及关键技术 [M]. 北京：人民邮电出版社，2017.

[9] 刘晓峰，杜忠达，孙韶辉，等. 5G 无线系统设计与国际标准 [M]. 北京：人民邮电出版社，2019.

[10] 华为技术有限公司. 5G RAN SA 组网基本功能特性参数描述，2019/4/10.

[11] 3GPP TS 38.321. NR; Medium Access Control（MAC）protocol specification.

[12] 3GPP TS 38.214. NR; Physical layer procedures for data.

[13] 杨旭，肖子玉，邵永平，等. 5G 网络部署模式选择及演进策略 [J]. 电信科学，2018，34（6）：138-146.

[14] 3GPP TS 38.306. NR; User Equipment（UE）radio access capabilities.

[15] 3GPP TS 38.215. NR; Physical layer measurements.

[16] 4G、5G 中的基本时间单位 T_s 和 T_c[EB/OL].（2019-08-03）[2020-03-01]. https://blog.csdn.net/m0_45416816/article/details/98349772.

[17] 3GPP TS 38.413. NG-RAN; NG Application Protocol（NGAP）.

[18] 3GPP TS 24.501 Non-Access-Stratum（NAS）protocol for 5G System（5GS）;Stage 3.

[19] 胡利. 基于 CSI-RS 的信道状态信息测量研究 [D]. 重庆：重庆邮电大学，2017.

[20] 潘翔，张涛，李福昌. 高铁隧道场景的 5G 覆盖方案研究 [J]. 邮电设计技术，2019（8）：26-29.